U0022590

叱吒風雲
黃埔二期
馳騁記

陳予歡 著

目次

導　語

孫　文　對黃埔軍校第二期生的教導

「中國革命十三年來都是不成功的。你們黃埔（軍校）的學生，都是從各省不遠數百里或者是數千里而來，到這個革命學校來求學，對於革命都是有很大希望、很大抱負的；……大家要希望革命成功，便先要犧牲個人的自由、個人的平等，把各人的自由平等都貢獻到革命黨內來。……我今天到此地講話，是要離開廣東北上。臨別贈言，沒有別的話，就是要大家拿出本錢來，犧牲自己的平等自由，更要把自己聰明才力都貢獻到黨內來革命，來為全黨奮鬥。大家能夠不辜負我的希望，革命便可以指日成功。」[1]

蔣中正　黃埔軍校第二期同學錄序

本年四月下旬，余為第一期同學錄作序，曾詳序東江戰事，諸生將士奮勇作戰，視死如歸之情狀，而推其原因，為本黨 總理主義之所感，因以勇往猛進，打破帝國主義及其傀儡之軍閥，實行我 總理三民主義，繼承先烈革命未成之志，不死不已，不成不止，為諸生及將士勖；更欲以同學錄，為本校同學生死始終共同一致精神團結之寫真，使我世世同學與同志，藉悉本校今日精神所在，且從而興起，繼續本校不斷革命之事業。歲月如流，瞬逾三月，而第二期同學畢業期屆，又以同學錄索序

---

[1] 1924年11月3日〈要革命成功須先犧牲個人的平等自由——在黃埔陸軍軍官學校的告別演說〉，載於黃彥編《孫文選集》，廣東人民出版社2006年出版，下冊第579頁。

於余矣。余今日之所期望諸同學同志者，固猶是三個月以前之期望也，此外更何言乎！然即此三個月之中，其足為本校歷史上永久紀念之大事，又有二焉，一為自東江旋師，掃除廣州叛軍；一為參加沙基遊行，慘被英、法帝國主義者戕害。前者雖幸獲勝利，且成功之速，頗非始願所及，然我忠勇文學生將士，又死傷多人，余每覺掃除假革命派之可喜，不足抵償喪失我親愛同志之可慘；後者則直為我國而尤為本校之奇恥大辱，身為軍人，張目視其同志受人屠戮而不能為之復仇，日惟忍痛以待時，此恥不雪，何以為人？此二事，皆我第二期同學所躬與，余知同學諸君之感想，亦必無異於余也。今日我同志所當警惕者，非僅革命尚未成功，乃革命魔障且日益加甚，我輩誓打破帝國資本主義及其傀儡之軍閥；帝國主義與軍閥，亦豈能束手待斃？彼為自存計，惟出死力以謀顛覆我革命勢力耳，帝國主義與軍閥進攻之猛，乃我革命勢力已足使彼恐慌之證明；亦即我革命事業將告成功之先機。然果能成功與否，惟視此最後五分鐘之努力如何，若因環境日益因難，稍存畏葸之心，則必至前功盡棄，終為帝國主義與軍閥所屈服矣。在最近三個月中，我之困難，已視從前加甚，然餘以為此後之困難，必更有什百千倍於今日者，何以戰勝此困難，亦惟恃我同志團結一致，勇往猛進、不死不已、不成不止而已。第二期同學畢業以後，安知不如第一期同學？畢業未三月，即有東江戰事，余又知第二期同學彼時之奮勇作戰，視死如歸，亦必與第一期同學無二致也。觀於楊希閔、劉震寰輩，距 總理逝世未百日，即已叛變，愈信餘前次所言：「不為信徒，便為叛逆，不為同志，便為寇仇。」絕非武斷。今日又為本校追悼沙基死難同志之日，執筆序此，尤悲愴不能自已。我同學諸君乎！念來日之大難，懍責任之愈重，中必永為總理主義最誠實之信徒，已死諸同志最忠勇之同志，茲錄殆其左券矣！

中華民國十四年八月四日（星期二）蔣中正序於黃埔軍校[2]

[2] 中國第二歷史檔案館供稿影印　檔案出版社 1989 年 7 月《黃埔軍校史稿》第十一冊第 143 頁。

第一章

黃埔軍校第二期生的基本概貌

延續第一期生研究的選題，進行第二期生的資料資訊收集與研究，從黃埔軍校學員研究的路子而言，似乎變得順理成章了。其實，每期學員的各方面情況及其內部、外部因素的構成，是不盡相同的。要進行由表及裡、深入淺出的剖析、考量與研究，就目前學界所能掌握的資料而言，都是一件不容易的事情。筆者認為，既然選擇這一題目，唯有傾盡全力完成之。

第二期生的現存史料，比較第一期生要薄弱得多。首先是未見留存有〈陸軍軍官學校詳細調查表〉，目前看來似是第一期生獨有之珍貴史料；其次是第二期生沒有第一期生之「先天優勢」，在現存史料及其人物傳記資訊等許多方面，無論是在整體追溯或是個別記述，都存在著程度不同、深淺不一的難度與疑點；再次是第二期生比較第一期生，缺少了一些屬於那個時代的著名人物「超乎尋常」之「亮點」和「熱點」。如是之說，真正做起來著實不易。

第二期生的招考與錄取，延續了第一期生的基本做法，一是通過各地中國國民黨一大代表以及特別黨部籌備委員，在所在區域進行秘密的推薦與招生；二是通過各地中共黨籍的國民黨一大代表以及中共地方組織，推薦進步青年與學生赴廣州投考黃埔軍校。按照《黃埔軍校史稿》記載：「本期學生係陸續由上海、廣州各地考取入校，1924 年 8 月 1 日至 9 月 1 日，學生隊第五隊（因系按第一期學生隊番號，當時第一期學生共計四隊，故該期學生首先成立者稱為第五隊）及工兵隊相繼成立，10 月 24 日炮兵隊成立，11 月 6 日輜重兵隊成立，11 月 27 日組織憲兵隊，第二期學生分步炮工輜憲兵五科」。有別於第一期生僅設立步兵科，從第二期開始，除原有步兵科外，將學員分別組成並設立了炮兵科、工兵科、輜重兵科和憲兵科。

由於第二期生陸續錄取入校後，連同已在校就學的第一期生，以及校本部的教官、職員、官佐人數驟然增多，黃埔中國國民黨陸軍軍官學校校舍的範圍與規模也相繼擴大。「繼在黃埔之平岡及蝴蝶岡兩地建築臨時房舍，……在平岡者稱為平岡分校，在蝴蝶岡者稱為蝴蝶岡分校，11 月 27 日在省城北較場陸軍講武學校舊址設省城分校」[1] 等。自始，黃埔中國國民黨陸軍軍官學校開創了校本部以外之分校。

第二期各科生進入黃埔中國國民黨陸軍軍官學校學習，從時間上計算，其實只比第一期生晚了兩至三個月不等。源於政治局勢與戰爭狀態的複雜情況，第二期生比較第一期生，就學與應戰交錯進行，戰爭與戰場的考驗，從入學不久即相伴而行。第二期生「自 1924 年 8、9 月間相繼入校編隊分科正式上課，至 1925 年 2 月隨校軍出發東征，輾轉作戰不遑修學及底定潮汕後，即暫在潮州分校繼續修習主要學科，未及一月又奉命回校，擔任協助黨軍討伐楊（希閔）劉（震寰）之役，迨戰事告終又繼續上課兩月有餘，將所缺之學術各科次第補足。」[2] 由此可見，第二期生是在較為險惡的戰爭環境下學習和成長的。

據史載，孫中山先生曾五次視察黃埔中國國民黨陸軍軍官學校，前三次主要是對第一期生。1924 年 11 月 3 日，孫中山先生第四次到黃埔中國國民黨陸軍軍官學校視察，這次是北上前夕應邀參加黃埔中國國民黨

---

1 中國第二歷史檔案館供稿影印　檔案出版社 1989 年 7 月《黃埔軍校史稿》第 2 冊第 66 頁。

2 中國第二歷史檔案館供稿影印　檔案出版社 1989 年 7 月《黃埔軍校史稿》第 2 冊第 67 頁。

陸軍軍官學校1500名學員檢閱儀式。1924年11月13日，孫中山先生第五次到黃埔中國國民黨陸軍軍官學校視察，這次是即將離穗北上途經黃埔時，受校長蔣中正邀請，到黃埔中國國民黨陸軍軍官學校作最後視察並餞行。由此可見，第二期生在當時是受到孫中山先生兩次親臨視察與諄諄教誨的。

囿於戰局，第二期生經受教育的情形，「本定為六個月而以隨征之故遷延達於一年之久，至（1925年）8月21日始舉行畢業」。[3] 實際上，第二期生畢業典禮遲至1925年9月6日下午，才於黃埔中國國民黨陸軍軍官學校校本部大操場舉行。

第一節　第二期生數量考證和學籍辨認情況的說明

根據湖南省檔案館校編、湖南人民出版社《黃埔軍校同學錄》記載，黃埔中國國民黨陸軍軍官學校第二期學員總計為448名，其中：步兵科共有學員235名，分為步兵第一隊：學員116名，步兵第二隊：學員119名；炮兵科有學員71名；工兵科有學員77名；輜重兵科有學員68名。另據《黃埔軍校史稿》記載設有憲兵科[4]，但是在湖南省檔案館校編、湖南人民出版社《黃埔軍校同學錄》中沒有單獨列出。

部分學員學籍的考究與確認：

根據湖南省檔案館校編、湖南人民出版社《黃埔軍校同學錄》記載，第二期畢業或肄業學員共計有448名。除此之外，根據其他方面史料記載與反映，另有四名第二期生的學籍及就學情況，需要在此作出考證與說明：

---

[3] 中國第二歷史檔案館供稿影印　檔案出版社1989年7月《黃埔軍校史稿》第2冊第74頁。

[4] 中國第二歷史檔案館供稿影印　檔案出版社1989年7月《黃埔軍校史稿》第2冊第68頁。

蕭人鵠：據《中國紅軍人物志》[5] 記載：1924 年考入廣州黃埔中國國民黨陸軍軍官學校第二期學習，1925 年 6 月以中國國民黨中央農民部農運特派員身份派到河南開展農民運動，任中共豫陝區委員，負責農民運動工作。另據《中國共產黨創建史辭典》[6] 記載：1924 年 8 月考入黃埔中國國民黨陸軍軍官學校，11 月為孫中山隨行侍衛人員。另載：1925 年 6 月被選拔提前離校，任命為廣東革命政府特派員赴河南開封工作。[7] 其在黃埔中國國民黨陸軍軍官學校第二期生學籍，應確認為肄業。

李友邦：據《李友邦與臺胞抗日》[8] 記載：1925 年 9 月 6 日，李友邦已經二十歲，他從黃埔陸軍軍官學校第二期畢業，旋被派去主持由中國國民黨兩廣省工作委員會領導的「臺灣地區工作委員會」，這是中國國民黨最早的對臺灣黨務工作機構。另據《黃埔軍校將帥錄》[9] 記載：黃埔中國國民黨陸軍軍官學校第二期肄業。據查：湖南省檔案館校編、湖南人民出版社《黃埔軍校同學錄》第二期同學錄無載，應確認其未畢業即離校。

覃異之：據其本人《回憶黃埔》[10] 記載：去虎門新成立的建國桂軍官學校報到。……廖黨代表說：「桂軍學校第一期學生按黃埔中國國民黨陸軍軍官學校第二期待遇」。另據《黃埔軍校將帥錄》[11] 記載：1924年夏到廣州，入建國桂軍軍官學校第一期學習，1925 年 6 月入黃埔中國國民黨陸軍軍官學校第二期炮兵科學習。應確認為為中途插入第二期炮兵科學習資格。

5　王健英著：廣東人民出版社 2000 年 1 月第一版，《中國紅軍人物志》第 736 頁。

6　倪興祥主編，上海人民出版社 2006 年 6 月第一版，《中國共產黨創建史辭典》第 624 頁。

7　范寶俊、朱建華主編：（中華人民共和國民政部組織編纂）黑龍江人民出版社 1993 年 10 月《中華英烈大辭典》下冊第 2267 頁。

8　陳正平著：臺北世界綜合出版社 2000 年 8 月印行，《李友邦與臺胞抗日》第 32 頁。

9　陳予歡編著：廣州出版社 1998 年 9 月出版社，《黃埔軍校將帥錄》第 442 頁。

10　載于《第一次國共合作時期的黃埔軍校》文史資料出版社 1984 年 5 月第一版，第 272—274 頁。

11　陳予歡編著：廣州出版社 1998 年 9 月出版社，《黃埔軍校將帥錄》第 1485 頁。

聶紺弩：據《中國文學家辭典》[12] 記載：1924 年考入廣州黃埔中國國民黨陸軍軍官學校（黃埔軍校）第二期，第二年在廣州考入莫斯科中山大學學習。另據《中國人名大辭典——- 當代人物卷》[13] 記載：1924 年入黃埔中國國民黨陸軍軍官學校第二期學習。再據《黃埔軍校將帥錄》[14] 記載：1924 年 11 月到廣州，入黃埔中國國民黨陸軍軍官學校第二期學習，未及畢業即赴蘇聯學習。其第二期生學籍應確認，據史料記載 1925 年 7 月在廣州考取莫斯科中山大學第一期。黃埔中國國民黨陸軍軍官學校第二期畢業典禮於 1925 年 9 月 6 日，應確認未及畢業提前離校。

綜上所述，第二期的畢業或肄業學員總數應為 452 名。

第二節　第二期生「畢業證書」情況介紹

目前能夠收集或看到的第二期生畢業證書十分有限，僅有容幹、張炎元的兩份證書。

附上兩人的黃埔中國國民黨陸軍軍官學校第二期畢業證書：（源自臺北容鑒光收藏）

本校第二期學生容　幹
按照本校規定[illegible]兵科教
育修學期滿考試及格准
予畢業特給證書
校　長蔣中正
黨代表廖仲愷
中華民國十四年九月六日給

容幹的畢業證書

[12] 現代第一分冊，四川人民出版社 1979 年 12 月第一版，第 494 頁。

[13] 上海辭書出版社 1992 年 12 月第一版，第 1609 頁。

[14] 陳予歡編著：廣州出版社 1998 年 9 月出版社，《黃埔軍校將帥錄》第 1226 頁。

中國國民黨陸軍軍官學校畢業證書第77號
本校第二期學生張炎元
按照本校規定工兵科教
育修學期滿考試及格准
予畢業特給證書
校　長蔣中正
黨代表廖仲愷
中華民國十四年九月六日給

張炎元的畢業證書

從上面兩張畢業證書，我們可以看到容幹的畢業證書是第一號，張炎元的畢業證書是第七十七號。校長蔣中正、黨代表廖仲愷署名簽發證書，並在其名下分別蓋有兩人的私人圖章。畢業證書的底部蓋有「陸軍軍官學校關防」的大印章，在其旁邊還蓋有「中國國民黨特別區黨部」小印章。發給畢業證書的簽署日期均為 1925 年 9 月 6 日。

與第一期生的畢業證書相比較，不同之處有以下幾點：一是第二期生的證書中的印章少了「陸海軍大元帥陸軍軍官學校總理孫文」的字樣及印章；二是畢業證書的版本，從目前留存的兩張第二期生畢業證書來看，均為同一版本，第一期生的畢業證書則有兩種版本；三是署名與簽發日期，與第一期生畢業證書有所不同；四是畢業證書的底端，缺少了「斧頭」、「鐮刀」和「步槍」的交叉圖案。

從上圖的第二期生畢業證書的變化情況，我們至少可能看到以下幾個方面：一是孫中山先生逝世後，畢業證書的樣式有所改變，簽發署名改為校長蔣中正，黨代表廖仲愷；二是畢業證書底端圖案，去除了「斧頭」、「鐮刀」和「步槍」交叉圖案，似乎預示了「中山艦事件」與「整理黨務案」後，中國國民黨中央與軍事委員會的政治取向有了明顯改變；三是畢業證書的設計、圖形與樣式，均比第一期生的畢業證書簡化許多。

兩期畢業生的畢業時間與證書發放，從時間上僅僅相距半年至十個月之間。筆者在《軍中驕子：黃埔一期縱橫論》對第一期生兩種版本畢業證書作過比較與分析。但是，政治與軍事風雲之變幻，即在畢業證書上顯露端倪。

第三節　第二期生畢業前後分發情況

（一）第二期生畢業典禮及畢業考試前三名獲獎情況

大致是因為戰事緊迫，第二期生的畢業典禮，遲至 1925 年 9 月 6 日（星期天）下午才於黃埔中國國民黨陸軍軍官學校校本部大操場舉行。

畢業典禮完畢後，校長蔣中正還與獲得考試成績前三名的優等畢業生合影。

上圖前排站中間的系校長蔣中正，前排左二為李士珍，後排中間為容幹，後排左一為惠子和。

獲得考試前三名成績的學員獲得獎勵如下：第一名：容幹，獲得獎勵望遠鏡一個；第二名：鄺鄘，獲得獎勵金質手錶一個；第三名：李士珍、劉福康（兩人並列），各獲得獎勵銀質手錶一個。

（二）第二期生畢業分發情況

1925年9月8日，校長與校黨代表連署發出分發命令，具體情況如下：其中步兵科分發：政治工作者78名，（黨軍）第一師機關槍連者24名，第一師第五團者9名，軍校機關槍連者5名，組織通信班者34名，（廣州）航空學校者10名，派往（廣東）南路者2名，憲兵營者10名，入伍生隊者1名；工兵科分發：工兵連者32名；炮兵科分發：為黨代表者8名，（黨軍）軍部野戰炮兵連者7名，（黨軍）軍部山炮連者10名，（軍校）校部山炮連者4名，軍械庫者7名，（廣州黃埔）長洲要塞炮臺者7名，（廣東）虎門要塞炮臺者6名，要塞司令部者1名，校部3名，（黨軍）第一師者73名，校政治部者1名，派留第三期（任教職官佐）者12名。[15] 另據資料記載：向省港大罷工委員會派出15名；有13名學員考取了赴前蘇聯莫斯科中山大學第一期學習；另有黃天玄、張漢良等多名學員分發廣東革命政府海軍局任職。陳道榮、王德清在第一次東征作戰中犧牲，歐陽松於畢業前逝世。以上各項累計380名。一部分學員因執行特殊任務，奉命提前離校，例如：聶紺弩、蕭人鵠等。其餘學員分發去向未詳。

15　中國第二歷史檔案館供稿影印：《黃埔軍校史稿》，檔案出版社1989年7月第2冊第81頁。

第二章

部分第二期生入學前受教育與社會經歷

招考和選拔青年進入黃埔中國國民黨陸軍軍官學校，其中入學者的背景、素養和閱歷諸方面，是招生當局考察之重要環節。筆者依據手頭掌握的一些資料，整理出一部分第二期生入學之前的文化修養及社會閱歷，望有助於讀者瞭解部分學員的基本情況。

從學員的學習經歷和從業情況看，有不少第二期生在入學之前，已經受各類教育，社會經歷和閱歷是多元化的，具備一定的文化修養，為日後發展成才奠下了基礎。

首先，中國國民黨及中共各地基層組織，繼續為軍校招生起到推薦、選拔作用。從國民革命的潮流和氛圍，「到廣州去，投考黃埔軍校，當革命軍」，是當時先進青年的時尚追求。

其次，入學前的第二期生，多數人具有高等小學或初級中學文化程度。他們在當地經革命黨有聯繫的宗族兄弟、親戚朋友，或者直接受到他們的舉薦報考。因此，絕大多數第二期生在入學之際，具有相當文化程度和較高政治覺悟。

再次，根據史載情況，第二期政治科招錄學員 315 人，入學介紹人許多是活躍於各地鼎鼎有名的社會活動家、軍界耆宿和將校、地方辛亥革命先賢等，他們形同第二期生投身革命的啟蒙者或引路人。

附表 1　部分第二期生入學前學歷及社會經歷一覽表

序	姓名	入學前學習情況及社會經歷
1	萬國藩	建國桂軍幹部學校肄業。
2	方　天	江西省立贛州第四中學畢業。
3	王　毅	廣東瓊崖中學、廣東肇慶西江講武學堂畢業。
4	王一飛	少年時考入黃梅縣立高等小學堂就讀，畢業後考入武昌高等師範學校附屬中學學習，1920 年春考入漢陽兵式專門學校就讀，懂得製造槍炮技術。得知哈爾濱戊通航業公司招收航機實習員，其考取後，到哈爾濱做工謀生。1923 年 9 月在武漢經張如嶽介紹加入中國社會主義青年團，發起成立「黃梅平民教育促進會」，被推選為總幹事。其間組織「青年讀書會」，發展為團組織，建立黃梅縣第一個社會主義青年團小組。先到上海後赴廣東。
5	王大文	自幼隨父及伯父僑居新加坡，1910 年入新加坡養正學校讀書，1920 年新加坡養正學校畢業後，赴南京暨南學校學習。多次到上海法租界環龍路（今南昌路）四十四號孫中山設於滬事務所（後為中國國民黨設於上海總部）閱讀中國國民黨宣傳書刊，在此結識胡漢民、廖仲愷、張繼、張秋白等，經張繼介紹加入中國國民黨。1923 年 1 月任中國國民黨上海第七分部籌備處主任，1923 年春正式任中國國民黨上海第七分部部長，隨後動員吸收了暨南學校二十多名同學加入中國國民黨第七分部。赴上海環龍路四十四路事務所設立的黃埔軍校入學初試及格，後被廣州大沙頭警衛軍講武堂接納入學。
6	王伯蒼	武昌共進中學、武昌高等師範學校預科畢業。參加惲代英等組織的「利群書社」，1924 年加入中共。
7	王作華	1922 年考入廣東肇慶西江講武學堂學習，畢業後投效粵軍部隊。
8	王武華	少時考入廣東澄邁縣福山鄉高等小學就讀，畢業後繼考入澄邁縣立中學學習，1920 年畢業，返回原籍鄉間小學任教。
9	王夢堯	1920 年考入遵潭鄉立高等小學堂學習，畢業後受長兄夢雲引導赴省城廣州謀生。
10	王景星	少時考入澄邁縣福山鄉高等小學就讀，畢業後繼考入澄邁縣立中學學習，1920 年畢業，返回原籍鄉間小學任教。
11	鄧仕富	梅縣丙村鄉立高等小學堂畢業。1922 年投效粵軍第一師，曾在鄧演達團當兵。後經鄧演達保薦投考黃埔軍校。
12	丘岳宋	少時考入長安鄉高等小學就讀，畢業後繼考入澄邁縣立中學學習，1920 年畢業返回原籍鄉間學校任教。
13	馮爾駿	少時考入演豐鄉立高等小學堂就讀。1921 年 10 月考入廣東省立瓊山中學就讀，畢業後到廣州考入廣東高等師範學校就讀。受國民革命思潮影響，毅然投筆從戎。
14	盧德銘	六歲入本村私塾啓蒙，1919 年考入宜賓縣屬白花鄉高等小學堂就讀，1921 年畢業，繼考入成都公學讀書。1924 年春得知黃埔軍校招生消息，得本地老同盟會員李銘忠介紹，遂南下廣東。
15	史克斯	少時考入會文鄉浚錄高等小學就讀，畢業後一度在鄉間小學任教。其間參加陳俠農領導的瓊崖反袁（世凱）活動，後參與老同盟會員洪太初在白延圩組織的自治會，為逃避追殺，被迫與其他各姓同年逃亡海外。1924 年春在南洋獲悉黃埔軍校招生，遂返回廣東應考。錯過第一期生考試時間，經同鄉舉薦得入廣州警衛軍講武堂學習。

16	甘羨吾	容縣縣立中學肄業後，聞知黃埔軍校招生，遂乘船東赴廣州，到後才知第一期考試已過。滯留省城等待機會。
17	龍　驤	廣東萬寧縣東沃鄉高等小學堂畢業。
18	劉世焱	少時考入頓崗鄉高等小學就讀，畢業後繼入始興縣立中學學習，畢業後返回原籍任高等小學教員。獲悉黃埔軍校招生資訊，立志投筆從戎南下投考。
19	劉光烈	早年參加惲代英創建的「利群書社」活動。1924 年春經惲代英舉薦，南下廣東投考黃埔軍校。
20	吉章簡	廣州潮州八邑旅省中學肄業，上海吳淞江蘇省立水產專門學校航海科、廣東警衛軍講武堂畢業。
21	呂國銓	廣西容縣中學畢業。
22	成　剛	1910 年入其父倡辦之鄉學讀書，1912 年考入李氏族立小學學習，1916 年改入箬山湯氏高等小學就讀，1918 年考入湘潭縣立中學，1919 年轉入長沙湖南省立第一甲種工業學校化學科學習，1921 年畢業。創辦化學工廠未遂，1923 年 3 月入吳佩孚創辦軍官訓練團受訓。
23	阮　齊	南京金陵大學肄業。
24	嚴　正	武昌高等師範學校肄業。
25	何其俊	少時考入福山鄉高等小學就讀，畢業後繼考入澄邁縣立中學學習，1920 年畢業，返回原籍鄉間小學任教。
26	吳　明（陳公培）	1919 年入北京法文專修館學習，1919 年底結業，參加北京工讀互助團。1920 年春到上海參加上海馬克思主義研究會活動，並參與發起上海中共早期組織。1920 年 6 月赴法國勤工儉學，1921 年春與在法國的張申府、趙世炎、周恩來等五人，共同組成旅法中共早期組織。1921 年 11 月回到上海，在中國社會主義青年團臨時中央局工作。1922 年 4 月 19 日參與籌備組建中國社會主義青年團杭州支部，1922 年 6 月 7 日任杭州地方委員會宣傳部主任。1922 年底赴海南島，先後發展了魯易、羅漢、徐成章等十名黨員。1924 年秋加入中國國民黨。
27	吳振民	紹興縣本鄉二戴高等小學、浙江省立紹興中學肄業。
28	吳造漢	沔陽縣立初級中學、武昌共進中學、武昌中華大學肄業。
29	張　寧	少時考入羅豆鄉恢中高等小學就讀，畢業後曾任鄉間學校教員。獲悉黃埔軍校招生消息後，1924 年春與同鄉韓鏗等乘船赴省城投考。
30	張子煥	湖南湘軍講武堂第五期炮兵科畢業。
31	張弓正	少時考入演豐鄉高等小學就讀，畢業後，1919 考入瓊山縣立舊制中學普通科學習，1923 年畢業。獲悉黃埔軍校招生資訊，遂與馮爾駿、陳衡、周成欽等結伴赴省城。
32	張炎元	廣東梅縣東山中學肄業。
33	李士珍	幼年就讀於寧海縣城白嶠國民小學，畢業後考入正學高等小學校學習，畢業後隨家人赴上海，考入上海公學就讀，畢業後以優異成績考入杭州之江大學學習，畢業後返回家鄉寧海，創辦育才小學，並任校長。
34	李公明	廣東汕頭嘉應中學畢業。
35	李節文	廣東東莞莞城中學畢業。

36	李勞工	1912年考入海豐縣捷勝鄉文亭高等小學就讀，1918年畢業，任捷勝鄉南町高等小學教員。1920年入海豐縣蠶桑局養蠶訓練班學習，結業後入海豐縣蠶桑局任差事。其間結識彭湃，受彭影響改名「勞工」。1923年7月被推選為廣東省農民協會執行委員會執行委員，兼任該會農業部部長及宣傳部委員，1924年4月與彭湃經汕頭赴香港抵達廣州，在廣州東堤二馬路成立人力車俱樂部，其任主任，其間加入中共。1924年夏由廣東黨組織選派投考黃埔軍校
37	李芳郴	長沙私立兌澤中學畢業。
38	李家忠	駐粵建國桂軍學校畢業。
39	李精一	寶慶縣東鄉潭佳灣高等小學、湖南長沙兌澤高級中學畢業。
40	李驤騏	廣州大本營軍政部陸軍講武學校肄業。
41	楊引之	華陽縣南城高等小學業，成都初級師範學校、高等蠶業講習所、上海南洋公學肄業。
42	沈發藻	江西省立第四中學畢業。
43	邱清泉	永嘉縣立高等小學堂、浙江省立第十中學、上海大學社會學系一年級、英國文學系二年級肄業。
44	陳　恭	醴陵縣泗汾鄉崇德宮小學就讀，1919年夏畢業，繼考入醴陵縣立中學，後入長沙長郡中學續讀，1923年夏末中學畢業之際，由孫小山介紹加入中國社會主義青年團。繼入長沙半工半讀平民大學學習，後遵父命赴廣州，投考廣州大本營軍政部陸軍講武學校，因延誤考期，遂轉入譚延闓部駐粵湘軍當兵。
45	陳　衡	瓊山縣三江鄉高等小學、府城瓊崖中學畢業。
46	陳　銘	贛縣中學肄業後，赴廣東投效駐粵贛軍，曾任贛軍獨立連排長。
47	陳玉輝	浦江縣城中高等小學、舊制省立浦江中學畢業。
48	陳作為	1912年考入長沙縣嵩山高等小學堂學習，1915年考入長沙省立第一師範學校學習，被推選為學生自治會負責人之一。1920年秋畢業回鄉，聘任金江高等小學堂教學主任，參與創辦《瀏陽旬刊》。1922年冬經夏明翰介紹加入中共。
49	陳紹平	本鄉小陳灣高等小學堂、武昌湖北省立第二中學畢業，武昌中華大學肄業兩年。
50	陳金城	江蘇省立南京蠶桑專科學校畢業。
51	陳家駒	駐粵建國桂軍學校畢業。
52	周成欽	廣東瓊崖師範學校肄業。
53	周逸群	1906年入貴陽城南小學讀書，畢業後於1914年考入貴陽南明中學學習，1918年畢業。返回原籍任銅仁縣教育會任會計。1919年春赴日本東京慶應大學攻讀政治經濟學，1923年春回國。1923年5月在上海籌辦「貴州青年社」，1924年在上海加入中共。
54	宛旦平	新甯縣立高等小學畢業，1922年秋考入長沙岳雲中學，其間參加學生運動和工人運動，1922年底加入中共。1924年被中共湘區委員會保送黃埔軍校學習。
55	幸華鐵	江西贛南中學畢業，上海大學社會學系肄業。
56	林中堅	文教鄉高等小學畢業。1912年入瓊崖五年制高等師範學校就讀，1917年畢業。返回本鄉任保平小學校長六年。1924年春因參加黃埔軍校第一期生入學複試不及格，遂入廣州大沙頭警衛軍講武堂
57	羅　英	餘幹縣立玉亭中學畢業，江西南昌通俗教育學校肄業。

58	羅歷戎	少時考入渠縣縣城高等小學就讀，畢業後考入渠縣縣立中學學習，畢業後返回原籍任小學教員兩年多。
59	羅英才	澄邁縣老城鄉高等小學、澄邁縣立中學、廣東省第六師範學校畢業
60	羅振聲	綦江初級師範學校、成都高等師範學校預科畢業，赴法國勤工儉學，參與籌備中國社會主義青年團旅歐支部。
61	范煜燧	諸城縣牛官莊高等小學畢業，青州農業職業學校蠶桑班肄業，濟南第一中學、北京高等師範學校理化部畢業。1920 年 10 月在北京高等師範學校理化部就讀時，曾參加北京共產主義小學初期活動。1921 年 10 月畢業後返回濟南，任濟南山東省立第一中學教師、教務主任。1923 年 8 月任山東省教育廳指導員、省視學主任，兼任濟南第一師範學校教員。1924 年 1 月任中國國民黨山東省籌備黨部執行委員。
62	鄭　彬	在海口福音醫院並半工半讀，入美國人在附城辦的私立華美中學附屬小學就讀，後升入中學部，1924 年 6 日畢業，被選入基督教設立的福音醫院當傳教士兼學醫，聞知黃埔軍校招生，毅然棄醫習武赴省城。
63	姚中英	少時考入本鄉高等小學就讀，畢業後考入平遠縣立中學，1923 年畢業，投效駐防汕頭的粵軍姚雨平（平遠縣同鄉）部。
64	施覺民	本縣壺山高等小學畢業，杭州浙江省立第一師範學校肄業，
65	洪士奇	湖南省立甲種工業學校肄業。
66	祝夏年	徐聞縣立高等小學就讀，後考入省城廣州中學學習，畢業後投筆從戎。
67	胡秉鐸	榕江高級小學、貴州法政專門學校、北京朝陽大學畢業。1923 年 12 月任《貴州青年》社編輯。1924 年 8 月以第二期招生第一名考試成績被錄取。
68	胡靖安	靖安縣鴨裏潭鄉高等小學肄業，1920 年入贛軍李烈鈞部當兵，曾充李烈鈞衛士隊馬弁四年，入廣東警衛軍講武堂，曾隨隊參加平定廣州商團叛亂的戰鬥。
69	趙　援	重慶聯合中學畢業，北京朝陽大學肄業。
70	鍾　松	松陽縣立高等小學、浙江省立第十一師範學校畢業。
71	鍾光藩	文昌本鄉高等小學就讀，畢業後隨鄉人赴南洋謀生。聞知黃埔軍校招生，即隨同鄉人回國赴省城。1924 年春參加黃埔軍校第一期生入學複試不及格，遂入廣州大沙頭警衛軍講武堂學習。
72	唐　循	少時考入郵亭鄉高等小學就讀，畢業後考入零陵縣立中學學習，畢業後返回鄉間任教。
73	唐子卿	少時考入福山鄉（第四區）高等小學就讀，畢業後繼考入澄邁縣立中學學習，1920 年畢業，返回原籍福山鄉小學任教。
74	聶紺弩	湖北京山縣高級小學，畢業後赴武漢做工兼讀夜校，接受劉師複無政府主義思想，受早年啓蒙老師、老同盟會員孫鏡影響參加國民革命運動。1922 年南下福建泉州，入援閩粵軍總指揮部任秘書處文書。1923 年春在上海經孫鏡介紹加入中國國民黨。後赴馬來亞吉隆玻華僑辦運懷學校任教員、編輯。1924 年 8 月回國到上海，其間孫鏡在上海任中國國民黨黃埔軍校第二期招生考卷評閱委員，經孫舉薦參加考試及格，遂南下廣州。
75	曹　勖	1924 年隨兄曹振武赴廣東，適逢黃埔一期已開學，遂由何應欽面試作文一篇，舉薦其入第二期就讀。

76	曹潤群	平壩縣立高級小學畢業，雲南航空學校第一期肄業。
77	梁伯龍	四川江安高等小學、四川省立第三中學、上海中華職業學校、上海震旦大學政法科畢業。1924 年加入中國共產黨。同年秋受黨組織派赴廣州黃埔軍校學習。
78	符大莊	少時考入文昌縣寶芳鄉高等小學就讀，畢業後隨姐夫出洋謀生，初時打短工為生，後聘任華僑學校教員。獲悉黃埔軍校招生，遂辭職返回廣東投考。
79	符漢民	文昌縣新橋鄉高等小學畢業後，無經濟來源輟學，後隨鄉人赴南洋謀生。日間打工為生，晚間補習功課。時逢中國國民黨南洋黨部號召海外學子回鄉投考黃埔軍校。遂乘船返回廣東。
80	符明昌	廣東瓊山加積高等小學畢業。
81	符南強	廣東瓊崖中學肄業。
82	蕭人鵠	少時入蕭家灣楊鷹嶺學校就讀，1916 年 3 月隨父到省城當家庭教師，考入武昌中華大學附屬中學就讀。1917 年 12 月受林育南影響，加入惲代英等發起的「互助社」、「利群書社」。1920 年冬參與陳潭秋、林育南等組織「馬克思學說研究會」。1921 年 9 月經陳潭秋介紹加入中共。1921 年 10 月與陳潭秋等創建黃岡縣第一個黨組織－陳宅樓黨小組，任組長。1921 年 12 月赴武漢從事革命活動，1924 年夏受黨組織委派南下廣東。
83	麻　植	浙江處州中學畢業。
84	龔光宗	澧縣縣立第二初級師範學校畢業後，返回鄉間辦學，曾任高等小學校校長。參與籌建中國國民黨澧縣黨部，任籌備委員。創辦澧縣《民聲》報，任編輯部主任。後入長沙自治講習所學習，1924 年秋受湖南省國民黨組織委派，南下赴廣州黃埔軍校。
85	彭　熙	湖南陸軍講武堂畢業。
86	彭禮崇	長沙船山中學、湘江中學肄業，廣東警衛軍講武堂第二期
87	彭佐熙	羅定縣立高等小學，畢業後再考入廣東省立羅定第八中學學習，1918 年畢業。先於原籍鄉間任教，後立志投筆從戎，考入佛山武事專門學堂就讀。
88	惠子和	長安縣立初級中學、陝西西安師範學校。1924 年春在北京加入中國國民黨，1924 年秋受中國國民黨北方區籌備黨部委派，南下廣州黃埔軍校。
89	程俊魁	武漢湖北省立第一中學畢業。
90	葛武棨	浦江縣高等小學、浦江縣立中學畢業，1922 年考入上海震旦大學經濟科學習，受到中國國民黨上海執行部推薦南下廣州，錯過了第一期複試時間，繼入第二期學習。
91	蔣友諒	先後就讀諸暨縣立高等小學、寧波工業專門學校。1923 年加入中共，受黨組織委派南下投考黃埔軍校。
92	覃異之	1921 年考入廣西安定（今宜山）縣立中學學習，畢業後，於 1924 年夏到廣州，入建國桂軍軍官學校第一期學習，1924 年 12 月經黨代表廖仲愷介紹轉入黃埔軍校第二期學習。
93	謝雨時	湖北應城初級師範學校畢業後，曾任本鄉高等小學教員、教務主任。1924年秋到廣州。
94	魯宗敬	瀏陽縣東市鄉高等小學就讀，畢業後一度在鄉間任教。
95	詹行旭	少時考入文昌縣寶芳鄉高等小學就讀，1923 年畢業。1924 年春赴省城求學。
96	雷　震	四川邛崍縣邛大蒲聯立中學、成都法政學校畢業，四川建武學堂肄業。
97	翟榮基	廣東大學文學部預科肄業。

98	蔡勁軍	1924 年春因參加黃埔軍校第一期生入學複試不及格，遂入廣州大沙頭警衛軍講武堂（堂長吳鐵城兼）學習。不久適逢黃埔軍校第二期招生，
99	蔡鴻猷	縉雲縣本鄉高等小學畢業，浙江陸軍教導隊肄業，浙江陸軍無線電話教導隊第一期、上海大學社會系肄業。
100	譚　侃	湖南南縣第一高等小學、岳陽湖濱中學、長沙青年中學、雅禮教會大學預科班畢業。
101	滕　雲	南寧廣西省立第二中學畢業。
102	黎鐵漢	萬泉鄉立高等小學校、瓊海縣立中學畢業。
103	魏國謨	五華縣横陂鄉高等小學就讀，畢業後入五華縣立中學學習，1924 年畢業。聞知黃埔軍校招生，即赴省城投考。

第三章

中國國民黨第二期生在軍校、軍隊、黨務、警務等方面情況

第二期生參與了中國國民黨歷史上幾乎所有軍事、政治、黨務、警務等多方面事務與活動，有一小部分人，還曾在不同歷史時期發揮過較為重要的作用與影響，留下了程度不同深淺各異的歷史印記。

第一節　中央軍事政治學校的「清黨」

1925 年 12 月 8 日校長蔣中正在東征軍潮州行營召集第一軍政治部職員、各級黨代表會議調和黨爭問題，提出辦法兩項：一、校內准共產黨員活動，凡有一切動作均得公開；二、（孫中山）總理准共產黨跨國民黨，而未准國民黨跨共產黨，然亦未明言不准，現在本校亦不禁止國民黨加入共產黨，惟加入共產黨者須向特別黨部聲明請得照準，到會人員僉以為然。[1]1926 年 4 月 10 日中國青年軍人聯合會決定自行解散，[2] 並宣佈解散通令。1926 年 4 月 21 日孫文主義學會發佈宣言將該會自動取銷。[3]

---

[1] 中國第二歷史檔案館供稿影印：《黃埔軍校史稿》，檔案出版社 1989 年 7 月第 7 冊第 61 頁。

[2] 中國第二歷史檔案館供稿影印：《黃埔軍校史稿》，檔案出版社 1989 年 7 月第 7 冊第 63 頁。

[3] 中國第二歷史檔案館供稿影印：《黃埔軍校史稿》，檔案出版社 1989 年 7 月第 7 冊第 71 頁。

1926年6月1日中國國民黨中央執行委員會決議任蔣中正為中央組織部部長，1926年7月5日中央執行委員會又以北伐軍將出發，諸如各軍黨務之指導與革命軍黨代表之任免及軍隊中之政治工作等關係至為重大，遂決議中央黨部增設軍人部，任蔣中正為部長，有任免所轄革命軍及軍事機關黨代表之許可權。[4]

為改善黨務起見，蔣校長與譚延闓共同提出整理黨務之提案，主張組織國民黨與共產黨之聯席會議，中央議決通過國民黨與共產黨協定如下：一、共產黨應訓令其黨員改善對於國民黨之言論態度，尤其對於總理與三民主義不許加以懷疑或批評；二、共產黨應將國民黨內之共產黨員全部名冊交國民黨中央執行委員會主席保管；三、中央黨部部長須不跨黨者方能充任；四、凡屬於國民黨籍者不許在黨的許可以外有任何以國民黨名義召集黨務會議；五、凡屬於國民黨籍者非得有最高黨部之命令不得別有組織及行動；六、中國共產黨及第三國際對於國民黨內共產分子所發訓令及策略，應先交聯席會議通過；七、國民黨員未受准許脫黨以前，不得入其他黨籍，如既脫黨籍而入共產黨者，以後不得再入國民黨；八、黨員違反以上各項時，應立即取消其黨籍或依其所犯之程度加以懲罰。[5]

1927年4月15日黃埔軍校開始「清黨」，1927年4月18日校本部召集各學生隊在俱樂部聚會，將共產黨分子挑出計有200餘人，既行解往中山艦拘留。入伍生團方面自4月15日起至5月底止，第一團被扣者192名，潛逃者98名。第二團被扣者100名，潛逃者148名。[6]在特別黨部服務之共產黨分子亦相繼離職，同時本校組織清黨審查委員會，繼續

4　中國第二歷史檔案館供稿影印：《黃埔軍校史稿》，檔案出版社1989年7月第7冊第74頁。

5　中國第二歷史檔案館供稿影印：《黃埔軍校史稿》，檔案出版社1989年7月第7冊第75頁。

6　中國第二歷史檔案館供稿影印：《黃埔軍校史稿》，檔案出版社1989年7月第7冊第119頁。

檢舉從嚴審查，如發現校中尚有共產黨分子嚴為剔除，如已被捕者果非共產黨分子，亦優為平反，以保障忠實之黨員。

1927 年 4 月 25 日被黃埔同學會駐粵特別委員會任命了一批第二期生擔任中國國民黨派駐海軍各艦艇黨代表。在海軍各艦艇中，還有不少在此之前任命的、專門從事政治工作的黨代表，他們有：中山艦：符明昌、安北艦：邢詒棟、廣北艦：蔡勁軍、平南艦：邢角志、龍驤艦：王尚武、東江艦：黃翰雄、江大艦：姚中英、海康艦：王耿光、舞鳳艦：張炎元、雷震艦：徐讓、光華艦：林敘彝、廣金艦：容幹等。

1927 年 6 月 11 日駐廣東「海軍特別黨部改選第二屆執監委員大會」公推吳嶾為改造後的中國國民黨海軍特別黨部第二屆主席，第二期生李郁文被推選為中國國民黨海軍特別黨部第二屆執行委員。

1927 年 7 月 15 日武漢方面在汪精衛主持下，亦開始在中央軍事政治學校武漢分校進行「清黨」活動。[7] 在此之前，中央軍事政治學校第三分校（長沙分校）亦進行奉命「清黨」，接著第一分校（南寧分校）也完成了「清黨」事宜。「清黨」之後的黃埔軍校，排除了「異黨」勢力，形成了此後中國國民黨一黨獨大狀況。

第二節　第二期生在黃埔軍校主要活動情況

（一）組成中國國民黨黃埔軍校第二屆特別區黨部

以第二期生為主組建了中國國民黨黃埔軍校第二屆特別區黨部，由於絕大部分成員為中共黨員，組成了該屆中國國民黨特別區黨部，是第一次國共合作時期的特殊歷史現象。詳情見第五章第二節內容。

7　中國第二歷史檔案館供稿影印：《黃埔軍校史稿》，檔案出版社 1989 年 7 月第 7 冊第 122 頁。

（二）第二期生出任校本部及各分校教官情況綜述

從廣州時期的中國國民黨陸軍軍官學校（中央軍事政治學校）、南京時期中央陸軍軍官學校、成都時期中央陸軍軍官學校校本部以及各分校歷任教職官佐名單中，我們搜尋到第二期生在其中佔據的不少位置，雖然在整體陣容上不如第一期生那麼顯赫，畢竟是僅次於前者而緊追其後。

附表 2　第二期生在黃埔軍校校本部任職任教情況一覽表

序	姓名	任職任教期別	任職年月
1	幹　卓	廣州黃埔中央軍事政治學校第四期軍校校長辦公廳官佐	1926.1
2	毛　豐	中央軍事政治學校潮州分校第二期步兵第一隊隊長	1926.6
3	王成杜	南京中央陸軍軍官學校第六期步兵第一大隊第三中隊中隊長	1928.4
4	王作華	南京中央陸軍軍官學校第六期炮兵大隊第二隊附附	1928.4
5	王建煌	南京中央陸軍軍官學校第六期步兵第四大隊第十四中隊中隊附	1928.4
6	王忠輔	廣州黃埔中央軍事政治學校第三期軍械處第二庫庫長	1925.1
7	鄧良銘	南京中央陸軍軍官學校第六期政訓處總務科庶務股股長	1928.4
8	鄧明道	廣州黃埔中央軍事政治學校第四期步科第二團第九連連長	1926.1
9	馮爾駿	廣州黃埔中央軍事政治學校第四期炮科大隊區隊長	1926.1
10	盧明思	南京中央陸軍軍官學校第六期步兵第二大隊第六中隊中隊附	1928.4
11	盧德銘	廣州黃埔中國國民黨陸軍軍官學校第三期軍校政治部組織科科員	1925.1
12	葉　梫	廣州黃埔中央軍事政治學校第四期軍校經理部採辦課官佐	1928.4
13	帥　正	廣州黃埔中國國民黨陸軍軍官學校第三期入伍生隊區隊長	1925.1
14	甘　霸	廣州黃埔中央軍事政治學校第四期入伍生團第一營第二連排長	1928.4
15	酈　鄘	廣州黃埔中國國民黨陸軍軍官學校第三、四期政治部宣傳科科員	1925.1
16	伍堅生	中央陸軍軍官學校廣州分校特別班防空教官、學員總隊總隊長	1936.7
17	關　鞏	廣州黃埔中國國民黨陸軍軍官學校第七期第二總隊政治訓練處宣傳科科長	1927.9
18	劉子清	廣州黃埔中央軍事政治學校第五期政治部宣傳科指導股股長， 南京中央陸軍軍官學校第六、七期步兵第三大隊第十二中隊中隊長	1926.3 1928.4
19	劉獻琨	廣州黃埔中央軍事政治學校第四期步科第二團第八連第三排排長	1928.4
20	劉　琨〔嘯凡〕	成都中央陸軍軍官學校第十九期軍校第一總隊總隊長，第二十期高級教官，第二十一期迪化軍官訓練班主任，第二十二、二十三期總務處處長	1942.12 －1948.12

21	呂德璋	南京中央陸軍軍官學校第六期訓練部官佐，第七期第一總隊步兵大隊大隊附，第八期入伍生團第三連連長， 中央陸軍軍官學校第八分校（設於湖北均縣）學員總隊總隊長	1928.4 1940 年
22	成　剛	南京中央陸軍軍官學校第十一、十二、十三期炮兵科科長， 成都中央陸軍軍官學校第十四期至十五期第一總隊總隊長， 成都中央陸軍軍官學校第十六期第二總隊總隊長	1934.9 － 1937.12 － 1938.10 －
23	朱　深	南京中央陸軍軍官學校第六期訓練部官佐	1928.4
24	何兆昌	廣州黃埔中央軍事政治學校第四期工兵科通信隊區隊長	1928.4
25	何其俊	廣州黃埔中國國民黨陸軍軍官學校第七期第二總隊工兵科中隊長。	1927.9
26	余石民	廣州黃埔中國國民黨陸軍軍官學校第七期第二總隊政治訓練處總務科科長	1927.9
27	余錦源	中央軍事政治學校潮州分校學員隊第三隊隊長	1925.12
28	吳　明	廣州黃埔中國國民黨陸軍軍官學校特別區黨部第二屆執行委員	1925.1.14
29	吳琪英	南京中央陸軍軍官學校第八期第二總隊工兵隊中隊長	1930.5
30	應　諧	武漢中央軍事政治學校工兵大隊第一隊隊長	1927.3
31	張松翹	廣州黃埔中央軍事政治學校第四期軍械處官佐	1928.4
32	張海帆	成都中央陸軍軍官學校第十六期第二總隊第一大隊大隊長	1939.1
33	張麟舒	武漢中央軍事政治學校女生大隊大隊附	1927.3
34	李　秀	廣州黃埔中央軍事政治學校第四期軍械處官佐	1928.4
35	李郁文	中央陸軍軍官學校第八分校（設於湖北均縣）總務處處長	1940 年
36	李家忠	廣州黃埔中央軍事政治學校第四期炮科大隊區隊長	1928.4
37	李道國	武漢中央軍事政治學校政治部組織科科長	1927.3
38	楊　彬	中央陸軍軍官學校第七分校教育處處長，中央陸軍軍官學校第六分校（南寧分校）副主任，中央陸軍軍官學校第六分校（桂林分校）副主任	1937.1 1941.10
39	楊文琭	南京中央陸軍軍官學校第九期高級班步兵隊隊附	1929.9
40	楊育廷	中央軍事政治學校潮州分校學員大隊區隊長	1925.12
41	沈發藻	成都中央陸軍軍官學校第十七期、第十八期教育處處長 中央軍校第八分校（設於湖北均縣）副主任、主任	1940.4 1940.1 起任
42	邱清泉	武漢中央軍事政治學校工兵大隊第二隊隊長 南京中央陸軍軍官學校第八期、第九期政治訓練處處長 南京中央陸軍軍官學校教導總隊司令部參謀長 中央陸軍軍官學校第七分校（西安分校）副主任	1927.3 1930.5 1937.10 1938.1
43	陸廷選	中央軍事政治學校第一分校（南寧分校）第二期步兵第六隊隊長 中央陸軍軍官學校第六分校（桂林分校）教育處處長	1926 年 1939 年
44	陳作為	廣州黃埔中國國民黨陸軍軍官學校特別區黨部第二屆執行委員	1925.1.14
45	陳孝強	中央陸軍軍官學校第七分校學員總隊總隊長	1937.1
46	陳紹秋	廣州黃埔中央軍事政治學校第五期入伍第二團第一營第二連連長。 廣州黃埔中國國民黨陸軍軍官學校學員總隊第二大隊大隊長	1926.4 1927.9

47	陳金城	中央陸軍軍官學校第七分校學員總隊總隊長	19371
48	陳濟光	南京中央陸軍軍官學校第九期中央軍校入伍生團連長	1931.5
49	陳奇雲	廣州黃埔中國國民黨陸軍軍官學校第六期第二總隊炮科中隊中隊附	1926.10
50	周成欽	廣州黃埔中國國民黨陸軍軍官學校第五期軍校政治部政治指導員 南京中央陸軍軍官學校第八期第二總隊第二大隊第五隊隊長	1926.4 1930.10
51	周逸群	廣州黃埔中國國民黨陸軍軍官學校特別區黨部第二屆執行委員 廣州黃埔中國國民黨陸軍軍官學校籌備校史編纂會編纂員	1925.1.14 1925.9.13
52	幸中幸	廣州黃埔中國國民黨陸軍軍官學校第七期校長辦公廳官佐	1927.9
53	幸良模	廣州黃埔中國國民黨陸軍軍官學校第七期第二總隊訓練部官佐、炮科中隊中隊長	1927.9
54	林　華	南京中央陸軍軍官學校第六期步兵第四大隊第十三中隊中隊附 南京中央陸軍軍官學校第八期入伍生總隊步兵大隊步兵第三隊隊附	1928.4 1930.5
55	林敘彝	廣州黃埔中國國民黨陸軍軍官學校第七期校長辦公廳官佐 廣州黃埔中國國民黨陸軍軍官學校保管委員會委員	1927.9 1929.10
56	林樹人	廣州黃埔中央軍事政治學校第五期入伍生部學生隊隊附	1926.3
57	羅歷戎	南京中央陸軍軍官學校第十二期學員總隊總隊長 中央陸軍軍官學校第七分校辦公廳主任	1935.9 1937.1
58	羅丕振	廣州黃埔中國國民黨陸軍軍官學校第六期第二總隊工兵科中隊中隊附	1928.4
59	羅振聲	廣州黃埔中國國民黨陸軍軍官學校特別區黨部第二屆執行委員	1925.1.14
60	鄭　武	武漢中央軍事政治學校炮兵大隊第四隊隊長	1927.3
61	鄭　彬	廣州黃埔中國國民黨陸軍軍官學校第六期第二總隊工兵科中隊隊長 廣州黃埔中國國民黨陸軍軍官學校第七期教授部築城交通副主任教官 廣州黃埔中央軍事政治學校高級班軍事科學員	1926.10 1927.9 1927.10 － 1928.3
62	鄭瑞芳	廣州黃埔中央軍事政治學校第五期政治部政治指導員	1926.3
63	洪春榮	廣州黃埔中國國民黨陸軍軍官學校第七期第二總隊訓練部官佐	1927.9
64	容　幹	廣州黃埔中國國民黨陸軍軍官學校第六期秘書處少校隨從副官	1926.10
65	梁安素	廣州黃埔中央軍事政治學校第四期炮科大隊區隊長	1928.4
66	黃文超	中央軍事政治學校潮州分校學員大隊區隊長 南京中央陸軍軍官學校第十二期總務處處長 南京中央陸軍軍官學校第十八、第十九期第一總隊大隊長	1925.12 1935.9 1941.4
67	黃日新	南京中央陸軍軍官學校第六期炮兵大隊第一隊中隊附	1928.4
68	黃仲馨	廣州黃埔中央軍事政治學校第四期工兵科普通工兵隊區隊長	1928.4
69	彭　熙	南京中央陸軍軍官學校第六期政治訓練處訓練科科長	1928.4
70	彭克定	南京中央陸軍軍官學校第十期第二總隊戰車教官	1933.8
71	覃異之	廣州黃埔中央軍事政治學校第三期總隊副區隊長， 南京中央陸軍軍官學校第六、七期步兵第三大隊第十中隊區隊長	1925.1 1926.4

72	謝廷獻	南京中央陸軍軍官學校第九、十期騎兵隊訓育員、少校主任訓育員 成都中央陸軍軍官學校第十七、十八期軍校政治部第二科科長 成都中央陸軍軍官學校（第二十三期）黃埔中學軍簡二階校長	1931.5 1940.6 1948.12
73	賴汝雄	中央軍事政治學校憲兵教練所第三隊代理隊長	1926.5.19
74	雷　震	廣州黃埔中國國民黨陸軍軍官學校第三期軍械處中尉黨代表 廣州黃埔中國國民黨陸軍軍官學校軍械處黨代表 中央軍事政治學校軍械庫黨代表	1925.1 1925.9.12 1926.3.2
75	熊仁彥	南京中央陸軍軍官學校第六期管理處官佐	1928.4
76	翟　雄	廣州黃埔中央軍事政治學校第四期政治部科員，第五期上尉服務員	1928.4
77	譚　侃	南京中央陸軍軍官學校第七期第一總隊步兵大隊步兵第三隊隊附	1927.9
78	潘超世	廣州黃埔中央軍事政治學校第五期軍校政治部政治指導員	1926.3
79	顏國璠	廣州黃埔中央軍事政治學校第四期校長辦公廳官佐 中央陸軍軍官學校廣州分校特別班中校地形教官	1928.4 1937.1 任
80	魏大傑	南京中央陸軍軍官學校第八期第二總隊中校大隊長	1930.10
81	魏漢華	廣州黃埔中國國民黨陸軍軍官學校第七期第二總隊步科第一中隊中隊附	1927.9
82	魏濟中	廣州黃埔中國國民黨陸軍軍官學校第七期第二總隊步科第一中隊區隊長	1927.9

如上表情況所示，幾乎所有後來在軍旅生涯名震一時的第二期生，都有在軍校任教任職的經歷。例如：邱清泉、沈發藻、楊彬、覃異之等。說明在當年，從黃埔中國國民黨陸軍軍官學校任職任教到「黃埔」中央嫡系部隊歷任要職，是一段不可或缺的職業軍官仕途升遷過程。

第三節　第二期生經受高等軍事教育情況

部分第二期生，延續了第一期生的某些優勢，成為入學高等軍事學校的黃埔中國國民黨陸軍軍官學校早期生。這種高層次的學習和訓練的經歷，無疑為他們日後成長、磨礪和晉任高一層次職位，奠定了必要的基礎。

附表 3　第二期生入學陸軍大學情況一覽表（40 名）

序	姓名	班／期別	在學年月	序	姓名	班／期別	在學年月
1	姚中英	正則班第九期	1928.12 — 1931.10	2	姚鍾鼎	正則班第九期	1928.12 — 1931.10
3	伍堅生	正則班第九期	1928.12 — 1931.10	4	沈發藻	正則班第九期	1928.12 — 1931.10
5	容　幹	正則班第十一期	1932.12 — 1935.12	6	万　大	正則班第十一期	1932.12 — 1935.12
7	李正先	將官班甲級第二期	1945.3 — 1945.6	8	甘　霸	特別班第四期	1938.3 — 1940.4
9	吳琪英	特別班第三期	1936.12 — 1938.10	10	李精一	特別班第七期	1943.10 — 1946.3
11	呂國銓	特別班第二期	1934.9 — 1937.8	12	余錦源	將官班甲級第三期	1945.8 — 1945.11
13	成　剛	特別班第二期	1934.9 — 1937.8	14	王　毅	將官班乙級第二期	1946.3 — 1947.4
15	胡松林	特別班第七期	1943.10 — 1946.3	16	孫鼎元	將官班乙級第一期	1938.12 — 1940.2
17	王作華	將官班乙級第四期	1947.11 — 1948.11	18	袁正東	特別班第四期	1938.3 — 1940.4
19	陳　衡	將官班乙級第二期	1938.12 — 1940.2	20	陳金城	將官班甲級第一期	1944.10 — 1945.1
21	陳紹平	將官班甲級第三期	1945.8 — 1945.11	22	張炎元	將官班甲級第二期	1945.3 — 1945.6
23	陸廷選	正則班第十二期	1933.11 — 1936.12	24	彭善後	將官班乙級第三期	1947.2 — 1948.4
25	彭禮崇	將官班乙級第二期	1938.12 — 1940.2	26	趙　援	特別班第五期	1940.7 — 1942.7
27	熊仁彥	將官班乙級第四期	1947.11 — 1948.11	28	廖　昂	特別班第四期	1938.3 — 1940.4
29	鄭　彬	特別班第四期	1938.3 — 1940.4	30	魯宗敬	將官班甲級第三期	1945.8 — 1945.11
31	蔡　劭	特別班第二期	1934.9 — 1937.8	32	黎鐵漢	將官班甲級第二期	1945.3 — 1945.6
33	劉希文	將官班乙級第四期	1947.11 — 1948.11	34	劉觀龍	將官班乙級第一期	1938.12 — 1940.2
35	龍　韜	將官班乙級第二期	1946.3 — 1947.4	36	謝宣渠	將官班乙級第四期	1947.11 — 1948.11

37	謝振華	將官班乙級第四期	1947.11－1948.11	38	鍾　松	將官訓練班第一期	1945.6－1945.10
39	魏漢華	兵役班第二期	1940－1941	40	鄭瑞芳	將官班乙級第一期	1938.12－1940.2

從入學高等軍事學校的情形考量，四名第二期生會同六名第一期生，同時成為陸軍大學（正則班第九期）最早的一批「黃埔生」。在《陸軍大學同學錄》中我們搜索到40名第二期生。就第二期生而言，在當時代表著現代軍隊指揮官接受高等軍事學府教育，並且較快成長為將校的發展趨向。

第四節　第二期生留學其他外國高等（軍事）學校情況綜述

（一）第二期生赴前蘇聯莫斯科中山大學學習情況

前蘇聯莫斯科中山大學，是為了紀念孫中山先生于1925年冬組建的。該校與同時存在的「東方勞動者共產主義大學」，當年在廣東執政的中國國民黨，陸續派遣了數批青年學生奔赴這兩所學校學習，稱譽為中國國民黨培養黨務與軍事幹部之必要場所。中共為培訓幹部，也相繼派遣赴學，上述兩校亦被中共認定為革命幹部之「搖籃」。從以下學員名單總體分析，中國國民黨派遣學生居多。這裡要記述第二期生，僅是其中一部分。

附表4　第二期生留學前蘇聯莫斯科中山大學情況一覽表

姓名	期別	學習年月	姓名	期別	學習年月
龍其光	第一期	1925年秋冬間至1926年下半年	林　俠	第一期	1925年秋冬間至1926年上半年
翟榮基	第一期	1925年秋冬間至1927年下半年	聶紺弩	第一期	1925年秋冬間至1927年下半年
阮　齊	第一期	1925年秋冬間至1927年	鄭介民	第一期	1925年秋冬間至1927年下半年
羅　英	第一期	1925年秋冬間至1927年下半年	張任權	第一期	1925年秋冬間至1927年
廖　開	第一期	1925年下半年至1927年冬	陸士賢	第一期	1925年秋冬間至1927年下半年
彭克定	第二期	1926年至1927年下半年	謝振華	第一期	1925年秋冬間至1927年下半年

從上表記錄的第二期生，在中國國民黨方面，一部分人從事軍隊政工、黨務及警務等，軍事將領主要有翟榮基、彭克定、阮齊等。在中共方面有羅英、聶紺弩等。

（二）第二期生留學其他外國高等（軍事）學校情況簡述

第二期生留學外國其他外國高等軍事學校的人數，明顯要比第一期生少，這是由於第二期生整體情況較為弱勢所決定的。

附表5　第二期生留學其他外國高等軍事學校情況一覽表

序號	姓名	學校名稱	序號	姓名	學校名稱
1	王一飛	前蘇聯莫斯科軍事學院	2	戴頌儀	奧地利維也納警官大學
3	王　毅	日本陸軍士官學校第二十一期工兵科	4	史宏熹	日本陸軍炮兵學校
5	司徒洛	日本陸軍步兵學校	6	李士珍	日本陸軍步兵學校
7	邱清泉	德國柏林陸軍大學	8	胡靖安	德國陸軍工兵學校
9	洪士奇	日本陸軍士官學校第二十一期炮兵科	10	容　幹	日本陸軍步兵學校
11	張漢初	德國柏林陸軍大學	12	彭克定	德國陸軍坦克軍官學校
13	龍　韜	日本陸軍士官學校第二十一期野戰炮兵科			

如上表所述，第二期生有13名留學外國高等軍事學校。在中國國民黨方面，不乏著名高級將領，如邱清泉、李士珍、洪士奇、容幹等；中共方面僅有王一飛。

第五節　第二期生進入中央軍官訓練團受訓情況綜述

進入戰時中央訓練團開辦的各類訓練班，為的是整飭思想統一軍令消彌異己振作軍風。處於戰時狀態的受訓時間，均為1－3個月的短期集訓。

附表 6　第二期生進入中央軍官訓練團、中央訓練團將官班、
軍委會戰時將校研究班任職及受訓情況覽表

序	姓名	受訓時班期隊別及任職	受訓年月	受訓前任職
1	王公遐	中央軍官訓練團第一期將官研究班	1939.10 － 12	憲兵第七團團長
2	王建煌	軍事委員會戰時將校研究班	1939.10 － 12	第五師第十五旅副旅長
3	王景奎	中央訓練團將官班	1946.1 － 3	集團軍炮兵指揮所副指揮官
4	王夢堯	中央訓練團將官班	1946.1 － 3	豫皖魯邊區綏靖公署督察處處長
5	丘　敵	中央訓練團將官班	1946.1 － 3	廣東第九區行政督察專員兼司令官
6	伍德鑒	中央訓練團將官班	1946.1 － 3	受降與接收軍事特派員公署特派員
7	李精一	中央訓練團將官班	1946.1 － 3	第九戰區第六游擊挺進縱隊司令官
8	李節文	中央軍官訓練團第一期將官研究班	1939.10 － 12	財政部廣東稅警團總團部參謀長
9	呂國銓	中央軍官訓練團第一期將官研究班	1939.10 － 12	第九十八師第二九二旅旅長
10	阮　齊	中央軍官訓練團第三期	1947.4 － 6	武漢行轅新聞處處長
11	周平遠	中央訓練團將官班	1946.1 － 3	軍事委員會參議
12	周兆棠	中央訓練團將官班	1946.1 － 3	陸軍總司令部新聞處處長
13	林守仁	中央訓練團將官班	1946.1 － 3	國民政府廣州行營參議
14	幸良模	中央軍官訓練團第三期	1947.4 － 6	鄂西師管區司令官
15	易　毅	中央訓練團將官班	1946.1 － 3	師司令部參謀長
16	姜筱嵐	中央訓練團將官班	1946.1 － 3	師政治部主任
17	唐獨衡	中央訓練團將官班	1946.1 － 3	副師長
18	張錦堂	中央訓練團將官班	1946.1 － 3	指揮官
19	曹　勖	軍事委員會戰時將校研究班	1939.10 － 12	第八十二師副師長
20	馮爾駿	中央訓練團將官班	1946.1 － 3	炮兵指揮部指揮官
21	彭佐熙	中央軍官訓練團第二期	1946.5 － 7	整編第九十三旅旅長
22	彭善後	中央訓練團將官班	1946.1 － 3	指揮部司令官
23	彭禮崇	中央軍官訓練團第三期	1947.4 － 6	整編第七十九師新聞處處長
24	曾　魯	中央訓練團將官班	1946.1 － 3	副總隊長
25	楊文瑔	中央軍官訓練團第一期將官研究班	1939.10 － 12	第六十一師第第一八一旅旅長
26	葛雨亭	中央訓練團將官班	1946.1 － 3	浙南「清剿」區司令部參謀長
27	趙　援	中央訓練團將官班	1946.1 － 3	國防部九江指揮部副參謀長
28	翟榮基	中央軍官訓練團第一期	1938.5 － 7	廣東省保安司令部保安第三團團長

29	廖　開	中央訓練團將官班	1946.1 － 3	指揮所主任
30	鄧士富	中央軍官訓練團第二期	1946.5 － 7	新編第一軍新編第三十八師副師長
31	駱祖賓	中央訓練團將官班	1946.1 － 3	供應局副局長
32	盧　權	中央訓練團將官班	1946.1 － 3	第三戰區司令長官部參謀處作戰科長
33	劉　夷	軍事委員會戰時將校研究班	1939.10 － 12	第一六七師副師長
34	龍　驤	中央訓練團將官班	1946.1 － 3	第九十七師副師長
35	蕭猷然	中央訓練團將官班	1946.1 － 3	司令官
36	嚴　正	中央訓練團將官班	1946.1 － 3	副師長
37	王仲仁	中央軍官訓練團第一期	1938.5 － 7	第一九〇師第一一一〇團團長
38	王作華	中央軍官訓練團第三期	1947.4 － 6	整編第四師師長
39	劉采廷	中央軍官訓練團第一期將官研究班	1939.10 － 12	第五師副師長
40	吉章簡	中央軍官訓練團第一期將官研究班	1939.10 － 12	預備第六師師長
41	許　鵠	中央訓練團將官班	1946.1 － 3	副師長
42	何淩霄	軍事委員會戰時將校研究班	1939.10 － 12	第五十八師副師長
43	張炎元	中央軍官訓練團第三期軍事講師	1947.4 － 6	國防部第二廳副廳長
44	楊　彬	中央軍官訓練團第二期	1946.5 － 7	新編第一軍副軍長
45	楊文琭	中央軍官訓練團第一期將官研究班	1939.10 － 12	第六十一師第一八一旅旅長
46	楊含富	中央軍官訓練團第一期	1938.5 － 7	江西省保安司令部保安第十三團團附
47	邱清泉	軍事委員會戰時將校研究班教務幹事	1939.10 － 12	中央陸軍軍官學校教導總隊司令部參謀長
48	陳金城	中央軍官訓練團第三期	1947.4 － 6	第九十六軍軍長
49	鄭介民	中央軍官訓練團第三期軍事講師	1947.4 － 6	國防部第二廳廳長
50	胡松林	中央軍官訓練團第三期	1947.4 － 6	甘肅省某師管區司令部司令官
51	黃煥榮	中央軍官訓練團第三期	1947.4 － 6	青年軍第二〇三師第一旅副旅長
52	蔣其遠	中央軍官訓練團第一期將官研究班	1939.10 － 12	第一〇六師第三一八旅旅長
53	覃異之	中央軍官訓練團第三期	1947.4 － 6	青年軍第二〇五師師長
54	熊仁榮	中央軍官訓練團第二期	1946.5 － 7	第十二軍副軍長
55	滕　雲	中央軍官訓練團第一期將官研究班	1939.10 － 12	第一八五師第五四六旅旅長
56	魏漢華	中央軍官訓練團第一期	1938.5 － 7	獨立第二十旅第一營營長

上表記載的第二期生，其中有多次進入中央訓練團受訓，上表所列以首次受訓記錄為例。

抗日戰爭爆發後，進入中央軍官訓練團或其他訓練班，有不少是帶職受訓，具有受訓軍官級別較高、一線部隊軍事長官較多等特點。因此在表格中盡可能補齊受訓年月與職級，具有一定的參考價值。

第六節　第二期生對民國時期警務界的作用和影響

大致是因為第一期生「先天」優勢和「軍旅」較早，佔據了許多軍隊的各級軍職，待到第二期生出道時，軍隊及軍校已經難以容納更多人員之緣故。這些客觀主因，影響了第二期生在軍界的發展趨勢，也導致了一個明顯的仕途走向：進入警界擔任要職的有相當一部分人。特別二十世紀三十年代初期，國民政府軍事委員會逐步取得各地政權的控制，由中國國民黨一黨主導的員警界，由於上述緣由，吸引了相當一部分第二期生進入警界任官。因此，後來民國時期警界的許多重要崗位多由第二期生佔據。直到抗日戰爭勝利前後，一部分浙江籍第二期生以李士珍為首，形成了第二期生對當時警界起到了舉足輕重的控制權，尤其是對中央警官學校及其分校序列，以「第二期生」為主形成了一股強勢力量，借助內部實力相互舉薦和任用，佔據了警務界許多重要崗位。這種情形，是過去未曾被人們所瞭解和認識的，但在當時的確是第二期生具有特殊表現的顯明特點。具體情況如下：

進入警務界供職的第二期生主要有：

李士珍：二十世紀二十年代中後期，受蔣中正委託主持創辦和組建中央警官學校，先後任該校（蔣中正兼任校長）教育長、校長。

陳玉輝：抗日戰爭勝利後，任中央警官學校第二分校（廣州）主任、中央警官學校教育長，1949年2月5日任中央警官學校校長，1949年6月30日免職。

余錦源：1946 年 4 月 8 日奉國民政府代電准派原陸軍第十四軍副軍長調任中央警官學校副教育長，並兼任訓練處處長，1946 年 7 月 27 日任中央警官學校重慶分校主任，1948 年秋因戰局危急，再調出任陸軍第七十二軍軍長。

袁正東：1947 年 11 月任中央警官學校重慶分校主任。

王雲沛：原名王屾，抗日戰爭勝利後，任中央警官學校第三分校主任，後任浙江省警務處處長，1947 年 8 月任中央警官學校重慶分校主任，1949 年 1 月任浙江省警保處（由保安處與警務處合併設立）處長。

陳孝強：原任陸軍預備第八師師長，1946 年 6 月退役，同月轉任中央警官學校甲級學員總隊總隊長。

甘　霸：1946 年 6 月任中央警官學校甲級警官第一期學員總隊總隊長。

吳呂熙：1947 年 3 月任中央警官學校甲級警官第二期學員總隊總隊長。

王尚武：1947 年 3 月任中央警官學校甲級警官第二期學員總隊副總隊長。

許伯州：1948 年 5 月由中央警官學校本部教官調任重慶分校主任，接任王雲沛職務。

戴頌儀：1936 年任中央警官學校教育處處長，後任中央警官學校北平分校主任，成都市警察局局長。

蔡勁軍：中央警官學校高級班畢業，1935 年任上海市警察局局長。

周平遠：抗日戰爭勝利後，任東北交通警察總隊政治部主任。

林中堅：抗日戰爭勝利後，任交通部第二交通警察總隊總隊長，交通部交警總隊部督察室主任。

陳紹平：1937 年 8 月任交通警察總局副總局長。

吉章簡：1944 年任軍事委員會交通巡察處處長，抗日戰爭勝利後任交通部交通警察總局總局長。

施覺民：抗日戰爭勝利後任重慶市警察局局長。

李郁文：1948 年任交通警察總局第一處處長、督察長等職。

胡啟儒：抗日戰爭爆發前任軍事委員會別動總隊團長。

胡靖安：抗日戰爭爆發前後任軍事委員會調查統計局督察室主任。

龔建勳：抗日戰爭爆發後，任軍事委員會別動總隊副總隊長。

上述在各段歷史時期出任警務界官員的第二期生，絕大多數是曾任陸軍中級以上軍官，轉任警務界職務。因此他們當中不少人獲任陸軍上校乃至少將，反而長期在警務界供職者，沒能獲任陸軍高級任官。例如：李士珍，從 1926 年夏即任中央警官學校教育長，鑒於警務非職業軍官沒有獲任陸軍少將。

第七節　第二期生參加中國國民黨黨代會情況綜述

與第一期生比較，第二期生當選並出席中國國民黨歷次黨代會的人數要少得多。

附表 7　第二期生出席中國國民黨歷次全國代表大會代表一覽表

序	姓名	屆次	年月	序	姓名	屆次	年月
1	黃天玄	廣東革命政府海軍局選出第二次全國代表大會代表	1926.1	2	張漢良	廣東革命政府海軍局選出第二次全國代表大會代表	1926.1
3	鄭介民	軍隊特別黨部選出第四次全國代表大會代表	1931 年	4	陳紹平	第五次全國代表大會代表	1935.11
5	方　天	軍隊特別黨部選出第六次全國代表大會代表	1945.4	6	范煜燧〔予遂〕	第二次全國代表大會代表 第六次全國代表大會代表	1926.1 1945.4
7	葛武棨	軍隊特別黨部選出第六次全國代表大會代表	1945.4	8	蔡勁軍	軍隊特別黨部選出第六次全國代表大會代表	1945.4

如上表所示，鄭介民、范煜燧出席中國國民黨第六次全國代表大會，並當選為中央執行委員。李士珍、周兆棠出席中國國民黨第六次全

國代表大會，並當選為候補中央執行委員。當選為中國國民黨各中央委員會成員的數量，比較第一期生少得多。

第八節　第二期生任職國民革命軍部分陸軍師的黨務情況綜述

1929年版《中國國民黨年鑒》，刊載了中國國民黨在各陸軍步兵師和軍事機構、學校設置特別黨部的情況，這些資料的刊載實屬罕有。

附表8　第二期生1929年任職中國國民黨陸軍各師特別黨部情況一覽表

姓　名	部隊番號與黨內職務	姓　名	部隊番號與黨內職務
羅曆戎	第一師特別黨部執行委員	廖　昂	第一師特別黨部候補執行委員
黃祖壎	第一師特別黨部監察委員	陳金城	第一師特別黨部監察委員
許仙州	第一師特別黨部候補監察委員	劉　夷	第一師特別黨部候補監察委員
趙強華	第二師特別黨部執行委員	謝振華	第二師特別黨部執行委員
陳瑞河	第二師特別黨部候補執行委員	方　鎮	第二師特別黨部候補執行委員
唐　循	第二師特別黨部監察委員	楊　彬	第三師特別黨部執行委員
黃煥榮	第三師特別黨部常務委員	方　天	第三師特別黨部執行委員
易　毅	第三師特別黨部候補執行委員	司徒洛	第三師特別黨部監察委員
關　肇	第四師特別黨部籌備委員	梁源隆	第八師特別黨部籌備委員
孫鼎元	第九師特別黨部候補監察委員	莫與碩	第十一師特別黨部執行委員
李守維	第十一師特別黨部候補執行委員	譚南傑	第十二師特別黨部執行委員
蔡　劭	第十三師特別黨部候補執行委員	鄭　彬	暫編第一師特別黨部籌備委員

延續前書的做法，將第二期生在各陸軍師特別黨部任職列出。我們從上表可以看到，第二期生比較第一期生的情況，明顯要弱勢許多。

第四章

第二期生獲任國民革命軍將官、上校及授銜情況的綜合分析

二十世紀三十年代中期，南京國民政府始將國民革命軍各級任官收歸最高軍事機關——軍事委員會統轄與任免，標誌著軍隊任官「國家化」，此前各軍事集團（例如桂系軍事集團、晉軍、西北軍、東北軍等）或地方軍閥任官與封銜的同時終止。並於 1935 年 4 月開始，在「國民政府公報」予以頒令公佈，具有國家意義的權威性、合法性及規範化。

第一節　獲《國民政府公報》頒令任命上校、將官人員情況綜述

第二期生在 1935 年 4 月至 1949 年 9 月期間，獲任將校軍官的數量，比較第一期生要少許多。根據 1935 年度各級任官的實際情形，頒令任官的絕大多數人比較原先任官要低一至兩級，譬如：原任副旅長並為少將銜者，鑒於一些部隊的縮編與整編，此次頒令任官一般為中校最高僅為上校。從此往後，國民革命軍各級任官均要比實際任職級低一至二級。有鑒於此，下表反映的部分第二期生，任上校或少將時間，也比較原職級滯後或低任。例如邱清泉：1936 年底已任中央陸軍軍官學校教導總隊（總隊長桂永清）參謀長，該部編制為三旅九團甲級機械化步兵師（相

當於軍），配齊德式軍械裝備，軍官兵員近四萬人，其於 1937 年 8 月才頒令任陸軍步兵上校，任官與職級相比較有明顯差距；抗日戰爭爆發後不久，其任中央陸軍軍官學校第七分校副主任及第五軍軍長，但是邱清泉任少將和中將的時間分別為 1939 年 6 月、1948 年 9 月，以邱清泉任官時間為例，其上校、少將及中將三段任官與職級比較均差距較大。下表反映的主要是在此期間獲得任命上校以上軍官情況。

附表 9　第二期生任上校、將官及各時期最高任職一覽表（按姓氏筆劃為序）

序號	姓名	任上校年月	任少將年月	任中將年月	各時期最高軍政任職			
					1924－1927	1928－1936	1937－1945	1946－1949
1	萬用霖	1938.11	1948.9			江西保安員警第一師參謀主任	航空委員會特務團團長、特務旅旅長	空軍總司令部地面警備司令部司令官
2	萬國藩	1946.11						整編第二十九軍政訓處處長
3	馬　驥（維驥）	1940.7	1948.3			步兵補充旅副旅長、代理旅長	西南第二補充訓練處處長，新編第二十九師師長	
4	方　天		1937.5	1948.9		第十一師副師長	第十八、五十四軍軍長，第二十四集團軍副總司令	國防部第五廳廳長、代理參謀次長，江西省政府主席
5	方　鎮	1939.6				第二師特別黨部候補執行委員，步兵團團長	步兵旅副旅長、代旅長	
6	王　岫（雲沛）	1946.11				步兵團連長、營長、團附	浙江省政府保安處副處長、處長	中央警官學校第三分校主任，浙江省政府委員民政廳廳長

7	王仲仁	1946.5	1948.9			第一九〇師第一一一〇團團長	旅長	師長
8	王作華	1940.7	1948.9		南京中央軍校第六期炮兵大隊第二隊隊附	第五十二師獨立團團長，第八十三軍警備旅旅長	暫編第七師師長，廣東保安第二旅旅長	第四軍副軍長，重建後第四軍軍長
9	王尚武	1948.3					師司令部參謀處處長，軍政治部主任	中央警官學校廣州分校高級教官
10	王建煌	1938.11			南京中央軍校第六期步兵第十四中隊中隊附	第五師第十五旅副旅長	第五師第十三旅旅長	陝西關中、廣西南寧師管區司令官，國防部辦公廳主任
11	王景奎	1942.1	1947.7		炮兵連排長、連長	廣州黃埔軍校管理處處長、校務委員	中央炮兵學校政治部主任、處長	炮兵指揮部副指揮官
12	王景星	1940.7					第四十四師第一三二團團長	整編第四十四旅第一三二團團長
13	鄧仕富(士富)		1948.9			第二十六師第三團營長、團附	第二十二師獨立第三旅副旅長	第三十八師副師長，第一七三師師長
14	鄧良銘	1943.7			南京中央軍校第六期政訓處總務科庶務股股長	師政訓處處長	第九十五軍政治部主任	1946 年 7 月退役
15	鄧明道	1945.4	1946.7		黃埔軍校第四期步科二團九連連長	第七十軍司令部直屬炮兵營長	第二十四集團軍總司令部炮兵主任	第九戰區司令長官部炮兵指揮官
16	馮爾駿	1936.3	1948.9		黃埔軍校教導一團參謀	中央教導第二師第二團團長	炮兵第五十二團、第五十四團團長	海南島榆林港要塞司令部司令官
17	盧望嶼		1947.11				第二十七集團軍副官處處長	參議
18	史宏熹	1936.3	1939.7		炮兵第四團團長		第九戰區炮兵指揮部指揮官	暫編第五十一師師長

19	葉　梫	1945.1					中央軍需學校計政班總隊長	
20	司徒洛		1947.2			第二師第六旅副旅長	第九戰區兵站副監	第二補給區司令部副司令
21	田　齊	1945.4				中央各軍事學校畢業生調查處科長	軍委會幹部訓練團辦公廳副主任	新編第一軍新編第一師師長
22	龍　韜	1945.7				炮兵團團長	重慶衛戍副司令	第 103 軍副軍長
23	龍其光	1946.11			莫斯科中山大學第一期學習		第二十七軍政治部主任	1946.11 退役
24	伍堅生	1936.3				第一集團軍第五旅旅長	第四戰區長官部第三十五集團軍高級參謀	暫編第二軍代參謀長，1947 年 2 月退役
25	劉　夷		1936.2			獨立第三十二旅旅長	第一六七師副師長，汪偽中將參贊武官	
26	劉　琨（嘯凡）	1945.1				團長，貴州遵義警備司令部參謀長	中央軍校迪化高級訓練班主任	中央軍校第二十三期總務處處長
27	劉子清	1942.1	1945.6		黃埔軍校政治部指導股股長	第四十四軍政治部主任	軍事委員會政治部總務廳廳長	江西省政府委員，兼民政廳廳長，
28	劉鳳鳴	1942.7			第十二師第三十六團營長	步兵團團長，湖北崇陽縣長，鄖城縣政府秘書	第一六七師政訓處處長，第五十七軍政治部主任	第五十七軍副軍長
29	劉世焱		1942.1 追贈少將			團參謀主任	暫編第八師第十五團團長	
30	劉觀龍	1941.6	1947.2				第六軍第四十九師師長	
31	劉希文	1946.11					軍事委員會軍令部副司長	國防部部附

32	劉采廷		1938.6	1947.2			陸軍第五師副師長	洪江芷師管區司令
33	劉道琳	1946.5					第六十四軍政治部主任	
34	吉章簡		1945.2			上海保安總團總團長	預備第六師師長，第八十軍副軍長	交警總局總局長，第二十一兵團副司令官
35	呂國銓		1939.6			第五十二師第二九九旅旅長	第九十八師第二九二旅旅長	桂東師管區司令官，第二十六軍軍長
36	呂德璋	1945.7	1948.9			中央軍校第七期步兵大隊副大隊長	中央軍校第八分校學員總隊總隊長	四川省保安司令部副司令官
37	孫生芝	1945.4				軍政部直屬獨立迫擊炮營營長	獨立炮兵團副團長、代理團長	炮兵指揮所副指揮官
38	孫鼎元	1938.10					步兵旅副旅長	國防部附員
39	成　剛	1937.8	1945.3	1948.9		中央軍校第十一至十三期炮兵科長	暫編第六十六軍參謀長、副軍長	中央訓練團辦公廳主任，第一〇二軍軍長
40	朱　深〔政文〕		1948.2		黃埔軍校第六期訓練部官佐		步兵團團長	副總隊長
41	朱吳城	1939.6				豫皖綏靖主任公署特務團團長		
42	湯敏中		1947.11				軍政部第三廳第六處處長	衢州綏署交通處處長，快速縱隊司令官
43	許　鵠〔凌雲〕	1937.8				三民主義力行社江西分社骨幹成員	旅司令部參謀長、副師長	江西某區行政督察專員／司令
44	許伯洲	1936.9	1947.2		黃埔軍校學員隊附、隊長	南京中央陸軍軍官學校教官	軍事委員會西南戰幹分團軍務處長	國防部第四廳副廳長，中警校重慶分校主任
45	阮　齊	1936.3	1948.9		莫斯科中山大學第一期學習		新編第二十二師師長，第六十六軍副軍長	湖北省軍管區司令官，湖北省政府委員

46	嚴　正		1947.4			師司令部參謀長	副師長兼師政治部主任，新編二四八師師長	第六十九軍第一四四師師長
47	何凌霄		1948.1		黃埔軍校第四期學員隊隊附	浙江省保安第二團團長	第五十八師副師長	聯合後方勤務總司令部湖南供應局局長
48	余錫源		1945.6		潮州分校學員隊第三隊隊長	陸軍步兵團團長	第一九〇師師長，中央警官學校副教育長、重慶分校主任	第十軍副軍長，整編第七十二師師長，第七十二軍軍長
49	吳克定	1943.2				陸軍步兵團團長	四川省某師管區司令部司令官	第二三一師師長
50	吳繼光	1935.5		1946.2.21追贈		第九十八師第二九二旅旅長	第五十八師第一七四旅旅長	
51	吳琪英（鉛）	1937.6				國民革命軍第六十七師步兵團團長	第六十五軍第一四八師第四十四旅旅長	第一五八師司令部參謀長
52	張　瓊	1935.5	1937.5	1943.9追晉		陸軍第九師師長	陸軍第二軍副軍長	
53	張漢初		1939.6			陸軍步兵團團長	第五十二軍第二十師、二十七師師長	整編第七十六師整編第二十四旅旅長
54	張松翹	1948.1	1948.3		黃埔軍校第四期軍械處官佐			國防部部員
55	張炎元		1943.2		第二十六師第七十七團副團長	三民主義力行華北區副主任	軍事委員會運輸統制局監察處處長	國防部第二廳副廳長
56	張錦堂	1945.7				陸軍步兵團營長、團長	主任、處長	指揮官，中央訓練團將官班學員
57	張麟舒	1941.6	1948.9		武漢分校校務整理委員會委員	財政部稅警總團秘書處處長	濟甯線護路司令部副司令官	東南軍政長官公署軍官訓練團教育長

58	李 忠	1945.4			陝西三民軍官學校教官	第十七路軍步兵團團長	暫編第三軍第三十一師副師長	華北「剿總」第一〇四軍副軍長
59	李正先（正仙）		1939.6		國民革命軍第一師第一團團長	中央軍校第七分校學員總隊總隊長	師長，第一軍副軍長	第十六軍軍長，第五兵團副司令官
60	李節文	1940.7				廣東稅警總團部少將參謀長	暫編第二軍暫編第七師副師長	第六十五軍司令部高參，新兵補充訓練處長
61	李華植〔樹滋〕	1946.5				第三師第十五團團長	高級參謀	
62	李守維		1938.6			旅長，江蘇省政府保安處副處長	江蘇省政府委員，第八十九軍軍長	
63	李芳郴〔芳郴〕	1935.5	1937.5			第六十七師第一九九旅旅長	第十八師師長	第十六綏靖區司令部高級參謀
64	李精一	1935.5	1939.3			第四十九師副旅長、旅長	第四十九師師長	第十四軍副軍長
65	楊 彬		1939.11			中央軍校第七分校教育處處長	中央軍校第六分校副主任	國防部第四廳副廳長
66	楊含富	1945.1				江西保安第十三團團附	第七戰區第七補給區兵站分監	
67	楊文琭	1939.4	1946.11		中央軍校高級班步兵隊隊附	第六十一師第一八一旅旅長	第五十師師長	整編第七十五師師長
68	沈發藻	1935.5	1936.10	1948.9	警衛第一師第四團團長	第八十七師第二六一旅旅長，閩南區保安處處長	第二軍副軍長，中央軍校教育處長，第三分校主任	國防部第五廳廳長，第三編練司令部司令官，第四兵團司令
69	邱清泉	1937.8	1939.6	1948.9 1949.7.9 追晉上將	武漢分校工兵大隊第二隊隊長	中央軍校政治訓練處處長	第七分校副主任，第五軍軍長	整編第五師師長，第二兵團副司令
70	鄒明光	1935.5				第二十軍政訓處處長	四川萬源縣縣長	

71	陸廷選	1942.7			中央軍校第一分校第二期步兵第六隊隊長	陸軍大學正則班第十二期學員	第二十一集團軍總司令部參謀處處長	中央陸軍軍官學校第六分校教育處處長
72	陳　衡	1940.7			中央軍校第四期工兵大隊區隊長	工兵營營長，步兵團團長	第一六六師第四九八旅旅長	第四十九軍副軍長，第七十九師師長，第七十一軍副軍長
73	陳孝強		1947.3			第七分校學員總隊總隊長	第二十七軍預備第八師師長	第七十八軍第一九六師師長
74	陳紹平		1942.8				交通警察總局副總局長，交通警察司令部副司令	聯合後方勤務總司令部第三補給運輸司令部司令官
75	陳金城	1935.5	1938.10			第一〇九師步兵旅旅長	第一〇九師師長，第九軍、第二十九軍軍長	第九十六軍軍長。整編第四十五師師長
76	陳家駒	1946.10			南京軍校第六期步兵第一中隊少校區隊長	步兵營營長	步兵團團附、團長	步兵旅副旅長
77	陳瑞河	1935.5	1937.5			第三十六師第一〇六旅旅長	第三十六師師長，第七十一軍、第九軍軍長	第一戰區司令長官部高級參謀
78	周平遠	1946.11			學員隊區隊長，輜重兵連連長、營長	中央警衛軍兵站部副主任	第十四集團軍補充師副師長	東北交通警察總局政治部主任
79	周兆棠	1936.3	1945.6		輜重兵隊隊長	上海兵站分監、主任	中國國民黨中央組織部軍隊黨務處處長	陸軍總司令部新聞處處長
80	幸　我〔良模〕	1945.7	1948.9		中央軍校第七期炮科中隊中隊長	步兵團團附，上海暨南大學軍訓教官	副旅長，財政部河南緝私處處長	鄂西師管區司令官
81	易　毅	1940.7	1946.12			步兵團團長	師司令部參謀長，旅長	副師長，副軍長
82	林守仁	1945.4				科長，主任	團附，組長	參議

83	林敘彝	1945.7			黃埔軍校第七期校長辦公廳官佐	南京中央軍校辦公廳主任、總務處長	武漢行營辦公廳副主任	江蘇省第五區行政督察專員兼保安司令
84	羅歷戎		1939.7	1945.1		第一師副師長	第四十師師長，第一軍副軍長，第三十六軍軍長	第三軍軍長
85	羅克傳		1947.11			工兵營連長、營長	步兵旅團長、副旅長、旅長	步兵師師長
86	鄭　彬	1942.1			廣州軍校第六期第二總隊工科中隊中校隊長	廣州軍校第七期教授部築城交通副主任教官	第六十三軍第一五二師副師長	第八十一師師長，第六十八軍副軍長
87	鄭介民		1943.2		大元帥府軍士隊學兵，莫斯科中山大學第一期	第十五、第十七師政治部主任	調查統計局副局長，國防部第二廳廳長	國防部參謀次長、常務次長
88	鄭會煊		1947.7			軍政部直屬重炮兵第三團團長	炮兵指揮所副指揮官	炮兵指揮部指揮官
89	姜筱丹（曉嵐）	1947.9	1948.2		輜重兵連長	步兵營營長	步兵團長，安徽英山縣長	師政治部主任，軍政治部主任
90	施覺民	1939.10			國民革命軍總司令部警衛團連長	第八十八師第二六四旅第五二七團團長	新編第二十師副師長	重慶市警察局局長，福建省保安司令部副司令官
91	洪士奇	1938.1	1948.9		軍政部直屬炮兵第五團團長	中央軍校第七分校教育處處長	第七分校副主任，第九十九師師長	軍政部軍械司司長，中央炮兵學校校長
92	祝夏年		1945.2				第一〇九師副師長	整編第十五師副師長
93	胡　霖	1942.1			輜重兵隊長，兵站站長	第七十九師政治部主任	第三十六軍政治部主任，第一〇三師副師長	東北保安司令部高級參謀
94	胡啓儒（梓卿、梓馨）	1945.6			黃埔軍校潮州分校第二期步兵第一隊隊長	中央軍校教導總隊第二團團長	中央軍校教導總隊第二旅旅長	

95	胡松林		1939.6			中央軍校第八期第二總隊大隊長	第一〇二師、第一〇九師副師長	副軍長，甘肅省師管區司令官
96	胡履端		1947.10			中央各軍事學校畢業生調查處浙江分處副主任		
97	趙　援	1943.7	1948.9			第四十九師政治部主任、副師長	第四十九師師長	國防部計畫司司長，第一二四軍軍長
98	鍾　松	1935.5	1939.6		黃埔軍校第三期軍械處第一庫庫長	第二師第六旅第十二團團長	第七十六軍、第二軍副軍長，新編第七軍軍長	第三十六軍軍長，整編第三十六師師長，第五兵團副司令官
99	鍾光藩	1945.7			廣東海軍陸戰隊中隊長	廣東稅警總團第二總隊附、總隊長	暫編第二軍第八師第三團團長、副師長	
100	鍾沛燊（炎興）	1947.6			工兵隊隊長	步兵團營長	第四十八軍副旅長	副師長
101	駱祖賓	1947.6			步兵連連長	步兵團營長、團長	供應局副局長	參議
102	容　幹	1940.7	1946.11	1948.9	廣州軍校第六期秘書處隨從副官	團長，稅警總團部稽查處處長	第十二集團軍獨立第九旅旅長	廣州綏署第二處處長，陸軍總部副參謀長
103	徐樹南		1948.9		步兵營排長、連長	步兵團營長、團長	第九十二師旅長、副師長	第二十軍副軍長兼政治部主任
104	莫與碩	1935.5	1937.5			第十一師旅長、副師長	第六十七師師長，第八十六軍軍長	重慶軍官總隊總隊長，第三補給區司令官
105	袁正東		1947.2			預備第六師副師長，臨澧警備司令部司令官	交通部警政署警務處處長	中央警官學校教育長，中央警官學校東北分校主任
106	曹廷珍	1948.2					江西省防空司令部參謀長	第三戰區游擊總指揮部第二縱隊副司令官
107	符漢民	1947.6			北伐東路軍第一師連長	步兵團團長	副師長	陝西省保安司令部副司令官

108	蕭武郎	1946.11	1947.4			南京中央軍校駐贛暑期研究班總務組組長	成都中央軍校軍官特訓班總務組組長	師長
109	蕭猷然	1939.1			步兵營連長、營長	軍官隊隊長	新兵補充訓練處處長	司令
110	黃天玄	1942.1			海軍局政治部組織科長、海軍特別黨部執委，國民黨二大代表	第十七師政治部主任，第十三師政訓處處長，廣濟縣縣長	第七十五軍政治部主任，國民黨湖北省特別黨部執行委員	湖北省幹部訓練團副教育長，暫編第八軍高級參謀
111	黃祖壎	1935.5	1940.1	1948.9		中央軍校第七分校學員總隊總隊長	第二十一師副師長，第四十六師師長	整編第二十三師師長，第二十七軍、九十一軍軍長
112	黃煥榮	1943.2	1948.9			中央軍校教導總隊第三旅副旅長	青年軍第二〇三師第一旅副旅長	青年軍第二〇五師副師長
113	龔建勳	1945.1	1947.2			中央軍校駐贛暑期特別研究班學員大隊長	軍事委員會調查統計局別動軍副總隊長	長江江防總部第二挺進縱隊副司令官，江西省警保處處長
114	彭　熙	1946.11	1947.11		南京軍校第六期政訓處訓練科科長	軍政部訓練處處長	第六戰區後方勤務部副主任	
115	彭鞏英	1935.5	1937.5			第五十八師旅長	預備第九師師長	第二十六師師長，第四十九軍副軍長代軍長
116	彭佐熙	1940.7	1948.9			營長、團長	第九十三師第二九七旅旅長、師長	第二十六軍副軍長，第八兵團副司令官
117	彭克定	1940.7			莫斯科中山大學第二期學習	中央軍校第十期第一總隊戰車教官	中央軍校第七分校教育處副處長	第九十八軍第四十二師師長、副軍長
118	覃異之		1940.12	1948.9	黃埔軍校第三期少尉副區隊長	南京軍校第六期步兵第三隊第十中隊區隊長	第五二十軍第一九五師師長、副軍長	青年軍第二〇五師師長，第五二十軍軍長，第八兵團副司令
119	曾　魯	1942.7	1948.9			步兵團團長，副處長	副總隊長，司令	第五補充訓練處處長

120	程克平	1935.5			步兵團營長、團長	步兵補充旅副旅長、旅長		
121	葛雨亭	1947.7	1947.11		工兵連連長	軍政部汽車輜重兵第二團長	第三戰區司令長官部交通處處長，輜重兵團團長	整編步兵旅副旅長，浙南「清剿」區司令部副參謀長
122	葛武棨		1947.7	1947.11	杭州軍官補訓班教官，黃埔軍校同學會籌備委員	軍事委員會委員長侍從室秘書、第六組組長	甘肅省政府教育廳廳長，西北戰幹第四團教育長	西北訓練團教育長，中國國民黨中央農工部副部長
123	蔣志高	1948.2				步兵團營長、代理團長	中央軍校第七分校第六總隊大隊長	補充訓練處副處長、軍官總隊副總隊長
124	蔣其遠	1940.11				軍政部直屬炮兵團副團長	軍事委員會特務團團長	第一〇六師第三一八旅旅長
125	謝廷獻	1943.2	1948.3		中央軍校第四期入伍總隊連長	中央軍校第八至十期第二總隊訓育主任	中央軍校第十七至十九期政治部第二科科長	中央軍校第二十三期之黃埔中學校長
126	謝振邦	1936.9	1940.8 追贈		輜重兵隊長，步兵連連長、營長	團長，中央軍校高教班第二期學員	步兵旅副旅長、代理旅長	
127	韓灼普	1945.7			步兵連連長	步兵團營長、團長	補充旅副旅長、代理旅長	高級參謀
128	魯宗敬		1945.2			獨立重炮兵第四團團長	炮兵指揮官	中央訓練團辦公廳副主任
129	詹行旭	1945.4					預備第二師、第二十二師副師長	粵東、閩南、粵中師管區司令部副司令官
130	賴汝雄		1940.7	1948.9	中央軍校憲兵教練所第三隊代理隊長	第八十九師第二六七旅旅長，第一九三師代師長	第二十九軍副軍長，第七十八軍軍長	整編第七十六師副師長，第九編練司令部副司令官
131	闕　淵	1945.7			廣州軍校第六期第二總隊技術教官	步兵營營長	步兵團團長，步兵旅副旅長	高級參謀
132	雷　飛	1947.5			黃埔軍校炮兵隊隊附	獨立炮兵第三團第一營營長	炮兵第三團副團長、代理團長	炮兵指揮部副指揮官

133	廖開（闓）	1945.7			莫斯科中山大學第一期	步兵團營長、團長	軍司令部科長，師參謀長	指揮所副主任
134	廖　昂	1935.5	1945.2			第一師補充旅旅長、第二旅旅長	第七十六軍第二十四師師長、軍長	整編第七十六師師長
135	熊仁彥	1946.11			南京軍校第六期管理處官佐	科長，步兵團團長	步兵旅司令部參謀長、旅長	軍事委員會復員委員會處長，國防部部附
136	熊仁榮	1945.4	1948.9		步兵連排長、連長	步兵團營長、團長	師司令部參謀長，師長	第十二軍副軍長
137	翟榮基	1945.7			莫斯科中山大學第一期學習，廣東憲兵學校教官	廣東保安第三團團長，廣東保安第三旅旅長	贛州師管區副司令，第四戰區挺進第六縱隊司令	廣州軍事特派員公署第一縱隊司令，廣州警備副司令
138	蔡　棨		1943.8			第二十一師司令部參謀長，第九十二軍參謀長	新編第一師師長，第三十七集團軍參謀長	第五兵團司令部副司令官
139	蔡勁軍		1936.10		江固艦代艦長，工兵營營長	軍委會南昌行營總務處處長，上海市警察局局長	廣東省第九區行政督察專員兼保安司令	廣東省政府委員，海南反共救國軍總指揮
140	滕　雲	1945.1	1948.9		黃埔軍校同學會秘書	討逆軍第六路軍總指揮副參謀長	第一八五師第五四六旅旅長	聯合後方勤務總司令部廈門港口司令
141	潘超世	1946.5	1947.7		第5期軍校政治部政治指導員	力行社四川分社幹事、調查處處長	蚌埠綏靖主任公署參謀處處長	第十三編練司令部副參謀長，三〇二師師長
142	黎鐵漢		1945.6	1949.5		廣東江防司令部海軍陸戰隊團長	第八十八師副旅長，軍事委員會侍從室組長	廣州市警察局局長，廣州警備司令部司令官

上表任上校以上軍官時間根據《國民政府公報〔1935.4 － 1949.9〕頒令任命將官上校及授勳高級軍官一覽表》名單。
補充說明：邱清泉 1949 年 7 月 9 日追晉陸軍上將。

筆者前一部書《軍中驕子：黃埔一期縱橫論》出版後，在進一步深入發掘與整理史料的過程中，對於第二期生的相關史料，有了新的補充和訂正。遵循上一部書貫例，筆者依據新的資訊資料，對於入學時間最為接近的兩期學員的將校任官情況，作出一些分析與比較。

依據上書記載，第一期生獲任上校及將官有 291 名，占該期學員總數 706 人之 41.22%；第二期生獲任上校及將官 143 名（經過核實訂正，比較前書更為全面完整），占該期學員總數 452 人之 31.57%。其中：追晉上將 1 名，任中將 11 名，追晉中將 1 名，追贈中將 1 名，高級將領僅占上校以上將校軍官總數之 1%。相比之下，第一期生同期任中將有 78 名，任上將有 1 名。第二期生除羅歷戎（1945.1 任）、張瓊（1943.9 追晉）為抗日戰爭期間任中將，其餘均為 1947 年 2 月以後任中將（其中吳繼光為 1946 年 2 月追贈中將）。由此可見，第二期生在中將任官這一層面上，比較第一期生差距較大。

第二節　第二期生獲頒青天白日勳章情況綜述

青天白日勳章是民國時期南京國民政府設立並授予軍人的最高榮譽勳章。據史料記載，第二期生獲得青天白日勳章的有：方天、司徒洛、張漢初、鍾松等四人。

以下是四人任職時參加戰役、戰鬥及獲頒緣由：

方　天：獲頒時任第六戰區第十八軍軍長。因 1943 年 2 月至 6 月參加鄂西會戰固守石碑戰役著有功勳，載於「國民政府公報」1943 年 10 月 10 日渝字六一二號令。

司徒洛：獲頒時任第十七軍（軍長徐庭瑤）第二師（師長黃杰）第六旅（旅長羅奇）副旅長。因 1933 年 1 月至 3 月參加長城古北口抗戰著有功勳，載於「國民政府公報」1935 年 7 月 17 日第一七九六號令。

張漢初：獲頒時任第二十五師（師長關麟徵）第七十五旅（旅長張耀明）第一五〇團團長。因 1933 年 1 月至 3 月參加長城古北口抗戰著有功勳，載於「國民政府公報」1935 年 7 月 17 日第一七九六號令。

鍾　松：獲頒時任中國遠征軍第二軍（軍長王凌雲）副軍長。因1944年8月滇西會戰攘禦外侮著有功勳，載於「國民政府公報」1945年5月11日渝字七七八號令。

綜觀上述四人的獲頒緣由，均是對日軍作戰功勳卓著而獲得的。反映出國民政府軍事委員會對於軍官獎賞及授予最高榮譽，是將對外禦侮抗日作戰置於國家民族利益之首位。

第三節　第二期生參與黃埔軍校六十周年紀念活動綜述

1984年6月黃埔軍校成立六十周年之際，臺灣軍事當局出版了紀念刊《黃埔軍魂》，刊發了部分第二期生邱清泉、鄭介民、周兆棠、李士珍、沈發藻、劉子清、洪士奇、蔡勁軍等八篇傳記文章。刊載了「臺灣觀點」的歷次戰役「英雄姓名表」。由於該書是以臺灣「行政院新聞局」名義出版印行，可認定是臺灣當局的「官方」出版物。

附表10　第二期生「英雄姓名表」

戰役與事由	各歷史時期或事件第二期生「英雄姓名表」	人	%	中共黨員
東征戰役殉國英雄姓名表	但　端、陳道榮、歐陽松、徐達祥、王茂傑、范　濤、張忠熙、賴益躬。	8	16	但　端、王茂傑。
北伐戰爭殉國英雄姓名表	甘羨吾、陳　銘、楊引之、唐子卿、龔光宗、謝雨時、吳道南、鄒　駿、劉　靖、吳盛清、黃文昭、傅思義、覃恩、李公明、黃乃潛、王禹初、張仁鎮。	17	34	王禹初。
討逆平亂殉國英雄姓名	鄭安侖、陳　焰、許文騄、華潤農。	4	8	
剿匪戰役殉國英雄姓名	李瑞蓀、黃昌治、符漢東、鍾文璋、李靖源、謝衛漢、吳昭。	7	14	鍾文璋
抗日戰役殉國英雄姓名	李守維、姚中英、吳繼光、劉世焱、唐　循、李　龐、李錕。	7	14	
戡亂戰役殉國英雄姓名	龔建勳、謝振華、易　毅、徐樹南、許　鵠、惠子和、邱清泉。	7	14	
累計		50	100	4

為了保留原始記載，上述與政治關聯緊密的事件稱謂均保持原貌。透過「英雄姓名表」，可以看到中共黨員亦名列其中，可以理解為：是國共雙方認定的革命先烈。

鑒於原表一些姓名弄錯了，現經筆者進行核對後形成現表。從所列第二期生名單比較與分析，主要是將原《中央陸軍軍官學校史稿》所載政治評價重申一遍而已。但從另一側面說明：中國國民黨一貫立場與觀點基本如前。

第五章

中共第二期生的主要活動及其作用與影響

第二期生的一部分人，如同第一期生也在黃埔軍校尚未成立之前，就參加了二十世紀二十年代初期有影響的革命活動。這部分人是中共早期初創活動以及國民革命運動的先驅者。

第一節　第二期生參與中共創建時期活動情況

鑒於第一期生具有的「先天優勢」，有29名學員參與了中共建黨初期活動。第二期生雖然比較第一期生稍遲入學兩至三個月，但是，就第二期生入學前潛在之「政治優勢」，似不比第一期生弱勢多少。實際上，第二期生只是在整體上綜合比較，才比第一期生「稍遜風騷」。從以下第二期生參與1923年底以前中共創建時期活動之部分情況，可見端倪。

蕭人鵠（1898－1932）又名仁鵠、鴻舉，湖北黃岡人。1917年10月先後加入鄆代英等發起組織的「互助社」、「利群書社」，1920年秋武昌中華大學附中畢業回鄉，任陳宅樓聚星小學任教。1920年冬與陳潭秋、林育南等組織「馬克思學說研究會」。1921年9月加入中共，[1] 另據：中共中央黨史研究室編中共黨史出版社2004年8月《中國共產黨歷史第一卷人物注釋集》第491頁記載為1921年8月加入中共，同年10月與陳

[1] 范寶俊朱建華主編：（中華人民共和國民政部組織編纂）黑龍江人民出版社1993年10月《中華英烈大辭典》下冊第2266頁。

潭秋等創建黃岡縣第一個黨組織——陳宅樓黨小組，任組長。[2]1921 年 12 月赴武漢從事革命活動。1924 年 8 月考入黃埔中國國民黨陸軍軍官學校第二期學習，1924 年 9 月與李勞工、周逸群、王伯蒼等組織「火星社」，1924 年 11 月為孫中山隨行侍衛人員。[3]1925 年 2 月隨軍參加討伐陳炯明部的第一次東征作戰。1925 年 6 月被選拔提前離校，[4] 任命為廣東革命政府特派員，同時以中國國民黨中央農民部農民運動特派員身份被派到河南（開封）開展農民運動。[5]

吳明（1901 － 1968）又名陳公培，湖南長沙人。1919 年受五四新思潮影響，入北京法文專修館學習，準備赴法國勤工儉學。1919 年底結業，參加北京工讀互助團。工讀互助團結束後，1920 年春到上海，1920 年 5 月參加上海五一國際勞動節紀念活動，以及上海馬克思主義研究會活動，並參與發起上海共產黨早期組織。[6]1920 年 6 月赴法國勤工儉學，1921 年 2 月參與組織勞動學會及勤工儉學會。1921 年春與在法國的張申府、趙世炎、周恩來等五人，共同組成旅法中共早期組織。[7]1921 年 10 月因參與進佔里昂中法大學鬥爭被遣送回國，同年 11 月回到上海，在中國社會主義青年團臨時中央局工作。1922 年 4 月 19 日參與籌備組建中國社會主義青年團杭州支部，1922 年 6 月 7 日擴大為杭州地方委員會（書記俞秀松、魏金枝），任宣傳部主任。1922 年底赴海南島，先後發展了魯易、羅漢、徐成章等十名黨員。1924 年秋加入中國國民黨，1924 年 8 月考入黃埔軍校第二期學習。

2　倪興祥：《中國共產黨創建史辭典》，上海人民出版社 2006 年版，第 624 頁。

3　倪興祥：《中國共產黨創建史辭典》，上海人民出版社 2006 年版，第 624 頁。

4　范寶俊、朱建華主編（中華人民共和國民政部組織編纂）：《中華英烈大辭典》，黑龍江人民出版社 1993 年 10 月，下冊第 2267 頁。

5　王健英著：《中國紅軍人物志》，廣東人民出版社 2000 年 1 月，第 736 頁。

6　倪興祥：《中國共產黨創建史辭典》，上海人民出版社 2006 年版，第 554 頁。

7　中共中央黨史研究室編：《中國共產黨歷史第一卷人物注釋集》，中共黨史出版社 2004 年 8 月版，第 39 頁。

羅振聲（1898 － 1929）四川綦江人。綦江初級師範學校、成都高等師範學校預科畢業。1920 年 9 月 11 日乘盎特萊蓬輪船赴法國勤工儉學，參加少共旅法支部組織的革命活動，後為中共旅歐支部成員。[8]1924 年夏回國到廣州，考入黃埔中國國民黨陸軍軍官學校第二期步兵科學習。參加以第二期生為主組建的「火星社」，1925 年 1 月 14 日被推選為中國國民黨黃埔軍校特別區黨部第二屆執行委員。畢業後留校任政治部科員，入伍生政治部訓練員。參加第一、二次東征，任東征軍總指揮部偵察隊隊長，政治部赴東江黨務特派員。後參加北伐戰爭，任國民革命軍總政治部訓練科科長等職。1927 年脫黨。

宛旦平（1897 － 1930）原名明洲，曾用名浩然、運遊，又名首先、治棠，湖南新甯縣宛家岔人。出生於船工家庭，十三歲入私塾，後入新寧縣立高等小學並畢業。1922 年秋考入長沙岳雲中學，其間參加學生運動和工人運動，1922 年 12 月加入中共。[9]疑似加入中國社會主義青年團，另載 1924 年初加入中共。1924 年被中共湘區委員會保送廣州黃埔中國國民黨陸軍軍官學校第二期學習。隨軍參加第一次東征作戰，1925 年 3 月初與盧德銘一道派赴廣東海陸豐縣組織訓練農民自衛軍，不久返回軍校續學。1925 年 9 月分發國民革命軍第一軍任參謀，1926 年隨部參加北伐戰爭。1927 年春任第二方面軍第十一軍第二十四師第七十二團第一營營長，1927 年率營參加保衛武漢的作戰，在紙坊戰鬥中被師長葉挺指定為代理團長。

羅英（1898—1934）別字國華，江西餘幹人。1916 年畢業於本縣縣立玉亭中學，繼考入江西南昌通俗教育學校學習，因不滿學校的陳腐教

[8] 河北省博物館、留法勤工儉學運動紀念館編纂：《留法勤工儉學運動》山西高校聯合出版社 1993 年 10 月版，第 363 頁。

[9] 中共中央統戰部、黃埔軍校同學會編纂：《黃埔軍校》，華藝出版社 1994 年 6 月，288 頁。

育狀況，於 1919 年赴北京大學旁聽，[10] 其間曾參與中國社會主義青年團北京地方組織活動。1924 年 8 月考入黃埔中國國民黨陸軍軍官學校第二期步兵科學習，在校期間參加了第一次、第二次東征戰役。1925 年 9 月畢業後考取赴莫斯科中山大學學習。1927 年 11 月接南京國民政府駐前蘇聯使館通知回國，後被軟禁審查。至 1928 年 12 月，入中國國民黨高級軍事訓練班學習。1930 年 5 月被委任少校（副）團長，在赴湖南就任前夕，辭去本職，回江西（辦理）領取挖煤執照，準備開辦煤礦。在贛東北從事中共地下工作，1932 年經中共餘幹區委安排，出任餘幹縣靖衛大隊副大隊長。1932 年 9 月 15 日率部 170 餘人起義，翌日，配合紅軍游擊隊攻克縣城，後率部加入中共領導的紅軍。歷任紅軍第十軍獨立團政委，紅軍第十軍政治部秘書，[11] 贛東北紅軍學校（第五）分校副校長，參加了閩浙贛蘇區的反「圍剿」鬥爭。1934 年 4 月，因「肅反」擴大化被錯殺於橫峰葛源。

陳恭（1905—1928）別字子平，學名昉篪，湖南醴陵人。1911 年冬入本村私塾啟蒙，後轉入本縣泗汾鎮崇德宮小學就讀，1919 年夏畢業，繼考入醴陵縣立中學。不久，由其父陳勁園送至長沙長郡中學讀書，參加校內愛國學生運動，曾用英文書寫標語，張貼在英、日駐湘領事館圍牆上，抗議軍國主義侵略中國。1920 年冬因其父辭去省城職務，隨父返回醴陵縣立中學續學，將長沙的新思潮帶回醴陵。1923 年春在進步教師孫小山的幫助下，與同學蔡升熙、左權等 30 餘人，共同組建了中共黨組織領導的「社會問題研究社」，其被推選為負責人。中共湘區委員會發起湖南各界民眾成立「外交後援會」，掀起反帝浪潮，其帶領「社會問題研究社」成員散發傳單、奔赴街頭和農村進行演講宣傳，他還組織學生糾

10　范寶俊、朱建華主編：中華人民共和國民政部組織編纂：《中華英烈大辭典》，黑龍江人民出版社 1993 年 10 月，下冊第 1644 頁。

11　中國工農紅軍第一方面軍史編審委員會：《中國工農紅軍第一方面軍人物志》，解放軍出版社 1995 年 3 月版，第 445 頁。

察隊，臂戴袖章，手持木棒，逐個商店檢查日貨。經過革命運動的實踐鍛練，1923 年夏末，在其中學畢業前夕，由孫小山介紹加入中國社會主義青年團。[12]1923 年 10 月到長沙平民大學學習，繼隨父命赴廣州投考軍政部陸軍講武學校，因延誤考期遂轉入湘軍譚延闓部當兵。1924 年 9 月考入黃埔中國國民黨陸軍軍官學校第二期學習，結識已是中共黨員陳作為，加入「火星社」和「中國青年軍人聯合會」，不久由周逸群、陳作為介紹加入中共。1926 年初任廣州國民政府海軍部政治部秘書，「中山艦事件」後任國民革命軍軍事委員會政治訓練部宣傳科秘書等職。

陳作為（1899—1926）又名東陽，別號有富，湖南瀏陽人。1912 年考入長沙縣嵩山高等小學堂學習，1915 年考入長沙省立第一師範學校學習，在毛澤東、陳昌等影響下積極參加學校的革命活動，被推選為學生自治會負責人之一。1920 年秋畢業回鄉，聘任金江高等小學堂教學主任，參與創辦《瀏陽旬刊》和金江女校等進步活動，為推進瀏陽縣教育革新傳播新文化，推廣白話文起到了較大作用。1922 年冬，經夏明翰介紹加入中共。[13]1924 年秋考入黃埔中國國民黨陸軍軍官學校第二期學習，不久以個人身份加入中國國民黨。1925 年 1 月推選為中國國民黨第二屆特別區黨部執行委員（負責財務方面事宜的委員），後任中國青年軍人聯合會經理部部長，並任《中國軍人》、《青年軍人》旬刊主編，與「孫文主義學會」進行針鋒相對的鬥爭。1925 年 9 月分發譚延闓部湘軍第二軍，任第五師第六團黨代表。1926 年 1 月 1 日在與軍閥作戰中犧牲。

蔡鴻猷（1897—1928）乳名德宣，別字哲臣，別號輝甫，又號舔甫，浙江縉雲人。本鄉高等小學畢業後，1914 年隨父母遷移蘭溪居住，租種地方田地。曾任小學教員，1919 年外出當兵，入浙江陸軍服務，後

---

[12] 中共黨史人物研究會編，《中共黨史人物傳》，陝西人民出版社 1988 年 4 月，第三十六卷第 79 頁。

[13] 范寶俊、朱建華主編：中華人民共和國民政部組織編纂：《中華英烈大辭典》，黑龍江人民出版社 1993 年 10 月，下冊第 1493 頁。

考入浙江陸軍無線電話教導隊第一期學習。1922 年加入中共。[14]1924 年入上海大學社會系學習，1924 年 8 月在上海大學參加黃埔中國國民黨陸軍軍官學校第二期生考試，後赴廣州入步兵科學習。在學期間，隨軍參加了平定商團叛亂、第一次東征、削平滇桂軍閥叛亂等戰鬥，1925 年 9 月畢業。歷任國民革命軍第一軍排長、連長、連黨代表，國民政府財政部緝私衛商總隊第一團第一營黨代表，財政部稅警團上校黨代表等職。1927 年 4 月 15 日在廣州被捕，1928 年 10 月 6 日在廣州犧牲。

此外，據資料記載：范煜燧，別字修五，後改名予遂，山東諸城人。1920 年 10 月在北京高等師範學校參加北京共產主義小組初期活動。

第二節　第二期生在黃埔軍校的主要活動情況

一、參與創建與組織「火星社」

1924 年底，第一期生已畢業離校，第二期生中的中共黨員李勞工、周逸群、王伯蒼、吳明、蕭人鵠、吳振民、陳恭、謝宣渠等倡議組織了「火星社」。參加該組織的，除當時在校的一部分中共黨員黨員外，還吸收了一部分受中共影響較深的左派學生。到 1925 年 9 月前後，參加「火星社」的第二期生有 60 餘名。[15]是中共在當時黃埔軍校中作用與影響較大和唯一的團體組織。參加該組織的除少數人外，絕大多數均先後加入中共，在對當時校內反對派的鬥爭中發揮了作用。1925 年 9 月第二期生畢業離校，「火星社」亦宣告結束。

14　浙江省社會科學研究所編纂：《浙江人物簡志》（浙江簡志之二），浙江人民出版社 1983 年 4 月，第 231 頁。

15　中國人民政治協商會議文史資料研究委員會編：《文史資料選輯》，中國文史出版社 1999 年 10 月版，第十一輯第 3 頁。

二、參與創建「中國青年軍人聯合會」

該會是以中共黨員為核心組成的黃埔軍校革命軍人團體，成立於1925年2月1日，周逸群、王一飛等參與了創建「中國青年軍人聯合會」籌備事宜。周逸群後被推選為「中國青年軍人聯合會」常務委員，並實際主持該會的日常工作。

三、參與創辦校刊《青年軍人》

1925年2月1日，以中共黨員為核心的「中國青年軍人聯合會」成立並創辦該刊，是「中國青年軍人聯合會」主辦的會刊，周逸群參與創辦校刊《青年軍人》，王一飛等曾主持初期的編輯工作。該刊為不定期刊物，最初每期印數為5000份，第三期後增至10000份，共出了九期。後期由胡秉鐸任《青年軍人》總編輯，負責該刊物日常編輯事務。1926年4月停刊。

四、參與組建中國國民黨黃埔軍校第二屆特別區黨部

1925年1月14日，中國國民黨黃埔軍校特別區黨部進行改選，一部分中共第二期生運用「火星社」的組織力量，展開了特別區黨部的競選工作。選舉結果按照預定計劃，第二期生吳明、陳作為、羅振聲、周逸群當選為中國國民黨黃埔軍校第二屆特別區黨部執行委員，第二期生王伯蒼、陳恭當選為第二屆特別區黨部候補執行委員。此外，校長蔣中正與第一期生黃錦輝，也分別當選為該屆特別區黨部執行委員和候補執行委員。從獲得當選的人員情況看，除校長蔣中正外，其餘在當時均係中共黨員。

第三節　第二期生參加中共第一支武裝力量——葉挺獨立團情況

鑒於葉挺獨立團，是中共歷史上掌握和領導的第一支武裝力量，延續第一期生研究之課題，對於該團中第二期生進行整體追溯與記載，仍具有特殊的作用與意義。

根據現有資料，第二期生在葉挺獨立團中曾任軍官的主要有：盧德銘（任第二營第四連連長、第一營營長，後任團長），劉光烈（任第二營第五連連長），吳道南（任第一營第二連連長），練國樑（任團直屬隊機關槍連連長，後任第十一軍第二十五師第七十五團第三營營長），張堂坤（任團直屬隊擔架隊隊長），蕭人鵠（1927 年 6 月任第十一軍第二十四師獨立團參謀長、團長），張源健（曾參加葉挺獨立團）等。上述第二期生先後程度不同的參與了葉挺獨立團的活動，對於該團的成長與發展起到了深淺不一的歷史作用及影響。

第四節　第二期生參加南昌、秋收、廣州起義及創建紅軍根據地情況

部分第二期生，延續了第一期生的革命傳統和軍事優勢，參加中共領導的工農武裝起義和根據地創建活動。誠然，中共第二期生從整體而言，不如第一期生發揮的作用和影響大，參與的人數也沒那麼多，軍事方面優勢也沒那麼顯著。但是，這部分第二期生作為黃埔軍校的早期學員，仍然是中共較早從事軍事工作的先驅者。

一、參加南昌起義

周逸群：1927 年 6 月任國民革命軍第二十軍（軍長賀龍）政治部主任，受命主持組建該軍第三師，兼任師長。同年 7 月中共中央決定舉行南昌起義，他列席了周恩來主持召開的前委擴大會議，堅決支持前委關於舉行南昌起義的決定，同時與賀龍、劉伯承等制定南昌起義行動方案並參加起義。起義軍到達廣東潮汕後，兼任潮汕衛戍司令。起義軍受挫後，根據黨的指示離開潮州，乘船赴上海。

吳　明（又名陳公培）：據其本人回憶及史載，南昌起義時是革命委員會參謀團辦事機構工作人員，起義軍南下時為總部隨行人員，到廣東汕潮時留守總部，並參加「流沙會議」，與部隊失散後被當地群眾掩護脫險。

張堂坤：南昌起義時任第二十五師第七十三團第四連連長，隨部駐守馬迴嶺車站，所部隸屬第四軍，是南昌起義的骨幹力量。隨起義軍南下時任第七十三團團附，參加三河壩戰鬥，在筆架山戰鬥中犧牲。

陳　恭：1927 年春任賀龍部獨立第一師政治部秘書，積極協助主任周逸群加強部隊政治思想工作，後任獨立第十五師政治部秘書。同年 6 月賀龍部隊擴編為國民革命軍第二十軍，其任軍政治部秘書。南昌起義時任起義軍第二十軍第二師黨代表，不久率部隨軍南下，途中改任第二十軍軍部秘書長，起義軍受挫後因病轉移上海醫治。

蕭人鵠：1927 年任國民革命軍第十一軍第二十四師（師長葉挺）獨立團參謀長，後到中共中央軍事部工作。南昌起義後加入南下的起義軍，隨軍到廣東潮汕時任賀龍部第二十軍某師師長，起義軍受挫後潛回武漢。

宛旦平：1927 年春任國民革命軍第十一軍第二十四師（師長葉挺）第七十二團第一營營長，參加平定夏斗寅部叛亂戰鬥時曾任代理團長。同年 8 月率部參加南昌起義，任起義軍第二十五師第七十五團參謀長，兼任第一營營長，參加起義軍南下廣東潮汕的作戰。

鄺　鄘：隨軍參加北伐戰爭，任國民革命軍總政治部宣傳科科長。1927 年 8 月隨葉挺部參加南昌起義，當時任起義軍營長。起義軍受挫後，被黨組織派返家鄉開展工農武裝鬥爭。

程俊魁：1927 年任賀龍部第二十軍的團政治指導員，隨軍參加南昌起義，起義軍南下時，奉黨組織命與宛希儼等留下堅持工農武裝鬥爭。

二、參加湘贛邊界秋收起義

盧德銘：1927 年 6 月任國民革命軍第二方面軍總指揮部警衛團團長，1927 年 8 月 2 日率部赴南昌響應南昌起義，部隊到達南昌附近的奉新縣時獲悉起義軍已經南下，即率部進駐修水縣城，並與平瀏農軍會合。1927 年 9 月 9 日率部參加湘贛邊界秋收起義，任起義部隊總指揮，是湘贛邊界秋收起義領導人之一，協助毛澤東領導的工農革命軍第一師向井岡山進軍。9 月 23 日起義軍途經江西萍鄉蘆溪鎮宿營時遭敵軍伏擊，在指揮部隊突圍時犧牲。

余灑度：1927 年夏任武昌國民革命軍第二方面軍總指揮部警衛團團附，兼任第一營營長，同年 8 月與團長盧德銘率警衛團向贛西北修水轉移，其間盧德銘赴武漢向中共中央彙報，由其代理團長。不久改用「江西省防軍暫編第一師」番號，並任師長。同年 9 月與毛澤東率部的農軍會合，任中共前敵委員會委員。率部參加湘贛邊界秋收起義，成立工農革命軍第一軍第一師並任師長，率部會合農軍攻打長沙城。曾任中共湖南省委軍委書記，後脫離中共組織關係。

鍾文璋：參加湘贛邊界秋收起義，與農軍會合後編成工農革命軍第一軍第一師，先後任第一團團長、師參謀長，後於金坪作戰失利後脫離部隊。後投身粵軍歷任軍職。

程俊魁：1927 年夏在中共贛南特委軍委工作，參加湘贛邊界秋收起義，後返回中共贛南特委，任軍委委員等職。

三、參加廣州起義

陳　恭：1927 年 9 月，南昌起義軍南下在廣東東江受挫後，與葉挺等乘船轉移香港，1927 年 12 月返回廣州，廣州起義時被任命為廣州起義總指揮部副官長，隨部參加了攻打廣州市公安局的作戰。起義失敗後潛回上海。

四、參加工農革命軍初創時期及井岡山鬥爭活動情況

吳振民：率領農軍在湖南汝城成立湖南工農革命軍第二師，任副師長，並被中共湖南省委指定為軍事委員會委員。

張　崴：1928 年任工農革命軍第四軍營長，參加井岡山初期工農武裝活動。

陳　恭：赴上海後奉黨組織派遣，返回湖南進行工農武裝鬥爭。1928 年 1 月任中共湖南省委軍事部代理部長，後任醴陵工農革命軍司令員，組織工農武裝暴動，率領上萬名農軍，兩次攻打醴陵縣城。1928 年 4 月 12 日被捕，13 日在縣城犧牲。

五、參與紅軍及根據地創建時期活動情況

鄺　鄘：1928 年參加湘南起義，任耒陽農軍團長，組建工農革命軍第四師，並任師長。1928 年 4 月率領全師隨朱德、陳毅等到井岡山，同年 5 月正式成立中國工農紅軍第四軍時，任該軍第十二師第三十四團團長。後奉命率部返回耒陽開展工農武裝鬥爭，任湘南紅軍游擊第一路司令員，不久在耒陽縣仁義村戰鬥中犧牲。

宛旦平：1929 年 5 月在上海被中共中央派赴廣西開展工農武裝鬥爭，先後出任廣西清鄉督辦公署警備隊營長，廣西討蔣（中正）南路軍第一軍第二旅司令部參謀長，兼任第二團團長。1930 年 2 月率部參加李明瑞、俞作豫領導龍州起義，任中國工農紅軍第八軍司令部參謀長，兼

任第二縱隊司令員，中共紅八軍前敵軍事委員會委員等職。1930 年 3 月 20 日在掩護軍部撤出龍州向憑祥方向轉移途中，於當晚在作戰中犧牲。

羅　英：黃埔中國國民黨陸軍軍官學校第二期畢業後考取赴莫斯科中山大學第一期學習。回國後在贛東北從事地下工作。奉黨組織指示，1932 年 9 月 15 日在餘幹縣率領靖衛大隊 170 餘人起義，不久配合紅軍游擊隊攻克縣城，率部加入中國工農紅軍。歷任贛東北紅軍第十軍獨立團政委，紅十軍政治部秘書，贛東北紅軍學校（第五）分校副校長，參加了閩浙贛紅軍、革命根據地建設以及反「圍剿」鬥爭。1934 年 4 月，因「肅反」擴大化被錯殺於橫峰葛源。

張源健：1928 年任贛北工農革命軍游擊隊大隊長等職。

程俊魁：1928 年任中共贛南特委軍事委員，參加贛南工農武裝與根據地建設。

譚　侃：1930 年任紅軍第二軍團第六軍第十六師第四十八團政委，1931 年 2 月 23 日華容犧牲。

第五節　第二期生參加二十世紀二十年代留學法國勤工儉學運動

留法勤工儉學運動是二十世紀二十年代前後青年知識份子到國外尋求國家、民族及個人出路的運動。從 1919 年 3 月 17 日首批中國勤工儉學生赴法國，至 1921 年 1 月 20 日最後一批抵達馬賽，其間前後共有十八個省的 1600 多名勤工儉學生，分二十批到達法國。他們當中有一批五四運動的骨幹，為中國共產黨旅歐黨團組織的建立從思想上幹部上準備了條件。留法勤工儉學運動還造就了周恩來、朱德、鄧小平等一批中共高級領導幹部以及許多掌握科學技術知識的專門人才。

第二期生有三人參加了當時著名的勤工儉學運動。他們是：吳明：1920 年 6 月 25 日乘「博爾多斯」號輪船到達法國，後被押送回國；羅振聲：1920 年 9 月 11 日乘「盎特萊蓬」號輪船到達法國，曾系中共旅歐支部成員；廖開：1920 年 6 月乘船到達法國，後被押送回國。

第六節　第二期生參加省港大罷工委員會工人糾察隊情況

聞名於二十世紀二十年代中期的省港大罷工，其領導機構——省港罷工委員會，於 1925 年 7 月 5 日在廣州成立了旨在「維持秩序，封鎖港口，鎮壓工賊」的工人糾察隊。該糾察隊下設大隊、支隊等，最多時發展到 3000 多人，分別派守各個港口關卡，為保衛和發展罷工鬥爭勝利成果，鞏固廣東革命根據地，將革命推向廣東各地以及北方，曾經起到了較重要作用和影響。

1925 年 7 月至 8 月，一部分第二期生尚未參加畢業典禮，即奉派參加省港大罷工委員會工人糾察隊。這部分第二期生有十四人，分別擔負工人糾察隊各項職責。他們有：徐讓：任工人糾察隊指揮處指揮員；王德蘭：任工人糾察隊第十七支隊支隊長；邢定漢：任工人糾察隊秘書股主任；周成欽：任工人糾察隊指揮處指揮員；張思廉：任工人糾察隊第十支隊支隊長；富恩佐：任工人糾察隊第四大隊教練；詹行旭：任工人糾察隊第十四支隊支隊長；鄭瑞芳：任工人糾察隊訓育指導員；鄧仕富：任工人糾察隊指揮處指揮員；賴剛：任工人糾察隊第十二支隊支隊長；韓鏗：任工人糾察隊第五支隊支隊長；謝衛漢：任工人糾察隊第一支隊支隊長；魏國謨：任工人糾察隊訓育指導員；關耀宗：任工人糾察隊訓育指導員。

1926 年 10 月省港罷工結束前後，第二期生一部分離隊參加軍旅活動，另一部分轉入改編後的「緝私衛商團」任職。

第六章

第二期生的人文地理分佈與考量

進行人文地理分佈與考量的基礎工作，是根據第二期生分省籍情況量化分析與說明。以前書為例，進行該項專題的敘述變得「平鋪直敘」了。經過前面各章情況、分析和考量的基礎鋪墊，在本章需要梳理廓清的是：第二期生置於人文地理考量之中，其蘊涵和外延及與之關聯的種種情形，希冀能再次給研究者與讀者提供新鮮資料。

第一節　第二期生之人文地理分析

據統計，在下表當中我們可以看到，第二期生數量上居多的省份依次為：廣東、湖南、浙江、江西、四川、湖北等省，人數均在 26 名以上，位居前六名的南方省份計有學員 366 名，占總數 80.1%。從省份與學員之佔有比重，比較第一期生更為集中了。在某種意義上說明，上述六個省份的發動與組織工作，比較其他省份應當是更充分與有成效。

比較第一期生在招生、入學面遍及全國各省情形，第二期生在涵蓋省份及人數上均有所減少。主要反映在：北方如陝、晉、冀、魯、豫、皖、甘以及吉林、綏遠（內蒙）、黑龍江等省份，第一期生有 152 名，占第一期生總數 21.53%；第二期生上述省份共計 30 名，其中：吉林、黑龍江、甘肅等省份空缺，占第二期生總數 6.6%。第二期生的南方學員，招收了臺灣學員 1 名。452 名畢業或肄業學員當中，絕大部分為漢族。此外，蒙古族 1 人：王秉璋；壯族 1 人：覃異之；越南人 3 人：武鴻英、黎廣達、黎鴻峰。

在各省人文地理分佈中，人數最多的是廣東省，占 22.4%，最少的是僅有一名學員的黑龍江省和臺灣省，僅占 0.02%。從以下展現之各省人文地理概貌，在某個側面反映了第二期生的軍事人文地理趨勢。

根據現存資料形成 315 篇人物小傳。

附表 11　第二期生分省籍貫人數一覽表

序	籍貫	人數	%	序	籍貫	人數	%	序	籍貫	人數	%
1	廣東	100	22.4	2	湖南	69	15.3	3	浙江	68	15.08
4	江西	52	11.53	5	四川	50	11.09	6	湖北	27	5.54
7	廣西	18	3.99	8	安徽	15	3.33	9	貴州	13	2.88
10	江蘇	11	2.44	11	山東	6	1.33	12	福建	6	1.33
13	陝西	4	0.89	14	雲南	3	0.67	15	山西	2	0.44
16	河北	2	0.44	17	內蒙〔熱河〕	1	0.22	18	臺灣	1	0.22
22	越南	3	0.44	23	原缺籍貫	1	0.44	24	總計	452	100.00

注：原表引自《黃埔軍校史稿》（2—87），該表系「根據本校畢業生調查科刊制之黃埔同學總名冊之統計表」，原表的學員數量和分省籍貫有漏誤，現將經過整理與核實的資料，進行補充訂正並重新排序。

第二節　第二期生分省籍綜述

依照前書的做法，對第二期生進行人文地理考量與分析，似變得順理成章了。事實上將第二期生，置於人文地理分佈進行分析考量，有助於研究者與讀者記述和瞭解各地人文歷史概貌，或能起到拋磚引玉之功效。

廣東省籍第二期生情況簡述

從第二期生的招生與入學情況看，處於國民革命中心區域的廣東，依舊顯露出原有的政治優勢和人心所向。按照當時的行政區劃，屬於廣東省的海南島學員有 52 名，其中：文昌縣 21 名，瓊山縣 15 名，居於廣東各縣榜首。此外，當時屬於廣東的欽縣、防城各有 1 名學員。

附表 12　廣東籍第二期生歷任各級軍職數量比例一覽表

職級	中國國民黨	中國共產黨	人數	比例 %
肄業或未從軍	王武華、張漢良、張　寧、符煥龍、王耿光、邢詒瀛、邢角志、陳雄飛、邢詒棟、符大莊、黃翰雄、陳壯飛、林澄輝、馮譽鏞、吳傳一、麥　匡、葉斐漢、馮振漢、李篤初		19	19
排連營級	羅英才、唐子卿、黃文超、葉永吉、張思廉、謝衛漢、關耀宗、韓　鏗、符漢東、邢定漢、梁安素、陸士賢、林　俠、幸中幸、王德蘭、徐　讓	古　懷、王茂傑、王禹初	19	19
團旅級	姚中英、陳寄雲、史克斯、王夢堯、吳琪英、關　鞏、林　桓、李公明、趙強華、王景星、王毓槐、陳錫鑣、鄭　武、林守仁、洪春榮、魏國謨、魏漢華、王大文、鍾光瀋、符漢民、林中堅、王尚武、顏國璠、劉世焱、羅盛元、李治魁、張弓正、陳耀寰	符明昌、符南強、李勞工	31	30
師級	翟榮基、伍堅生、司徒洛、鄧仕富、馮爾駿、何其俊、丘　敵、陳孝強、龍　驤、魏人傑、魏濟中、林叙彝、詹行旭、李節文、鄭瑞芳、周成欽		16	16
軍級以上	蔡勁軍、容　幹、鄭介民、蔡　棨、莫與碩、黎鐵漢、王作華、彭佐熙、祝夏年、吉章簡、張炎元、陳　衡、鄭　彬、王　毅、賴　剛		15	15
合計	93	6	100	100

注：達到中級以上軍官的「硬體」界定標準：團旅級：履任團旅長級實職或任上校者；師級：履任師長級（含副師長）實職或任少將者；軍級以上：履任軍長級（含副軍長）以上實職或任中將以上者。履任團旅長以上各級軍官按各時期各種軍隊沿革序列表冊或公開發行書報刊物回憶錄為主要依據，任上校以上將校軍官名單根據《國民政府公報》，以下各省《數量比較一覽表》同此。

部分知名學員簡介：80 名

王毅

王　毅（1900—1949）原名欽雋，[1] 別號任之，別字越初，後改名毅，廣東澄邁縣任元鄉人。前國民政府軍事訓練部次長王俊胞弟。廣東瓊崖中學、廣東肇慶西江講武學堂、廣州黃埔中國國民黨陸軍軍官學校第二期工兵科、日本陸軍士官學校第二十一期工兵科、陸軍大學將官班乙級第二期畢業。1918 年考入廣東瓊崖中學就讀，畢業後，於 1923 年秋考入廣東肇慶西江講武學堂學習，1924 年夏畢業，返回廣州後保送黃埔軍校，其時因第一期已開學未能入。1924 年 8 月考入廣州黃埔中國國民黨陸軍軍官學校第二期工兵科學習，在學期間兩次東征作戰，第二次東征時任工兵排排長，率部參加圍攻惠州城作戰，在校學習期間加入孫文主義學會，1925 年 2 月 1 日隨軍校教導團參加第一次東征作戰，進駐廣東潮州短期訓練，1925 年 5 月 30 日隨軍返回廣州，繼返回校本部續學，1925 年 9 月軍校畢業。歷任國民革命軍第一軍第一師排長、連長，工兵營少校營長，浙東守備團第二營營長等職，隨部參加北伐戰爭。1927 年秋赴日本陸軍士官學校學習，1929 年秋畢業，繼入日本陸軍工兵聯隊實習，1930 年 12 月回國。旋即參與籌備中央陸軍工兵學校，任籌備委員會籌備員，工兵學校正式成立時任少校教官、中校教官等職。後任軍事委員會南昌行營軍務處工程科科長，軍事委員會委員長侍從室副官，洛陽航空學校教官等職。1936 年春任上海保安總隊（總隊長吉章簡）部上校參謀主任，1936 年 12 月應余漢謀邀請返回廣東，任廣東綏靖主任公署少將參議等職。1937 年 1 月任駐瓊崖的廣東保安第十一團團長，後任瓊崖保安司令（張達）部副司令官，廣東第九區保安司令（張達）部副司令官，廣東保安第五旅旅長。張達離任後，代理瓊崖守備司令部司令官。抗日戰爭爆發後，任第四戰區瓊崖守備區司令部司令官，統轄廣東保安第十一、第十五團等部，1939 年 2 月海南淪陷後部隊整編，任

[1] 湖南省檔案館校編，湖南人民出版社《黃埔軍校同學錄》記載。

廣東第九區行政督察專員，兼任第九區保安司令部司令官及瓊崖守備司令部司令官，統轄守備第一、第二團及保安第六、第七團等部 5000 餘人，率部在海南孤島堅持敵後游擊抗戰六年，直至抗日戰爭勝利。抗日戰爭勝利後，1945 年 10 月獲頒忠勤勳章。1946 年 5 月獲頒勝利勳章。1946 年春入陸軍大學乙級將官班學習，1947 年 4 月畢業。歷任軍事委員會派駐北平督導組主任，國防部派駐戰地視察第十五組組長等職。其間當選為廣東澄邁縣出席第一屆制憲國民大會候補代表。1948 年 12 月奉派為在海南島重建的陸軍第六十四軍（軍長容有略）副軍長，旋即由上海乘「太平號」輪船南下，赴任途中於 1949 年 1 月 2 日在舟山群島附近洋面因與「中興輪」相撞溺水遇難。著有《瓊崖抗戰紀實》、《瓊崖抗戰概況》（介紹瓊崖駐軍 1939 年 2 月至 1945 年 8 月抗戰情況，瓊崖守備司令部駐韶關辦事處 1945 年 4 月印行，全書 16 開共 64 頁）等。廣東《萬甯文史資料》1984 年第一輯載有《日寇攻陷海南島前後——王毅、詹松年的活動》（梁秉樞著）、《抗日戰爭勝利前後海南島幾點見聞——王毅、詹松年、吳仕玲的活動情況》（梁秉樞著），廣東《澄邁文史資料》1988 年第四輯載有《瓊崖抗日統——戰線建立時期的王毅》（王善昌）、《陸軍第六十四軍副軍長王任之（毅）公行狀》（黃慶光著）等。

王大文（1900 － 1982）別字維德，廣東文昌人。新加坡養正學校畢業，廣州大沙頭警衛軍講武堂肄業，廣州黃埔中國國民黨陸軍軍官學校第二期步兵科畢業。1900 年 12 月生於文昌縣邁號鄉邊城村一個華僑家庭。自幼隨父及伯父僑居新加坡，1910 年入新加坡養正學校讀書，1911 年春孫中山及黃興先後赴新加坡為革命募集款項，其在新加坡同德書報社（係同盟會設於新加坡機關）親聆教誨。1920 年新加坡養正學校畢業後，1922 年經介紹與親友資助，赴南京暨南學校學習。其間來往於上海等地，多次到上海法租界環龍路（今南昌路）四十四號孫中山設於滬事務所（後為中國國民黨設於上海總部）閱讀中

王大文

國國民黨宣傳書刊，在此結識胡漢民、廖仲愷、張繼、張秋白等，經張繼介紹加入中國國民黨。1923 年 1 月被廖仲愷、胡漢民委任中國國民黨上海第七分部籌備處主任，其間受到赴上海指導的孫中山先生接見，[2] 並持暨南學校趙正平校長函，當面約請汪兆銘赴赴南京校部演講。1923 年春正式任中國國民黨上海第七分部部長，隨後動員吸收了暨南學校二十多名同學加入中國國民黨第七分部，其間脫離學校參加中國國民黨上海特別黨部指導進行的黨務活動。1923 年 11 月曾以學生黨員身份，在上海參與中國國民黨第一次全國代表大會出席代表候選，後因代表人數所限落選。1924 年春信函征得廖仲愷推薦介紹，並得到胡漢民、張繼兩人聯名舉薦投考黃埔軍校第一期，赴上海環龍路四十四路事務所設立的黃埔軍校入學初試及格，上海考區主考官葉楚傖鼓勵其：「你的情況我們都很瞭解，你放心，我們一定錄取你」。[3] 遂乘船南下途中生病，到廣州未愈且休息不好，倉促參加複試因數學得零分，視力不及格被淘汰。此時北上無顏返鄉無面兩難之下，經介紹被廣州大沙頭警衛軍講武堂（堂長吳鐵城兼）接納入學。不久適逢黃埔軍校第二期招生，廖仲愷以軍校黨代表身分推薦廣州警衛軍講武堂學員全部併入中國國民黨陸軍軍官學校第二期。[4] 遂於 1924 年 8 月入廣州黃埔中國國民黨陸軍軍官學校第二期步兵科步兵隊學習，在校學習期間加入孫文主義學會，1925 年 2 月 1 日隨軍校教導團參加第一次東征作戰，進駐廣東潮州短期訓練，1925 年 5 月 30 日隨軍返回廣州，繼返回校本部續學，1925 年 9 月畢業。分發國民革命軍第一軍第一師（師長何應欽）司令部見習，見習期滿任第一師司令部參謀長王俊的侍從副官。1925 年 11 月任國民革命軍第一軍第一師（師

[2] 全國政協文史資料研究委員會編：文史資料出版社 1984 年 5 月《第一次國共合作時期的黃埔軍校》第 285 頁記載。

[3] 全國政協文史資料研究委員會編：文史資料出版社 1984 年 5 月《第一次國共合作時期的黃埔軍校》第 287 頁記載。

[4] 全國政協文史資料研究委員會編：文史資料出版社 1984 年 5 月《第一次國共合作時期的黃埔軍校》第 288 頁記載。

長錢大鈞）第一團（團長王俊）部直屬輜重兵隊隊長，隨部參加第二次東征作戰。1926 年 7 月任國民革命軍第一軍第十四師（師長馮軼裴）司令部副官，北伐東路軍第二路軍指揮（馮軼裴）部參謀，負責總隊輜重運輸事宜。1927 年春經同鄉詹忠言介紹與范漢傑結識，1927 年 5 月任浙江警備師（師長范漢傑）第一團團部輜重兵軍需隊隊長，隨部參加龍潭戰役。1928 年 8 月浙江警備師裁撤，任恢復番號後的第十一軍（軍長陳銘樞）第二十四師第七十一團中校副團長。1932 年 12 月任第十九路軍總指揮（蔣光鼐、蔡廷鍇）部軍械處處長，其間隨部參加對閩西紅軍及根據地的「圍剿」戰事。繼隨第十九路軍駐防福建，其間與同鄉周士第相遇，後隨部參加福建事變。事敗後第十九路軍餘部向廣東潮汕撤退，在隨軍流亡途中親送周士第入江西紅軍根據地。其後從汕頭乘船赴香港，再逃亡海外避難。1937 年 1 月應王俊邀請，任中央陸軍步兵學校（教育長王俊）印刷廠廠長。抗日戰爭爆發後，仍任南京湯山步兵學校軍事訓練教官。1937 年 11 月隨步兵學校輾轉遷移貴州遵義，後經王俊舉薦任步兵學校總務處處長（一說總務長）。抗日戰爭勝利後，任某師管區司令部副司令官。1945 年 10 月獲頒忠勤勳章。後任師管區司令部代理司令官。1946 年 5 月獲頒勝利勳章。1946 年 7 月退役。1948 年 1 月攜眷返回海南島。中華人民共和國成立後，任廣東文昌縣政協委員，廣東省人民政府參事室研究員、參事。「文化大革命」中受到衝擊與迫害。1982 年在家鄉因病逝世。著有《考入黃埔第二期的前前後後》（載於全國政協文史資料研究委員會編：文史資料出版社 1984 年 5 月《第一次國共合作時期的黃埔軍校》第 283 － 291 頁）等。

王作華（1900 －？）廣東羅定人。廣東肇慶西江講武學堂、廣州黃埔中國國民黨陸軍軍官學校第二期炮兵科、南京中央陸軍軍官學校高等教育班第二期畢業。1922 年考入廣東肇慶西江講武學堂學習，畢業後投效粵軍部隊。1924 年 8 月考入廣州黃埔中國國民黨陸軍軍官學校第二期炮兵科學習，在校學習期間加入孫文主義學會，1925 年 2 月 1 日隨軍校教導團參加第一次東征作戰，進駐廣東潮州短期訓練，1925 年 5 月 30 日隨軍返回廣州，繼返回校本部續學，1925 年 9 月軍校畢業。1925 年 10 月隨部參加第二次東征作戰。1928 年 10 月任南京中央陸軍軍官學校第六期炮兵大隊第二隊隊附。後任國民革命軍第十六師步兵營連長、副營長。1932 年春奉派入南京中央陸軍軍官學校高等教育班學習，1932 年春畢業。1933 年 10 月陸軍第五十二師補充團第一營營長、副團長，陸軍第十八軍司令部參謀處處長，第十一師第三十一旅補充團團附，陸軍第八十三軍步兵旅副旅長。抗日戰爭爆發後，率部參加淞滬會戰、南京保衛戰、武漢會戰。1938 年 12 月返回廣東，任韶關警備司令部副司令官，第四戰區第十二集團軍暫編第二軍暫編第七師副師長。1939 年 12 月任廣東省保安第二旅旅長。1940 年 7 月被國民政府軍事委員會銓敘廳頒令敘任陸軍炮兵上校。後任廣東肇清師管區司令部司令官，第九戰區司令長官部少將高級參謀。隨部參加常德會戰，第四次長沙會戰和衡陽保衛戰。抗日戰爭勝利後，1945 年 10 月獲頒忠勤勳章。1945 年 12 月任陸軍總司令部徐州指揮部陸軍第四軍副軍長。1946 年 5 月獲頒勝利勳章。1946 年 7 月任第十集團軍整編第四師師長，恢復軍編制後，任陸軍第四軍軍長。1948 年 9 月 22 日被國民政府軍事委員會銓敘廳頒令敘任陸軍少將。1948 年 12 月所部在淮海戰役中被人民解放軍全殲，逃脫後到南京。1949 年 4 月任重建後的陸軍第四軍軍長。

王尚武（1900 －？）廣東平遠人。廣州黃埔中國國民黨陸軍軍官學校第二期工兵科畢業。1924 年 8 月考入廣州黃埔中國國民黨陸軍軍官學校第二期工兵科學習，在校學習期間加入孫文主義學會，1925 年 2 月 1 日隨軍校教導團參加第一次東征作戰，進駐廣東潮州短期訓練，1925 年 5 月 30 日隨軍返回廣州，繼返回校本部續學，1925 年 6 月隨部參加對滇桂軍閥楊希閔部、劉震寰部軍事行動，1925 年 9 月畢業。1927 年 4 月黃埔軍校「清黨」後，1927 年 4 月 25 日被黃埔同學會駐粵特別委員會任命為中國國民黨派駐「龍驤艦」黨代表。後任國民革命軍陸軍工兵營連長、營長，參謀，科長。抗日戰爭爆發後，任陸軍步兵師司令部參謀處處長，陸軍步兵軍政治部副主任，兼湖北崇陽縣縣長。抗日戰爭勝利後，任交通部派駐廣東省交通運輸專員。1945年10月獲頒忠勤勳章。1946年5月獲頒勝利勳章。1947年10月任中央警官學校廣州分校高級教官，中央警官學校學員總隊副總隊長。1948年3月被國民政府軍事委員會銓敘廳頒令敘任陸軍工兵上校。1949年到香港，曾任香港嘉應同鄉會常務理事等職。

王夢堯（1906－2005）別字安祖，廣東瓊山縣遵潭鄉儒文村人。瓊山縣遵潭鄉立高等小學堂、廣州黃埔中國國民黨陸軍軍官學校第二期步兵科畢業。1906年農曆七月生於瓊山縣遵潭鄉儒文村一個官宦家庭。父均政，別字惠農，清末通奉大夫，曾任浙江富陽、黃岩縣丞。母周氏，務農節儉，育兒女八個，其排行第八。長兄夢雲（1896－1994），別字祝三，早年留學日本，同盟會會員，曾任上海大廈大學、海南大學教授、立法委員。七兄夢齡（1903－2002），日本陸軍士官學校第二十期炮兵科畢業，曾任中央陸軍步兵學校研究委員、國防部少將高級參謀。原籍鄉間私塾啟蒙，1920年考入遵潭鄉立高等小學堂學習，畢業後受長兄夢雲引導赴省城廣州。1924年8月考入廣州黃埔中國國民黨陸軍軍官學校第二期步兵科學習，在校學習期間加入孫文主義學會，1925年2月1日隨軍校教導團參加第一次東征作戰，進駐廣東潮州短期訓練，1925年5月30日隨軍返回廣州，繼返回校本部續學，1925年9月軍校畢業。歷任黃埔軍校教導第一團步兵連排長、連長，北伐東路軍第一路軍總指揮部參謀，隨部參加第二次東征和北伐戰爭。1928年10月任陸軍第一三一師（師長萬耀煌）步兵團營長、副團長，陸軍第六師司令部參謀處處長。抗日戰爭爆發後，任陸軍第六師司令部參謀長，河南洛陽行政督察專員，[5]兼任該區保安司令部司令官，豫皖魯邊區政務委員會派駐

王夢堯

[5] 郭卿友主編：甘肅人民出版社1990年12月《中華民國時期軍政職官志》無載，暫列。

太河稽查處處長兼特別黨部書記長。1944 年 12 月任陸軍總司令部附員。抗日戰爭勝利後，1945 年 10 月獲頒忠勤勳章。1946 年 5 月獲頒勝利勳章。入中央軍官訓練團受訓，1947 年 7 月 6 日參加「謁陵哭陵」事件。辦理退役後，返回原籍瓊山縣鄉間寓居，被推選為遵潭鄉鄉長，在任鄉長其間與兄弟夢雲、夢齡在本鄉咸陽圩創辦「惠農」（其父字，意在紀念父親）小學。中華人民共和國成立後，1951 年鎮反運動時被捕入獄，釋放後留當地農場就業，勞動改造二十五年。1975 年 3 月 19 日刑滿釋放，獲准返回廣東，曾聘任廣東省人民政府參事室研究員。後返回瓊山縣、海口市定居，1988 年 12 月當選為海南省第一屆政協委員，其間參與海南省黃埔軍校同學會籌建事宜，被推選為海南省黃埔軍校同學會名譽會長。2003 年 3 月 11 日在海口家中接受南方網記者採訪。他生前曾對邱達民說過一大樂事：返鄉後曾上京拜訪黃埔軍校同學徐向前，受到徐帥的關心和勉勵；還說過一大憾事：三兄弟盼了幾十年，雖為高壽但生前始終未能聚首。2005 年 2 月因病在海口逝世，與胞兄王夢齡同葬於海口市顏春嶺公墓。

王景星（1898 － 1947）別字雲五，廣東澄邁人。廣州黃埔中國國民黨陸軍軍官學校第二期步兵科畢業。幼年私塾啟蒙。少時考入福山鄉高等小學就讀，畢業後繼考入澄邁縣立中學學習，1920 年畢業，返回原籍鄉間小學任教。1924 年春獲悉黃埔軍校招生消息，與澄邁同鄉王毅、丘敵、羅英才、王武華、何其俊、王家槐、唐子卿等十餘人結伴赴省城，發表時皆榜上有名，欣喜若狂奔相走告，迫不及待地分別發信家鄉親友。1924 年 8 月考入廣州黃埔中國國民黨陸軍軍官學校第二期步兵科學習，1925 年 9 月畢業。1925 年 10 月隨部參加第二次東征作戰。1926 年 7 月任國民革命軍第一軍第二師步兵團排長、連長、副營長，隨部參加北伐戰爭。1927 年 8 月隨部參加龍潭戰役，1928 年 3 月任第一軍第二十師補充團營長，率部參加第二期北伐戰事。抗日戰爭爆發後，任陸軍步兵團營長、副團長，率部參加抗日戰事。1943 年 10 月任陸軍第四十四師步兵第一三二團團長。抗日戰爭勝利後，1945 年 10 月獲頒忠勤勳章。1946

年 5 月獲頒勝利勳章。1946 年 10 月任陸軍整編第四十四旅步兵第一三二團團長，1947 年 1 月 3 日在山東魯南地區與人民解放軍作戰陣亡。

王毓槐（1900 － 1973）廣東澄邁人。廣州黃埔中國國民黨陸軍軍官學校第二期工兵科畢業。1924 年 8 月考入廣州黃埔中國國民黨陸軍軍官學校第二期工兵科學習，在校學習期間加入孫文主義學會，1925 年 2 月 1 日隨軍校教導團參加第一次東征作戰，進駐廣東潮州短期訓練，1925 年 5 月 30 日隨軍返回廣州，繼返回校本部續學，1925 年 6 月隨部參加對滇桂軍閥楊希閔部、劉震寰部軍事行動，1925 年 9 月畢業。1925 年 10 月隨部參加第二次東征作戰。1926 年 7 月任國民革命軍第一軍第二師步兵團排長、連長、副營長，隨部參加北伐戰爭。抗日戰爭爆發後，任陸軍步兵團副團長、團長，率部參加抗日戰事。抗日戰爭勝利後，1945 年 10 月獲頒忠勤勳章。1946 年 1 月任河南繩池縣保安團團長。1946 年 5 月獲頒勝利勳章。後任衢州綏靖主任公署高級參謀。1949 年到臺灣，1973 年 3 月 25 日因病在臺北逝世。

鄧仕富（1899 － 1952）又名士富，廣東梅縣丙村鄉銀場村人。梅縣丙村鄉立高等小學堂、廣州黃埔中國國民黨陸軍軍官學校第二期步兵科畢業。1922 年投效粵軍第一師，曾在鄧演達團當兵。後經鄧演達保薦投考黃埔軍校，[6]1924 年 8 月考入廣州黃埔中國國民黨陸軍軍官學校第二期步兵科學習，在校學習期間加入孫文主義學會，1925 年 2 月 1 日隨軍校教導團參加第一次東征作戰，進駐廣東潮州短期訓練，1925 年 5 月 30 日隨軍返回廣州，繼返回校本部續學，1925 年 9 月軍校畢業。歷任國民革命軍第一軍一師步兵連排長、連長，陸軍第二十六師第三團第一營營長，南京衛戍司令部警衛團中校團附。抗日戰爭爆發後，隨部參加南京保衛戰。1938 年 10 月任陸軍第二十二師步兵旅團長、副旅長，陸軍第

---

[6] 廣東梅縣政協文史資料委員會編纂：《梅縣文史資料》第二十九輯 1997 年 5 月印行《梅縣將帥錄》第 75 頁記載；1993 年 10 月出版《梅縣丙村鎮志－人物》記載。

五十二軍第一三五師副師長。抗日戰爭勝利後，1945 年 10 月獲頒忠勤勳章。任東北保安司令部新編第一軍新編第三十八師副師長。1946 年 5 月獲頒勝利勳章。後參與改編東北保安第十二支隊，1947 年 10 月 1 日正式編成時任陸軍暫編第六十一師師長，隸屬新編第七軍（軍長李鴻）指揮序列，率部駐防長春市。1948 年 9 月 22 日被國民政府軍事委員會銓敘廳頒令敘任陸軍少將。1948 年 9 月 23 日所部改變番號，任東北「剿匪」總司令部新編第七軍第二九五師師長。1948 年 10 月 19 日率部在長春放下武器投誠，[7] 所部後編入人民解放軍。中華人民共和國成立後，自願返廣東原籍定居，曾任梅縣銀場村村長。1952 年 1 月在鎮反運動中被捕關押，後以「反革命罪」被判處死刑。1983 年 5 月經梅縣人民法院複查，糾正原判，恢復其起義投誠人員名譽。[8]

丘岳宋（1904 － 1987）原名敵，[9] 別字丘宋、丘松，後以字行，廣東澄邁縣長安鄉立家村人。廣州黃埔中國國民黨陸軍軍官學校第二期工兵科畢業，日本陸軍輜重兵學校、陸軍炮兵學校肄業。1904 年農曆 8 月 15 日生於澄邁縣長安鄉立家村一個農戶家庭。幼年私塾啟蒙。少時考入長安鄉高等小學就讀，畢業後繼考入澄邁縣立中學學習，1920 年畢業，返回原籍鄉間學校任教。1924 年春獲悉黃埔軍校招生消息，與澄邁同鄉王毅、丘士琛、何其俊、羅英才、王武華、王景星、王家槐、唐子卿等十餘人結伴赴省城，發表時皆榜上有名，欣喜若狂奔相走告，迫不及待地分別發信家鄉親友。1924 年 8 月考入廣州黃埔中國國民黨陸軍軍官學校第二期工兵科學習，在校學習期間加入孫文主義學會，1925 年 2 月 1 日隨軍校教導團參加第一次東征「棉湖戰役」，充當先鋒隊隊員，戰後隨

---

[7] 中國人民解放軍歷史資料叢書編審委員會編纂：解放軍出版社 1996 年 2 月《國民黨軍起義投誠－遼吉黑熱地區》第 677 頁記載。

[8] 廣東梅縣政協文史資料委員會編纂：《梅縣文史資料》第二十九輯 1997 年 5 月印行《梅縣將帥錄》第 75 頁記載。

[9] 湖南省檔案館校編、湖南人民出版社《黃埔軍校同學錄》記載。

部進駐廣東潮州進行短期訓練，1925 年 5 月 30 日隨軍返回廣州，繼返回校本部續學，1925 年 9 月軍校畢業。任黨軍第一師司令部工兵連排長，1925 年 10 月隨部參加第二次東征作戰，在惠州城攻堅戰時，挖掘戰壕修築暗道，為惠州破城立有功勳。1926 年 7 月隨軍參加北伐戰爭，任北伐軍東路軍第一師司令部工兵營連長、副營長。1927 年 10 月任寧波警備司令部步兵營營長，國民革命軍第十七軍第十師步兵團團長。其間與元配王季婉（浙江杭州人，杭州絲綢專門學校畢業，1908 － 1962）結婚，生育二男二女。後隨部返回廣東，任國民革命軍第八路軍總指揮部警衛團副團長，1930 年隨部北上參加中原大戰。戰後被選派日本留學，先後入日本陸軍輜重兵學校、陸軍炮兵學校學習，1931 年 10 月肄業回國。曾在南京受到蔣中正接見，奉派參與籌備陸軍步兵學校組建。1932 年步兵學校正式成立時，任該步兵學校學員隊隊長，協助教育長王俊進行軍官培訓事宜，為王俊編纂《步兵操典》收集資料。1934 年 10 月任上海特別市公安局警務人員訓練所教育長，1936 年 12 月任廬山中央軍官訓練團教育處軍事組上校教官。抗日戰爭爆發後，1937 年 9 月任中央陸軍步兵學校教導團團長，隨部參加淞滬會戰、南京保衛戰。1938 年 1 月奉余漢謀召集返回廣東，任第四戰區第十二集團軍高級參謀，兼任補充兵訓練處處長，編成新兵第九團後曾任團長。1940 年隨部參加第一、二次粵北會戰、第三次長沙會戰。1941 年 12 月太平洋戰爭爆發後，奉派返回海南島承擔防衛事宜。1942 年 1 月 28 日奉派任廣東瓊崖師管區司令部司令官，赴任時與副司令官兼保安第九團團長楊開東率百余名官兵，偷渡瓊州海峽越過日軍陸上封鎖線，經歷艱難險阻進入敵後抗日游擊區。1942 年 2 月 2 日派任廣東省第九區（瓊崖）行政督察專員，[10] 兼任該區保安司令部司令官，在任期間在五指山區編練地方武裝和游擊隊 7000 餘人，克服缺乏糧

[10] 廣東省檔案館編纂：1989 年 12 月印行《民國時期廣東省政府檔案資料選編》第十一輯第 283 頁記載。

食、彈械、醫藥、傷病種種困難，堅持在海南島敵後游擊戰爭四年多。據不完全統計殲滅日偽軍4000餘人，繳獲軍械彈藥物資不計其數，迫使侵略海南島日軍八易其帥，統率機構三次更名，日軍為儘快消滅守島駐軍，曾發佈告示重金懸賞其首級。抗日戰爭勝利後，仍任廣東省第九區（瓊崖）行政督察專員，兼任該區保安司令部司令官。其間陸軍總司令何應欽曾赴海南島視察受降，詢問日軍司令官：日軍具有海陸空優勢兵力，為何不敵守島游擊隊？敵酋回答：海南島軍民團結抗日眾志成城，致使日軍疲於奔命。1945年10月獲頒忠勤勳章。1946年1月奉派入中央訓練團將官班受訓，登記為少將學員，1946年3月結業。1946年4月2日免廣東第九區軍政領導職務。1946年5月獲頒勝利勳章。後任國防部附員。1949年12月30日任海南特別行政區（軍政長官陳濟棠）第三區行政督察專員，兼任該區保安司令部司令官。1950年4月30日隨部攜帶家眷撤退臺灣，1951年12月奉派入臺灣革命實踐研究院受訓，結業後受到蔣中正接見，奉命任「海南島反共救國軍」總指揮（吉章簡）部參謀長，曾陪同吉章簡乘軍艦視察東西沙群島海域。1954年退役後，參與組織「丘海學會」，參與編纂海南島抗日戰爭歷史資料。被推選為旅居臺北市海南同鄉會理事、名譽理事等職。晚年因無經濟來源生活清貧，但仍虔修佛道，承道家宗師劉培中傳授修真練氣竅訣，應邀演講傳播佛道。1987年2月14日因病在臺北逝世。編著有《海南抗戰紀實》、《海南地理形勢》、《海南文獻目錄》、《仙宗道功修煉程笈》、《仙宗總練法圖解》等，參與編纂《海南抗戰》、《海南抗日起義》等。

馮爾駿

馮爾駿（1904 － 1989）別字驥超，廣東瓊山縣演豐鄉博羅村人。演豐鄉立高等小學堂畢業，廣東省立瓊山中學、廣東高等師範學校（一說廣東大學）肄業，廣州黃埔中國國民黨陸軍軍官學校第二期炮兵科、南京中央陸軍軍官學校軍官研究班畢業。1904年8月4日生於瓊山縣演豐鄉博羅村一個書香之家。祖父夙慎、父裕煌，皆為前清秀才。幼時入本村私塾啟蒙，少時考入演豐鄉立高等小學堂就讀。1921 年 10 月考入廣東省立瓊山中學就讀，畢業後到廣州，1923 年 7 月考入廣東高等師範學校（一說廣東大學肄業）就讀。受國民革命思潮影響，毅然投筆從戎。1924 年 8 月考入廣州黃埔中國國民黨陸軍軍官學校第二期工兵科學習，後改入炮兵科學習，在校學習期間加入孫文主義學會，1925 年 2 月 1 日隨軍校教導團參加第一次東征作戰，因棉湖作戰勇敢受到表彰。隨部進駐廣東潮州短期訓練，1925 年 5 月 30 日隨軍返回廣州，繼返回校本部續學，1925 年 9 月畢業。分配校本部服務，任校長辦公廳服務員。1925 年 10 月隨東征軍總指揮部參加第二次東征戰事，攻克惠州戰役時任東征軍總指揮部參謀。1925 年 12 月任廣州黃埔中央軍事政治學校第四期炮兵科炮兵大隊區隊長。1928 年 1 月隨軍校遷移南京，入中央陸軍軍官學校軍官研究班學習，結業後，留校任第一學員總隊第二大隊大隊附。1929 年 12 月任軍事委員會訓練總監部管訓炮兵第二團第一營營長，1930 年 10 月任中央教導第二師司令部直屬炮兵營營長，炮兵團副團長等職。1931 年 10 月率部駐防武漢，任中央陸軍整理處炮兵組組員。1933 年 7 月奉派入廬山中央軍官訓練團受訓，1933 年 10 月結業。奉命調航空署供職，任國民政府軍政部航空署炮兵處附員，杭州筧橋中央航空學校高射炮兵隊上校隊長，在德國顧問協助下，完成新型裝備及人員訓練。1936 年 3 月被國民政府軍事委員會銓敘廳頒令敘任陸軍炮兵上校。抗日戰爭爆發後，率部參加淞滬會戰、南京保衛戰。1938 年 1 月任軍政部直屬炮兵第五十二團團長，率部參加台兒莊戰役，指揮所部殲滅日軍一個戰車營，繳獲戰車 29 輛，曾運抵長沙展覽，為國民革命軍炮兵發展史典範戰例。1939 年 10 月改任軍政部直屬炮兵第五十四團團長，最多時統轄十三個配備不同火炮之炮兵營，率部參加第一至三次長沙會戰。1943 年 10 月獲軍事委員會頒發海陸空軍甲種一等獎章。1943 年 12 月任青年軍炮兵第五十四團團長。1944 年 12 月奉派入青年軍訓練監部舉辦將校研究班受訓，結業後返回原部隊。抗日戰爭勝利後，1945 年 10

月獲頒忠勤勳章。1946 年 1 月返回廣東，任虎門要塞司令部參謀長，中（山）番（禺）寶（安）東（莞）「清剿」區指揮部副指揮官。1946 年 5 月獲頒勝利勳章。1948 年 1 月任海南島榆林要塞司令部司令官，兼任瓊崖南部八縣「清剿」指揮部指揮官。1948 年 9 月 22 日被國民政府軍事委員會銓敘廳頒令敘任陸軍少將。1948 年 10 月因病獲准脫離軍隊，赴香港醫治。1949 年 12 月到臺灣，等候多年未獲復職任官。因無經濟來源，生活清苦導致家庭變故，妻離女散赴香港定居，其孤身獨居臺北三十年，貧病交加晚景淒涼。1989 年 5 月 14 日因病在臺北和平醫院逝世，其女海倫攜夫婿程廣義赴臺北奔喪，生離死別父女人天，此情此景見者莫不悽然哀慟。安葬於臺灣五指山軍人示範公墓。

史克斯（1898 － 1951）原名可林，[11] 別號舉東，原載籍貫廣東瓊山，[12] 另載廣東文昌人。浚靈高等小學、廣州黃埔中國國民黨陸軍軍官學校第二期步兵科畢業。1898 年 11 月生於文昌縣會文鄉沙港村一個農商家庭。幼年入本鄉私塾啟蒙，少時考入會文鄉浚錄高等小學就讀，畢業後一度在鄉間小學任教。其間參加陳俠農領導的瓊崖反袁（世凱）活動，後參與老同盟會員洪太初在白延圩組織的自治會，為骨幹成員之一。因該會拒絕本地林姓人加入，遂引發異姓宗族械鬥，傷人焚屋殃及全縣。後被林姓宗族武裝視為土匪，為逃避追殺，被迫與其他各姓同年逃亡海外。1924 年春在南洋獲悉黃埔軍校招生，遂返回廣東應考。到廣州後錯過第一期生考試時間，經同鄉舉薦得入廣州警衛軍講武堂學習。1924 年 8 月考入廣州黃埔中國國民黨陸軍軍官學校第二期步兵科學習，在校學習期間加入中國國民黨和孫文主義學會，1925 年 2 月 1 日隨軍校教導團參加第一次東征作戰，進駐廣東潮州短期訓練，1925 年 5 月 30 日隨軍返回廣州，期間原籍白延鄉林氏宗族聞知其已入學黃埔軍校，鄉間異姓宗族

---

11 范運晰著：南海出版公司 1999 年 6 月《瓊籍民國人物傳》第 92 頁記載。

12 湖南省檔案館校編，湖南人民出版社《黃埔軍校同學錄》記載。

械鬥雖事過多年，但唯恐將來遭受報復，遂發信軍校指控其為匪，欲置其於死罪，被軍校軍法處追究並拘留審查，後經調查弄清真相，無罪釋放繼返回校本部續學，1925 年 9 月畢業。分發國民革命軍第四軍第十一師第三十三團任見習、排長，隨部參加廣東粵西及南路戰事，後任步兵步兵連長、營長、副團長。1934 年加入中國國民黨中央執行委員會中央調查統計局（中統）特務組織，任南京工作區執行組長。1935 年 7 月 3 日被國民政府軍事委員會銓敘廳頒令敘任陸軍步兵少校。[13]1935 年 11 月參與破獲行政院長汪精衛南京遇刺案，並親赴香港將兇犯擊斃，致使員警搜捕無據，受到中統組織獎勵。返回南京後，任中央調查統計局外勤工作處第三科科長。1936 年 12 月退出中統返回部隊。抗日戰爭爆發後，任陸軍步兵團團長，率部參加抗日戰事。後任陸軍步兵旅司令部參謀主任，某團管區司令部副司令官。1941 年 10 月任軍事委員會運輸統制局韶關檢查所所長。抗日戰爭勝利後，任交通警察第四總隊總隊長。1945 年 10 月獲頒忠勤勳章。1946 年 5 月獲頒勝利勳章。1949 年 12 月隨軍撤退海南島，任海南特別行政區（軍政長官陳濟棠）警保司令部高級參謀。1950 年 2 月欲謀取海南防衛總司令部警保第一師（師長吳道南）第三團團長職務未遂。1950 年 4 月脫離部隊，先赴香港謀生，因生活無著返回廣州，1951 年夏因病在廣州逝世。

司徒洛（1900 － 1966）別號雨亭，廣東恩平人。廣雅仙湖書院、廣東省立第一甲種工業專科學校、廣州黃埔中國國民黨陸軍軍官學校第二期步兵科、南京中央陸軍軍官學校高等教育班第二期畢業，日本千葉陸軍步兵專門學校肄業。1924 年 8 月考入廣州黃埔中國國民黨陸軍軍官學校第二期學習，1925 年 2 月 1 日隨軍校教導團參加第一次東征作戰，進駐廣東潮州短期訓練，1925 年 5 月 30 日隨軍返回

司徒洛

13　臺北成文出版社有限公司印行：《國民政府公報》1935 年 7 月 4 日第 1784 號頒令。

廣州，繼返回校本部續學，1925年6月隨部參加對滇桂軍閥楊希閔部、劉震寰部軍事行動，1925年9月畢業。分發教導第二團見習、排長，1925年10月隨部參加第二次東征作戰。後任國民革命軍第一軍第三師步兵營連長、營長，1926年7月隨部參加北伐戰爭。1929年1月20日被推選為中國國民黨陸軍第三師特別黨部候補執行委員。1930年春由陸軍第三師保送日本千葉陸軍步兵專門學校留學，1930年10月回國，歷任國民政府軍政部參謀、科長。1932年1月奉派南京中央陸軍軍官學校高等教育班第二期學習，1933年1月畢業。1933年春任陸軍第二師（師長黃傑）第四旅（旅長鄭洞國）第七團團附，隨部參加長城古北口八道子抗日戰事。1934年年2月任陸軍第二師第六旅（旅長羅奇）副旅長。1935年7月17日因長城抗戰中禦敵有功獲頒青天白日勳章。[14] 後任國民政府軍政部兵工署上校視察官。1936年3月任陸軍第二師（師長黃傑兼，代理師長鄭洞國）第四旅（旅長廖慷）步兵第七團團長。抗日戰爭爆發後，仍任陸軍第五十二軍（軍長關麟征）第二師步兵第七團團長，率部參加保定戰役，因對「保定城失陷」負有責任，以「指揮無方」被判處有期徒刑七年，後改判為革職反省（據：祝康明著：臺北知兵堂出版社2011年11月《青天白日勳章》第94頁記載）。任軍政部第二補給區司令部副司令官，第九戰區兵站兵監站監員。抗日戰爭勝利後，任第二十七集團軍總司令部高級參謀。1945年10月獲頒忠勤勳章。1946年5月獲頒勝利勳章。後任聯勤總司令部第九補給區司令部司令官。1947年2月15日被國民政府軍事委員會銓敘廳頒令敘任陸軍少將，同時退為備役。中華人民共和國成立後，寓居廣州市區。

龍　驤（1903－）別字雨施，廣東萬寧縣東沃鄉排溪村人。廣州黃埔中國國民黨陸軍軍官學校第二期工兵科畢業。幼年於本村私塾啟蒙，繼入本鄉高等小學堂就讀。1924年8月考入廣州黃埔中國國民黨陸軍軍

[14] 臺北成文出版社有限公司印行：《國民政府公報》1935年7月18日第1796號頒令。

官學校第二期工兵科學習，在校學習期間加入孫文主義學會，1925 年 2 月 1 日隨軍校教導團參加第一次東征作戰，進駐廣東潮州短期訓練，1925 年 5 月 30 日隨軍返回廣州，繼返回校本部續學，1925 年 6 月隨部參加對滇桂軍閥楊希閔部、劉震寰部軍事行動，1925 年 9 月畢業。歷任廣州黃埔中央軍事政治學校教導第一團排長、連長，隨部參加第一、二次東征作戰和北伐戰爭。1927 年任國民革命軍第一軍第二師第四團第一營營附，1928 年任第一軍第二十二師步兵營營長，隨部參加中原大戰。後任陸軍第九十七師補充團團長。抗日戰爭爆發後，1937 年 8 月任陸軍步兵補充旅旅長，率部參加抗日戰事。後任陸軍第九十七師副師長。抗日戰爭勝利後，1945 年 10 月獲頒忠勤勳章。1946 年 5 月獲頒勝利勳章。1946 年 11 月被國民政府軍事委員會銓敘廳頒令敘任陸軍工兵上校，並辦理退役。

伍堅生（1902—？）別號傑存，廣東恩平人。生於 1902 年 2 月 9 日。廣州黃埔中國國民黨陸軍軍官學校第二期步兵科、陸軍大學正則班第九期畢業。1924 年 8 月考入廣州黃埔中央陸軍軍官學校第二期步兵科步兵大隊學習，在校學習期間加入孫文主義學會，1925 年 2 月 1 日隨軍校教導團參加第一次東征作戰，進駐廣東潮州短期訓練，1925 年 5 月 30 日隨軍返回廣州，繼返回校本部續學，1925 年 9 月軍校畢業。任國民革命軍第四軍第十二師補充團排長、連長等職，隨部參加北伐戰爭。1928 年 12 月考入陸軍大學正則班學習，1931 年 10 月畢業。任陸軍步兵旅司令部參謀主任，軍士訓練團團長。1936 年 3 月被國民政府軍事委員會銓敘廳頒令敘任陸軍步兵上校。1936 年 7 月任中央陸軍軍官學校廣州分校特別班防空教官、學員總隊總隊長。後任廣東第一集團軍總司令部獨立第五旅團長、旅長，第一軍司令部副官處處長，廣東第四路軍總指揮部高級參謀等職。抗日戰爭爆發後，歷任國民革命軍陸軍步兵師副師長。後任第四戰區司令長官（張發奎）部高級參謀，第三十五集團軍總司令（鄧龍光）部高級參謀，陸軍暫編第二軍司令部代理參謀長等職。1946 年 2 月 1 日

伍堅生

辦理退役，為廣州市在鄉軍官會少將銜在冊會員，登記居住地為廣州市大德路西華里 11 號二樓寓所。廣東《恩平文史》1988 年第十八輯載有《伍堅生事略》（梁植權著）等。

關　鞏（1902 － 1960）別字固若，別號澤群，廣東番禺人。廣州黃埔中國國民黨陸軍軍官學校第二期步兵科畢業。1924 年 8 月考入廣州黃埔中國國民黨陸軍軍官學校第二期步兵科學習，在校學習期間加入孫文主義學會，1925 年 2 月 1 日隨軍校教導團參加第一次東征作戰，進駐廣東潮州短期訓練，1925 年 5 月 30 日隨軍返回廣州，繼返回校本部續學，1925 年 9 月軍校畢業。歷任東征軍總指揮部政治部政治訓練員、宣傳隊隊長、團黨代表，隨部參加第一、二次東征作戰與北伐戰爭。1928 年任廣州黃埔國民革命軍軍官學校第七期第二總隊政治訓練處宣傳科科長。1929 年 12 月任中國國民黨廣州黃埔國民革命軍軍官學校特別黨部執行委員，南京黃埔軍校同學總會籌備委員。1930 年春參與鄧演達發起組織的「黃埔革命同志會」，鄧演達遇害後，獲軍事當局寬待。後入南京中央陸軍軍官學校政治研究班學習。抗日戰爭勝利後，任廣州肅奸委員會委員，參與日偽人員登記、審查、處理事宜。1945 年 10 月獲頒忠勤勳章。1945 年 2 月 26 日發表為廣東佛崗縣縣長，1945 年 12 月 2 日免職。[15]1946 年 1 月任國民政府廣州行轅高級參謀。1946 年 5 月獲頒勝利勳章。後任廣東綏靖主任公署高級參謀。1948 年 5 月 6 日兼任廣東陽江縣縣長，[16]1949 年 4 月 1 日免職。1949 年秋移居香港。

關鞏

劉世燚（1899 － 1941）別字耿光，廣東始興縣頓崗鄉人。廣州黃埔中國國民黨陸軍軍官學校第二期輜重兵科、南京中央陸軍軍官學校高等

[15] 廣東省檔案館編纂：1989 年 12 月印行《民國時期廣東省政府檔案資料選編》第十一輯第 307 頁記載。

[16] 廣東省檔案館編纂：1989 年 12 月印行《民國時期廣東省政府檔案資料選編》第十一輯第 351 頁記載。

劉世焱

教育班第三期畢業。1899 年 12 月生於始興縣頓崗鄉留田村一個農戶家庭。幼年入本村私塾啟蒙，少時考入頓崗鄉高等小學就讀，畢業後繼入始興縣立中學學習，畢業後返回原籍任高等小學教員。獲悉黃埔軍校招生資訊，立志投筆從戎南下投考。1924 年 8 月考入廣州黃埔中國國民黨陸軍軍官學校第二期輜重兵科學習，1925 年 3 月隨部參加第一次東征作戰，1925 年 6 月隨部參加對滇桂軍閥楊希閔部、劉震寰部的軍事行動，1925 年 9 月畢業。分發教導第二團見習，1925 年 10 月隨部參加第二次東征作戰。1926 年任國民革命軍第五軍第十五師步兵營排長、連長，1926 年 7 月隨國民革命軍第四軍第十師參加北伐戰爭兩湖戰事，1927 年 4 月任國民革命軍第二方面軍第十一軍第二十五師步兵團副營長。反隨粵軍部隊返回廣東，加入第十九路軍序列。1931 年 10 月任第十九路軍第六十師（師長沈光漢）第一一九旅（旅長劉占雄）補充團第一營副營長，1932 年 1 月隨部「一二八」淞滬抗日戰事。戰後隨部轉移福建，1933 年 11 月 22 日隨部參加「福建事變」，部隊擴編後，任第十九路軍（總指揮蔡廷鍇）第一軍（軍長沈光漢）第六十師（師長劉占雄）第三五七團（梁佐勳）副團長，事敗後所部被遣散。遂返回廣東謀事，經舉薦任廣東第一集團軍第三軍駐廣州兵站支部長，後任廣東省中等以上學校軍事訓練處中校軍事訓練教官、訓練主任等職。1937 年 1 月任財政部廣東稅警總團（總團長張君嵩）第三團團附。抗日戰爭爆發後，所部被改編，1938 年 10 月任陸軍暫編第二軍（軍長鄒洪）暫編第八師（師長張君嵩）第十六團參謀主任，隨部參加惠廣戰役。1940 年 5 月任第四戰區司令長官部直屬暫編第二軍（軍長鄒洪）暫編第八師（師長張君嵩）第一旅（旅長羅克傳）第一團團長，[17] 率部駐防廣東四會縣。1941 年

[17] 廣東省政協文史資料研究委員會編纂：廣東人民出版社 1988 年 6 月《廣東文史資料》第五十五輯第 217 頁記載。

9 月率部北上湖南，參加第二次長沙會戰，1941 年 9 月 27 日晚率部 200 人行進長沙近郊東流鎮附近山溝時，與日軍第三師團第十八聯隊遭遇並包圍，在突圍激戰時身負重傷，包紮後再戰時中數彈殉國，戰後清理戰場尋到遺體，運回韶關十裡亭山岡墓地安葬。1942 年 1 月被國民政府追贈陸軍少將銜。

吉章簡（1899 － 1992）別字夏迪，原載籍貫廣東崖縣，[18] 一說廣東樂東人。黎族。廣州潮州八邑旅省中學肄業，上海吳淞江蘇省立水產專門學校航海科、廣東警衛軍講武堂、廣州黃埔中國國民黨陸軍軍官學校第二期工兵科畢業，臺灣革命實踐研究院第二十三期結業。1899 年 11 月 11 日生於廣東崖縣一個家庭，一說 1900 年農曆 11 月 11 日生於廣東樂東縣沖坡鎮老吉落村一個鄉紳富裕家庭，[19] 另說生於海南省樂東黎族自治縣九所鎮沖坡村。祖父大申是清代榆亞地區屈指可數的歲貢，父岳華是清末優貢，曾任惠來、英德等縣儒學，母林氏，豪門閨秀，育有子女 7 人，其居末。鄉人稱其「七爹」，體魁力壯膽大。七歲入私塾啟蒙，十歲喪父，家境聚變。自幼受黎民將領符南蛇發動起義事蹟影響，立志盤馬彎弓。1918 年到省城廣州，考入潮州八邑旅省中學就讀，肄業後北上上海，入吳淞江蘇省立水產專門學校航海科學習。1922 年放假返鄉期間，聞日本勾結奸商何瑞年等，試圖合營設立實業公司，開發掠奪西沙磷礦，其在崖城會同陳英才等 20 餘青年抗議示威，聯名發表《瓊崖公民對西沙群島淪亡宣言》，迫使瓊崖當局取締日本人實業公司。1924 年聞知孫中山創辦黃埔軍校，即廣州報考黃埔軍校第一期，因考績不及格落選。遂入廣州大沙頭警衛軍講武堂（堂

吉章簡

18　湖南省檔案館校編、湖南人民出版社《黃埔軍校同學錄》記載。

19　范運晰編著：南海出版公司 1993 年 11 月《瓊籍民國將軍錄》第 84 頁記載。

長吳鐵城兼）學習。適逢黃埔軍校第二期招生，廖仲愷以軍校黨代表身分推薦廣州警衛軍講武堂學員全部併入黃埔軍校第二期，[20]遂於 1924 年 8 月入廣州黃埔中國國民黨陸軍軍官學校第二期步兵科步兵隊學習，在校學習期間加入孫文主義學會，1925 年 2 月 1 日隨軍校教導團參加第一次東征作戰，進駐廣東潮州短期訓練，1925 年 5 月 30 日隨軍返回廣州，繼返回校本部續學，1925 年 9 月軍校畢業。分發國民革命軍第一軍第　師，任工兵連實習。1925 年 10 月隨部參加第二次東征作戰，任工兵連排長。惠州戰役後，任中央軍事政治學校潮州分校學員大隊中尉區隊長。1926 年春任國民革命軍第二十五師第五十九團上尉連長。1926 年 7 月誓師北伐後，任北伐東路軍總指揮部第一縱隊司令部少校參謀，隨部參加閩浙贛等省北伐戰事。1927 年 4 月任浙江省保安第四團第一營營長，後任國民革命軍總司令部補充團營長。1928 年春任南京中央陸軍軍官學校第六期第　總隊第四大隊第十三中隊區隊長，後任中校中隊長。1929 年 2 月任津浦鐵路護路司令部第二大隊上校大隊長，率部駐防濟南，負責護衛濟南以北至天津路段事宜，其間配合中央軍進行中原大戰之軍需供給護送押運。1931 年春任憲兵第四團團長，率部駐防南昌、福州等地。1932 年 3 月加入中華民族復興社，1934 年春兼任中華民族復興社福建分社（書記蕭乾）監察委員。後率憲兵團調防北平，負責護衛平漢、平綏鐵路運輸安全。1936 年 10 月任上海市保安總團總團長，負責構築城區防禦工事，準備日軍入侵作戰。抗日戰爭爆發後，率部參加淞滬會戰，率總團直屬預備隊與第一、二團，在大場、江灣、南市一線阻擊日軍。戰役其間所部編成步兵旅，併入第一軍第七十八師指揮序列，一度任陸軍第七十八師警備旅旅長。後奉派赴福建長汀訓練新兵，後任由補充兵編成的陸軍預備第六師師長，所部列入陸軍第二十九軍指揮序列。1938 年

---

[20] 全國政協文史資料研究委員會編：文史資料出版社 1984 年 5 月《第一次國共合作時期的黃埔軍校》第 288 頁記載。

5 月率部參加武漢會戰週邊戰事，戰後應胡宗南邀請，任中央陸軍軍官學校第七分校（西安分校）學員總隊總隊長。1939 年春應福建省政府主席陳儀保薦，任福建汀漳師管區司令部司令官，負責編練由地方武裝組建的六個補充團，經過七個月嚴格訓練後，補充前方作戰部隊，其間率部參與湘北抗日戰事。1940 年受胡宗南舉薦，任甘肅省政府保安處處長，在任期間將兩個保安團官兵，訓練擴充後組編為四個保安團，並組建各行政區保警大隊及各縣保警中隊。1943 年任第三十四集團軍第八十軍（軍長袁樸）副軍長，其間發表為第三集團軍總司令部參謀長。1944 年任陸軍新編第七軍代理軍長，統轄陸軍新編第二十二師（師長）、新編第三十七師（師長），隸屬第一戰區第三十七集團軍序列，所部駐防陝西韓城地區。1945 年 2 月 20 日被國民政府軍事委員會銓敘廳敘任陸軍少將。1945 年任軍事委員會交通巡察處處長。抗日戰爭勝利後，1945 年 10 月獲頒忠勤勳章。其間受命負責將抗戰期間組編的「別動軍」、「忠義救國軍」、「中美合作所統轄部隊」、「交通巡察總隊」十余萬人，合併組編交通警察部隊，隸屬新成立的國民政府交通部交通警察總局，1946 年 1 月 20 日正式成立時任總局長。1946 年 5 月獲頒勝利勳章。其間捐資 3000 餘元修建崖縣初級中學教室一座，該教室以其字被命名為「夏迪堂」。支持其夫人陳荷花興辦旺官鄉國民中心小學，贈送學習用品給該校 200 多名學生。在大陸時每次返鄉都給家鄉父老贈送錢物，健康狀況好時常寫信回鄉，詢問鄉情關心家鄉建設。1946 年 11 月 15 日被推選為廣東省出席（制憲）國民大會代表。1948 年 3 月 29 日被推選為廣東省出席（行憲）第一屆國民大會代表。1949 年 7 月任廣州衛戍區司令（李及蘭兼）部副司令官，兼任廣州（行政院轄）市警察局局長。1949 年 10 月隨軍撤退海南島，1949 年 12 月 30 日任海南防衛總司令部第二十一兵團司令部副司令官。1950 年 4 月到臺灣，1950 年 12 月任成立於金門的「海南反共救國軍」總指揮部總指揮，曾親自乘軍艦赴東西沙群島一帶洋面巡察。後任中國國民黨第十三屆中央評議委員會委員，1978 年 2 月被推選為「國民大會」第六屆會議主席團主席。晚年被推選為臺灣海南同鄉會理事長，不許在海外居住的長子、長孫加入所在國籍。著有《海南資源與開發》（全書 20 餘萬字，香港亞洲出版社印行）等。1991 年為臺灣版《海南近現代人物志》作序撰稿。1992 年 4 月 28 日因病在臺北逝世。安葬於臺灣五指山國軍公墓中將三區第二排第四號墓穴。

邢角志（1902 －？）別字竟成，廣東文昌人。廣州黃埔中國國民黨陸軍軍官學校第二期步兵科畢業。1924 年 8 月考入廣州黃埔中國國民黨陸軍軍官學校第二期步兵科學習，在校學習期間加入孫文主義學會，1925 年 2 月 1 日隨軍校教導團參加第一次東征作戰，進駐廣東潮州短期訓練，1925 年 5 月 30 日隨軍返回廣州，繼返回校本部續學，1925 年 6 月隨部參加對滇桂軍閥楊希閔部、劉震寰部軍事行動，1925 年 9 月畢業。1925 年 10 月隨部參加第二次東征作戰。1927 年 4 月黃埔軍校「清黨」後，1927 年 4 月 25 日被黃埔同學會駐粵特別委員會任命為中國國民黨派駐「平南艦」黨代表。

邢詒棟（1905 －？）別字松雲，廣東文昌人。廣州黃埔中國國民黨陸軍軍官學校第二期步兵科畢業。1924 年 8 月考入廣州黃埔中國國民黨陸軍軍官學校第二期步兵科學習，在校學習期間加入孫文主義學會，1925 年 2 月 1 日隨軍校教導團參加第一次東征作戰，進駐廣東潮州短期訓練，1925 年 5 月 30 日隨軍返回廣州，繼返回校本部續學，1925 年 6 月隨部參加對滇桂軍閥楊希閔部、劉震寰部軍事行動，1925 年 9 月畢業。1925 年 10 月隨部參加第二次東征作戰。1927 年 4 月黃埔軍校「清黨」後，1927 年 4 月 25 日被黃埔同學會駐粵特別委員會任命為中國國民黨派駐「安北艦」黨代表。

邢定漢（1898 －？）別字卓群，廣東文昌人。廣州黃埔中國國民黨陸軍軍官學校第二期步兵科畢業。1924 年 8 月考入廣州黃埔中國國民黨陸軍軍官學校第二期學習，1925 年 2 月 1 日隨軍校教導團參加第一次東征作戰，進駐廣東潮州短期訓練，1925 年 5 月 30 日隨軍返回廣州，繼返回校本部續學，1925 年 6 月隨部參加對滇桂軍閥楊希閔部、劉震寰部軍事行動，1925 年 9 月畢業。1925 年 9 月 10 日任省港罷工委員會工人糾察隊秘書股主任，兼任軍事訓練教員。1935 年 10 月任中央陸軍軍官學校洛陽分校教官。

何其俊（1900 － 1973）原名秀清，[21] 又名民鋒，[22] 別字其俊，後以字行，後改名其俊，廣東澄邁人。福山鄉高等小學、澄邁縣立中學、廣州黃埔中國國民黨陸軍軍官學校第二期工兵科畢業，中央訓練團第四期結業。1900 年 11 月生於澄邁縣福山鄉土豔村一個耕讀家庭。幼年私塾啟蒙。少時考入福山鄉高等小學就讀，畢業後繼考入澄邁縣立中學學習，1920年畢業，返回原籍鄉間小學任教。1924年春獲悉黃埔軍校招生消息，與澄邁同鄉王毅、丘敵、丘士琛、羅英才、王武華、王景星、王家槐、唐子卿等十餘人結伴赴省城，發表時皆榜上有名，欣喜若狂奔相走告，迫不及待地分別發信家鄉親友。1924 年 8 月考入廣州黃埔中國國民黨陸軍軍官學校第二期工兵科學習，在校學習期間加入孫文主義學會，1925 年 2 月 1 日隨軍校教導團參加第一次東征作戰，進駐廣東潮州短期訓練，1925 年 5 月 30 日隨軍返回廣州，繼返回校本部續學，1925 年 9 月畢業。分發國民革命軍第一軍直屬工兵營見習，1925 年 10 月隨軍參加第二次東征作戰，任工兵營排長，參加攻克惠州城的作戰。1926 年 7 月任國民革命軍北伐東路軍第一軍第一師工兵營第二連連長、營長，隨部參加粵閩浙等省北伐戰事。1927 年夏奉命返回廣州，任廣州黃埔國民革命軍軍官學校第七期第二總隊工兵隊隊附，

何其俊

[21] 湖南省檔案館校編，湖南人民出版社《黃埔軍校同學錄》記載。

[22] 范運晰著：南海出版公司 1999 年 6 月《瓊籍民國人物傳》第 156 頁記載。

1927 年 12 月任工兵科訓練教官。1928 年 12 月奉命北上，任南京中央陸軍軍官學校第八期第二總隊工兵科工兵中隊中隊長，並任工兵科教官。1930 年 5 月隨部參加中原大戰，戰後返回南京，仍任南京中央陸軍軍官學校第十、十一、十二期學員總隊工兵大隊大隊長，兼任工兵科教官。抗日戰爭爆發後，隨軍校遷移西南地區，續任成都中央陸軍軍官學校第十四、十五、十六、十七期學員總隊大隊長、副總隊長。1939 年春奉派入中央訓練團第四期受訓，1939 年夏結業。奉派赴廣西，任中央陸軍軍官學校第四分校學員總隊副總隊長，兼任工兵科地形教官。1941 年夏任第九戰區編練直屬的野戰補充旅旅長，率部參加第二次長沙會戰。1942 年春任陸軍暫編第十二師副師長，率部參加第二次粵北會戰。一度任陸軍第七十八師副師長，1942 年 12 月任第七戰區司令長官部獨立工兵團團長，率部參加第三次粵北會戰。1944 年 10 月任第七戰區司令長官部工兵指揮部指揮官，兼任陸軍工兵獨立第十一團團長。抗日戰爭勝利後，任衢州綏靖主任（余漢謀）公署高級參謀。1945 年 10 月獲頒忠勤勳章。1946 年 5 月獲頒勝利勳章。1948 年 1 月返回瓊崖，任海南行政督察專員公署少將銜高級參謀。1949 年 12 月任海南防衛總司令部高級參謀。1950 年 4 月隨軍撤退臺灣，任「國防部」高級參謀。1954 年屆齡退役，後遞補為澄邁縣出席「國民大會」代表。1973 年 10 月因病在臺北逝世。其長子何江（原名文英）早年在廣州中山大學讀書時加入中共，抗戰時參加中山縣敵後游擊隊活動，中華人民共和國成立後任中山縣軍管會軍代表，中山縣稅務局、教育局局長，後以副廳級政治待遇離休，晚年聘任廣東省社會科學大學外語教授。

吳傳一（1900 －？）別字少瀚，廣東海康人。廣州黃埔中國國民黨陸軍軍官學校第二期輜重兵科畢業。1924 年 6 月考入廣州黃埔中國國民黨陸軍軍官學校第二期輜重兵科工兵隊學習，在校學習期間加入孫文主義學會，1925 年 2 月 1 日隨軍校教導團參加第一次東征作戰，進駐廣東潮州短期訓練，1925 年 5 月 30 日隨軍返回廣州，繼返回校本部續學，

1925年6月隨部參加對滇桂軍閥楊希閔部、劉震寰部軍事行動，1925年9月畢業。1925年10月隨部參加第二次東征作戰。1936年任廣東第四路軍第一五六師（師長鄧龍光）第四六六旅（旅長王德全）第九三三團（團長楊智佳）中校團附。抗日戰爭爆發後，隨部參加淞滬會戰、南京保衛戰諸役。

吳祺英（1900—1946）原名鉛，[23]別字祺英、琪英，後以字行，後改名琪英，廣東瓊山人。廣州黃埔中國國民黨陸軍軍官學校第二期工兵科、陸軍大學特別班第三期畢業。1924年6月考入廣州黃埔中國國民黨陸軍軍官學校第二期工兵科工兵隊學習，在校學習期間加入孫文主義學會，1925年2月1日隨軍校教導團參加第一次東征作戰，進駐廣東潮州短期訓練，1925年5月30日隨軍返回廣州，繼返回校本部續學，1925年6月隨部參加對滇桂軍閥楊希閔部、劉震寰部軍事行動，1925年9月畢業。歷任中國國民黨中央軍事政治學校學員總隊副區隊長。1926年7月任國民革命軍第四軍第十一師步兵團排長，隨部參加北伐戰爭。後任陸軍步兵團連長、營長、團長等職。1932年任廣東軍事政治學校工兵科中校教官。1936年任陸軍第六十七師補充團團長。1936年12月入陸軍大學特別班學習，1937年6月被國民政府軍事委員會銓敘廳頒令敘任陸軍工兵上校，1938年10月畢業。抗日戰爭爆發後，任陸軍第一五八師司令部參謀長，第四七四旅代理旅長，1943年2月任南（雄）仁（化）乳（源）守備區司令部副司令官。抗日戰爭勝利後，1945年10月獲頒忠勤勳章。1946年1月在四川指揮部隊演習時，因迫擊炮彈誤炸事故遇難。

吳祺英

[23] 湖南省檔案館校編湖南人民出版社《黃埔軍校同學錄》記載。

張　寧（1904 － 1970）派名業劭，別字扶華，廣東文昌人。文昌縣羅豆鄉恢中高等小學、廣州黃埔中國國民黨陸軍軍官學校第二期步兵科、南京中央陸軍軍官學校高等教育班第四期畢業，廬山中央訓練團結業。1904 年 6 月 22 日生於文昌縣羅豆圩潭龍村一個農戶家庭。幼年在本村私塾啟蒙，少時考入羅豆鄉恢中高等小學就讀，畢業後曾任鄉間學校教員。獲悉黃埔軍校招生消息後，1924 年春與同鄉韓鏗等乘船赴省城投考。1924 年 8 月考入廣州黃埔中國國民黨陸軍軍官學校第二期步兵科學習，在學期間隨部參加平定滇桂系軍閥楊希閔、劉震寰部的戰事，1925 年 9 月畢業。分發黨軍第一旅第一團見習，1925 年 10 月隨軍參加第二次東征作戰。任國民革命軍第一軍第一師第三團步兵營排長、連長，1926 年 7 月隨部參加北伐戰爭。1928 年夏任第一集團軍第一師第一旅第三團第三營營長，隨軍參加第二期北伐戰事及中原大戰諸役。1933 年春奉派入廬山中央訓練團受訓，結業後分發部隊。任陸軍第五師第十五旅第四十五團第二營營長，隨部參加對江西紅軍及根據地的「圍剿」戰事。1935 年 1 月奉派入南京中央陸軍軍官學校高等教育班學習，1936 年 1 月畢業。任陸軍第四軍（軍長吳奇偉）第九十三師步兵第二七九團副團長，後任陸軍第九十三師司令部副官主任、參謀主任等職。抗日戰爭爆發後，任中央陸軍軍官學校第四分校特別訓練班學員總隊第二大隊大隊長，為抗日前線部隊培訓與輸送各科初級軍官。其間隨軍參加武漢會戰。1939 年 1 月任陸軍第六軍（軍長甘麗初）司令部參謀處處長，1939 年 12 月率部參加桂南昆侖關戰役。1941 年 10 月調任軍政部第五補充兵訓練處第二團團長，負責訓練與輸送新兵。抗日戰爭勝利後，1945 年 10 月獲頒忠勤勳章。1946 年 1 月任軍政部第九軍官總隊大隊長。1946 年 5 月獲頒勝利勳章。1948 年 10 月任陸軍總司令部第九編練處補充總隊副總隊長，1949 年 5 月任陸軍第一〇九軍司令部警衛團團長，該軍暫編第一師司令部參謀長 .1949 年秋任陸軍第一〇九軍司令部參謀長，後脫離部隊，返回原籍鄉間居住。中華人民共和國成立後，仍居住文昌縣羅豆圩鄉間。1970 年 10 月 22 日因病逝世。

張弓正（1905 － 1968）別字中的，別號南天，廣東瓊山人。演豐鄉高等小學、瓊山縣立舊制中學普通科、廣州黃埔中國國民黨陸軍軍官學校第二期炮兵科畢業，南京中央陸軍軍官學校軍官研究班、中央警官學校警政班第四期結業。1905 年 10 月 4 日生於瓊山縣演豐鄉大鼎村一個耕讀家庭。父紹績，母陳氏。幼年在本村私塾啟蒙，少時考入演豐鄉高等小學就讀，畢業後，1919 考入瓊山縣立舊制中學普通科學習，1923 年畢業。獲悉黃埔軍校招生資訊，遂與馮爾駿、陳衡、周成欽等結伴赴省城。1924 年 8 月考入廣州黃埔中國國民黨陸軍軍官學校第二期炮兵科學習，在學期間隨教導第一團參加第一次東征戰事，1925 年 6 月再參加對滇桂軍閥楊希閔部、劉震寰部的軍事活動，1925 年 9 月畢業。1925 年 10 月隨部參加第二次東征作戰，任國民革命軍第一師第四十一團機關槍連排長。1926 年 7 月任國民革命軍北伐東路軍第一軍第二十師第四十一團機關槍連連長，率部參加北伐戰爭。1928 年 1 月任國民革命軍新編第一軍獨立第一師第二團中校團附，1928 年 5 月任獨立第一師政治部副主任。其間與羅才清在上海結婚。1928 年 9 月國民革命軍編遣後，所部被裁撤免職。1928 年 10 月任南京中央陸軍軍官學校軍官研究班教育副官，1929 年 12 月任中央教導第一師步兵指揮部參謀，1930 年 5 月隨部參加中原大戰。1931 年 10 月任陸軍第十三師政治訓練處科長，1933 年 12 月任陸軍第四軍第九十師政治訓練處副主任，隨部參加對江西紅軍及根據地的「圍剿」戰事。1935 年 6 月任軍事委員會南昌行營「圍剿」軍第三路軍總指揮部補充大隊大隊長，1935 年 11 月奉調返回廣東，任廣東省國民兵軍事訓練委員會上校銜主任教官。抗日戰爭爆發後，1937 年 10 月任廣東省軍管區司令部高級參謀，負責兵員征招與訓練補充事宜。抗日戰爭勝利後，任軍政部駐廣東特派員辦公處軍事運輸總隊大隊長，負責戰後軍用物資調配事宜。1945 年 10 月獲頒忠勤勳章。1946 年 1 月奉派入軍政部廣東第九軍官總隊教官。1946 年 5 月獲頒勝利勳章。1947 年 12 月任臺灣全省保安員警總隊薦任一級副總隊長（比照陸軍少將銜）。1948 年

10 月改任第二保安員警總隊副總隊長。1959 年屆齡退役。1968 年 10 月因病在臺北榮民總醫院逝世。

張漢良（1901 － 1970）別字競雄，廣東紫金人。廣州黃埔中國國民黨陸軍軍官學校第二期工兵科畢業。1924 年 6 月考入廣州黃埔中國國民黨陸軍軍官學校第二期工兵科工兵隊學習，在校學習期間加入孫文主義學會，1925 年 2 月 1 日隨軍校教導團參加第一次東征作戰，進駐廣東潮州短期訓練，1925 年 5 月 30 日隨軍返回廣州，繼返回校本部續學，1925 年 9 月軍校畢業。1925 年 10 月隨部參加第二次東征作戰。分發海軍局任官員，1926 年 1 月當選為廣東海軍局出席中國國民黨第二次全國代表大會代表。1949 年到臺灣。1953 年到香港。二十世紀七十年代在臺北逝世。

張炎元（1903—2005）又名秉華，別字炳華，別號炳南，廣東梅縣大坪鄉人。梅縣東山中學肄業，廣州黃埔中國國民黨陸軍軍官學校第二期工兵科、前蘇聯莫斯科中山大學、陸軍大學將官班甲級第二期畢業，南京中央陸軍軍官學校政治訓練班、廬山中央軍官訓練團將官班結業。1903 年 12 月 30 日生於梅縣大坪鄉程鳳村一個農戶家庭。梅縣東山中學肄業三年，1924 年 8 月考入廣州黃埔中國國民黨陸軍軍官學校第二期工兵科，在校學習期間加入孫文主義學會，1925 年 2 月 1 日隨軍校教導團參加第一次東征作戰，進駐廣東潮州短期訓練，1925 年 5 月 30 日隨軍返回廣州，繼返回校本部續學，1925 年 9 月軍校畢業。派任廣東海防艦隊「安北艦」中國國民黨黨代表，國民革命軍第一軍第二十六師第七十七團副團長。1926 年 2 月考取留學前蘇聯資格，赴莫斯科中山大學學習，1927 年回國到香港，1927 年 4 月黃埔軍校「清黨」後，1927 年 4 月 25 日被黃埔同學會駐粵特別委員會任命為中國國民黨派駐「舞鳳艦」黨代表。後在香港、澳門留居兩年，1928 年赴印尼爪哇從商與任教。1931 年回到南京，到南京黃埔同學會報到登記。1932 年 3 月 28 日參與組建中華民族復興社，1932 年 4 月再參與組織中華民族復興

張炎元

社內層組織——三民主義力行社籌備事宜，派任中華民族復興社華南區站長，後任華北行動組組長、副主任，參與策劃對華北地區漢奸整肅暗殺行動。1936 年 3 月任中央憲兵司令部政治訓練處處長。抗日戰爭爆發後，任上海憲兵司令部政治訓練處處長，率憲兵部隊參加淞滬會戰，1937 年 12 月率部再參加南京保衛戰。1938 年 3 月任軍事委員會西南運輸處稽查組組長，中美合作運輸處副處長。1940 年 4 月任運輸統制局監察處副處長、處長。1943 年 2 月 10 日被國民政府軍事委員會銓敘廳頒令敘任陸軍少將。1945 年 3 月保送陸軍大學甲級將官班學習，1945 年 6 月畢業。抗日戰爭勝利後，1945 年 9 月任戰時運輸局南京辦事處，公路總局副局長。1945 年 10 月獲頒忠勤勳章。1946 年 5 月獲頒勝利勳章。1946 年 7 月任國民政府國防部第二廳（廳長鄭介民、侯騰）副廳長，1947 年 3 月免職。1947 年 4 月任中央軍官訓練團第三期軍事講師等職。1947 年 5 月任廣東省保安司令部副司令官，兼任國防部保密局廣州站站長，後赴香港，1949 年任國防部保密局南方執行部主任。1951 年 12 月到臺灣，1952 年 10 月任中國國民黨中央執行委員會第六組（心理作戰組）主任，1953 年春兼任第二組（敵後黨務組）組長，再任保密局南方執行部第四組（情報組）組長。1956 年 10 月 1 日繼毛人鳳任臺灣「國防部」情報局局長。1956 年 10 月敘任陸軍中將。1957 年 10 月當選為中國國民黨第八屆中央執行委員會執行委員。1961 年 10 月任中國國民黨中央執行委員會海外「對匪鬥爭」工作指導委員會秘書長，1969 年 4 月當選為中國國民黨第十屆中央執行委員會候補中央執行委員。1976 年後當選為中國國民黨第十一至第十五屆中央評議委員會委員，兼任臺灣省足球協會主任委員，臺北景德藥品公司、中興電子公司董事長等職。1990 年被推選為中華民國忠義同志會理事長，1992 年參與創辦中華黃埔四海同心會，被推選為第二任會長。1992 年 10 月委託侄孫女張伶返回廣東梅縣原籍鄉間，參加大坪鎮程鳳中學建校 45 周年紀念活動，其捐資修建教學樓，並致函同意受聘為程鳳中學董事會榮譽董事長。2004 年其 101 歲高齡對臺灣媒體稱：「『台獨』沒有前途」。2004 年 6 月 13 日參加臺灣陸軍軍官學校校友會主辦「黃埔建軍建校 80 周年紀念大會」。2005 年 8 月 13 日因病在臺北逝世，安葬於臺北縣三峽龍泉墓園。著有《黃埔老兵回憶錄》、《張炎元先生集》（1987 年 7 月臺灣出版）、《張炎元先生續集》（1993 年 10 月 5 日臺灣出版）等。

李公明

李公明（1905 － 1928）又名公民，廣東嘉應人。汕頭客屬嘉應中學、廣州黃埔中國國民黨陸軍軍官學校第二期炮兵科畢業。1924 年 8 月考入廣州黃埔中國國民黨陸軍軍官學校第二期炮兵科學習，在校學習期間加入孫文主義學會，1925 年 2 月 1 日隨軍校教導團參加第一次東征作戰，進駐廣東潮州短期訓練，1925 年 5 月 30 日隨軍返回廣州，繼返回校本部續學，1925 年 6 月隨部參加對滇桂軍閥楊希閔部、劉震寰部軍事行動，1925 年 9 月畢業。分發入伍生總隊見習，炮兵隊班長，1925 年 10 月隨部參加第二次東征作戰。1926 年 7 月隨部參加北伐戰爭，任國民革命軍第一軍第二十一師司令部炮兵連連長，北伐東路軍第一軍司令部炮兵指揮，1927 年 10 月任國民革命軍總司令部炮兵團團附。1928 年 1 月 18 日在河南白市作戰時中彈陣亡。[24]

李節文（1902 － 1947）廣東東莞人。廣東東莞莞城中學、廣州黃埔中國國民黨陸軍軍官學校第二期炮兵科畢業。1924 年 8 月考入廣州黃埔中國國民黨陸軍軍官學校第二期炮兵科學習，在校學習期間加入孫文主義學會，1925 年 2 月 1 日隨軍校教導團參加第一次東征作戰，進駐廣東潮州短期訓練，1925 年 5 月 30 日隨軍返回廣州，繼返回校本部續學，1925 年 9 月軍校畢業。分發黃埔軍校入伍生部見習，1925 年 10 月隨部參加第二次

[24] 中國第二歷史檔案館供稿，華東工學院編輯出版部影印，檔案出版社 1989 年 7 月《黃埔軍校史稿》第八冊（本校先烈）第 249 頁第二期烈士芳名表記載 1928 年 1 月 10 日在廣東陣亡。龔樂群編：中央陸軍軍官學校追悼北伐陣亡將士特刊《黃埔血史》第 28 頁記載其 28 歲任中校團附，1928 年 1 月 18 日在白市作戰陣亡。

東征作戰。1926 年 1 月任國民革命軍第四軍第十一師第三十三團步兵連排長、連長，隨部參加討伐南路軍閥鄧本殷部及瓊崖之役。1928 年 10 月任廣東第八路軍總指揮部特務團第一營營長，1929 年 10 月任廣東編遣區第一師第二旅第四團參謀主任。1933 年 10 月任陸軍第十八軍第十一師第三十一旅步兵第六十三團團長，率部參加對江西紅軍及根據地的「圍剿」戰事。1937 年 1 月任財政部廣東稅警總團（總團長張君嵩）參謀長。抗日戰爭爆發後，所部接受國民革命軍正規部隊改編。1939 年 12 月任陸軍暫編第二軍（軍長鄒洪）暫編第七師（師長王作華）副師長，率部參加第二次長沙會戰。1940 年 7 月被國民政府軍事委員會銓敘廳頒令敘任陸軍炮兵上校。後任陸軍第六十五軍司令部高級參謀，兼任新兵補充訓練處處長。抗日戰爭勝利後，1945 年 10 月獲頒忠勤勳章。1946 年 5 月獲頒勝利勳章。1947 年 9 月 16 日與莫與碩同案被捕，後經軍法審訊，被判處死刑執行槍決。

李勞工（1901 － 1925）原名克家，別字赤芳，廣東海豐人。海豐縣捷勝鄉文亭高等小學畢業，海豐縣蠶桑局養蠶訓練班肄業，廣州黃埔中國國民黨陸軍軍官學校第二期輜重兵科畢業。1901 年 8 月 1 日生於海豐縣捷勝鄉一個農戶家庭。父恭安，務農兼營小雜貨店，育有兄妹三人，其排第三。幼年入本村私塾啟蒙，1912 年考入海豐縣捷勝鄉文亭高等小學就讀，1918 年畢業。隨本鄉秀才讀半年古漢語，後經親友介紹，任捷勝鄉南町高等小學教員。1920 年入海豐縣蠶桑局養蠶訓練班學習，結業後，1922 年入海豐縣蠶桑局任差事。其間結識彭湃，受彭影響改名「勞工」，以示致力勞工運動，為勞苦大眾謀利益。1923 年 7 月在彭湃推動下，廣東省農民協會在海豐縣城成立，被推選為省農民協會執行委員會執行委員，兼任該會農業部部長及宣傳部委員，成為彭湃的得力助手和廣東省農民協會重要領導人之一，彭湃在《海豐農民運動》中稱讚其積極作用。1923 年 11 月成立廣東省惠潮梅農民協會，協助彭湃管理粵東十縣農民協會。1924 年 4 月與彭湃經汕頭赴香港抵達廣

李勞工

州，在廣州東堤二馬路成立人力車俱樂部，其任主任，其間加入中國共產黨。1924 年夏由廣東黨組織選派，並經廖仲愷、彭湃舉薦投考黃埔軍校，1924 年 8 月考入廣州黃埔中國國民黨陸軍軍官學校第二期輜重兵科學習，1924 年 12 月參與在黃埔軍校廣州北較場分校秘密組織「火星社」，1925 年 2 月 1 日「中國青年軍人聯合會」在校本部成立時，其與吳明、王一飛、蕭人鵠作為北較場分校代表出席成立大會，[25]1925 年 3 月奉周恩來指示率廣州人力車俱樂部 60 名海陸豐籍工人組成先遣隊，參與第二次東征軍事行動，1925 年 3 月 16 日至海豐後，組建有 200 餘人的農民自衛軍，任大隊長，後經動員擴充到 500 多人，被委派為黃埔中國國民黨陸軍軍官學校後方主任和東征軍駐海陸豐後方辦事處主任，1925 年 9 月軍校畢業。分發海陸豐開展農民運動，1925 年 9 月 23 日晚行至海豐縣佘林埔村，被武裝民團團總陳丙丁派爪牙陳貌將其誘捕，在該村祠堂對其軍刑逼供，堅貞不屈視死如歸，1925 年 9 月 24 日在田墘村外身中十彈遇害。著有《海豐農民運動底一個觀察》等。

李治魁（1903 — 1926）別字雄東，廣東瓊山人。廣州黃埔中國國民黨陸軍軍官學校第二期炮兵科畢業。1924 年 8 月考入廣州黃埔中國國民黨陸軍軍官學校第二期炮兵科學習，在校學習期間加入孫文主義學會，1925 年 2 月 1 日隨軍校教導團參加第一次東征作戰，進駐廣東潮州短期訓練，1925 年 5 月 30 日隨軍返回廣州，繼返回校本部續學，1925 年 6 月隨部參加對滇桂軍閥楊希閔部、劉震寰部軍事行動，1925 年 9 月畢業。1925 年 10 月隨部參加第二次東征作戰。1926 年任國民革命軍第一軍第二師第四團步兵第二營副營長。1926 年 9 月在武昌作戰陣亡。[26]

李治魁

[25] 楊牧、袁偉良主編：河南人民出版社 2005 年 11 月《黃埔軍校名人傳》下冊第 1121 頁記載。

[26] 中國第二歷史檔案館供稿，華東工學院編輯出版部影印，檔案出版社 1989 年 7 月《黃埔軍校史稿》第八冊（本校先烈）第 249 頁第二期烈士芳名表記載 1926 年 9

李篤初（1902 －？）別字少衡，別號少沖，廣東番禺人。廣州黃埔中國國民黨陸軍軍官學校第二期步兵科畢業。1924 年 8 月考入廣州黃埔中國國民黨陸軍軍官學校第二期步兵科學習，在校學習期間加入孫文主義學會，1925 年 2 月 1 日隨軍校教導團參加第一次東征作戰，進駐廣東潮州短期訓練，1925 年 5 月 30 日隨軍返回廣州，繼返回校本部續學，1925 年 6 月隨部參加對滇桂軍閥楊希閔部、劉震寰部軍事行動，1925 年 9 月畢業。1925 年 10 月隨部參加第二次東征作戰。1926 年 7 月隨部參加北伐戰爭，任國民革命軍第一軍第二師第四旅補充團步兵連排長、連長、營長。1928 年 1 月隨部參加第二期北伐戰事。1928 年 9 月任編遣後縮編的第一集團軍陸軍第二師（師長顧祝同）第四旅（旅長黃國樑）第七團（團長樓景樾）第三營營長，隨部參加中原大戰。

陸士賢（1904 －？）別字那傑，廣東廉江人。廣州黃埔中國國民黨陸軍軍官學校第二期輜重兵科畢業。1924 年 8 月考入廣州黃埔中國國民黨陸軍軍官學校第二期步兵科學習，在校學習期間加入孫文主義學會，1925 年 2 月 1 日隨軍校教導團參加第一次東征作戰，進駐廣東潮州短期訓練，1925 年 5 月 30 日隨軍返回廣州，繼返回校本部續學，1925 年 6 月隨部參加對滇桂軍閥楊希閔部、劉震寰部軍事行動，1925 年 9 月畢業。考取赴蘇聯留學資格，入莫斯科中山大學第一期學員班學習，1927 年畢業回國。

陳　衡（1906—1955）譜名嘉瑞，別字祥雲，廣東瓊山人。瓊山縣三江鄉高等小學、府城瓊崖中學、廣州黃埔中國國民黨陸軍軍官學校第二期炮兵科、陸軍大學將官班乙級第二期畢業，臺灣革命實踐研究院第二十五期結業。父如坤，別字仲仁，業農兼商，家境小康，母何蓮英，勤儉持家，育兩男三女，其居次。1906 年農曆五月十五日生於廣東瓊山縣三江鄉電白村一個農戶家庭。幼年在本鄉私塾啟蒙，後考入瓊山縣三

月在湖北武昌陣亡。

江鄉高等小學就讀，畢業後於 1921 年考入府城瓊崖中學學習，1923 年畢業。1924 年 8 月考入廣州中國國民黨陸軍軍官學校第二期炮兵科炮兵隊學習，在校學習期間加入孫文主義學會，1925 年 2 月 1 日隨軍校教導團參加第一次東征作戰，進駐廣東潮州短期訓練，1925 年 5 月 30 日隨軍返回廣州，繼返回校本部續學，1925 年 9 月軍校畢業。1925 年 10 月隨部參加第二次東征作戰，任廣州黃埔中央軍事政治學校第四期入伍生山炮連排長，第四期炮兵科大隊炮兵隊區隊長。1926 年 7 月隨軍參加北伐戰爭，任國民革命軍第四軍司令部直屬炮兵營連長，國民革命軍第四集團軍第二方面軍第十一軍第二十四師連長、營長。1927 年任湖北麻城縣縣長。其間與同鄉陸曼雯結婚。1934 年任江西「圍剿」軍第二縱隊第四支隊第八團團長，率部參加對江西紅軍及根據地的「圍剿」戰事。1937 年 1 月任陸軍第一六六師第四九八旅步兵第九九六團團長，率部駐防贛南地區。抗日戰爭爆發後，任陸軍第一六六師第四九八旅副旅長、旅長，率部在黃河沿線孟縣、濟源、沁陽等地殂擊日軍。1937 年 10 月任軍政部補充兵訓練第十一處副處長。1939 年 5 月任軍事委員會南嶽游擊幹部訓練班第三總隊副總隊長。1940 年 7 月被國民政府軍事委員會銓敘廳頒令敘任陸軍炮兵上校。1940 年 10 月任軍事委員會西南游擊幹部訓練班第一學員大隊大隊長，兼任自貢市警備司令（郜子舉）部副司令官。1945 年 4 月任軍事委員會幹部訓練團學員總隊總隊附。抗日戰爭勝利後，奉調返回廣東。1945 年 10 月獲頒忠勤勳章。1946 年 5 月獲頒勝利勳章。1946 年 11 月 15 日被推選為廣東省出席（行憲）國民大會代表。1946 年春入陸軍大學乙級將官班學習，1947 年 4 月畢業。奉派任東北青年軍訓練班學員總隊總隊長。1948 年 1 月任陸軍第四十九軍（軍長鄭庭笈）副軍長，1948 年 9 月兼任該軍第七十九師師長，率部與人民解放軍作戰。遼沈戰役中所部潰敗，在混亂中化裝脫逃。潛返南京後，1949 年 1 月派任陸軍新編第八十八師師長，1949 年 7 月任陸軍第七十七軍副軍長，後率部撤退海南島，兼任海口要塞司令部司令官，1950 年 5 月隨部撤退臺灣，任

「國防部」高級參謀。奉派入臺灣革命實踐研究院受訓。1951 年 11 月任臺灣省保安司令部高級參謀，駐台「海南島反共救國軍」總指揮（吉章簡）部副總指揮。1955 年 11 月 11 日因病在臺北逝世。其夫人陸曼雯 1988 年 10 月因病在臺北逝世。

陳孝強（1903 － 1955）別字義賁，廣東鎮平（蕉嶺）人。廣州黃埔中國國民黨陸軍軍官學校第二期炮兵科畢業。1924 年 8 月考入廣州黃埔中國國民黨陸軍軍官學校第二期炮兵科學習，在校學習期間加入孫文主義學會，1925 年 2 月 1 日隨軍校教導團參加第一次東征作戰，進駐廣東潮州短期訓練，1925 年 5 月 30 日隨軍返回廣州，繼返回校本部續學，1925 年 6 月隨部參加對滇桂軍閥楊希閔部、劉震寰部軍事行動，1925 年 9 月畢業。分發國民革命軍第一軍第一師見習，1925 年 10 月隨部參加第二次東征作戰。1926 年 7 月隨部參加北伐戰爭，任國民革命軍第一軍第一師第二團步兵連排長、連長，1927 年 8 月隨部參加龍潭戰役。1928 年任國民革命軍第一軍第二十二師步兵團副營長，1932 年 10 月任鄂豫皖邊區「剿匪」第三路第二縱隊第一師第二旅第四團第一營營長、團長，率部參加對鄂豫皖邊區紅軍及根據地的「圍剿」戰事。抗日戰爭爆發後，任第八十三軍第二七八師副師長，率部參加抗日戰事。1938 年 10 月任中央陸軍軍官學校第七分校（西安分校）學員總隊總隊長。1942 年 5 月 30 日任陸軍預備第八師師長。所部後在太行山被日軍圍殲，其被俘虜，一度任華北治安軍王克敏部副軍長。1944 年 1 月 21 日被偽南京國民政府軍事委員會任命為參贊武官公署中將參贊武官。[27]1944 年 7 月 15 日被偽南京國民政府軍事委員會發表為首都警備司令（李謳一）部首都警衛第三師師長。[28]1944 年 8 月 4 日被偽南京國民政府軍事委員會任命為駐廣州綏

[27] 郭卿友主編：甘肅人民出版社 1990 年 12 月《中華民國時期軍政職官志》第 1958 頁記載。

[28] 郭卿友主編：甘肅人民出版社 1990 年 12 月《中華民國時期軍政職官志》第 1964 頁記載。

靖主任（陳春圃代，褚民誼兼）公署陸軍第二十師師長。[29]抗日戰爭勝利後，1945 年 9 月所部被重慶國民政府軍事委員會改編為廣東先遣軍第一師，仍任師長。1947 年 3 月 26 日被國民政府軍事委員會銓敘廳敘任陸軍少將。任陸軍第一九八師師長，1949 年 5 月所部在陝南被人民解放軍殲滅，1949 年秋到臺灣，任臺灣省保安員警總隊總隊長，聯合後方勤務總司令部少將部員。1955 年春因病在臺北逝世。

陳寄雲

陳寄雲（1901 － 1960）別字新銘，廣東興寧人。廣州黃埔中國國民黨陸軍軍官學校第二期炮兵科畢業。1924 年 8 月考入廣州黃埔中國國民黨陸軍軍官學校第二期炮兵科學習，1925 年 2 月 1 日隨軍校教導團參加第一次東征作戰，進駐廣東潮州短期訓練，1925 年 5 月 30 日隨軍返回廣州，繼返回校本部續學，1925 年 6 月隨部參加對滇桂軍閥楊希閔部、劉震寰部軍事行動，1925 年 9 月畢業。分發國民革命軍第一軍第二師第四團見習，1925 年 10 月隨部參加第二次東征作戰。1927 年春任廣州黃埔國民革命軍軍官學校第六期第二總隊炮兵科炮兵中隊中隊附。其間曾被派任廣東海防艦隊「金馬艦」艦長。1927 年夏隨軍校師生北上南京，1930 年 10 月參與籌備南京湯山炮兵學校，正式成立時任中央陸軍炮兵學校炮術教官。抗日戰爭爆發後，任軍政部直屬炮兵第十一團第一營營長、副團長，貴州都勻炮兵學校上校教官。1942 年 12 月任陸軍第七十一軍司令部炮兵指揮部指揮官。抗日戰爭勝利後，1945 年 10 月獲頒忠勤勳章。1946 年 5 月獲頒勝利勳章。1946 年 7 月退役。後寓居韶關。中華人民共和國成立後，返回原籍鄉間定居。1960 年因病在興寧逝世。

---

[29] 郭卿友主編：甘肅人民出版社 1990 年 12 月《中華民國時期軍政職官志》第 1964 頁記載。

陳耀寰（1901 －？）別字耀環，廣東豐順人。廣州黃埔中國國民黨陸軍軍官學校第二期炮兵科畢業。1924 年 8 月考入廣州黃埔中國國民黨陸軍軍官學校第二期炮兵科學習，在校學習期間加入孫文主義學會，1925 年 2 月 1 日隨軍校教導團參加第一次東征作戰，進駐廣東潮州短期訓練，1925 年 5 月 30 日隨軍返回廣州，繼返回校本部續學，1925 年 6 月隨部參加對滇桂軍閥楊希閔部、劉震寰部軍事行動，1925 年 9 月畢業。1931 年 6 月 13 日任廣東省豐順縣縣長，[30]1932 年 6 月 21 日離職。

麥　匡（1900 －？）別字寰宇，廣東崖縣人。廣州黃埔中國國民黨陸軍軍官學校第二期輜重兵科畢業。1924 年 8 月考入廣州黃埔中國國民黨陸軍軍官學校第二期輜重兵科學習，在校學習期間加入孫文主義學會，1925 年 2 月 1 日隨軍校教導團參加第一次東征作戰，進駐廣東潮州短期訓練，1925 年 5 月 30 日隨軍返回廣州，繼返回校本部續學，1925 年 6 月隨部參加對滇桂軍閥楊希閔部、劉震寰部軍事行動，1925 年 9 月畢業。1925 年 10 月隨部參加第二次東征作戰。歷任國民革命軍總司令部輜重兵隊排長、副連長，1926 年 7 月隨部參加北伐戰爭。後任陸軍第四軍司令部兵站支部長。抗日戰爭爆發後，1938 年 12 月任陸軍步兵團團長。1945 年 5 月 5 日任廣東省封川縣縣長，[31]1946 年 11 月 10 日被撤職。1949 年到臺灣，無任官記載。

周成欽

周成欽（1903 － 1969）別字若夫，廣東瓊山人。廣州黃埔中國國民黨陸軍軍官學校第二期步兵科畢業。1904 年農曆 12 月 2 日生於瓊山縣演豐鄉一個書香之家。父為清末秀才，開設私塾執教，在鄉間遠近聞名。幼年隨父入私塾啟蒙，1921 年考入瓊崖師範學校學習，肄業後立志

[30] 廣東省檔案館編纂：1989 年 12 月印行《民國時期廣東省政府檔案資料選編》第十一輯第 339 頁記載。

[31] 廣東省檔案館編纂：1989 年 12 月印行《民國時期廣東省政府檔案資料選編》第十一輯第 319 頁記載。

投筆從戎。1924 年 8 月考入廣州黃埔中國國民黨陸軍軍官學校第二期步兵科學習，在校學習期間加入孫文主義學會，1925 年 2 月 1 日隨軍校教導團參加第一次東征作戰，進駐廣東潮州短期訓練，1925 年 5 月 30 日隨軍返回廣州，繼返回校本部續學，1925 年 9 月軍校畢業。1925 年 10 月隨部參加第二次東征作戰，在淡水、棉湖戰役中作戰勇猛，敢於衝鋒陷陣。後任廣州黃埔中央軍事政治學校第五期政治部政治指導員。1926 年 7 月隨部參加北伐戰爭，任北伐東路軍第一軍第二師步兵連排長、連長。1929 年任江西省保安司令部教導隊隊長，江西省保安第六團副團長，其間隨部參加對江西紅軍及根據地的「圍剿」戰事。1935 年 7 月 3 日被國民政府軍事委員會銓敘廳頒令敘任陸軍步兵少校。[32] 抗日戰爭爆發後，任貴州省貴興師管區司令部補充團團長，後任陸軍第七十八師第一八七旅團長，第一八七旅司令部主任參謀、副旅長。1943 年 10 月任陸軍第六十六師副師長。抗日戰爭勝利後，1945 年 10 月獲頒忠勤勳章。1946 年 5 月獲頒勝利勳章。1946 年 7 月退役。1947 年 12 月 18 日任廣東瓊山縣縣長，[33] 免職時間缺載。1950 年 1 月任海南防衛總司令部第二十一兵團司令部少將高級參謀，兼任駐海口聯絡處主任。1950 年 5 月隨軍到臺灣，1952 年退役。被推選為臺北市海南同鄉會名譽理事。1960 年 10 月 16 日因病在臺北逝世，安葬于臺北陽明山第一公墓。

林　俠（1901 －？）別字赤衛，廣東文昌人。廣州黃埔中國國民黨陸軍軍官學校第二期炮兵科畢業。1924 年 8 月考入廣州黃埔中國國民黨陸軍軍官學校第二期炮兵科學習，在校學習期間加入孫文主義學會，1925 年 2 月 1 日隨軍校教導團參加第一次東征作戰，進駐廣東潮州短期訓練，1925 年 5 月 30 日隨軍返回廣州，繼返回校本部續學，1925 年 6 月隨部參加對滇桂軍閥楊希閔部、劉震寰部軍事行動，1925 年 9 月畢業。

[32] 臺北成文出版社有限公司印行：國民政府公報 1935 年 7 月 4 日第 1784 號頒令。

[33] 廣東省檔案館編纂：1989 年 12 月印行《民國時期廣東省政府檔案資料選編》第十一輯第 362 頁記載。

考取赴蘇聯留學資格，赴莫斯科中山大學第一期學習，1927 年畢業回國，後服務社會。

林　桓（1901 －？）別字偉堂，別號佛堂，廣東新會人。廣州黃埔中國國民黨陸軍軍官學校第二期輜重兵科畢業。1924 年 8 月考入廣州黃埔中國國民黨陸軍軍官學校第二期輜重兵科學習，在校學習期間加入孫文主義學會，1925 年 2 月 1 日隨軍校教導團參加第一次東征作戰，進駐廣東潮州短期訓練，1925 年 5 月 30 日隨軍返回廣州，繼返回校本部續學，1925 年 6 月隨部參加對滇桂軍閥楊希閔部、劉震寰部軍事行動，1925 年 9 月畢業。1926 年 12 月任廣州黃埔國民革命軍軍官學校黃埔同學會駐會辦事員。1927 年 4 月 15 日李濟深、錢大鈞在廣州主持「清黨」，廣州黃埔國民革命軍軍官學校內由黃埔早期生組成軍校「清黨」機構，任黃埔同學會駐粵特別委員會委員，1927 年 4 月 16 日該委員會召開第一次會議，並議決由其與賈伯濤（一期）、黃珍吾（一期）、李安定（一期）、周複（三期）任常務委員。其間任廣州黃埔國民革命軍軍官學校（第六期）政治訓練處教官。1927 年 10 月隨軍校師生北上，任杭州黃埔失散同學訓練班秘書，南京黃埔同學會總會幹事。1932 年 4 月加入中華民族復興社，1934 年 1 月任中華民族復興社內層組織「力行社」特務處書記長。抗日戰爭爆發後，1938 年夏任軍事委員會調查統計局組長，1943 年任軍事委員會調查統計局本部秘書室秘書。抗日戰爭勝利後，1945 年 10 月獲頒忠勤勳章。1946 年 5 月獲頒勝利勳章。1949 年 1 月任廣東省國民軍事訓練處處長。

林中堅（1892 － 1988）原名尤琳，別字玉軒，海南文昌人。廣州黃埔中國國民黨陸軍軍官學校第二期輜重兵科畢業，廬山軍官訓練團將校班結業。1892 年農曆九月十七日生於文昌縣文教鄉宋六村一個耕讀家庭。幼年村學私塾啟蒙，文教鄉高等小學畢業。1912 年考入瓊崖五年制高等師範學校就讀，1917 年畢業。應家鄉父老聘請，返回本鄉任保平小學校長六年。時逢黃埔軍校招生，遂辭教職往省城投考。1924 年春因參加黃埔軍校第一期生入學複試不及格，遂入廣州大沙頭警衛軍講武堂（堂長吳鐵城兼）學習。不久適逢黃埔軍校第二期招生，廖仲愷以軍校黨代表身分推薦廣州警衛軍講武堂學員全部併入中國國民黨陸軍軍官學校第二期，[34] 在校學習期間加入孫文主義學會，1925 年 2 月 1 日隨軍校教導團參加第一次東征作戰，進駐廣東潮州短期訓練，1925 年 5 月 30 日隨軍返回廣州，繼返回校本部續學，1925 年 6 月隨部參加平定滇桂軍閥楊（希閔）劉（震寰）部叛亂戰事，1925 年 9 月軍校畢業。分發黨軍第一旅步兵連見習，隨部參加第二次東征作戰。1926 年任國民革命軍北伐東路軍第一軍第一師步兵連排長、連長，隨部參加北伐戰爭。1927 年任國民革命軍第一軍第二十師步兵營營長。1928 年隨部參加第二期北伐戰事，任國民革命軍總司令部補充第五團副團長。1930 年隨部參加中原大戰，戰後於武漢警備司令部任職。1931 年任浙江省保安第六團參謀主任、中校團附。後任第十九路軍第七十八師第一團團長，「福建事變」後返回廣東瓊崖，1934 年任瓊山縣國民兵訓練大隊大隊長。1935 年任廣東海防艦隊「安華號」炮艦艦長。抗日戰爭爆發後，任交通警備第一團團長。抗日戰爭勝利後，任交通部交通警察總局第二交通警察總隊總隊長。1945 年 10 月獲頒忠勤勳章。任交通部交警總隊少將督察主任。1946 年 5 月獲頒勝利勳章。任遼寧省保安司令部「剿匪」東路軍司令部副司令官。1948 年 10 月任廣州綏靖主任公署高級參謀。1949 年夏任廣東文昌縣縣長。1950 年 4 月隨軍到臺灣，任臺北市生產教育實驗所教師。1952 年退役，被推選為臺北市海南林氏宗親會理事長。1988 年 7 月 5 日因病在臺北逝世。

林守仁（1901 －？）別字樂山，廣東中山人。廣州黃埔中國國民黨陸軍軍官學校第二期輜重兵科畢業。1924 年 8 月考入廣州黃埔中國國民黨陸軍軍官學校第二期輜重兵科學習，在校學習期間加入孫文主義學

---

[34] 全國政協文史資料研究委員會編：文史資料出版社 1984 年 5 月《第一次國共合作時期的黃埔軍校》第 288 頁記載。

會，1925 年 2 月 1 日隨軍校教導團參加第一次東征作戰，進駐廣東潮州短期訓練，1925 年 5 月 30 日隨軍返回廣州，繼返回校本部續學，1925 年 6 月隨部參加對滇桂軍閥楊希閔部、劉震寰部軍事行動，1925 年 9 月畢業。抗日戰爭爆發後，任陸軍輜重兵團副團長、團長，戰區兵站司令部參謀長。1945 年 4 月被國民政府軍事委員會銓敘廳頒令敘任陸軍輜重兵上校。抗日戰爭勝利後，1945 年 10 月獲頒忠勤勳章。1946 年 1 月奉派入中央訓練團將官班受訓，登記為少將學員，1946 年 3 月結業。1946 年 5 月獲頒勝利勳章。

林叔彝（1902 － 1982）別字蔭青，廣東開平人。廣州黃埔中國國民黨陸軍軍官學校第二期步兵科畢業。1924 年 8 月考入廣州黃埔中國國民黨陸軍軍官學校第二期步兵科學習，在校學習期間加入孫文主義學會，1925 年 2 月 1 日隨軍校教導團參加第一次東征作戰，進駐廣東潮州短期訓練，1925 年 5 月 30 日隨軍返回廣州，繼返回校本部續學，1925 年 9 月軍校畢業。1927 年 4 月黃埔軍校「清黨」後，1927 年 4 月 25 日被黃埔同學會駐粵特別委員會任命為中國國民黨派駐「光華艦」黨代表。1929 年 12 月任中國國民黨廣州黃埔國民革命軍軍官學校特別黨部執行委員。曾參與李安定、賴剛、陳超等發起的「革命青年勵志社」反蔣（中正）與抵制黃埔同學會秘密活動，1934 年 12 月任陸軍第一一六師（師長繆澂流）政治訓練處處長。抗日戰爭爆發後，任陸軍第五十七軍（軍長繆徵流）政治部主任。1945 年 7 月被國民政府軍事委員會銓敘廳頒令敘任陸軍步兵上校。抗日戰爭勝利後，1945 年 10 月獲頒忠勤勳章。1946 年 5 月獲頒勝利勳章。1947 年 4 月任江蘇省第五區行政督察專員，兼任該區保安司令部司令官。1982 年因病在臺北逝世。

羅英才（1900 －？）派名運天，別字能卿，廣東澄邁人。澄邁縣老城鄉立高等小學、澄邁縣立第一中學、廣東省第六師範學校、廣州黃埔中國國民黨陸軍軍官學校第二期步兵科畢業。1900 年 4 月生於澄邁縣老城鄉潭昌村一個農戶家庭。幼時父病故，母李氏，依靠母撫養成長。

幼年私塾啟蒙。少時考入老城鄉高等小學就讀，畢業後繼考入澄邁縣立中學學習，1920 年畢業。繼考入廣東省第六師範學校就讀，畢業後返回原籍鄉間學校任教。1924 年春獲悉黃埔軍校招生消息，其與澄邁同鄉王毅、丘敵、何其俊、王武華、王景星、王家槐、唐子卿等十餘人結伴赴省城，發表時皆榜上有名，欣喜若狂奔相走告，迫不及待地分別發信家鄉親友。1924 年 8 月考入廣州黃埔中國國民黨陸軍軍官學校第二期步兵科學習，1925 年 3 月隨軍參加第一次東征戰事，1925 年 6 月隨部參加對滇桂軍閥楊希閔部、劉震寰部的軍事行動，1925 年 9 月畢業。分發黨軍第一旅第一團步兵連見習，隨部參加第二次東征戰事。1926 年 7 月隨部參加北伐戰爭，任國民革命軍第一軍第三師第九團步兵連排長，北伐東路軍第二縱隊第二師步兵團副連長。1927 年 2 月任第一軍第三師第九團第二營第九連連長。1928 年 10 月任浙東警備司令（王俊兼）部步兵營營長，1930 年 5 月隨部參加中原大戰。1932 年 12 月任廣東潮梅警備司令部中校參謀，1936 年 3 月任廣東第一集團軍第四軍步兵團團長。抗日戰爭爆發後，歷任粵系部隊步兵團團長，陸軍步兵師副師長，後與日軍作戰中負重傷，送後方醫院長期治療。痊癒後致殘，轉任第七傷兵療養院院長。抗日戰爭勝利後退役。中華人民共和國成立後，在河南洛陽定居，後在洛陽因病逝世。

羅盛元（1902 － 1936）別字濟民，廣東瓊山人。廣州黃埔中國國民黨陸軍軍官學校第二期步兵科畢業。1924 年 8 月考入廣州黃埔中國國民黨陸軍軍官學校第二期步兵科學習，在校學習期間加入孫文主義學會，1925 年 2 月 1 日隨軍校教導團參加第一次東征作戰，進駐廣東潮州短期訓練，1925 年 5 月 30 日隨軍返回廣州，繼返回校本部續學，1925 年 9 月軍校畢業。1925 年 10 月隨部參加第二次東征作戰。1927 年 7 月 13 日被推選為黃埔同學會駐南京中央陸軍軍官學校黃埔同學懇親會籌備委員。[35]1931

---

[35] 1927 年 7 月 15 日《廣州民國日報》記載。

年10月任陸軍第五軍第八十七師補充團團長，1932年1月率部參加「一二八」淞滬抗日戰事。1933年任陸軍第八十七師司令部軍械處處長，後因病逝世。

鄭　武（1904 — 1936）廣東廣州人。廣州黃埔中國國民黨陸軍軍官學校第二期炮兵科畢業。1924年8月考入廣州黃埔中國國民黨陸軍軍官學校第二期炮兵科學習，在校學習期間加入孫文主義學會，1925年2月1日隨軍校教導團參加第一次東征作戰，進駐廣東潮州短期訓練，1925年5月30日隨軍返回廣州，繼返回校本部續學，1925年6月隨部參加對滇桂軍閥楊希閔部、劉震寰部軍事行動，1925年9月畢業。留軍校任入伍生團見習，炮兵科炮兵隊區隊長，1925年10月隨部參加第二次東征作戰。1926年10月隨中央軍事政治學校炮兵大隊北上武漢，1927年1月任中央軍事政治學校武漢分校炮兵大隊第四隊隊長，1928年10月隨武漢分校部分師生遷移南京中央陸軍軍官學校。1929年10月任陸軍第一師第一旅第二團炮兵連連長，隨部參加中原大戰。後任陸軍第一軍第一師第二團第四營營長，1934年12月任陸軍第六十一師步兵第三六六團團長。1936年2月隨部參加「追剿」紅軍，在作戰時中彈陣亡。

鄭　彬（1904—1981）別字鐵峰、公誠，別號誠一，廣東瓊山人。私立華美中學附屬小學、中學部、廣州黃埔中國國民黨陸軍軍官學校第二期工兵科、廣州中央軍事政治學校高級班軍事科、陸軍大學特別班第四期畢業。1904年12月24日出生於瓊山縣海口市大英村一個貧苦農戶家庭。幼年父因病早逝，全靠母親含辛茹苦撫育成長，家境貧寒。後得在海口福音醫院做雜工的堂伯母資助，藉半工半讀，入美國人在附城辦的私立華美中學附屬小學就讀，因勤奮用功成績優異，畢業後升入中學部，1924年6日畢業，被選入基督教設立的福音醫院當

鄭彬

傳教士兼學醫。[36]聞知黃埔軍校招生，毅然棄醫習武赴省城。1924 年 8 月考入廣州黃埔中國國民黨陸軍軍官學校第二期工兵科工兵隊學習，1924 年 12 月經王俊（黃埔軍校第一期戰術教官）介紹加入中國國民黨，1925 年 3 月隨軍參加第一次東征之淡水戰役，在校學習期間加入孫文主義學會，1925 年 2 月 1 日隨軍校教導團參加第一次東征作戰，進駐廣東潮州短期訓練，1925 年 5 月 30 日隨軍返回廣州，繼返回校本部續學，1925 年 9 月畢業。分發任國民革命軍第一軍第一師第六團（團長惠東升）直屬工兵隊排長，隨部參加第二次東征之惠州、河婆戰役，在梅林作戰時腳部負傷。在廣州醫院治療痊癒後，1926 年 3 月任第一軍第二十師（師長錢大鈞）司令部工兵連連長。1926 年 12 月任第一軍第二師（師長劉峙）補充團第二營營長。1927 年 10 月考入廣州黃埔中央軍事政治學校高級研究班軍事科學習，1928 年 3 月畢業。留校任爆破教官，後任廣州黃埔國民革命軍軍官學校第六期第二總隊工兵科工兵中隊隊長，第七期教授部中校築城交通副主任教官，其間編制《工兵爆破學綱要》、《心理戰術要訣》兩書，分別由王俊、鄭介民作序。1928 年 7 月 9 日被委派為中國國民黨暫編第一師特別黨部籌備委員。後獲原任黃埔軍校教育長李揚敬舉薦，1931 年 6 月任廣東第一集團軍（總司令陳濟棠）第三軍（軍長李揚敬）司令部直屬工兵營營長，率部參加對湘粵贛邊區紅軍及根據地的筠門嶺「圍剿」戰事。1932 年 10 月任廣東第一集團軍總司令部工兵炮兵訓練班主任，舉辦兩期計培訓 300 多名工兵炮兵初級軍官。1934 年 3 月奉派入廬山中央軍官訓練團受訓，1935 年 6 月 1 日被國民政府軍事委員會銓敘廳頒令敘任陸軍工兵中校。1936 年 10 月任廣東第四路軍總指揮（余漢謀）部暨廣東綏靖主任公署直屬工兵營營長，兼任工兵訓練班副主任，其間奉命協助李德言（畢業于日本陸軍大學國防系）規劃構築廣東虎門至汕頭沿海國防工事。抗日戰爭爆發後，先任第十二集團軍總司

[36] 范運晰編著：南海出版公司 1993 年 11 月《瓊籍民國將軍錄》第 250 頁記載。

令（余漢謀）部直屬工兵團團附。後任中央軍官訓練團高級參謀，第一戰區前敵總指揮（薛岳）部高級參謀，隨部駐防開封等地，參與南潯戰役對日軍作戰謀劃。1938年3月入陸軍大學特別班學習，1940年4月畢業。1940年4月任第七戰區司令長官部參謀處國防工程科科長，1940年9月任陸軍第一五七師（師長練惕生）司令部參謀。1941年10月改任陸軍第一六〇師（師長莫福如）步兵第四八〇團團長。1942年1月30日被國民政府軍事委員會銓敘廳頒令敘任陸軍工兵上校。1943年3月任陸軍第六十三軍第一五二師（師長陳見田）副師長，後改任陸軍第一六〇師（師長莫福如）副師長，率部參加粵軍在湘粵贛邊區歷次抗日戰事。1944年10月任中國遠征軍第二〇四師副師長，率部參加遠征印緬抗日戰事。抗日戰爭勝利後，1945年10月獲頒忠勤勳章。1946年5月獲頒勝利勳章。1946年9月奉派入中央訓練團受訓，登記為陸軍少將銜團員。結業後返回廣東瓊崖，任瓊崖「剿匪」指揮所副指揮官，兼任瓊崖西區指揮部指揮官，率部駐防那大地區。1947年9月13日任廣東澄邁縣縣長，[37]1948年6月3日免職。1948年10月調任廣州警備司令部參謀長等職。1949年3月任陸軍第六十四軍（軍長容有略）司令部參謀長，率部駐防海南島。1949年6月任陸軍第六十四軍第一三一師師長，率部駐防廣東臨高。1950年4月16日率部殂擊人民解放軍登陸部隊，1950年4月30日獲頒四等寶鼎勳章。1950年5月率部撤退臺灣，率部駐防臺灣花蓮、台東地區。1950年6月所部整編，任縮編後的臺灣陸軍獨立第六十四師（師長張其中）副師長。1950年7月奉派入臺灣革命實踐研究院受訓，1951年7月奉派入圓山軍官訓練團高級班第二期受訓，1951年11月結業。1952年2月任臺灣陸軍第四師師長，1952年6月所部整編，改任臺灣陸軍第六十七軍第八十一師師長。1954年3月奉派入臺灣陸軍

---

[37] 廣東省檔案館編纂：1989年12月印行《民國時期廣東省政府檔案資料選編》第十一輯第366頁記載。

指揮參謀學校正規班第四期受訓，1954 年 7 月任臺灣陸軍第六十八軍副軍長。1961 年退役，轉任「臺灣省」公路局顧問。晚年參與旅台海南同鄉會活動，一度充當高雄新竹基督教堂傳教士，於臺灣各地教堂巡教佈道。1981 年 7 月 7 日因病在臺灣新竹逝世。

鄭介民（1898—1959）原名庭炳，[38] 別字耀金，別號傑夫，廣東文昌人。前第四兵團副司令官兼第九十四軍軍長、臺灣陸軍總司令部預備部隊訓練司令部司令官鄭庭烽胞兄。廣東省立瓊崖中學、廣東警衛軍講武學堂、廣州黃埔中國國民黨陸軍軍官學校第二期步兵科、蘇聯莫斯科中山大學第一期、陸軍大學將官班乙級第一期畢業。1897 年 8 月 14 日生於文昌縣寶芳鄉霞水村一個書香之家（一說生於 1898 年 9 月 30 日）。父蘭馥，別號香甫，清末秀才，以鄉間塾師為業。母邢氏，生育五女四男，其居長。幼年私塾啟蒙，1915 年考入廣東省立瓊崖中學就讀，在學期間秘密加入陳繼虞創建的瓊崖民軍，任書記員。後被通緝追捕，遂改名介民，為躲避赴馬來西亞做工，經營小咖啡館，曾任吉隆玻《益民時報》編輯，略有積蓄即購置橡膠園三畝。1924 年春廣州中國國民黨中央黨部通知南洋各埠黨部選派優秀青年回國投考黃埔軍校，其與黃珍吾、符公鐵等應召回國。1924 年 4 月因參加黃埔軍校第一期生入學複試不及格，一說乘船期延誤，[39] 遂入廣州大沙頭警衛軍講武堂（堂長吳鐵城兼）學習。不久適逢黃埔軍校第二期招生，廖仲愷以軍校黨代表身分推薦廣州警衛軍講武堂學員全部併入中國國民黨陸軍軍官學校第二期，[40] 遂於 1924 年 8 月入廣州黃埔中國國民黨陸軍軍官學校第二期

鄭介民

[38] 范運晰編著：南海出版公司 1993 年 11 月《瓊籍民國將軍錄》第 208 頁。

[39] 臺北中華民國國史館編纂：2006 年 12 月印行《國史館現藏民國人物傳記史料彙編》第十二輯第 517 頁記載。

[40] 全國政協文史資料研究委員會編：文史資料出版社 1984 年 5 月《第一次國共合作時期的黃埔軍校》第 288 頁記載。

步兵科步兵隊學習，在校學習期間，經黃珍吾介紹加入孫文主義學會，1925 年 2 月 1 日隨軍校教導團參加第一次東征作戰，進駐廣東潮州短期訓練，其間與黃珍吾等組織「瓊崖改造同志會」，1925 年 5 月 30 日隨軍返回廣州，繼返回校本部續學，1925 年 9 月軍校畢業。被選派前蘇聯莫斯科中山大學第一期學習，在學期間經常到圖書館閱讀書籍收集資料，專心研究蘇聯「格伯烏」（秘密員警）工作組織技術，撰寫印刷《民族鬥爭與階級鬥爭》等。1927 年 8 月回國後，任南京中央陸軍軍官學校第六期學員總隊（總隊長賀衷寒）政治教官，後經潘佑強舉薦任國民革命軍第四軍政治部秘書。1928 年 1 月經蔡勁軍引薦晉謁蔣中正，任國民革命軍總司令蔣中正的侍從副官，從事情報工作。1929 年 1 月經留學蘇聯李宗義（李宗仁胞弟）舉薦，借機獲取桂系集團上層人物信任，秘密進行情報與分化瓦解事宜。其間與鄉人柯漱芳結婚。桂系集團在武漢瓦解後，回南京向蔣中正覆命，還將活動特別費剩餘存摺當面交給蔣中正，受蔣倍加讚賞。桂系部隊改編後，任廣西第四集團軍第十五師（師長李明瑞）政治部主任，隨部駐防廣西桂林，繼續秘密從事對桂系的上層情報事宜。俞作柏主政廣西時，任廣西省政府（主席俞作柏）委員，兼任桂系第十五師（師長李明瑞）政治部主任，率部駐防廣西南寧。後改任桂系第七十五師（師長楊騰輝）政治部主任，率部駐防廣西柳州。其間為南京國民政府逐步控制廣西軍事、政治與經濟，做過一些秘密爭取工作。後因廣西政局急劇惡化，為逃避追捕化裝由柳州隻身潛赴廣州。後經香港乘船返回南京，任國民政府參謀本部上校參謀。1931 年 11 月被推選為各軍隊出席中國國民黨第四次全國代表大會代表，並參加會議。1932 年 3 月參與創建中華復興社，任該社中央幹事會幹事。1932 年 4 月中華復興社設立特務處（處長戴笠），其任副處長，因不甘居於六期生戴笠之下，對特務處事宜多回避，仍回參謀本部任職。1933 年 2 月因華北局勢緊張，任中華復興社特務處華北區區長，重新調整部署華北地區秘密工作，1933 年 5 月 7 日指揮華北區行動組組長白式維率隊暗殺試圖隆日的張敬堯。「福建事變」發生後，赴福建策動第十九路軍廣東籍軍官，對瓦解該軍將校階層起到作用。1933 年夏與潘佑強、杜心如、滕傑等七人組成軍事考察團，派赴德國及歐洲考察軍事情報。回國後，1933 年 10 月任軍事委員會參謀本部第二廳第五處處長，繼續軍事情報事宜。1936 年「兩廣事變」前後，秘密赴廣州、香港，指揮特務處華南區（區長邢森洲）特別情報人員，策動部分粵軍將領及兩廣空軍歸附南京國民政府。其間被推選為中華復興社代理書記長。抗日戰爭爆發後，先任軍事委員會第一部第二組組長，繼任第六部第三組組長。1938 年 1 月任軍事委員會參謀本部（後改軍令部）第二廳第三處處長，主管對日軍作戰情報事宜。1937 年 9 月軍事委員會調查統計局組建，兼任軍統局（局長賀耀祖，副局長戴笠具體負責）主任秘書。1938 年 1 月參謀本部改組為軍事委員會軍令部，任軍令部（部長徐永昌）第二廳（廳長楊宣誠）副廳長，掌管軍事情報事宜。1938 年 12 月奉派入陸軍大學乙級將官班學習，1940 年 2 月畢業。在學期間收集資料編纂成《軍事情報學》、《諜報勤務教案草案》、《游擊戰術之研究》等書，軍事委員會對其勤學著述通令嘉獎，獲頒勤學勳章，蔣中正對其軍事情報成效與天賦尤為看重。1940 年 7 月兼任軍事委員會調查統計局中蘇情報合作所（所長楊宣誠）副所長，1940 年 10 月參與創設中英情報合作所，正式成立時舉薦周偉龍（時任軍事委員會別動軍司令官）兼任所長。1942 年 1 月奉派赴新加坡參加盟國軍事會議，與英國遠東軍事情報建立多方聯絡，並斷言新加坡為日軍必然攻佔目標，一月後新加坡淪陷。其後又奉命參與在重慶召開的中美聯合參謀會議。其間參與軍事委員會調查統計局中美情報合作所籌建，任東南亞盟軍總司令部聯絡官。後任軍事委員會政治部（部長陳誠）第二廳副廳長。1943 年 2 月 10 日被國民政府軍事委員會銓敘廳頒令敘任陸軍少將，戴笠其時為敘任上校，1945 年 3 月 8 日才敘任陸軍少將，比較其落後兩年。其以二期生前輩襄助六期生戴笠，始終服從沒聞怨言，戴亦始終敬其如賓，為後人所稱道。1943 年 11 月隨蔣中正參加開羅會議，並擔負警衛事宜。1945 年 1 月被推選為軍隊各特別黨部出席中國國民黨第六次全國代表大會代表，1945 年 5 月 20 日當選為中國國民黨第六屆中央執行委員。抗日戰爭勝利後，任軍事委員會軍事統計局（局長戴笠）副局長。1945 年 10 月獲頒忠勤勳章。1946 年 3 月 17 日戴笠遇難後，發表其繼任軍事委員會調查統計局局長，沒正式到職視事。1946 年 5 月兼任軍事委員會軍官訓練團第二期軍事講師。1946 年 5 月獲頒勝利勳章。1946 年 7 月任國民政府國防部第二廳廳長（陸軍中將銜）。1946年10月1日機構改編後，兼任國防部保密局局長，亦無到任視事，實際由副局長毛人鳳主持。1946 年 11 月 15 日被推選為廣東省出席（制憲）第一屆國民大會代表。1947 年 4 月兼任中央軍官訓練團第三期軍事講師等職。1947 年 7 月當選為黨團合併後的中國國民黨第六屆中央執行委員。1947 年 12 月 6 日任國民政府國防部次長，主管國防物資調配，不久辭去第二廳廳長職，1948 年 10 月再辭去保密局局長兼職。1949 年 9 月奉派赴美國爭取美援，列席美國參謀長聯席會議，爭取美方決議：一是繼續軍援臺灣並交蔣（中正）支配；二是停止軍援桂系把持軍隊；三是達成美方協防臺灣及海南島，即派 18 艘軍艦赴臺灣，該項計畫因國務卿艾奇遜等反對被擱置。1949 年 11 月返回臺灣，任「國防部」參謀次長兼大陸工作處處長，中國國民黨中央執行委員會第二組組長，「總統府」戰略顧問委員會委員。1954 年晉任陸軍二級上將。1954 年 10 月至 1957 年任臺灣國家安全局局長，當選為中國國民黨第七屆中央候補委員，第八屆中央委員。1959年12月11日因病在臺北逝世，安葬於臺北觀音山。1959 年 12 月 31 日頒令追晉陸軍一級上將銜。著有《軍事情報學》、《諜報勤務》、《游擊戰術研究》、《中日戰爭太平洋列強政略的判斷》、《抗戰期中對共產黨的對策》、《蘇俄現階段國家戰略》等。其三子鄭心雄原為臺灣大學教授，後任臺灣中國國民黨中央組織工作會副主任、海外工作會主任，中國國民黨中央執行委員及副秘書長等職。

鄭瑞芳（1903—？）別字煥之，別號佩芝，廣東恩平人。廣州黃埔中國國民黨陸軍軍官學校第二期步兵科、陸軍大學將官班乙級第一期畢業。1924 年 8 月考入廣州黃埔中國國民黨陸軍軍官學校第二期步兵科步兵隊學習，在校學習期間加入孫文主義學會，1925 年 2 月 1 日隨軍校教導團參加第一次東征作戰，進駐廣東潮州短期訓練，1925 年 5 月 30 日隨軍返回廣州，繼返回校本部續學，1925 年 9 月軍校畢業。1925 年 10 月隨部參加第二次東征作戰。1926 年任廣州黃埔中央軍事政治學校（第五期）政治部政治指導員。後任陸軍步兵團連長、營長、副團長、團長。抗日戰爭爆發後，任陸軍步兵旅副旅長，率部參加抗日戰事。1938 年 12 月入陸軍大學乙級將官班學習，1940 年 2 月畢業。後任陸軍步兵旅旅長，陸軍步兵師副師長等職。

幸中幸（1901 －？）原名聘商，[41] 別字中幸，後以字行，改名中幸，廣東興寧人。廣州黃埔中國國民黨陸軍軍官學校第二期步兵科畢業。1924 年 8 月考入廣州黃埔中國國民黨陸軍軍官學校第二期步兵科學習，在校學習期間加入孫文主義學會，1925 年 2 月 1 日隨軍校教導團參加第一次東征作戰，進駐廣東潮州短期訓練，1925 年 5 月 30 日隨軍返回廣州，繼返回校本部續學，1925 年 6 月隨部參加對滇桂軍閥楊希閔部、劉震寰部軍事行動，1925 年 9 月畢業。1925 年 10 月隨部參加第二次東征作戰。1928 年任廣州黃埔國民革命軍軍官學校第七期校長辦公廳官佐。1929 年 12 月任中國國民黨廣州黃埔國民革命軍軍官學校特別黨部執行委員。

姚中英（1898—1937）別字若琳，別號若珠，廣東平遠人。平遠縣大拓鄉高等小學、平遠縣立中學、廣州黃埔中國國民黨陸軍軍官學校第二期步兵科、廣州黃埔中央軍事政治學校高級班、陸軍大學正則班第九期畢業。1898 年 12 月生於平遠縣大柘區敦背鄉村一個農戶家庭。父母因病早逝，由四叔姚加士撫育成長。幼年本村私塾啟蒙，少時考入本鄉

姚中英

[41] 湖南省檔案館校編、湖南人民出版社《黃埔軍校同學錄》記載。

高等小學就讀，畢業後考入平遠縣立中學，1923 年畢業，投效駐防汕頭的粵軍姚雨平（平遠縣同鄉）部。1924 年 8 月考入廣州黃埔中國國民黨陸軍軍官學校第二期步兵科步兵隊學習，在學期間隨部參加第一次東征作戰，1925 年 6 月隨部參加對滇桂軍閥楊希閔部、劉震寰部軍事行動，1925 年 9 月畢業。分發國民革命軍第四軍第十一師見習，後任第四軍第十一師（師長陳濟棠）第三十一團（團長余漢謀）步兵營排長、連長，隨部參加統一廣東諸役。1927 年 4 月黃埔軍校「清黨」後，1927 年 4 月 25 日被黃埔同學會駐粵特別委員會任命為中國國民黨派駐廣東海防艦隊「江大艦」黨代表。1927 年 10 月入廣州黃埔中央軍事政治學校高級班軍事科學習，1928 年 3 月畢業。任廣東第八路軍總指揮部參謀，後得陳濟棠舉薦，作為粵系部隊生源獲准投考陸軍大學。1928 年 12 月考入陸軍大學正則班學習，1931 年 10 月畢業。返回粵軍部隊服務，任廣東第一集團軍總司令部直屬獨立第一師（師長黃任寰）第二旅第六團團附，後任設立於廣州近郊燕塘的廣東軍事政治學校步兵科戰術教官。1935 年 12 月粵系部隊擴編，任廣東第一集團軍（總司令陳濟棠）第四軍（軍長黃任寰）獨立第一師（師長黃任寰兼）警衛團團長。1936 年 6 月廣東「六一事變」後，所部被裁撤免職。1936 年 6 月 30 日任廣東第四路軍總司令部直屬教導旅（旅長羅梓材）司令部參謀長（掛陸軍步兵上校銜）。抗日戰爭爆發後，任陸軍第八十三軍（軍長鄧龍光）第一五六師（師長李江）第二六八旅（旅長黃世途）步兵第五三六團團長，率部參加淞滬會戰週邊鎮江防守戰。戰後率部向南京方向退卻，1937 年 10 月 30 日繼任陸軍第一五六師（師長李江）司令部參謀長，率部參加南京保衛戰。1937 年 12 月 12 日在南京太平門堅守戰中，與日軍激戰晝夜後彈盡援絕，身中數彈繼與日軍肉搏戰時壯烈殉國。1940 年 10 月其家鄉平遠縣政府將其名字入祀平遠忠烈祠。1957 年 9 月其英名鐫刻在平遠縣人民委員會建造的革命烈士紀念碑。廣東《平遠文史》1986 年第一輯載有〈懷念父親姚中英〉（姚惠鳳著）、〈姚中英烈士生平簡介〉（平遠縣地方誌編纂委員會辦公室等撰稿）等。

鍾光潘（1901 － 1944）原名光璠，[42]別字鑒泉，別號光藩，後改名岳，廣東文昌人。廣州大沙頭警衛軍講武堂肄業，廣州黃埔中國國民黨陸軍軍官學校第二期步兵科畢業。1900 年 10 月生於文昌縣頭苑鄉橫山村一個農戶家庭。父慶保，母張氏，祖輩業農家境清貧。幼年本村私塾啟蒙，少時考入本鄉高等小學就讀，畢業後隨鄉人赴南洋謀生。聞知黃埔軍校招生，即隨同鄉人回國赴省城。1924 年春因參加黃埔軍校第一期生入學複試不及格，遂入廣州大沙頭警衛軍講武堂（堂長吳鐵城兼）學習。不久適逢黃埔軍校第二期招生，廖仲愷以軍校黨代表身分推薦廣州警衛軍講武堂學員全部併入中國國民黨陸軍軍官學校第二期，[43]遂於 1924 年 8 月入廣州黃埔中國國民黨陸軍軍官學校第二期步兵科步兵隊學習，在校學習期間加入孫文主義學會，1925 年 2 月 1 日隨軍校教導團參加第一次東征作戰，進駐廣東潮州短期訓練，1925 年 5 月 30 日隨軍返回廣州，繼返回校本部續學，其間隨部參加平定滇桂軍閥楊希閔部、劉震寰部的軍事行動，1925 年 9 月軍校畢業。分發廣東海軍陸戰隊供職，歷任陸戰隊第一團小隊長、中隊長等職。1931 年 12 月應同鄉鄭介民邀請赴南京謀事，1932 年 3 月加入中華民族復興社，改名鍾嶽。後參與中華民族復興特務處情報組活動，任小組長、行動隊副隊長等職。1935 年 10 月返回廣州，任財政部廣東稅警總團第二總隊大隊長、總隊附。其間與吳善施在廣州結婚。1936 年 6 月「兩廣事變」前後，奉鄭介民指令在粵軍中策動脫離陳濟棠控制，歸附南京國民政府的秘密活動。1937 年 1 月任廣東稅警總第二總隊總隊長。抗日戰爭爆發後，1938 年 10 月率部撤離廣州，所部抵達粵西三水、四會時奉命改編，正式編成時任陸軍暫編第二軍暫編第八師第三團團長，隸屬第四戰區第三十五集團軍序列，仍在粵西北一

[42] 范運晰著：南海出版公司 1999 年 6 月《瓊籍民國人物傳》第 331 頁記載。

[43] 全國政協文史資料研究委員會編：文史資料出版社 1984 年 5 月《第一次國共合作時期的黃埔軍校》第 288 頁記載。

帶阻擊日軍西進。1942 年春任財政部緝私署稅警總團第十五團團長（掛陸軍少將銜）。1944 年 1 月任第四戰區第三十五集團軍（總司令鄧龍光）暫編第二軍第八師副師長，1944 年 12 月因病在廣西梧州逝世。1945 年 7 月被追贈為陸軍步兵上校銜。

洪春榮

洪春榮（1898 － 1941）廣東五華人。廣州黃埔中國國民黨陸軍軍官學校第二期步兵科畢業。1924 年 8 月考入廣州黃埔中國國民黨陸軍軍官學校第二期步兵科學習，在校學習期間加入孫文主義學會，1925 年 2 月 1 日隨軍校教導團參加第一次東征作戰，進駐廣東潮州短期訓練，1925 年 5 月 30 日隨軍返回廣州，繼返回校本部續學，1925 年 6 月隨部參加對滇桂軍閥楊希閔部、劉震寰部軍事行動，1925 年 9 月畢業。1927 年 12 月任廣州黃埔國民革命軍軍官學校第七期第二總隊步兵第四中隊區隊長。抗日戰爭爆發後，1938 年 10 月任陸軍暫編第二軍（軍長鄒洪）暫編第八師（師長張君嵩）政治部主任，率部參加惠廣戰役、第一次粵北會戰。1941 年 12 月因重傷逝世。

祝夏年（1902 － 1990）別字綽夫，廣東徐聞人。徐妝縣五星高等小學堂、徐聞縣立第一高等小學校、省城廣州第二中學、廣州黃埔中國國民黨陸軍軍官學校第二期炮兵科畢業。1902 年 7 月 18 日生於徐聞縣海安鄉文部村一個書香家庭。父堯衢，前清秀才，母王氏，崇德勤勉，育子女八人，其居幼。幼年於本縣私塾啟蒙，後考入徐聞縣立高等小學就讀，後考入省城廣州中學學習，畢業後投筆從戎。1924 年 8 月考入廣州黃埔中國國民黨陸軍軍官學校第二期炮兵科學習，1925 年 3 月隨部參加第一次東征作戰，1925 年 6 月隨部參加對滇桂軍閥楊希閔部、劉震寰部軍事行動，1925 年 9 月畢業。分發教導第一團見習，國民革命軍第一軍直屬炮兵連排

祝夏年

長，隨部參加第二次東征作戰。戰後任國民革命軍北伐東征軍總指揮部炮兵連副連長，第一軍司令部炮兵營第二連連長，1926 年 7 月隨部參加北伐戰爭，攻佔江西後任馬當要塞司令部獨立炮兵連連長。1927 年 4 月任裝甲車司令部裝甲車隊少校隊長，1927 年 9 月任國民革命軍第一軍第三師司令部獨立炮兵營營長，隨部參加龍潭戰役。1928 年 2 月隨部參加第二期北伐戰爭徐州戰事，1929 年春任漢口總司令部行營參謀，後任陸軍第二軍司令部參謀處參謀，隨部參加襄陽老河口戰役。1930 年 1 月任中央陸軍軍官學校武漢分校學員總隊炮兵大隊隊附，不久武漢分校裁撤併入南京中央陸軍軍官學校。1930 年 12 月任教導第三師步兵團團附，隨部參加對鄂豫皖邊區紅軍及根據地的「圍剿」戰事。1931 年春任陸軍第十八軍司令部炮兵營營長，1931 年 10 月任陸軍第十八軍第十四師步兵團團長，率部參加對江西紅軍及根據地的「圍剿」戰事。1932 年 10 月任陸軍第十八軍司令部參謀處上校作戰參謀，1934 年 2 月任憲兵第九團團長，率部護衛京滬鐵路沿線。事後調返作戰部隊，1936 年 12 月任陸軍第十八軍司令部參謀處處長。抗日戰爭爆發後，率部參加淞滬會戰。1938 年 12 月任陸軍預備第八師副師長，率部參加晉南戰役。1941 年 1 月任軍事訓練部第三十六國民兵補充訓練處處長，後以該處兵員整編為陸軍師，1941 年 10 月任陸軍第七十六軍（軍長李鐵軍）暫編第五十七師師長，率部在鄭州策應對日軍戰事。1942 年 12 月率部調防重慶拱衛事宜，其間與余澤文（四川榮昌縣望族出身，西南聯合大學畢業）結婚。1945 年 1 月率部直湖北，隸屬第六戰區作戰序列。1945 年 2 月 20 日被國民政府軍事委員會銓敘廳敘任陸軍少將。抗日戰爭勝利後，奉命擔負湖北荊沙區受降官，接收荊州、沙市、襄陽、樊城等地日軍軍械物資。1945 年 10 月獲頒忠勤勳章。任陸軍第十五軍暫編第五十七師師長，率部駐防桐柏地區。1946 年 5 月獲頒勝利勳章。1946 年 12 月任整編第六十七師整編第一三五旅旅長，其在西安因病療養時，所部由副旅長麥宗禹代理旅長，1947 年 4 月 7 日在羊馬河被人民解放軍全殲。1947 年 12 月任陸軍整編第十五師副師長，兼任重建後的陸軍第一三五師師長。1948 年 12 月任國防部少將部員。1949 年到臺灣，任臺灣警備總司令部高級參謀。1952 年以陸軍少將退役。1990 年 5 月 31 日因病在臺北逝世，安葬於臺北內湖五指山公墓。

趙強華（1901 － 1930）別字東屏，廣東儋縣人。廣州黃埔中國國民黨陸軍軍官學校第二期工兵科畢業。1924 年 8 月考入廣州黃埔中國國民黨陸軍軍官學校第二期工兵科學習，在校學習期間加入孫文主義學會，1925 年 2 月 1 日隨軍校教導團參加第一次東征作戰，進駐廣東潮州短期訓練，1925 年 5 月 30 日隨軍返回廣州，繼返回校本部續學，1925 年 6 月隨部參加對滇桂軍閥楊希閔部、劉震寰部軍事行動，1925 年 9 月畢業。1925 年 10 月隨部參加第二次東征作戰。1926 年 7 月任國民革命軍第一軍第二師步兵團排長、連長、營長，隨部參加北伐戰爭。1927 年 8 月隨部參加龍潭戰役，1928 年 3 月任第一軍第二十師補充團團長，率部參加第二期北伐戰事。1928 年 10 月任編遣後縮編的第一集團軍陸軍第二師（師長顧祝同兼）第四旅（旅長黃傑）步兵第八團團長，1929 年 3 月任該師第四旅（旅長樓景樾）步兵第八團團長，率部駐軍河南洛陽、開封等地。1930 年 6 月因中原大戰作戰失利被軍法處決。

唐子卿（1904 － 1926）別字士俠，別號靖國，廣東澄邁人。澄邁縣立第四區高等小學、廣州黃埔中國國民黨陸軍軍官學校第二期步兵科畢業。1904 年 10 月生於澄邁縣城一個望族家庭。幼年私塾啟蒙。少時考入福山鄉（第四區）高等小學就讀，畢業後繼考入澄邁縣立中學學習，1920 年畢業，返回原籍福山鄉小學任教。1924 年春獲悉黃埔軍校招生消息，與澄邁同鄉王毅、丘敵、羅英才、王武華、王景星、王家槐、何其俊等十餘人結伴赴省城，發表時皆榜上有名，欣喜若狂奔相走告，迫不及待地分別發信家鄉親友。1924 年 8 月考入廣州黃埔中國國民黨陸軍軍官學校第二期步兵科學習，1925 年 3 月隨部

唐子卿

參加第一次東征作戰，1925 年 6 月隨部參加對滇桂軍閥楊希閔部、劉震寰部軍事行動，1925 年 9 月畢業。分發國民革命軍第一軍第三師第七團第三營步兵連見習、排長，1925 年 10 月隨部參加第二次東征作戰。後任第三師第七團第三營第一連連附、連長。1926 年 7 月隨部參加北伐戰爭福建戰事，1926 年 9 月北伐至松口，與閩軍周蔭人部作戰時中彈陣亡。

莫與碩（1902 － 1947）湖南省檔案館校編、湖南人民出版社《黃埔軍校同學錄》記載為莫與砍，根據與其原名核准，現予更正「與碩」。廣東陽江縣埠場端逢村人。廣州黃埔中國國民黨陸軍軍官學校第二期炮兵科畢業。1924 年 8 月考入廣州黃埔中國國民黨陸軍軍官學校第二期炮兵科學習，在校學習期間加入孫文主義學會，1925 年 2 月 1 日隨軍校教導團參加第一次東征作戰，進駐廣東潮州短期訓練，1925 年 5 月 30 日隨軍返回廣州，繼返回校本部續學，1925 年 9 月軍校畢業。1925 年 10 月隨部參加第二次東征作戰。1926 年 7 月任國民革命軍第一軍第一師第三團步兵連排長、連長，隨部參加北伐戰爭。1927 年任國民革命軍第一軍第二十一師教導團第三營營長，1928 年任陸軍第十一師司令部教導隊副隊長。1930 年 10 月任「剿匪軍」第二路總指揮部參謀處處長。其間與唐亦真（1910 年生於廣東中山縣唐家灣名門望族，上海滬江中學畢業，時在上海私立教會學校接受高等教育）結婚。1931 年 3 月任陸軍第十八軍（軍長陳誠）第十一師（師長羅卓英）第三十二旅（旅長李明）第六十五團團長，1932 年 10 月任陸軍第十八軍第十一師第三十一旅步兵第六十二團團長，後任陸軍第五十二師（師長霍揆彰）補充旅旅長。1933 年 1 月 5 日接蕭乾任陸軍第十一師第三十一旅旅長，率部參加對江西紅軍及根據地的「圍剿」戰事，在草苔崗與紅軍作戰時負重傷。痊癒後任陸軍第十一師第三十二旅旅長，率部參加對江西紅軍及根據地的第五次「圍剿」戰事。1935 年 5 月被國民政府軍事委員會銓敘廳頒令敘任陸軍炮兵上校。1935 年 6 月任陸軍第五軍（軍長薛岳）第九十九師（師長傅

莫與碩

仲芳）第二旅旅長，率部追擊長征紅軍入貴州、雲南、四川等地。1936年10月任陸軍第十八軍（軍長羅卓英）第十一師（師長彭善）第三十三旅旅長。1937年5月21日被國民政府軍事委員會銓敘廳頒令敘任陸軍少將。抗日戰爭爆發後，任陸軍第十八軍第十一師副師長，率部參加淞滬會戰。1937年12月率部參加南京保衛戰。1938年1月接夏楚中任陸軍第七十九軍（軍長夏楚中）第九十八師師長，1938年4月接黃維任陸軍第十八軍（軍長黃維）第六十七師師長，1939年12月任第三十二集團軍陸軍第八十六軍（軍長俞濟時）副軍長，1940年3月接馮聖法任陸軍第八十六軍軍長，率部參加浙贛會戰。1942年7月因浙贛會戰指揮失誤被撤職，遺缺由方日英接任，其被追究罪責，被軍事法庭判處有期徒刑三年，後獲釋放，明令戴罪立功。抗日戰爭勝利後，被國民政府軍政部派任廣州接收委員。1945年10月獲頒忠勤勳章。1946年5月獲頒勝利勳章。1946年6月任聯合後方勤務總司令部第三補給區司令（繆培南兼）部副司令官。其間與李節文謀劃接管並私占大批槍械及貪污軍用物資，1946年9月以「貪污日軍物資」被國民政府廣州行轅主任張發奎批准逮捕入獄，由國防部派員組織軍事法庭會審，1947年9月18日因「貪污案」罪，與李節文同被廣東軍事當局軍法判處死刑，旋即執行槍決。其夫人唐亦真後在廣州創辦《新文藝》刊物，中華人民共和國成立後，曾回中山縣唐家灣寓居，後被安排在廣東省人民政府參事室任研究員，「文化大革命」中受到衝擊與迫害，1970年因病逝世，1987年獲得平反並補開追悼會。廣州市政協文史資料與學習委員會編纂：廣東人民出版社2008年出版《廣州文史資料存稿選編》第四輯載有〈接收大員莫與碩之死〉（陳炳瀚著）等。

容　幹（1904—2001）別字幹，別號健才，後以字行，廣東香山人。廣州黃埔中國國民黨陸軍軍官學校第二期輜重兵科、日本陸軍步兵專門學校、陸軍大學正則班第十一期畢業。1902年11月17日生於廣東香山縣前山南屏鄉一個農戶家庭。1924年8月考入廣州黃埔中國

容幹

國民黨陸軍軍官學校第二期輜重兵科學習，在校學習期間加入孫文主義學會，1925 年 2 月 1 日隨軍校教導團參加第一次東征作戰，進駐廣東潮州短期訓練，1925 年 5 月 30 日隨軍返回廣州，繼返回校本部續學，1925 年 9 月軍校畢業。畢業考試第一名獲獎望遠鏡一個。1926 年底任廣州黃埔中央陸軍軍官學校第六期校本部秘書處少校隨從副官。1927 年 4 月黃埔軍校「清黨」後，1927 年 4 月 25 日被黃埔同學會駐粵特別委員會任命為中國國民黨派駐「廣金艦」黨代表。後赴日本陸軍步兵學校學習，畢業後回國。1932 年 12 月考入陸軍大學正則班學習，1935 年 12 月畢業。任陸軍步兵團團長，財政部廣東稅警團部稽查處處長。1936 年秋任廣東綏靖主任公署總辦公廳參謀處上校參謀，廣東第四路軍總司令部參謀處（處長陳勉吾）第三科上校科長等職。抗日戰爭爆發後，任第四戰區司令長官（張發奎）部（參謀長）參謀處處長等職。後任第七戰區第十二集團軍直屬獨立第九旅旅長，率部參加第一次粵北會戰。1940 年 7 月被國民政府軍事委員會銓敘廳頒令敘任陸軍輜重兵上校。後任第七戰區司令長官（余漢謀）部參謀處處長，率部參加第二次粵北會戰，抗日戰爭後期，接陳師任第七戰區司令長官（余漢謀）部東江指揮所主任，率部駐防廣東龍川地區。抗日戰爭勝利後，任軍政部廣東第九軍官總隊副教育長，參與戰後軍官復員與退役事宜。1945 年 10 月獲頒忠勤勳章。1946 年 5 月獲頒勝利勳章。1946 年 11 月 16 日被國民政府軍事委員會銓敘廳頒令敘任陸軍少將。後任廣州綏靖主任（宋子文兼）公署第二處處長等職。1948 年 9 月 22 日被國民政府軍事委員會銓敘廳頒令敘任陸軍中將。任陸軍總司令（張發奎）部（參謀長林柏森）副參謀長等職。1949 年到臺灣，1959 年 9 月 1 日退為備役。2001 年 1 月 23 日因病在臺北逝世，安葬于臺北國軍示範公墓中將第八區第一排。

徐　讓（1904 －？）廣東瓊山人。廣州黃埔中國國民黨陸軍軍官學校第二期步兵科畢業。1924 年 8 月考入廣州黃埔中國國民黨陸軍軍官學校第二期步兵科學習，在校學習期間加入孫文主義學會，1925 年 2 月 1

日隨軍校教導團參加第一次東征作戰，進駐廣東潮州短期訓練，1925 年 5 月 30 日隨軍返回廣州，繼返回校本部續學，1925 年 6 月隨部參加對滇桂軍閥楊希閔部、劉震寰部軍事行動，1925 年 9 月畢業。1925 年 9 月 15 日畢業後任省港大罷工委員會工人糾察隊指揮處指揮員。1927 年 4 月黃埔軍校「清黨」後，1927 年 4 月 25 日被黃埔同學會駐粵特別委員會任命為中國國民黨派駐「雷震艦」黨代表。

黃文超（1898 － 1966）別字叔明，廣東香山人。廣州黃埔中國國民黨陸軍軍官學校第二期輜重兵科畢業，中央訓練團黨政班第二十二期、中央行政幹部政工研究班高級組結業。1924 年 8 月考入廣州黃埔中國國民黨陸軍軍官學校第二期輜重兵科學習，1925 年 9 月畢業。1925 年 10 月隨部參加第二次東征作戰，隨軍到潮州後參與訓練與教育，任中央軍事政治學校潮州分校學員總隊區隊長。1926 年 7 月隨東路軍第一軍第二師參加北伐戰爭，1927 年入國民革命軍總司令部軍官團受訓，1928 年任黃埔同學會派駐杭州辦事處科長。後任陸軍第七十二軍司令部副官處處長，軍事委員會幹部訓練總團第四團學員總隊大隊長。1935 年 10 月任南京中央陸軍軍官學校（第十二期）總務處處長。抗日戰爭爆發後，隨軍校遷移西南地區。1941 年春任成都中央陸軍軍官學校第十八期第一學員總隊大隊長，1942 年 8 月任成都中央陸軍軍官學校第十九期第一總隊副總隊長。1944 年 10 月任中國國民黨中央組織部軍隊黨務處第四科科長。1945 年 6 月派任軍事委員會駐九江留守處主任。抗日戰爭勝利後，1945 年 10 月獲頒忠勤勳章。1946 年 5 月獲頒勝利勳章。1946 年 10 月任廣東省保安司令部政治部主任。1949 年 1 月任廣東省保安司令部新聞處處長。後辭職赴香港寓居，1966 年因病在香港逝世。

黃文超

黃翰雄（1902 －？）別字少溪，廣東文昌人。廣州黃埔中國國民黨陸軍軍官學校第二期輜重兵科畢業。1924 年 8 月考入廣州黃埔中國國民黨陸軍軍官學校第二期輜重兵科學習，在校學習期間加入孫文主義學會，1925 年 2 月 1 日隨軍校教導團參加第一次東征作戰，進駐廣東潮州短期訓練，1925 年 5 月 30 日隨軍返回廣州，繼返回校本部續學，1925 年 6 月隨部參加對滇桂軍閥楊希閔部、劉震寰部軍事行動，1925 年 9 月畢業。1925 年 10 月隨部參加第二次東征作戰。1927 年 4 月黃埔軍校「清黨」後，1927 年 4 月 25 日被黃埔同學會駐粵特別委員會任命為中國國民黨派駐「東江艦」黨代表。

符大莊（1899 － 1952）別字箕生，廣東文昌縣寶芳鄉文林村人。文昌縣寶芳鄉高等小學、廣州黃埔中國國民黨陸軍軍官學校第二期工兵科畢業。1899 年 12 月生於文昌縣寶芳鄉文林村一個農戶家庭。幼時入本村私塾啟蒙，少時考入文昌縣寶芳鄉高等小學就讀，畢業後隨姐夫出洋謀生，初時打短工為生，後聘任華僑學校教員。獲悉黃埔軍校招生，遂辭職返回廣東投考。1924 年 8 月考入廣州黃埔中國國民黨陸軍軍官學校第二期工兵科學習，1925 年 3 月在學期間隨部參加第一次東征作戰，1925 年 6 月隨部參加對滇桂軍閥楊希閔部、劉震寰部的戰事，1925 年 9 月畢業。分發國民革命軍第一軍見習，1925 年 10 月隨部參加第二次東征作戰。後任國民革命軍第一軍第一師步兵團排長、連長。1926 年 7 月任廣東海軍陸戰隊第二團第一營營長，1930 年所部被陳漢光收編，任廣東第八路軍總指揮（陳濟棠）部獨立第一旅（旅長陳漢光）司令部參謀。1935 年 10 月應同鄉王毅邀請，任廣東保安第五旅（旅長王毅）第二團團附，兼任第二營營長。抗日戰爭爆發後，1937 年 10 月接呂承文任瓊崖守備司令（王毅）部參謀處軍事科科長。1939 年 10 月任瓊崖守備司令部守備第一團團長，率部在安定等地堅持敵後抗日游擊戰爭。1942 年 6 月 28 日率部在加積嶺口附近蒙嶺設伏，擊毀日軍八輛軍車，擊斃日軍 50 多人，繳獲軍械物資一批，受到守備司令部嘉獎。抗日戰爭勝利後，1945 年 10 月獲頒忠勤勳章。1946 年 1 月任廣東省保安司令部高級參謀，後入軍政部第九軍官總隊受訓。1946 年 5 月獲頒勝利勳章。1946 年 7 月退役，後經商謀生。1952 年因病逝世。

符漢民（1901 － 1951）又名戴祿，別字載祿，廣東文昌人。文昌縣新橋鄉高等小學、廣州黃埔中國國民黨陸軍軍官學校第二期步兵科畢業。1902 年農曆 5 月 16 日生於文昌縣新橋鄉三合村一個農戶家庭。幼年入本村私塾啟蒙，後考入文昌縣新橋鄉高等小學就讀，畢業後無經濟來源輟學，隨從鄉人赴南洋謀生。日間打工為生，晚間補習功課，刻苦自學以期日後發展。時逢中國國民黨南洋黨部於所在地，號召海外學子回鄉投考黃埔軍校。遂乘船返回廣東，1924 年 8 月考入廣州黃埔中國國民黨陸軍軍官學校第二期步兵科學習，在學期間先隨部參加第一次東征作戰，後隨教導第一團參與對滇桂軍閥楊希閔部、劉震寰部戰事，1925 年 9 月畢業。分發國民革命軍第一軍見習。1926 年 7 月隨部參加北伐戰爭，任北伐東路軍第一軍第一師步兵團排長。1927 年 8 月隨部參加龍潭戰役，任第一師第二旅第四團步兵連連長。1930 年隨部參加中原大戰，1933 年 10 月任陸軍第八十三師步兵團第三營副營長，參與對「福建事變」第十九路軍的軍事行動。1936 年 10 月任陸軍第八十三師步兵團副團長兼營長，1936 年 12 月「西安事變」發生後，隨部進佔西安城內。抗日戰爭爆發後，1937 年 10 月任陸軍第八十三師（師長陳武）第二四九旅步兵第四九八團團長，率部赴華北阻擊日軍南下，後山西參加忻口會戰。1942 年 10 月任陸軍第九十三軍第八十三師副師長，率部在陝州虢鎮戰役中擊退日軍精銳土肥原部。1944 年 12 月任陸軍第八十三師代理師長。抗日戰爭勝利後，1945 年 10 月獲頒忠勤勳章。1946 年 5 月獲頒勝利勳章。1946 年 7 月任陸軍整編第九十師（師長陳武）整編旅旅長，率部在陝北與人民解放軍作戰。1947 年 6 月被國民政府軍事委員會銓敘廳敘任陸軍步兵上校。後調離一線作戰部隊，1948 年 10 月一度任陝西省保安司令部副司令官。後辭職返回海南島，中華人民共和國成立後，仍居文昌縣城。1951 年 3 月在原籍逝世。

符明昌（1900 － 1926）別字朝選，廣東加積人。加積高等小學、廣州黃埔中國國民黨陸軍軍官學校第二期步兵科畢業。1924 年 8 月考入廣州黃埔中國國民黨陸軍軍官學校第二期步兵科學習，加入中國共產黨，參加黃埔軍校青年軍人聯合會，為本會執行委員，1925 年 2 月 1 日隨軍校教導團參加第一次東征作戰，進駐廣東潮州短期訓練，1925 年 5 月 30 日隨軍返回廣州，繼返回校本部續學，1925 年 6 月隨部參加對滇桂軍閥楊希閔部、劉震寰部軍事行動，1925 年 9 月畢業。1925 年 10 月隨部參加第二次東征作戰。1926 年任國民革命軍第四軍政治部宣傳科科長。1927 年 4 月黃埔軍校「清黨」後，1927 年 4 月 25 日被黃埔同學會駐粵特別委員會任命為中國國民黨派駐「中山艦」黨代表。

符南強（1899 － 1929）別字冷佛、必東，別號祿，廣東定安縣文曲鄉人。瓊崖中學肄業，廣州黃埔中國國民黨陸軍軍官學校第二期步兵科畢業。1917 年考入瓊崖中學就讀，1919 年因父逝世輟學。1918 年隨親友赴南洋謀生，1924 年秋回國到廣州，1924 年 8 月考人廣州黃埔中國國民黨陸軍軍官學校第二期步兵科學習，加入中國共產黨，1925 年 3 月在學期間隨部參加第一次東征作戰，1925 年 6 月隨部參加對滇桂軍閥楊希閔部、劉震寰部的戰事，1925 年 9 月畢業。1925 年 10 月任廣東東莞中學軍事教官，東莞農軍教練員。1926 年 7 月隨軍參加北伐戰爭，任國民革命軍第一軍第一師步兵連排長、副連長。1927 年 10 返回廣東瓊崖，任瓊崖工農革命軍東路指揮部第三營營長。1928 年 2 月任瓊崖紅軍東路總指揮部副總指揮。1929 年被中共廣東省委派赴廣西，任廣西第四警備大隊教官，南寧警備隊司令部大隊長，率部參加百色起義。參與創建右江革命根據地，任紅軍第七軍參謀處偵察科科長、代理團長。1929 年 12 月在右江根據地反「圍剿」作戰鬥犧牲。

梁安素（1899 －？）別字智濃，廣東文昌人。廣州黃埔中國國民黨陸軍軍官學校第二期炮兵科畢業。1924 年 8 月考入廣州黃埔中國國民黨陸軍軍官學校第二期炮兵科學習，在校學習期間加入孫文主義學會，1925 年 2 月 1 日隨軍校教導團參加第一次東征作戰，進駐廣東潮州短期訓練，1925 年 5 月 30 日隨軍返回廣州，繼返回校本部續學，1925 年 6

月隨部參加對滇桂軍閥楊希閔部、劉震寰部軍事行動，1925年9月畢業。1925年10月隨部參加第二次東征作戰。1926年3月任中央軍事政治學校第四期炮兵科炮兵大隊區隊長。

彭佐熙（1900－1986）別字民雍，廣東羅定人。羅定縣立高等小學、廣東省立羅定第八中學、佛山武事專門學堂、廣州黃埔中國國民黨陸軍軍官學校第二期輜重兵科、南京中央陸軍軍官學校高等教育班第三期畢業，臺灣國防大學第三期肄業。1900年10月25日生於羅定縣生江區雙脈鄉雙脈村一個農戶家庭。父慶修，母何氏，有兄妹四人，祖輩世代務農。幼年時由伯父永修鼓勵支持，使之早受教育。少年時考入羅定縣立高等小學，畢業後再考入廣東省立羅定第八中學學習，1918年畢業。先於原籍鄉間任教，後立志投筆從戎，考入佛山武事專門學堂就讀。1924年8月考入廣州黃埔中國國民黨陸軍軍官學校第二期輜重兵科學習，在校學習期間加入孫文主義學會，1925年2月1日隨軍校教導團參加第一次東征作戰，進駐廣東潮州短期訓練，1925年5月30日隨軍返回廣州，繼返回校本部續學，1925年6月隨部參加對滇桂軍閥楊希閔部、劉震寰部的軍事行動，1925年9月畢業。1925年10月隨部參加第二次東征作戰，任東征軍總指揮部中尉參謀。1926年3月任國民革命軍第六軍第十八師（師長胡謙）司令部上尉參謀，1926年7月隨部參加北伐戰爭，任國民革命軍第六軍第十八師第五十四團第一營第三連連長。1926年秋任兵站總監部少校副官，1928年隨部參加第二期北伐戰事，期間與同鄉馬璧如（1906－1944）結婚。1929年任獨立第十五旅第三團第三營營長，1930年5月隨部參加中原大戰。1931年春任陸軍兵站第一支部中校參謀主任。1934年1月入南京中央陸軍軍官學校高等教育班第三期學習，1935年1月畢業。1935年春任陸軍第九十三師第五五七團副團長。抗日戰爭爆發後，1937年10月任陸軍第九十三師步兵第五五七團團長，率部參加台兒莊戰役。1938年秋任陸軍第九十三師第二七九旅旅長，率部在石灰窰及黃石港與日軍激戰六晝夜。1938年10月率部赴湖南衡山整訓，1938 年 11 月任陸軍第九十三師副師長，兼任該師政治部主任。1939 年秋率部參加廣西昆侖關戰役，在高峰隘一役，以奇兵突襲擊潰日軍。1940 年 7 月被國民政府軍事委員會銓敘廳敘任陸軍輜重兵上校。1942 年 3 月隨中國遠征軍赴緬甸與英軍協同對日軍作戰，率部在雷高、萊列姆及景棟等地殲來日軍千餘人，繳獲大批軍械馬匹。1943 年春泰日聯軍之泰軍派員乞和，其奉派率代表團與之談判，迫使泰方妥協，同意每週一將日軍行動、駐地和兵員情況繪圖提供第九十三師，中國遠征軍司令長官部據此情報，出動空軍轟炸，重創侵緬日軍。1943 年秋率部入緬甸景棟，與英軍並肩對日軍作戰，渡過薩爾溫江，策應我軍在緬甸銅鼓正面作戰。1945 年 5 月任陸軍第九十三師師長，率部返回雲南車裡、佛海與瀾滄等地防守。抗日戰爭勝利後，奉命率部赴老撾參與受降事宜，接收日俘及武器輜重。1945 年 10 月獲頒忠勤勳章。1946 年春率部駐防雲南昆明、開遠及玉溪等地。1946 年 4 月與繼室梁桂芳結婚。1946 年 5 月獲頒勝利勳章。1948 年 8 月任陸軍第二十六軍（軍長余程萬）副軍長，率部駐防滇南地區。1948 年 9 月 22 日被國民政府軍事委員會銓敘廳敘任陸軍少將。1949 年冬盧漢率部在昆明起義，事前五次派遣代表策動回應，為其所拒絕，並將代表扣留。張群、李彌、余程萬羈押昆明其間，受命接任陸軍第二十六軍軍長，與陸軍第八軍合力進攻昆明城，迫使盧漢將張、李、余等將領相繼釋放。其間任第八兵團司令（余程萬）部副司令官，兼任陸軍第二十六軍軍長。1950 年 1 月率部退踞時為法軍殖民地之越南金蘭灣，後率部遷移富國島，任留越國軍管訓總處司令（黃杰）部副司令官，兼任第三管訓分處處長，與官兵在荒島上割茅建房，耕地種植，飼養家禽，上山獵獸，下海捕魚，自力更生維持生存，率部異域駐軍三年多。經臺灣方面與法國政府多次磋商，同意駐越國軍全體遣返。1953 年夏乘船運抵臺灣，1954 年春任臺灣中部防守區司令部副司令官，其間於 1954 年夏入臺灣國防大學第三期受訓人，1954 年 12 月肄業。1955 年春任「國防部」戰略設計委員會委員。1964 年春役期屆滿依法退役，任臺灣糖業公司顧問。1986 年 1 月 12 日因病在榮民總醫院台中分院逝世，獲「總統府」頒賜「旌忠狀」，安葬於內湖五指山國軍示範公墓。遺作編入《彭佐熙將軍紀念冊》、《彭佐熙將軍八秩榮慶錄》等。

謝衛漢（1898 － 1927）別字擯夷，別號秉權，廣東化縣人。廣東省立第二中學、廣州黃埔中國國民黨陸軍軍官學校第二期步兵科畢業。1924 年 8 月考入廣州黃埔中國國民黨陸軍軍官學校第二期步兵科學習，1925 年 2 月 1 日隨軍校教導團參加第一次東征作戰，進駐廣東潮州短期訓練，1925 年 5 月 30 日隨軍返回廣州，繼返回校本部續學，1925 年 6 月隨部參加對滇桂軍閥楊希閔部、劉震寰部軍事行動，1925 年 9 月畢業。分發任廣州省港大罷工委員會工人糾察隊支隊長。1925 年 10 月隨部參加第二次東征作戰，任軍校教導第二團排長。1926 年 7 月隨部參加北伐戰爭，任國民革命軍第四軍第十師第三十團連長，第十一軍第二十五師步兵營營長，團黨代表。1927 年 3 月任武漢中央軍事政治學校校務整理委員會委員。1927 年秋在作戰中陣亡。

詹行旭（1905 － 1984）別字暘東，廣東文昌人。廣州黃埔中國國民黨陸軍軍官學校第二期步兵科畢業。1905 年 10 月生於文昌縣寶芳鄉坡頭村一個書香之家。父翰波，本縣名儒，開設私塾遠近聞名。自幼隨父私塾啟蒙，少時考入本縣寶芳鄉高等小學就讀，1923 年畢業。1924 年春赴省城求學，1924 年 8 月考入廣州黃埔中國國民黨陸軍軍官學校第二期步兵科學習，在校學習期間加入孫文主義學會，1925 年 2 月 1 日隨軍校教導團參加第一次東征作戰，進駐廣東潮州短期訓練，1925 年 5 月 30 日隨軍返回廣州，繼返回校本部續學，1925 年 9 月畢業。1925 年 10 月隨部參加第二次東征作戰，1926 年 7 月隨部參加北伐戰爭，任國民革命軍陸軍步兵團排長、連長、營長。1930 年任中央教導第一師司令部少校參謀。其間與鄧巧雲結婚，係廣東辛亥革命先烈鄧承蓀長女。1933 年任南京中央陸軍軍官學校高等教育班軍事教官。1936 年 10 月任河南豫北師管區司令部參謀長。抗日戰爭爆發後，率部參加中原抗日戰事。後應召返回廣東，1938年10月任廣東揭陽團管區司令部司令官。1941年10月任潮（州）惠（陽）師管區司令部副司令官，率部在廣東河源訓練新兵。1942年12月任第七戰區司令長官部高級參謀。1945年4月被國民政府軍事委員會銓敘廳敘任陸軍步兵上校。抗日戰爭勝利後，1945年10月獲頒忠勤勳章。1946年5月獲頒勝利勳章。1946年12月任胡宗南部陸軍預備第二師副師長，後任陸軍第二十二師副師長。後奉調返回廣東，1947年12月任粵東師管區司令部副司令官，後任粵中師管區司令部副司令官，閩南師管區司令部副司令官。1949年10月攜眷赴香港，1950年赴臺灣。任臺灣警備司令部生產教育實驗所所長，1969年退休。參加旅台海南同鄉會聯誼活動，被推選為臺北市海南同鄉會顧問。1984年12月8日因病在臺北逝世。

賴　剛（1903－？）別字克柔，廣東河源人。廣州黃埔中國國民黨陸軍軍官學校第二期步兵科畢業。1924年8月考入廣州黃埔中國國民黨陸軍軍官學校第二期步兵科學習，在校學習期間加入孫文主義學會，1925年2月1日隨軍校教導團參加第一次東征作戰，進駐廣東潮州短期訓練，1925年5月30日隨軍返回廣州，繼返回校本部續學，1925年9月軍校畢業。1925年10月任廣州省港罷工委員會工人糾察大隊第十五支隊支隊長、第三大隊副大隊長兼軍事教官。後奉命返回黃埔軍校，任校長辦公室秘書、總務處副官。1926年任黃埔中央軍事政治學校第四、五期學員大隊區隊長，軍校政治部《黃埔潮》編輯。1926年7月隨部參加北伐戰爭，1927年秋被推選為南京黃埔同學總會幹事。1927年4月15日李濟深、錢大鈞在廣州主持「清黨」，廣州黃埔國民革命軍軍官學校內由黃埔早期生組成軍校「清黨」機構，其任黃埔同學會駐粵特別委員會委員。廣州黃埔軍校結束前夕，奉召返回南京，1929年任中央憲兵司令部上校參謀。1932年3月中華復興社成立，其因與李安定關係密切，未被批准加入。隨後與李安定、陳超（二期同學）自行發起「革命青年勵志社」組織。1934年6月李安定去世後，被推選為「力行社」、「勵志團」骨幹成員。1936年夏加入李新俊（李安定胞弟）發起組織的「貫一社」

（李安定號於一，為紀念其命名），與陳超、賴慧鵬等被推選為該社理事，秘密聯繫黃埔學生於粵系部隊糾集力量，進行非蔣（中正）系策反異己活動，其組織行為被南京黃埔同學總會視為「背叛」，勒令該組織停止活動。1935 年 1 月應邀赴廣西，1935 年 12 月任兩廣抗日救國軍新編第三師師長，廣西省保安司令部參議。1936 年 7 月「兩廣事變」後，廣西部隊被整編，任陸軍獨立第五旅旅長，廣西獨立第五師副師長。抗日戰爭爆發後，廣西獨立第五師師長。1939 年 8 月任安徽省政府保安處處長。後任廣西桂北師管區司令部司令官，兼任廣西全州縣縣長。抗日戰爭勝利後，1945 年 10 月獲頒忠勤勳章。1946 年 5 月獲頒勝利勳章。1947 年 4 月任廣西第五區行政督察專員，兼任該區保安司令部司令官。1949 年 12 月被人民解放軍俘虜。中華人民共和國成立後，獲寬大釋放。著有〈蔣中正利用俞（作柏）、李（明瑞）倒桂之我見〉、〈「革命青年勵志團」和「貫一社」的始末〉（載於中國文史出版社 2008 年 12 月《廣東文史資料精編》第一卷第 96 頁）等。

蔡　棨（1903—？）別字英元，別號子戟，原載籍貫廣東汕頭，[44] 另載廣東揭陽縣河婆人。廣州黃埔中國國民黨陸軍軍官學校第二期工兵科、陸軍大學正則班第九期畢業，日本陸軍步兵專門學校肄業。1924 年 8 月考入廣州黃埔中國國民黨陸軍軍官學校第二期工兵科工兵隊學習，在校學習期間加入孫文主義學會，1925 年 2 月 1 日隨軍校教導團參加第一次東征作戰，進駐廣東潮州短期訓練，1925 年 5 月 30 日隨軍返回廣州，繼返回校本部續學，1925 年 9 月畢業。歷任國民革命軍陸軍工兵營排長、副連長，國民革命軍總司令部獨立工兵團參謀等職。1928 年 12 月考入陸軍大學正則班學習，1931 年 10 月畢業。任國民革命軍陸軍第二師（師長黃傑）司令部參謀處處長、副參謀長等

蔡棨

[44] 湖南省檔案館校編湖南人民出版社《黃埔軍校同學錄》記載。

職。抗日戰爭爆發後，任陸軍第二十一師司令部參謀長，陸軍第九十二軍司令部參謀長，第三十七集團軍總司令（葉肇）部參謀長，陸軍新編第一師師長等職。1943 年 8 月 19 日被國民政府軍事委員會銓敘廳頒令敘任陸軍少將。抗日戰爭勝利後，任西安綏靖主任公署高級參謀、高級參謀室主任。1945 年 10 月獲頒忠勤勳章。1946 年 5 月獲頒勝利勳章。1946 年 12 月任西安綏靖主任公署高級參謀，兼任河南靈寶指揮所參謀長。1948 年任西安綏靖主任公署駐陝西漢中軍官戰術研究班副主任。後任第五兵團司令部副司令官。1949 年春到臺灣，曾為編纂《中華民國陸軍大學沿革史》（楊學房、朱秉一主編，臺灣三軍大學 1990 年出版）提供素材資料。

蔡勁軍（1900 － 1988）別字香烇，別號香泉，廣東萬寧縣北坡鎮人。黃埔軍校第一期生、前國民革命軍陸軍少將蔡鳳翁堂侄。廣州大沙頭警衛軍講武堂肄業，廣州黃埔中國國民黨陸軍軍官學校第二期工兵科、中央警官學校高級班畢業。1900 年農曆 11 月 13 日生於萬寧縣北坡鎮保定村一個書香之家。父鳳翔、叔父鳳翎等均清末科舉生員，其時一門昆仲五人同登一榜，譽遍鄉鄰。十四歲時父逝，因系長子隨母持家，從小勤奮好學。1924 年春因參加黃埔軍校第一期生入學複試不及格，遂入廣州大沙頭警衛軍講武堂（堂長吳鐵城兼）學習。不久適逢黃埔軍校第二期招生，廖仲愷以軍校黨代表身分推薦廣州警衛軍講武堂學員全部併入中國國民黨陸軍軍官學校第二期，[45] 遂於 1924 年 8 月入廣州黃埔中國國民黨陸軍軍官學校第二期步兵科步兵隊學習，在校學習期間加入孫文主義學會，1925 年 2 月 1 日隨軍校教導團參加第一次東征作戰，進駐廣東潮州短期訓練，1925 年 5 月 30 日隨軍返回廣州，繼返回校本部續學，1925 年 9 月

蔡勁軍

[45] 全國政協文史資料研究委員會編：文史資料出版社 1984 年 5 月《第一次國共合作時期的黃埔軍校》第 288 頁記載。

畢業。分發廣東海軍供職，歷任「光華艦」、「江鞏艦」黨代表，「江固」代理艦長。1927 年 4 月黃埔軍校「清黨」後，1927 年 4 月 25 日被黃埔同學會駐粵特別委員會任命為中國國民黨派駐「廣北艦」黨代表。後奉調北上，任江淮鹽務署政治部主任，國民革命軍總司令部秘書。1928 年 1 月蔣中正復職後，調任南京國民政府軍事委員會委員長侍從室第一組組長。其間第二期同學鄭介民亦投效侍從室，在其直接領導下任侍從副官。1930 年 10 月任軍事委員會委員長南昌行營總務處處長，代理空軍委員會委員。其間與喬淑英結婚。1934 年 10 月接文朝籍任上海特別市警察局局長，其間被發表為國民政府航空委員會第三處代理處長，沒到任。1936 年 10 月 16 日被國民政府軍事委員會銓敘廳頒令敘任陸軍少將。任軍事委員會蘇浙行動委員會委員。抗日戰爭爆發後，兼任淞滬警備司令部副司令官，親率兩個員警總隊堅守上海楊浦正面，協助正規部隊抗擊日軍三個月，1937 年 11 月 1 日奉命撤離上海。奉派廣東供職，任三青團廣東支團主任。1945 年 1 月被推選為廣東省黨部出席中國國民黨第六次全國代表大會代表。抗日戰爭勝利後，1945 年 8 月 17 日任廣東省政府（主席羅卓英）委員，兼任省政府派駐瓊崖辦公處主任，1947 年 11 月 13 日免職。[46]1945 年 10 月獲頒四等寶鼎勳章和忠勤勳章。其間於 1946 年 4 月 2 日接丘岳宋任廣東第九區行政督察專員，[47] 兼任該區保安司令部司令官及瓊崖「剿匪」司令部司令官，1947 年 11 月 28 日免職。1946 年 5 月獲頒四等雲麾勳章和勝利勳章。在任期間與宋子文、陳策、黃珍吾、林廷華、張光瓊等發起籌辦海南大學，並參與推進海南建省事宜。1946 年 9 月 12 日被推選為三青團中央幹事會候補幹事。再於其間：1946 年 11 月 15 日被推選為廣東省出席（制憲）國民大會代表；1947 年 7 月被推選

[46] 郭卿友主編：甘肅人民出版社 1990 年 12 月《中華民國時期軍政職官志》第 809 頁記載。

[47] 廣東省檔案館編纂：1989 年 12 月印行《民國時期廣東省政府檔案資料選編》第十一輯第 283 頁記載。

為黨團合併後的中國國民黨第六屆中央執行委員會候補中央執行委員。1950 年 4 月到臺灣，任「國防部」高級參謀，駐臺灣「海南島反共救國軍」總指揮部總指揮。1952 年以陸軍中將銜退役，參與籌備旅臺灣海南同鄉聯誼會，被推選為臺北市海南同鄉會理事會名譽理事。1959 年 10 月 17 日被補選為第一屆「國民大會」代表。1988 年 11 月 10 日因病在臺北榮民總醫院逝世。臺灣出版有《蔡勁軍將軍紀念集》等。

翟榮基（1902 － 1974）別字庸之，廣東東莞人。廣東大學文學部預科肄業，廣州黃埔中國國民黨陸軍軍官學校第二期炮兵科、蘇聯莫斯科中山大學第一期畢業。1924 年 8 月考入廣州黃埔中國國民黨陸軍軍官學校第二期炮兵科學習，在校學習期間加入孫文主義學會，1925 年 2 月 1 日隨軍校教導團參加第一次東征作戰，進駐廣東潮州短期訓練，1925 年 5 月 30 日隨軍返回廣州，繼返回校本部續學，1925 年 9 月畢業。1925 年 10 月隨部參加第二次東征作戰，1926 年春由中國國民黨廣東省黨部保送蘇聯留學，初試及格後赴莫斯科中山大學第一期學習，1928 年 1 月畢業回國。先入廣東憲兵學校任教官，後任軍事委員會憲兵研究班主任教官。1933 年 10 月任陸軍第十八軍第十一師第三十二旅步兵第六十四團團長，率部參加對江西紅軍及根據地的「圍剿」戰事。1935 年 10 月任軍事委員會南昌行營憲兵團團長。1936 年秋任江西贛南師管區司令部副司令官。抗日戰爭爆發後，任廣東保安第三旅旅長，第四戰區廣東第四游擊區司令部司令官，第四戰區敵後抗日游擊挺進第六縱隊司令部司令官，粵桂邊區總指揮部別動軍第一縱隊指揮部指揮官。1945 年 7 月被國民政府軍事委員會銓敘廳敘任陸軍炮兵上校。抗日戰爭勝利後，1945 年 9 月任軍事委員會廣州軍事特派員公署別動第一縱隊司令部司令官，率部接收廣州與維護社會。1945 年 10 月獲頒忠勤勳章。1946 年 5 月獲頒勝利勳章。曾任廣州警備司令部司令官。1949 年 10 月遷移香港，後赴臺灣定居，1974 年因病在臺北逝世。

顏國璠（1900 －？）別字谷番，廣東陸平人。廣州黃埔中國國民黨

顏國璠

陸軍軍官學校第二期炮兵科畢業。1924 年 8 月考入廣州黃埔中國國民黨陸軍軍官學校第二期炮兵科學習，在校學習期間加入孫文主義學會，1925 年 2 月 1 日隨軍校教導團參加第一次東征作戰，進駐廣東潮州短期訓練，1925 年 5 月 30 日隨軍返回廣州，繼返回校本部續學，1925 年 6 月隨部參加對滇桂軍閥楊希閔部、劉震寰部軍事行動，1925 年 9 月畢業。1925 年 10 月隨部參加第二次東征作戰。1926 年任廣州黃埔中央軍事政治學校第四期辦公廳官佐。1937 年 1 月任中央陸軍軍官學校第四分校（廣州分校）特別班中校地形教官。抗日戰爭爆發後，仍任中央陸軍軍官學校第四分校教官，1938 年 12 月隨軍校遷移廣西、貴州等地。抗日戰爭勝利後，隨軍返回廣東。1945 年 10 月獲頒忠勤勳章。1946 年 5 月獲頒勝利勳章。1949 年 3 月 16 日任廣東陸豐縣縣長，[48]1949 年 6 月 10 日免職。1949 年 10 月遷移香港居住。

黎鐵漢（1903—？ ）別字贏橋，別號瀛橋，原載籍貫廣東安定，[49]另說廣東瓊海縣萬泉鄉石嶺村人。[50]萬泉鄉立高等小學校、瓊海縣立中學、廣州黃埔中國國民黨陸軍軍官學校第二期步兵科、陸軍大學將官班甲級第二期畢業。在瓊海縣小學、中學就讀期間，因身材魁梧體魄健壯，性格剛毅喜好運動，均為學校球類與田徑運動員。

黎鐵漢

1924 年 8 月考入廣州黃埔中國國民黨陸軍軍官學校第二期步兵科步兵隊學習，在校學習期間加入孫文主義學會，1925 年 2 月 1 日隨軍校教導團參加第一次東征作戰，進駐廣東潮州短期訓練，1925 年 5 月 30 日隨軍返回廣州，繼返回校本部續學，1925 年 9 月軍校畢業。任國

[48] 廣東省檔案館編纂：1989 年 12 月印行《民國時期廣東省政府檔案資料選編》第十一輯第 326 頁記載。

[49] 湖南省檔案館校編、湖南人民出版社《黃埔軍校同學錄》記載。

[50] 范運晰編著：南海出版公司 1993 年 11 月《瓊籍民國將軍錄》第 372 頁記載。

民革命軍陸軍步兵團排長、連長、營長等職，後隨部參加第二次東征作戰及北伐戰爭。1929 年任財政部緝私衛商團副團長。1930 年任廣東江防司令部海軍陸戰隊團長，上海市公安局分局局長。1931 年 12 月任陸軍第五軍第八十八師補充旅副旅長，1932 年 1 月率部參加「一二八」淞滬抗日戰事。抗日戰爭爆發後，任軍事委員會委員長侍從室偵察組組長。1944 年 10 月入陸軍大學甲級將官班學習，1945 年 1 月畢業。1945 年 6 月 28 日被國民政府軍事委員會銓敘廳頒令敘任陸軍少將。抗日戰爭勝利後，1946 年 1 月 19 日任南京國民政府參軍處警衛室主任。1947 年任廣州市警察局局長，廣州警備司令部司令官。1949 年 4 月 15 日任國民政府總統府參軍。1949 年 5 月任廣東省政府警保處處長。1949 年 5 月 16 日被國民政府軍事委員會銓敘廳頒令敘任陸軍中將。1949 年 10 月到香港，1950 年到臺灣，任「總統府」參軍，「國防部」中將部員，1962 年退役。

魏大傑（1904 － 1967）廣東五華人。廣州黃埔中國國民黨陸軍軍官學校第二期步兵科畢業。1924 年 8 月考入廣州黃埔中國國民黨陸軍軍官學校第二期步兵科學習，在校學習期間加入孫文主義學會，1925 年 2 月 1 日隨軍校教導團參加第一次東征作戰，進駐廣東潮州短期訓練，1925 年 5 月 30 日隨軍返回廣州，繼返回校本部續學，1925 年 9 月軍校畢業。分發國民革命軍步兵營見習。1926 年 7 月隨部參加北伐戰爭，歷任國民革命軍步兵團排長、連長，隨部參加中原大戰。1934 年 10 月任陸軍第三十六師司令部特務營營長，後任第一五六旅補充團團長、師司令部參謀主任。抗日戰爭爆發後，任陸軍第一六七旅副旅長、代理旅長，率部參加抗日戰事。後任第十九集團軍總司令部參謀處處長。1943 年 10 月任陸軍第四十師副師長。1945 年 2 月任陸軍新編第三軍司令部參謀長。抗日戰爭勝利後，第九戰區司令長官部軍務處處長。1945 年 10 月獲頒忠勤勳章。1946 年 5 月獲頒勝利勳章。1946 年 10 月任廣東全省幹部

魏大傑

訓練團學員總隊總隊長，一度任國防部少將銜附員。1948 年 1 月返回廣東，任廣東保安第六團團長，廣東省保安司令部參謀長、高級參謀。1949 年秋到臺灣，遞補為「 國民大會」代表。1967 年 12 月 17 日因病在臺北逝世。

魏漢華（1903—1955）廣東五華縣橫陂鄉人。廣州黃埔中國國民黨陸軍軍官學校第二期步兵科、陸軍大學兵役班第二期畢業。1924 年 8 月考入廣州黃埔中國國民黨陸軍軍官學校第二期步兵科步兵隊學習，在校學習期間加入孫文主義學會，1925 年 2 月 1 日隨軍校教導團參加第一次東征作戰，進駐廣東潮州短期訓練，1925 年 5 月 30 日隨軍返回廣州，繼返回校本部續學，1925 年 9 月軍校畢業。任廣州黃埔中國國民黨陸軍軍官學校第七期第二總隊訓練部官佐，1929 年 10 月隨軍校部分師生遷移南京，任中央陸軍軍官學校第八期第一總隊步科第一中隊中校中隊附。後任國民革命軍陸軍步兵團營長、團附等職。抗日戰爭爆發後，任湖南省軍管區司令部處長，軍事委員會委員長侍從室副官，廣東五華團管區司令部司令官，惠龍師管區司令部副司令官，普豐師管區司令部副司令官等職。抗日戰爭勝利後，1945 年 10 月獲頒忠勤勳章。1946 年 5 月獲頒勝利勳章。任茂名團管區司令部司令官。1948 年任臺山團管區司令部司令官，1949 年任廣東第四縱隊司令部副司令官等職。1955 年因病在美國逝世。

魏漢華

魏國謨（1904 — 1983）別字鼎漢，別號國模，廣東五華縣橫陂鄉人。廣州黃埔中國國民黨陸軍軍官學校第二期步兵科畢業。1904 年 7 月 6 日（另載生於民國前七年農曆六月四日）生於五華縣橫陂鄉田心村一個書香之家。父汝霖，清末廩貢生。幼年私塾啟蒙，繼入橫陂鄉高等小學就讀，畢業後入五華縣立中學學習，1924 年畢業。聞知黃埔軍校招生，即赴省城投考。1924 年 8 月考入廣州黃埔中國國民黨陸軍軍官學校第二期步兵科學習，在校學習期間加入孫文主義學會，1925 年 2 月 1 日隨軍校教導團參加第一次東征作戰，進駐廣東潮州短期訓練，1925 年 5 月 30 日隨軍返回廣州，繼返回校本部續學，1925 年 9 月軍校畢業。分發黨軍第一旅第一團見習，隨部參加第二次東征作戰。1926 年 7 月任國民革命軍第一軍第一師第二旅第四團步兵連黨代表，後調廣東海軍供職，先後任「安平艦」、「廣金艦」黨代表，在任期間因護送公款軍費艱巨任務，受到軍事委員會廣州政治分會特別嘉獎。後隨國民革命軍第四軍第十一師（師長陳濟棠）駐防粵桂邊區，1927 年春兼任廣西蒼梧縣公路局局長。1930 年 1 月任陸軍新編第一師補充團團長，率部參加中原大戰。1931 年 12 月任鄂豫皖邊區「剿匪」總司令部宣傳處主任秘書，上海特別市警察局督察主任。其間與李慧民（1911 － 1971）結婚。1935 年 10 月任鐵道部隴海鐵路徐州段員警總段長。抗日戰爭爆發後，廣東省兵役幹部訓練班班主任，廣東普（甯）豐（順）師管區司令部代司令官。抗日戰爭勝利後，任軍政部第九軍官總隊上校中隊長。1945 年 10 月獲頒忠勤勳章。1946 年 5 月獲頒勝利勳章。1946 年 12 月任廣東省保安司令部幹部訓練班教育處處長。1947 年 6 月 2 日辦理退役，[51] 登記居住地址為廣州百子路 116 號。1948 年發表任廣東省五華縣縣長，[52] 因交通無法到任。1949 年 10 月攜眷到香港，1950 年遷移臺灣。1972 年廣東省出席「國民大會」代表張輔邦（五華籍）逝世，其依法遞補為「國民大會」代表，兼任光復大陸設計研究委員會委員。1974 年臺北市五華同鄉會成立，被推選為各屆理事會監事。1983 年 8 月原定參加「國民大會」代表考察團赴美國、加拿大訪問，手續辦妥卻因身體不適，隨即入臺北空軍總醫院就診，1983 年 10 月 2 日因病在臺北逝世。

---

[51] 1948 年 10 月編印《廣州市陸軍在鄉軍官會會員名冊》記載。

[52] 據查：廣東省檔案館編纂：1989 年 12 月印行《民國時期廣東省政府檔案資料選編》第十一輯第 343 － 344 頁五華縣歷任縣長名錄無載。

魏濟中

魏濟中（1900 － 1974）廣東五華縣佘坑橫陂人。廣州黃埔中國國民黨陸軍軍官學校第二期步兵科畢業。1924 年 8 月考入廣州黃埔中國國民黨陸軍軍官學校第二期步兵科學習，在校學習期間加入孫文主義學會，1925 年 2 月 1 日隨軍校教導團參加第一次東征作戰，進駐廣東潮州短期訓練，1925 年 5 月 30 日隨軍返回廣州，繼返回校本部續學，1925 年 9 月軍校畢業。分發國民革命軍見習，1925 年 10 月隨部參加第二次東征作戰。1926 年 7 月隨部參加北伐戰爭，歷任國民革命軍步兵營排長、連長、營長，隨部參加中原大戰。1933 年 12 月任陸軍第三十五師步兵團團長，1936 年 10 月鄂豫皖邊區「剿匪」總司令部宣傳處副處長。抗日戰爭爆發後，任黃埔江防司令部司令官，廣東省國民兵軍事訓練委員會第六區補充團團長，廣東第五區保安司令部參謀主任，後任廣東第七區保安司令部副司令官。1940 年 10 月任第四戰區司令長官部左江防守司令部司令官，潮汕守備區指揮部副指揮官，潮（陽）澄（海）饒（平）守備區指揮部指揮官。1943 年任 12 月廣東潮惠普守備區指揮部指揮官，兼揭陽城防司令部司令官。1944 年 12 月任閩粵贛邊區總指揮部高級參謀。抗日戰爭勝利後，1945 年 10 月獲頒忠勤勳章。1946 年 5 月獲頒勝利勳章。1946 年 12 月任廣東揭（陽）豐（順）梅（縣）（五）華興（寧）五縣聯防指揮部主任。1948 年任國防部派赴華南戰區第八軍事督導組少將銜督導官，後被指派為廣東五華縣縣長。1949 年到臺灣。1974 年 10 月 15 日因病在臺灣苗栗逝世。

從上表反映資料：軍級以上人員占 15%，師級人員有 17%，兩項相加達到 32%，共有 32 人在軍旅生涯中成為將領。考量與分析學員綜合情況，主要有以下幾方面特點：

軍級以上人員：一是從事警務、情報工作居多。例如：蔡勁軍曾任上海市警察局局長，抗日戰爭爆發後兼任淞滬警備副司令官，曾率領兩個員警總隊堅守楊浦江正面，協助野戰部隊抗擊日軍直至撤退；黎鐵漢曾任廣州市警察局局長、廣州警備司令部司令官及廣東省警保處處長，二十世紀三十年代初期任第八十八師副旅長，參與「一二八」淞滬抗戰；鄭介民、張炎元在二十世紀四十年代後期同在國防部第二廳供職，長期負責中國國民黨軍統與情報工作，鄭介民抗日戰爭期間長期負責對日軍情報反諜工作，雖然其任軍事委員會調查統計局副局長，但是他獲任陸軍少將比局長戴笠還要早兩年零一個月（戴笠是 1945 年 3 月任陸軍少將），後來他做到了國防部參謀次長、常務次長等要職，但其在大陸期間始終未能獲任中將，說明當年對於並非軍事或野戰部隊主官履歷的少將，晉升中將是有所限制的，特別是軍統系列人員，實際任官一直比職業軍官要低許多，例如：民國時期權傾朝野的戴笠，飛機失事遇難後才於 1946 年 6 月追贈陸軍中將銜，因此鄭介民也沒例外。張炎元於 2005 年 8 月 13 日在臺北逝世，是旅居境外第二期生最高壽者。二是率部參加抗戰第一線作戰較多。莫與碩是粵籍高級將領最著名者，早年已是陳誠軍事集團重要幹將，抗日戰爭爆發前已任旅長，後任師長、軍長，率部參加過多個重要抗日會戰；王作華、容幹在抗日戰爭期間分別任第七、第九戰區粵軍部隊旅長，王作華率部參加了常德會戰、衡陽保衛戰和第四次長沙會戰諸役，容幹率部參加了第一次、第二次粵北戰役，後參與第七戰區戰役參謀策劃事宜；吉章簡、彭佐熙在抗日戰爭時期分別擔任副軍長及師長職務，吉章簡率部參加過淞滬會戰、武漢會戰及湘北戰役諸役，彭佐熙率部參加了徐州會戰、常衡會戰、昆侖關戰役和遠征印緬抗戰諸役。

師級人員：一是擔負國民革命軍兵種建樹，例如馮爾駿歷任各級野戰炮兵主官，率部參加抗日戰爭中許多重要戰役；二是推進抗日戰爭軍事訓練與教育有成效。林叔彝長期擔任軍校、訓練團、整理處之新兵訓練與教育事宜，為抗戰時期新兵訓練與補充有所建樹；鄧仕富率部參加所在戰區多次抗戰會戰與戰役；司徒洛早年率部參加北伐戰爭、長城抗戰與多次抗日戰役，後任軍隊後勤補給各級主官，為第九戰區的抗戰勝利作出有力保障。

（二）湖南省籍第二期生情況簡述

第一期生入學僅過二、三月，湖南又迎來了第二期生的推薦與招考。與第一期生 192 人的龐大陣容相比，第二期入學人數僅有 69 人，占該期生總數之 15.3%，而第一期生則高居該期學員總數之 27.2%。第二期生雖然在總數上僅次於廣東，但是與第一期生陣容鼎盛、精英聚集相比，整體情況回落較大。

附表 13　湖南籍第二期生歷任各級軍職數量比較一覽表

職級	中國國民黨	中國共產黨	人數	比例 %
肄業或未從軍	李　超、唐明智、郭昌發、張　權、郭煥孝、鄭漱宇、劉福康、朱毓南、雷醒獅、伍萬春、石國基、孫毓英、吳慶軒、張　棟、藍豈凡、羅拔倫、羅冠倫、黃辰陽、王　冠		19	27.5
排連營級	鄭安侖、岳　麓、李家忠、吳盛清、陳道榮、范濤、李　龐、唐　循、李瑞蓀、張仁鎮、龔光宗、劉　柄		12	17.4
團旅級	廖　開、鄧良銘、李華植、方　鎮、孫鼎元、黃昌治、胡啓儒、李靖源、翟　雄、謝宣渠	譚　侃、吳　明、李道國、陳作為	14	20.4
師級	鄭會煊、彭　熙、李芳郴、盧望璵、彭善後、袁正東、黃煥榮、魯宗敬、彭禮崇、唐獨衡、王仲仁、王景奎、劉　琨、歐陽松	余灑度、酈　鄘、鍾文璋、宛旦平、陳　恭	19	27.6
軍級以上	洪士奇、成　剛、李精一、張海帆、彭聳英		5	7.1
合計	60	9	69	100

部分知名學員簡介：48 名

方　鎮（1901 －？）別字亞藩，湖南沅江人。廣州黃埔中國國民黨陸軍軍官學校第二期步兵科畢業。1924 年 8 月考入廣州黃埔中國國民黨陸軍軍官學校第二期步兵科學習，1925 年 9 月畢業。隨部參加第二次東征與北伐戰爭。歷任第一軍第一師第二團步兵營排長、連長、副營長，隨部參加第二期北伐戰爭。1928 年 9 月任編遣後縮編的第一集團軍陸軍第二師（師長顧祝同）第四旅（旅長黃國梁）第七團（團長樓景樾）第二營營長。1929 年 2 月 17 日被委派為中國國民黨陸軍第二師特別黨部候補執行委員。後任陸軍第二師第四旅第七團團附，隨部參加中原大戰。抗日戰爭爆發後，陸軍步兵旅團長、副旅長，率部參加抗日戰事。1939 年 6 月被國民政府軍事委員會銓敘廳頒令敘任陸軍步兵上校。

王仲仁（1902 －？）別字一戎，別號爾惕，湖南衡陽人。廣州黃埔中國國民黨陸軍軍官學校第二期步兵科畢業。1924 年 8 月考入廣州黃埔中國國民黨陸軍軍官學校第二期步兵科學習，在校學習期間加入孫文主義學會，1925 年 2 月 1 日隨軍校教導團參加第一次東征作戰，進駐廣東潮州短期訓練，1925 年 5 月 30 日隨軍返回廣州，繼返回校本部續學，1925 年 6 月隨部參加對滇桂軍閥楊希閔部、劉震寰部軍事行動，1925 年 9 月畢業。1936 年 12 月任陸軍第一九〇師步兵第一一一〇團團長。抗日戰爭爆發後，率部參加抗日戰事。歷任守備區司令部參謀長，陸軍步兵師司令部步兵指揮部副指揮官。抗日戰爭勝利後，1945 年 10 月獲頒忠勤勳章。1946 年 5 月獲頒勝利勳章。1946 年 5 月被國民政府軍事委員會銓敘廳頒令敘任陸軍步兵上校。1948 年 9 月 22 日被國民政府軍事委員會銓敘廳頒令敘任陸軍少將。

王景奎（1897 －？）湖南衡陽人。廣州黃埔中國國民黨陸軍軍官學校第二期炮兵科畢業。1924 年 8 月考入廣州黃埔中國國民黨陸軍軍官學校第二期步兵科學習，在校學習期間加入孫文主義學會，1925 年 2 月 1 日隨軍校教導團參加第一次東征作戰，進駐廣東潮州短期訓練，1925 年 5 月 30 日隨軍返回廣州，繼返回校本部續學，1925 年 6 月隨部參加對滇桂軍閥楊希閔部、劉震寰部軍事行動，1925 年 9 月畢業。留校參與軍校黨務工作，1929 年 9 月任廣州黃埔國民革命軍軍官學校訓練部副主任。1929 年 10 月 9 日中國國民黨廣州黃埔國民革命軍軍官學校第七屆黨部籌備委員會召開全校代表大會，投票推選為廣州黃埔國民革命軍軍官學校第七屆黨部執行委員會委員。[53]1929 年 10 月 26 日被中國國民黨廣州黃埔國民革命軍軍官學校第七屆特別黨部執行委員會推定為本黨部訓練部部長。[54]1929 年 10 月 28 日任廣州黃埔國民革命軍軍官學校管理處處長，1929 年 10 月 30 任廣州黃埔國民革命軍軍官學校校務委員會委員。1930 年 10 月 24 日廣州黃埔國民革命軍軍官學校奉命結束，隨軍校部分師生遷移南京。任軍事委員會訓練總監部參謀。抗日戰爭爆發後，任中央炮兵學校政治部副主任。抗日戰爭勝利後，1945 年 10 月獲頒忠勤勳章。1946 年 5 月獲頒勝利勳章。1946 年 12 月任中央訓練團第一大隊大隊附。1947 年 7 月 7 日被國民政府軍事委員會銓敘廳頒令敘任少將。

鄧良銘（1903 －？）別字醒鍾，湖南永州人。廣州黃埔中國國民黨陸軍軍官學校第二期步兵科畢業。1924 年 8 月考入廣州黃埔中國國民黨陸軍軍官學校第二期步兵科學習，在校學習期間加入孫文主義學會，1925 年 2 月 1 日隨軍校教導團參加第一次東征作戰，進駐廣東潮州短期訓練，1925 年 5 月 30 日隨軍返回廣州，繼返回校本部續學，1925 年 6 月隨部參加對滇桂軍閥楊希閔部、劉震寰部軍事行動，1925 年 9 月畢業。1925 年 10 月任南京中央陸軍軍官學校第六期政訓處總務科庶務股股長。1926 年 7 月隨部參加北伐戰爭，歷任國民革命軍陸軍步兵團排長、連長、營長、團長。抗日戰爭爆發後，任陸軍第九十五軍政治部主任，隨部參加抗日戰事。1943 年 7 月被國民政府軍事委員會銓敘廳頒令敘任陸軍步兵上校。抗日戰爭勝利後，1945 年 10 月獲頒忠勤勳章。1946 年 5 月獲頒勝利勳章。1946 年 7 月退役。

---

[53] 中國第二歷史檔案館供稿：檔案出版社 1989 年 7 月出版、華東工學院編輯出版部影印《黃埔軍校史稿》第七冊第 148 頁記載。

[54] 中國第二歷史檔案館供稿：檔案出版社 1989 年 7 月出版、華東工學院編輯出版部影印《黃埔軍校史稿》第七冊第 148 頁記載。

盧望嶼

盧望嶼（1898 －？）別字自東，別號望嶼，湖南永明人 。廣州黃埔中國國民黨陸軍軍官學校第二期步兵科畢業。1924 年 8 月考入廣州黃埔中國國民黨陸軍軍官學校第二期步兵科學習，在校學習期間加入孫文主義學會，1925 年 2 月 1 日隨軍校教導團參加第一次東征作戰，進駐廣東潮州短期訓練，1925 年 5 月 30 日隨軍返回廣州，繼返回校本部續學，1925 年 6 月隨部參加對滇桂軍閥楊希閔部、劉震寰部軍事行動，1925 年 9 月畢業。任黃埔軍校教導團排長，隨部參加二次東征作戰。1926 年 7 月任北伐東路軍第一軍第二師步兵連連長，隨部參加北伐戰爭。後任陸軍步兵團營長、團長，陸軍步兵旅副旅長等職。抗日戰爭爆發後，任第二十七集團軍總司令部副官處長，陸軍步兵師司令部參謀長，隨部參加抗日戰事。抗日戰爭勝利後，1945 年 10 月獲頒忠勤勳章。1946 年 1 月奉派入中央訓練團受訓，並任第一學員大隊大隊長。1946 年 5 月獲頒勝利勳章。1947 年 11 月 19 日被國民政府軍事委員會銓敘廳頒令敘任陸軍少將，同時辦理退役。1948 年 3 月 29 日被推選為湖南省出席（行憲）第一屆國民大會代表。1948 年移居香港。

鄺　鄘（1899 － 1928）原名光爐，別字子一，別號指日、愛陶，湖南耒陽縣仁義圩鄺家村人。耒陽縣城杜隴書院、縣立第一高等小學、長沙湖南省立第一中學畢業，北京大學肄業，廣州黃埔中國國民黨陸軍軍官學校第二期步兵科畢業。少時入本鄉私塾啟蒙，繼入耒陽縣城杜隴書院就讀。1915 年考入耒陽縣立第一高等小學就讀，畢業後考入長沙湖南省立第一中學學習，畢業後赴北京，1922 年 10 月考入北京大學學習，1922 年加入中共，[55] 另載 1923 年在北京大學讀書期間加入中共。[56]1924 年 8 月考入廣州黃埔中國國民黨陸軍軍官學校第二期步兵科學習，加入中國青年軍聯合會

[55] 王健英著：廣東人民出版社 2000 年 1 月《中國紅軍人物志》第 140 頁記載。

[56] 范寶俊、朱建華主編：中華人民共和國民政部組織編纂：黑龍江人民出版社 1993 年 1 月《中華英烈大辭典》第 413 頁記載。

為骨幹成員，1925 年 3 月隨部參加第一次東征作戰，1925 年 6 月隨部參加討伐滇桂軍閥楊希閔部、劉震寰部軍事行動，1925 年 9 月畢業。以畢業成績第二名，獲校長蔣中正頒發獎勵金質手錶一隻，以優等生留任軍校政治部宣傳科科員。1925 年 10 月隨部參加第二次東征作戰，1926 年仍任廣州黃埔中國國民黨陸軍軍官學校第三期政治部宣傳科科員，再任中央軍事政治學校第四期政治部宣傳科（科長魯純仁）科員。1926 年 7 月隨部參加北伐戰爭，隨北伐軍總政治部作宣傳工作。1927 年春返回原籍開展農民運動，組織農民自衛軍。1928 年 1 月率領耒陽農民自衛軍參加湘南暴動，任耒陽農民自衛軍團長。組建工農革命軍第四師時，被推舉為師長。1928 年 4 月率部上井岡山，與朱德部紅軍會合。1928 年 5 月 4 日所部編入中國工農紅軍第四軍，任紅軍第四軍第十二師第三十四團團長。1928 年 5 月 28 日奉命率部下山，返回耒陽開闢根據地，任湘南紅軍游擊第一路軍司令員。1928 年 6 月 5 日帶領警衛員、勤務兵三人擬返回耒陽仁義村發動群眾，途中被地方民團武裝發現包圍，警衛員、勤務兵逃脫，其被捕受盡酷刑堅貞不屈，臨刑前書寫「殺了鄺鄘，還有鄺鄘」。中華人民共和國成立後，為紀念其事蹟，故居古塘村改名為鄺鄘村。

成　剛（1904—1964）別號應時，湖南寧鄉人。1904 年正月初三生於寧鄉縣城郊村一個農耕家庭。李氏族立小學、箬山湯氏高等小學、湘潭縣立中學、長沙湖南省立第一甲種工業學校化學科、廣州黃埔中國國民黨陸軍軍官學校第二期炮兵科、南京中央陸軍軍官學校高等教育班第二期、陸軍大學特別班第二期畢業。父鼎勳，母黃氏，育六子（其最幼）兩女。1910 年入其父倡辦之鄉學讀書，1912 年考入李氏族立小學學習，1916 年改入箬山湯氏高等小學就讀，1917 年以優異成績畢業。1918 年考入湘潭縣立中學，1919 年轉入長沙湖南省立第一甲種工業學校化學科學習，1921 年畢業。創辦化學工廠未遂，1923 年 3 月入吳佩孚創辦的軍官訓練團受訓。1924 年夏與洪士奇南下投考廣州黃埔中國國

成剛

民黨陸軍軍官學校，1924 年 8 月入第二期炮兵科炮兵隊學習，在校學習期間加入孫文主義學會，1925 年 2 月 1 日隨軍校教導團參加第一次東征作戰，進駐廣東潮州短期訓練，1925 年 5 月 30 日隨軍返回廣州，繼返回校本部續學，1925 年 9 月軍校畢業。留校任廣州黃埔中央陸軍軍官學校第四期入伍生山炮連副連長，後代理連長。1926 年 1 月任軍校本部野戰炮兵連（連長陳誠）黨代表，1926 年 4 月任軍校第五期入伍生炮兵營（營長蔣必）第二連連長，1926 年 6 月炮兵營擴編為入伍生炮兵團（團長蔡忠笏）。1926 年 7 月隨部參加北伐戰爭，1926 年 8 月抵長沙時，所屬炮兵團第一營第二連劃歸國民革命軍第八軍第三師（師長李品仙）指揮，隨部參加嘉魚、蘄春、蘄水戰役。1926 年 10 月赴南昌歸建制，任國民革命軍第一軍第二師（劉峙）炮兵團（團長蔡忠笏）第一營（營長蔣必）第一連連長，參加北伐浙江戰事。1927 年 4 月任國民革命軍總司令部獨立炮兵團（團長蔡忠笏）第一營營長，1927 年 8 月隨部參加龍潭戰役。1927 年 10 月所部隸屬第三十二軍（軍長錢大鈞），任獨立炮兵營營長。1928 年 6 月與同鄉吳俊相結婚。1928 年 9 月部隊編遣，任縮編後的第一集團軍陸軍第三師（師長錢大鈞）司令部直屬炮兵營營長。1930 年 5 月隨部參加中原大戰，1931 年 3 月任陸軍第三師第八旅步兵第十六團團長，率部參與討伐石友三部叛亂戰事。1932 年夏率部參加對鄂豫皖邊區紅軍及根據地的「圍剿」作戰，戰後率部南下江西。1933 年 3 月任陸軍第三師第八旅副旅長，後代理旅長，率部參加對江西中央紅軍及根據地的「圍剿」作戰。1933 年 9 月奉派入南京中央陸軍軍官學校高等教育班學習，1933 年 12 月加入賀衷寒等組織的「中華民族復興社」，並任該組織骨幹成員，1934 年 6 月畢業。1934 年 9 月入陸軍大學特別班學習，1935 年 5 月 30 日被國民政府軍事委員會銓敘廳頒令敘任陸軍炮兵中校，其間發表任陸軍第三師附員，1937 年 8 月畢業。其間曾發表任南京中央陸軍軍官學校第十一、第十二期炮兵科科長。1937 年 8 月被國民政府軍事委員會銓敘廳頒令敘任陸軍炮兵上校。抗日戰爭爆發後，返回中央陸軍軍官學校，任第十四期學員第一總隊總隊長，隨軍校遷移武漢、成都等地。1939 年 1 月任成都中央陸軍軍官學校第十六期學員第二總隊總隊長。1939 年 7 月任軍政部第十二補充兵訓練處處長，率部駐防四川永川地區，後兼任重慶衛戍司令部江永警備分區司令官。1941 年 9 月所在訓練處改編為陸軍正規部隊，任陸軍新編第三十九師師長，率部駐防貴州遵義地區。1942 年 2 月任陸軍第六十六軍（軍長張軫）副軍長，兼任該軍幹部訓練班教育長。1942 年 7 月第六十六軍裁撤，改任重慶衛戍總司令（劉峙）部幹部訓練班副主任。1943 年 8 月任第十一集團軍總司令（宋希濂）部參謀長，率部駐防雲南大理地區，1944 年率部參加騰沖戰役、芒市戰役、松山戰役諸役。1945 年 3 月 8 日被國民政府軍事委員會銓敘廳頒令敘任陸軍少將。1945 年 4 月獲頒四等雲麾勳章。1945 年 4 月第十一集團軍裁撤，改任軍事委員會駐滇幹部訓練團作戰人員訓練班（主任蕭毅肅）副主任。抗日戰爭勝利後，任軍事委員會駐滇幹部訓練團（教育長梁華盛）副教育長。1945 年 10 月獲頒忠勤勳章。1946 年 1 月任中央訓練團廬山分團代理教育長，廬山夏令營（主任李明灝）副主任，兼任學員總隊總隊長等職。1946 年 5 月獲頒勝利勳章。1946 年 8 月任武漢要塞籌備處主任。1947 年 7 月任中央訓練團總團（教育長黃傑）辦公廳主任。1948 年 8 月任陸軍總司令部第三訓練處（處長黃傑兼）副處長，率部駐防漢口地區。1948 年 9 月 22 日被國民政府軍事委員會銓敘廳頒令敘任陸軍中將。1948 年 11 月任陸軍第一〇二軍軍長，統轄陸軍第六十二師（師長夏日長）、第二三二師（師長康樸）、第三一四師（師長陳達）等部。1949 年 6 月任陸軍第十四軍軍長，兼任邵陽警備司令部司令官。湖南和平起義時，隨黃杰重整舊部，後率部撤退廣西地區。1949 年 12 月率部撤退越南，1953 年 6 月率餘部赴臺灣。任臺灣「國防部」高級參謀，1964 年 2 月 29 日因病在臺北逝世。臺灣印行有《成剛將軍之年紀》等。

劉　柄（1899 － 1930）別字鐵珊，湖南衡陽人。廣州黃埔中國國民黨陸軍軍官學校第二期步兵科畢業。1924 年 8 月考入廣州黃埔中國國民

劉炳

黨陸軍軍官學校第二期學習，在校學習期間加入孫文主義學會，1925 年 2 月 1 日隨軍校教導團參加第一次東征作戰，進駐廣東潮州短期訓練，1925 年 5 月 30 日隨軍返回廣州，繼返回校本部續學，1925 年 6 月隨部參加對滇桂軍閥楊希閔部、劉震寰部軍事行動，1925 年 9 月畢業。1925 年 10 月隨教導第一團參加第二次東征作戰。1926 年 7 月隨部參加北伐戰爭，任國民革命軍第一軍第二十二師第四團第六營營長，1930 年 2 月 16 日在山東作戰陣亡。[57]

劉嘯凡（1902 －？）原名琨，[58] 別字少帆，別號焜，後改名嘯凡，湖南衡陽人。廣州黃埔中國國民黨陸軍軍官學校第二期炮兵科、南京中央陸軍軍官學校高等教育班第五期畢業，臺灣革命實踐研究院結業。1924 年 8 月考入廣州黃埔中國國民黨陸軍軍官學校第二期炮兵科學習，在校學習期間加入孫文主義學會，1925 年 2 月 1 日隨軍校教導團參加第一次東征作戰，進駐廣東潮州短期訓練，1925 年 5 月 30 日隨軍返回廣州，繼返回校本部續學，1925 年 6 月隨部參加對滇桂軍閥楊希閔部、劉震寰部軍事行動，1925 年 9 月畢業。分發黨軍第一旅第三團炮兵連見習，1925 年 10 月隨部參加第二次東征作戰。1926 年 7 月隨部參加北伐戰爭，任國民革命軍北伐東路軍第一軍第二師第四旅第八團炮兵連排長、連長。1928 年 10 月任國民革命軍總司令部炮兵教導隊連長，後任陸軍步兵團營長、副團長。1933 年 10 月率部參加對江西紅軍及根據地的「圍剿」

[57] ①中國第二歷史檔案館供稿，華東工學院編輯出版部影印，檔案出版社 1989 年 7 月《黃埔軍校史稿》第八冊本校先烈第 248 頁第二期烈士芳名表記載 1928 年 4 月 11 日在山東新閘子陣亡；②中國第二歷史檔案館供稿，華東工學院編輯出版部影印，檔案出版社 1989 年 7 月《黃埔軍校史稿》第八冊（本校先烈）第 250 頁第二期烈士芳名表記載 1928 年 4 月 11 日在山東韓莊陣亡；③龔樂群編：中央陸軍軍官學校追悼北伐陣亡將士特刊《黃埔血史》第 28 頁記載其 30 歲任第一軍第二十二師第三團第三營少校營長 1928 年 4 月 11 日在韓莊作戰陣亡。

[58] 湖南省檔案館校編，湖南人民出版社《黃埔軍校同學錄》記載。

作戰，任北路軍第八縱隊第九十九師第二九七旅步兵第五九四團團長。參加追擊長征紅軍戰事，任貴州遵義警備司令部參謀長。1936 年 10 月任中央憲兵司令部第六團副團長，南京衛戍司令部警衛處處長。抗日戰爭爆發後，率部參加淞滬會戰，1937 年 12 月率部參加南京保衛戰。後任訓練總監部訓練委員會委員，1938 年 10 月任軍事委員會軍事訓練部校閱委員會委員。1940 年 10 月任峨嵋山中央訓練團總團辦公廳副主任。1942 年 12 月任成都中央陸軍軍官學校第十九期軍校第一總隊總隊長，第二十期校本部教育處高級教官，中央陸軍軍官學校第二十一期派駐裝配線迪化軍官訓練班主任。1945 年 1 月被國民政府軍事委員會銓敘廳敘任陸軍炮兵上校。抗日戰爭勝利後，任中央陸軍軍官學校第九分校高級訓練班主任。1945 年 10 月獲頒忠勤勳章。1946 年 5 月獲頒勝利勳章。1947 年 8 月任中央陸軍軍官學校駐新疆省迪化第五軍官訓練班主任。[59]1948 年 12 月任成都中央陸軍軍官學校（第二十三期）辦公廳部總務處處長。

孫鼎元（1904—？）別字劍青，別號佩秋，原載籍貫湖南寶慶，[60]另載湖南邵陽人。[61]廣州黃埔中國國民黨陸軍軍官學校第二期步兵科、陸軍大學將官班乙級第一期畢業。1904 年 4 月 7 日生於邵陽縣城一個農戶家庭。1924 年 8 月考入廣州黃埔中國國民黨陸軍軍官學校第二期學習，在校學習期間加入孫文主義學會，1925 年 2 月 1 日隨軍校教導團參加第一次東征作戰，進駐廣東潮州短期訓練，1925 年 5 月 30 日隨軍返回廣州，繼返回校本部續學，1925 年 6 月隨部參加對滇桂軍閥楊希閔部、劉震寰部軍事行動，1925 年 9 月畢業。歷任國民革命軍陸軍步兵團排長、連長、營長、團長。抗日戰爭爆發後，任陸軍步兵旅副旅長，率部參加抗日戰

---

[59] 容鑒光主編：臺北國防部史政編譯局1986年1月1日印行《黃埔軍官學校史簡編》第 441 頁記載。

[60] 湖南省檔案館校編湖南人民出版社《黃埔軍校同學錄》記載。

[61]《陸軍大學同學通訊錄》記載

事。1938 年 10 月被國民政府軍事委員會銓敘廳頒令敘任陸軍步兵上校。1938 年 12 月入陸軍大學乙級將官班學習，1940 年 2 月畢業。後任陸軍步兵師副師長。抗日戰爭勝利後，任師管區司令部副司令官。1945 年 10 月獲頒忠勤勳章。1946 年 5 月獲頒勝利勳章。1948 年任國民政府國防部附員。1949 年到臺灣，後因病在臺灣台中逝世。

余灑度（1904 － 1934）別字灑渡，湖南平江縣濁水鄉人。廣州黃埔中國國民黨陸軍軍官學校第二期步兵科畢業。1924 年加入中共。[62]1924 年 8 月考入廣州黃埔中國國民黨陸軍軍官學校第二期步兵科學習，被推選為黃埔軍校第二期中共支部組織幹事，《血花劇社》社負責人，中國青年軍聯合會骨幹成員，隨部參加第一次東征作戰和討伐滇桂軍閥楊希閔部、劉震寰部戰事，1925 年 9 月畢業。留軍校任軍校政治部科員，後派任國民革命軍第四軍第十二師政治部宣傳科科長，實際沒就職。1926 年 6 月成立黃埔同學會，被推選為宣傳科科長。1926 年 10 月奉派赴上海，在中共中央軍事部工作。後率八名黃埔生潛赴武昌，策應北伐軍攻打武昌城。1927 年 6 月任武昌國民革命軍第二方面軍總指揮部警衛團（團長盧德銘）中校團附，兼任第一營營長。1927 年夏與盧德銘率警衛團向江西修水縣轉移，其間因盧德銘奉命赴上海向中共中央彙報，受命代理該團團長。1927 年 8 月在江西修水整訓期間，其間余賁民率平江農軍（有 300 枝槍）加入所部，為隱蔽部隊接受國民革命軍番號，任江西省防軍暫編第一師師長，其任命余賁民為副師長，全師配備槍 1300 餘枝，機關槍兩挺，兵員近兩千人，子彈每人平均百發。1927 年 9 月與毛澤東部農軍取得聯繫，兩部會合後被推選為中共湘贛邊區前敵委員會委員。旋即率部在湘贛邊界發動秋收起義，與各路農民武裝彙集文家市整編後，被中共湘贛邊區前敵委員會任命為工農革命軍第一軍第一師師長。三灣改編後，任中共前敵委員會委員。各路農軍會攻長沙受挫後，仍堅持再次進攻

[62] 據：王健英編著：廣東人民出版社2000年1月《中國紅軍人物志》第394頁記載。

長沙。中共湘贛邊區前敵委員會於文家市召集前委會議，否決再攻長沙，其隨部上井岡山。1928 年 10 月離開部隊，赴上海中共中央彙報湖南省委工作，任中共湖南省委軍委書記，後再赴上海期間，脫離中共組織關係。繼赴南京黃埔同學會登記，入國民革命軍總司令部教導隊受訓。後作為首批黃埔生派赴東北軍從事政治歸附事宜，1929 年 10 月任陸軍第五十三軍（軍長萬福麟）司令部政治訓練處處長。其間受鄧演達影響，參與其組建的中國國民黨臨時行動委員會，發起籌建「黃埔革命同學會」，先後聯繫有數千黃埔同學，秘密進行「改組派」活動。不久該組織被南京軍事當局分化瓦解，其與主要成員于 1931 年 8 月 17 日被捕入獄，後被寬待處理，奉派入南京中央陸軍軍官學校特別訓練班受訓。1932 年 3 月加入中華民族復興社，被推選為中華民族復興社南京總社幹事會候補幹事。後派任軍事委員會政治訓練研究班訓育主任，參與編寫軍隊政治工作人員訓練教材。1933 年春奉派華北，主持編纂發行《北方日報》，任陸軍第六十一軍政治訓練處處長、政治部主任。1934 年被指控犯「走私罪」，經軍法審訊執行槍決。著有〈余灑度率警衛團參加秋收起義經過〉（原載 1927 年 12 月印行《中央政治通訊》第十二輯，廣東肇慶「葉挺獨立團紀念館」編：廣東人民出版社 1991 年 1 月《葉挺獨立團史料》第 487 － 489 頁轉載）等。

吳　明（1901 － 1968）原名吳明，[63] 別名伯璋、壽康，中華人民共和國成立後改名陳公培，湖南長沙人。長沙修業小學、長沙長郡中學畢業，南京金陵大學農學院肄業，廣州黃埔中國國民黨陸軍軍官學校第二期步兵科畢業。1901 年 5 月生於長沙縣一個書香家庭。1918 年秋考入南京金陵大學農學院就讀，1919 年在「五四運動」新文化思潮影響，放棄學業轉入北京法文專修館學習，準備赴法國勤工儉學。1919 年底結業，參加北京工讀互助團。工讀互助團結束後，

吳明

[63] 湖南省檔案館校編、湖南人民出版社《黃埔軍校同學錄》記載。

1920 年春到上海，1920 年 5 月參加上海五一國際勞動節紀念活動，參加上海馬克思主義研究會活動，並參與發起上海中共早期組織。[64]1920 年 6 月赴法國勤工儉學，1921 年 2 月參與組織勞動學會及勤工儉學會。1921 年春與在法國的張申府、趙世炎、周恩來等五人，共同組成旅法中共早期組織。[65]1921 年 10 月因參與進佔里昂中法大學鬥爭被遣送回國，曾任赴法勤工儉學旅法支部成員，1921 年 11 月回到上海，在中國社會主義青年團臨時中央局工作。1922 年 4 月 19 日參與籌備組建中國社會主義青年團杭州支部，1922 年 6 月 7 日擴大為杭州地方委員會（書記俞秀松、魏金枝），任宣傳部主任。1922 年 12 月赴海南島，先後在瓊崖中學、瓊東師範學校、加積農工職業學校任教，以此作掩護開展中共組織行動，先後發展了魯易、羅漢、徐成章等十名黨員。1924 年秋加入中國國民黨，1924 年 8 月考入廣州黃埔中國國民黨陸軍軍官學校第二期學習，加入中國國民黨，1925 年 1 月 14 日在廣州黃埔中國國民黨陸軍軍官學校全體黨員大會上，被投票推選為中國國民黨陸軍軍官學校特別區黨部第二屆執行委員會執行委員，[66] 參與發起組織星火社和「火星劇社」，1925 年 2 月 1 日隨軍校教導團參加第一次東征作戰，進駐廣東潮州短期訓練，1925 年 5 月 30 日隨軍返回廣州，繼返回校本部續學，1925 年 6 月隨部參加對滇桂軍閥楊希閔部、劉震寰部軍事行動，1925 年 9 月畢業。1926 年 8 月北伐時任國民革命軍第四軍政治部副主任。北伐軍到漢口後，任武漢工人運動講習所政治教員。1927 年 6 月任國民革命軍第四集團軍第二方面軍第十一軍（軍長陳銘樞）第二十四（師長葉挺）師政治部秘書，1927 年 8 月隨部參加南昌起義，其間為起義軍革命委員會參謀團工作人員，起義

---

[64] 倪興祥：《中國共產黨創建史辭典》，上海人民出版社 2006 年版，第 554 頁記載。

[65] 中共中央黨史研究室編：《中國共產黨歷史第一卷人物注釋集》，中共黨史出版社 2004 年 8 月版，第 39 頁記載。

[66] ①中國第二歷史檔案館供稿：檔案出版社 1989 年 7 月出版、華東工學院編輯出版部影印《黃埔軍校史稿》第七冊第 18 頁；②廣東革命歷史博物館編：廣東人民出版社 1982 年 2 月《黃埔軍校史料》第 520 頁記載。

失敗後，隨軍參加南下潮汕行動和流沙會議。1928 年到上海，脫離中共組織關係，後為陳銘樞高級幕僚。1933 年 11 月 22 日參與「福建事變」，任中華共和國福建政府秘書長，興泉省（省長戴戟兼）副省長，曾代表第十九路軍與閩西紅軍進行聯絡事宜。1934 年春第十九路軍被遣散，後寓居香港、天津、上海等地。抗日戰爭爆發後，遷移成都、重慶、桂林等地任教。抗日戰爭勝利後，在上海自然科學社工作。1948 年 12 月赴香港，經潘漢年安排，1949 年 9 月赴北平。中華人民共和國成立後，1949 年 12 月 16 日中華人民共和國中央人民政府政務院第十一次政務會議任命為政務院參事。後任國務院參事室參事，其間參與對少數民族問題研究，1954 年 10 月免職。1954 年 11 月當選為第二屆全國政協委員。後任第三、四屆全國政協委員。1959 年 12 月 30 日任全國政協文史資料研究委員會（主任委員范文瀾）委員。「文化大革命」中受到衝擊與迫害，1968 年 3 月 7 日因病在北京逝世。著有〈「閩變」前兩天到蘇區聯繫的經過〉（載於中國文史出版社〈文史資料存稿選編－十年內戰〉）、〈大革命回憶〉、〈福建事變紀略〉、〈回憶中共的發起組織和赴法勤工儉學等情況〉、〈起義軍在普寧〉、〈我在閩變中所作的主要工作－兩次到蘇區〉等。

吳盛清（1904 － 1926）別字揚彥，湖南郴州人。廣州黃埔中國國民黨陸軍軍官學校第二期炮兵科畢業。1924 年 6 月考入廣州黃埔中國國民黨陸軍軍官學校第二期炮兵科炮兵隊學習，在校學習期間加入孫文主義學會，1925 年 2 月 1 日隨軍校教導團參加第一次東征作戰，進駐廣東潮州短期訓練，1925 年 5 月 30 日隨軍返回廣州，繼返回校本部續學，1925 年 6 月隨部參加對滇桂軍閥楊希閔部、劉震寰部軍事行動，1925 年 9 月畢業。國民革命軍總司令部補充第五團第四連連長。1926 年 9 月北伐江西作戰陣亡。[67]

---

[67] ①中國第二歷史檔案館供稿，華東工學院編輯出版部影印，檔案出版社 1989 年 7 月《黃埔軍校史稿》第八冊（本校先烈）第 250 頁第二期烈士芳名表記載 1926 年 11 月在江西陣亡；②龔樂群編：中央陸軍軍官學校追悼北伐陣亡將士特刊《黃埔血史》第 28 頁記載其 24 歲任國民革命軍總司令部補充第五團第二營第四連連長

張子煥（1889 － 1951）中國國民黨陸軍軍官學校第二期炮兵科畢業。原名張棟，[68] 湖南瀏陽人。湖南湘軍講武堂第五期炮科、廬山中央訓練團將校班第三期、陸軍大學軍事戰術研究班畢業。1924 年 8 月考入中國國民黨陸軍軍官學校第二期炮兵科學習，在校學習期間加入孫文主義學會，1925 年 2 月 1 日隨軍校教導團參加第一次東征作戰，進駐廣東潮州短期訓練，1925 年 5 月 30 日隨軍返回廣州，繼返回校本部續學，1925 年 6 月隨部參加對滇桂軍閥楊希閔部、劉震寰部軍事行動，1925 年 9 月畢業。歷任國民革命軍總司令部炮兵營營長，中央警衛軍炮兵第二團副團長、團長，陸軍第五十二師步兵第五團團長，陸軍第八十三師第二〇七旅副旅長。抗日戰爭爆發後，任第八戰區司令長官部政治部主任，兼戰地黨政委員會副主任委員及軍隊特別黨部書記長。抗日戰爭勝利後，1945 年 10 月獲頒忠勤勳章。1946 年 5 月獲頒勝利勳章。1946 年 7 月退役。

張仁鎮（1899 － 1927）別字瀋周，湖南澧縣人。廣州黃埔中國國民黨陸軍軍官學校第二期步兵科畢業。1924 年 8 月考入廣州黃埔中國國民黨陸軍軍官學校第二期步兵科學習，在校學習期間加入孫文主義學會，1925 年 2 月 1 日隨軍校教導團參加第一次東征作戰，進駐廣東潮州短期訓練，1925 年 5 月 30 日隨軍返回廣州，繼返回校本部續學，1925 年 6 月隨部參加對滇桂軍閥楊希閔部、劉震寰部軍事行動，1925 年 9 月畢業。1926 年 7 月隨部參加北伐戰爭，任國民革命軍第四十四軍政治部黨務指導科科長。1927 年 8 月在安徽懷仁北伐作戰陣亡。[69]

張仁鎮

1926 年 11 月第一次北伐在江西作戰陣亡。

[68] 湖南省檔案館校編，湖南人民出版社《黃埔軍校同學錄》記載。

[69] ①中國第二歷史檔案館供稿，華東工學院編輯出版部影印，檔案出版社 1989 年 7 月《黃埔軍校史稿》第八冊本校先烈第 248 頁第二期烈士芳名表記載 1927 年 8 月在安徽懷遠陣亡；②龔樂群編：中央陸軍軍官學校追悼北伐陣亡將士特刊《黃埔血史》第 28 頁記載其 28 歲任第四十四軍政治部黨務指導科中校科長 1927 年 8 月在蚌埠被敵軍追擊陣亡。

張海帆（1903 －？）別字一渠，湖南臨澧人。廣州黃埔中國國民黨陸軍軍官學校第二期步兵科畢業。1924 年 8 月考入廣州黃埔中國國民黨陸軍軍官學校第二期步兵科學習，在校學習期間加入孫文主義學會，1925 年 2 月 1 日隨軍校教導團參加第一次東征作戰，進駐廣東潮州短期訓練，1925 年 5 月 30 日隨軍返回廣州，繼返回校本部續學，1925 年 6 月隨部參加對滇桂軍閥楊希閔部、劉震寰部軍事行動，1925 年 9 月畢業。分發軍校入伍生總隊見習、排長。1926 年 7 月隨部參加北伐戰爭，任國民革命軍第一軍第二十師步兵連連長。1930 年春任中央教導師步兵團連長，南京中央陸軍軍官學校軍官教育團辦公處科長。抗日戰爭爆發後，隨軍校遷移西南地區。1938 年 12 月任成都中央陸軍軍官學校第十六期第二總隊第一大隊署任上校大隊長。後任第五戰區陸軍獨立第六師司令部參謀長，1940 年 1 月在任期間與日軍作戰中被俘。1943 年 3 月被偽南京國民政府軍事委員會頒令任命為參贊武官公署中將參贊武官。[70] 抗日戰爭勝利後，1945 年 9 月投案自首，後獲得釋放。

李　龐（1902 － 1936）廣州黃埔中國國民黨陸軍軍官學校第二期炮兵科畢業。1924 年 8 月考入廣州黃埔中國國民黨陸軍軍官學校第二期炮兵科學習，在校學習期間加入孫文主義學會，1925 年 2 月 1 日隨軍校教導團參加第一次東征作戰，進駐廣東潮州短期訓練，1925 年 5 月 30 日隨軍返回廣州，繼返回校本部續學，1925 年 6 月隨部參加對滇桂軍閥楊希閔部、劉震寰部軍事行動，1925 年 9 月畢業。分發國民革命軍第一軍第一師第二團見習，1925 年 10 月隨部參加第二次東征作戰。1926 年 7 月任國民革命軍第一軍第一師步兵團排長，隨部參加北伐戰爭。1927 年春任國民革命軍第一軍第二十二師補充團第一營第一連連長，1927 年 8 月隨部參加龍潭戰役。1928 年 10 月國民革命軍編遣後，任縮編後的第一集團軍第一師第二旅（旅長胡宗南）第四團第一營第二連連長、副營長，

[70] 郭卿友主編：甘肅人民出版社《中華民國時期軍政職官志》第 1644 頁記載。

1930年5月隨部參加中原大戰。1934年12月任陸軍第一軍（軍長蔣鼎文）第一師（師長胡宗南兼）獨立旅（旅長丁德隆）第二團團長，率部參加對鄂豫皖邊區及陝北紅軍及根據地的「圍剿」戰事，1936年10月在西安附近王曲鎮與紅軍作戰時陣亡。[71]

李華植（1901 －？）別字樹滋，湖南安化人。廣州黃埔中國國民黨陸軍軍官學校第二期步兵科畢業。1924年8月考入廣州黃埔中國國民黨陸軍軍官學校第二期步兵科學習，在校學習期間加入孫文主義學會，1925年2月1日隨軍校教導團參加第一次東征作戰，進駐廣東潮州短期訓練，1925年5月30日隨軍返回廣州，繼返回校本部續學，1925年6月隨部參加對滇桂軍閥楊希閔部、劉震寰部軍事行動，1925年9月畢業。1926年7月隨部參加北伐戰爭，歷任國民革命軍步兵團排長、連長、營長。1936年10月任陸軍第三師步兵第十五團團長。抗日戰爭爆發後，率部參加抗日戰事。抗日戰爭勝利後，1945年10月獲頒忠勤勳章。1946年5月獲頒勝利勳章。1946年5月被國民政府軍事委員會銓敘廳頒令敘任上校。

李芳郴（1902 － 1991）別字稚適，別號郁甫，湖南永興人。長沙私立兌澤中學、廣州黃埔中國國民黨陸軍軍官學校第二期工兵科畢業。1902年10月9日（民國前十年農曆九月初八）生於永興縣柏林鎮木陂塘村一個耕讀家庭。父秀遐，掌理家務，勤於耕讀，母曾氏，勤儉持家。幼年入本村私塾啟蒙，後得祖先田租收入資助，赴長沙考入私立兌澤中學就讀，畢業後立志投筆從戎。1924年8月考入廣州黃埔中國國民黨陸軍軍官學校第二期工兵科學習，1925年3月隨工兵隊進軍石龍，其與三十名學員留石龍，由俄國顧問訓練坑道作業，月餘返回軍校續讀，1925年6月隨部參加對滇桂軍閥楊希閔部、劉震寰部軍事行動，1925年9月畢業。分發國民革命軍第一軍見習，1925年10月隨部參加第二次東征作戰。1926年7月隨軍參加北伐戰爭，任國民革命軍第一軍第二師步

[71] 中國文史出版社《文史資料選輯》第一四一輯第169頁記載。

兵團排長、連長。1927年任步兵營副營長，1929年3月任國民政府警衛團（團長俞濟時兼）第二營營長，警衛南京國民政府。1930年1月任陸軍步兵團團長，率部參加中原大戰。1933年10月任陸軍第九十四師（師長李樹森）司令部參謀長，兼任該師中國國民黨特別黨部籌備委員，1934年6月5日被軍事委員會簡任為陸軍第九十四師司令部參謀長，[72]率部參加對江西紅軍及根據地第四、五次「圍剿」戰事。1935年5月13日被國民政府軍事委員會銓敘廳頒令敘任陸軍工兵上校。1935年12月12日載撤陸軍第九十四師番號，隨即免職。1936年1月任陸軍第十八軍（軍長羅卓英）第六十七師（師長李樹森）第一九九旅旅長，統轄步兵第三九七團（團長靳力三）、第三九八團（團長傅錫章），率部駐防浙南地區。1936年1月奉派入陸軍大學將官補習班第一期受訓，[73]1936年3月結業。1936年6月「兩廣事變」發生，率部隨第十八軍赴廣東。1936年11月獲頒五等雲麾勳章。1936年12月率部駐防粵漢鐵路坪石站。1937年5月21日被國民政府軍事委員會銓敘廳頒令敘任少將。抗日戰爭爆發後，率部參加淞滬會戰，在寶山、嘉定一線殂擊日軍，所部傷亡慘重。1937年10月任陸軍第九十九師（師長傅仲芳）第二九七旅旅長，遺缺由胡璉接任。1938年1月任陸軍第十四師副師長，1938年4月接蕭文鐸任陸軍第十八師師長，奉命守備鄂東富池口要塞，率部參加武漢會戰。1938年9月下旬，日軍波田支隊使用毒氣攻陷富池口，其被免職，遺缺由羅廣文接任。1939年10月任洞庭湖警備司令（霍揆彰）部高級參謀。1943年8月任第九戰區司令長官部游擊總指揮部湖南郴永自衛區司令部司令官，兼任永興縣縣長，率領地方武裝與日軍對峙於永（興）、耒（陽）、安（仁）三縣邊區兩年多。其間發起興建永興中學，捐俸祿資助，自任

---

[72] 劉紹唐主編：臺北傳記文學出版社《傳記文學》第十七卷第五期民國人物小傳第143頁記載。

[73] 據查《陸軍大學同學通訊錄》無載，現據：臺北中華民國國史館1994年6月印行《國史館現藏民國人物傳記史料彙編》第十二輯第114頁記載。

校長，於敵後游擊抗日烽火中堅持辦學。抗日戰爭勝利後，辭去地方軍政本兼各職。1945 年 10 月獲頒忠勤勳章。1946 年 5 月獲頒勝利勳章。1947 年 10 月任第十六綏靖區司令（霍揆彰）部高級參謀，兼任江北指揮部主任。1949 年到臺灣，無出任公職，居家少出讀書自娛。1991 年 9 月 26 日因病在臺北逝世。臺灣印行〈李將軍芳郴先生生平〉（王榮撰稿）等。

李煥芝（1897 － 1929）別字瑞蓀，湖南嘉禾人。廣州黃埔中國國民黨陸軍軍官學校第二期工兵科畢業。1924 年 8 月考入廣州黃埔中國國民黨陸軍軍官學校第二期工兵科學習，在校學習期間加入孫文主義學會，1925 年 2 月 1 日隨軍校教導團參加第一次東征作戰，進駐廣東潮州短期訓練，1925 年 5 月 30 日隨軍返回廣州，繼返回校本部續學，1925 年 6 月隨部參加對滇桂軍閥楊希閔部、劉震寰部軍事行動，1925 年 9 月畢業。參加北伐戰爭，1928 年 3 月 12 日任國民革命軍第一集團軍第一軍團總指揮（劉峙）部設計整理委員會委員。1929 年 7 月在南京作戰陣亡。[74]

李道國（1902 － 1927）湖南長沙人。長沙湘雅中學、湖南省立第二師範學校、廣州黃埔中國國民黨陸軍軍官學校第二期步兵科畢業。1924 年 8 月考入廣州黃埔中國國民黨陸軍軍官學校第二期步兵科學習，在校學習期間加入中國共產黨，1925 年 2 月 1 日隨軍校教導團參加第一次東征作戰，後參加中國革命軍人聯合會，隨軍進駐廣東潮州短期訓練，1925 年 5 月 30 日隨軍返回廣州，繼返回校本部續學，1925 年 6 月隨部參加對滇桂軍閥楊希閔部、劉震寰部軍事行動，1925 年 9 月畢業。1926 年 7 月隨部參加北伐戰爭，任國民革命軍第六軍政治部宣傳隊隊長，連政治指導員，團黨代表。1927 年 3 月任武漢中央軍事政治學校政治部組織科科長，武漢國民政府中央教導師政治部副主任。1927 年年 8 月隨部參加南昌起義，1927 年 8 月上旬南下江西會昌作戰時中彈犧牲。

---

[74] 中國第二歷史檔案館供稿，華東工學院編輯出版部影印，檔案出版社 1989 年 7 月《黃埔軍校史稿》第八冊（本校先烈）第 250 頁第一期烈士芳名表記載 1929 年 7 月在江蘇南京陣亡。

李靖源（1897 － 1931）湖南湘潭人。廣州黃埔中國國民黨陸軍軍官學校第二期步兵科畢業。1924 年 8 月考入廣州黃埔中國國民黨陸軍軍官學校第二期步兵科學習，在校學習期間加入孫文主義學會，1925 年 2 月 1 日隨軍校教導團參加第一次東征作戰，進駐廣東潮州短期訓練，1925 年 5 月 30 日隨軍返回廣州，繼返回校本部續學，1925 年 6 月隨部參加對滇桂軍閥楊希閔部、劉震寰部軍事行動，1925 年 9 月畢業。奉派轉學航空，1926 年 12 月考入廣州大沙頭軍事航空學校第二期飛行班學習。後任南昌空軍指揮部參謀長，1931 年 10 月 7 日率部參加對江西紅軍及根據地第三次「圍剿」戰事，作戰時中彈陣亡。[75]

李精一（1905—1985）別字堯笙，又字堯生，原載籍貫湖南寶慶，[76]另載湖南邵陽人。[77]1905 年 1 月 1 日生於寶慶縣東鄉潭佳灣一個耕讀家庭。父求麟，母陳氏，世代務農，耕讀傳家。寶慶縣東鄉潭佳灣高等小學、湖南長沙兌澤高級中學、廣州黃埔中國國民黨陸軍軍官學校第二期工兵科、陸軍大學特別班第七期畢業。1924年長沙兌澤高級中學畢業後，受國民革命思潮影響南下廣東。1924 年 8 月考入廣州黃埔中國國民黨陸軍軍官學校第二期工兵科工兵大隊學習，在學期間隨部參加第一次東征作戰及廣州地區平定滇桂軍閥楊（希閔）劉（震寰）部叛亂諸役，1925 年 9 月畢業。分發黃埔軍校教導團任見習官，後任黨軍第一旅工兵連排長，隨部參加第二次東征作戰及統一廣東戰役。1926 年 7 月任國民革命軍第一軍第二師第六團機關槍連連長，隨軍參加北伐戰爭，率機關槍連為攻克武昌城奮勇隊，激戰中負傷毫不退縮勇猛登城。痊癒後返

李精一

[75] 中國第二歷史檔案館供稿，華東工學院編輯出版部影印，檔案出版社 1989 年 7 月《黃埔軍校史稿》第八冊（本校先烈）第 250 頁第二期烈士芳名表記載 1931 年 10 月 7 日在江西樟樹陣亡。

[76] 湖南省檔案館校編湖南人民出版社《黃埔軍校同學錄》記載。

[77]《陸軍大學特別班第七期同學通訊錄》記載。

回原部隊，1927年春任國民革命軍武漢學兵團學兵隊隊長，1927年5月離職赴南京，通報武漢軍事政治情形，受到蔣中正賞識。任國民革命軍總司令部侍從副官，1928年任南京憲兵第二團第一營營長，1929年隨吳思豫赴山東參與接收日軍交還濟南、青島租界事宜。1930年1月任陸軍第十一師第六十五團團附兼代團長，率部參加中原大戰。戰後任陸軍第十四師（師長霍揆彰）步兵第八十三團團長，率部參加對江西中央紅軍及根據地第一、第二、第三次「圍剿」作戰。其間奉派入廬山中央軍官訓練團受訓，結業後返回原部隊。1933年春任陸軍第十八軍（軍長羅卓英）第十四師（師長霍揆彰）第四十一旅旅長，率部參加對江西紅軍及根據地的第四、第五次「圍剿」作戰。1935年春兼任第四十九師（師長伍誠仁）步兵第二八九團團長，參加對陝甘邊紅軍及根據地的「圍剿」作戰。1935年4月任陸軍第四十九師第一四五旅旅長。1935年5月11日被國民政府軍事委員會銓敘廳頒令敘任陸軍工兵上校。1936年12月任陸軍第四十九師（師長李及蘭）副師長，兼任該師第一四五旅旅長，率部駐防河南地區。抗日戰爭爆發後，仍任陸軍第四十九師（師長李及蘭、周士冕）副師長，率部參加魯南抗日作戰及徐州會戰。1938年8月任陸軍第四十九師師長，率部參加武漢會戰。戰後回師湖南駐軍，兼任南嶽、衡陽警備司令部司令官。1939年3月28日被國民政府軍事委員會銓敘廳頒令敘任陸軍少將。1940年3月免陸軍第四十九師師長職，1940年4月任第九戰區鄂南挺進軍司令部司令官，1941年9月任第九戰區游擊挺進總指揮部第六挺進軍司令官，率部參加第二、第三次長沙會戰週邊戰役。1942年12月奉派入陸軍大學參謀班西北班特別訓練第四期學習，1943年5月畢業。1943年6月任峨嵋山中央訓練團黨政班第二十六期學員大隊大隊長。1943年10月入陸軍大學特別班學習，1946年3月畢業。抗日戰爭勝利後，1945年10月獲頒忠勤勳章。1946年春任福建省軍管區司令部督導專員。1946年5月獲頒勝利勳章。1947年春任湖南省軍管區司令部督導專員，1948年1月任陸軍總司令部第十四快速縱隊司令部司令官，率部在豫鄂湘地區與人民解放軍作戰。1949 年 1 月任湖南省保安司令部高級參謀，兼任湖南省保安第二師（師長周篤恭）副師長。1949 年 8 月上旬隨黃杰返回湖南，任重建後的第一兵團（司令官黃傑）陸軍第十四軍副軍長，兼任第六十三師師長，率部在湖南、廣西等地與人民解放軍作戰，1949 年 12 月率餘部 4000 人退踞越南。1953 年 1 月率部遷移臺灣，任臺灣「國防部」高級參謀，1956 年 7 月退役。1956 年 10 月被國軍退除役輔導委員會（主任委員蔣經國）任命為臺灣榮民工程第三總隊總隊長，其後又任臺灣榮民工程第四總隊總隊長，負責修建貫通臺灣東西公路以及石門水庫等工程。1960 年春工程總隊裁撤後，任榮民工程處副處長等職。1985 年 3 月 8 日因病在臺北三軍總醫院逝世。著有《李精一將軍自傳》（未刊稿，由其次子李江柱記錄）等。

李驤騏（1903 － 1968）別字仁清，湖南湘鄉人。廣州大本營軍政部陸軍講武學校肄業，廣州黃埔中國國民黨陸軍軍官學校第二期步兵科畢業，日本陸軍步兵專門學校肄業。1924 年 8 月考入廣州黃埔中國國民黨陸軍軍官學校第二期步兵科學習，在校學習期間加入孫文主義學會，1925 年 2 月 1 日隨軍校教導團參加第一次東征作戰，進駐廣東潮州短期訓練，1925 年 5 月 30 日隨軍返回廣州，繼返回校本部續學，1925 年 6 月隨部參加對滇桂軍閥楊希閔部、劉震寰部軍事行動，1925 年 9 月畢業。1929 年奉派赴日本學習軍事，1931 年因「九一八事變」中途輟學回國。1934 年 10 月任軍事委員會訓練總監部國民兵軍事訓練處（處長潘佑強、杜心如）副處長。1936 年 1 月經黃埔一期生賀衷寒、蕭贊育、潘佑強、杜心如作證，被追認為第一期生。抗日戰爭爆發後，1939 年 10 月任軍事委員會南嶽游擊幹部訓練班主任教官。1943 年 1 月被國民政府軍事委員會銓敘廳敘任陸軍步兵上校。後任陸軍第二軍預備第二師副師長。1945 年 2 月 20 日被國民政府軍事委員會銓敘廳敘任陸軍少將。抗日戰爭勝利後，1945 年 10 月獲頒忠勤勳章。1946 年 5 月獲頒勝利勳章。1949 年 1 月任湖南省保安第四師師長。1949 年 8 月隨部參加長沙起義。中華人民共和國成立後，任河南省人民政府參事室參事。1968 年春因病在鄭州逝世。著有〈回憶國民軍訓〉（載於中國文史出版社《文史資料存稿選編－軍事機構》下冊）等。

陳恭

陳　恭（1905—1928）別字子平，學名昉篪，又名成恭，湖南醴陵人。醴陵縣泗汾鄉崇德宮小學、醴陵縣立中學畢業，長沙長郡中學、長沙平民大學肄業，廣州黃埔中國國民黨陸軍軍官學校第二期工兵科畢業。1905 年 9 月 30 日生於醴陵縣泗汾鄉灣塘村一個書香家庭。父勁園，曾任湖南省譚延闓執政府書記官，母易大忠，育有三子：昉勳、昉篪、昉龍。1911 年冬入本村私塾啟蒙，後轉入醴陵縣泗汾鄉崇德宮小學就讀，1919 年夏畢業，繼考入設立於城關淥江書院的醴陵縣立中學。不久由其父接至長沙長郡中學續讀，參加校內愛國學生運動，曾用英文書寫標語，張貼在英、日駐湘領事館圍牆上，抗議軍國主義侵略中國。1920 年冬因其父辭去省城職務，隨父返回醴陵縣立中學續學，將長沙的新思潮帶回醴陵。1923 年春在該校教師孫小山幫助下，與同學蔡升熙、左權等 30 餘人，組建「社會問題研究社」，其被推選為負責人。1923 年夏末中學畢業之際，由孫小山介紹加入中國社會主義青年團。[78]1923 年 10 月與易大忠（醴陵人，醴陵中學畢業，1927 年加入中共，陳恭逝後改嫁，1985 年 4 月 23 日對其採訪時居醴陵縣沈潭鄉關口村務農）結婚。繼入長沙半工半讀平民大學學習，後遵父命赴廣州，投考軍政部陸軍講武學校，因延誤考期，遂轉入譚延闓部駐粵湘軍當兵。1924 年 8 月考入廣州黃埔中國國民黨陸軍軍官學校第二期學習，結交陳作為（二期同學，時已加入中共）並加入「火星社」和「中國青年軍人聯合會」，1925 年 2 月由

[78] 中共黨史人物研究會編：陝西人民出版社 1988 年 4 月《中共黨史人物傳》第三十六卷第 79 頁記載。

周逸群、陳作為介紹加入中共，[79]1925 年 3 月奉派參加東征軍政治部宣傳隊，[80] 中央軍事政治學校潮州分校成立後，與隨軍的第二期生繼續部分操典訓練課程，[81]1925 年 9 月畢業。受黃埔軍校政治部委派與陳作為等，赴平山整頓中國國民黨黨務。1926 年 1 月任廣州國民政府海軍部政治部（主任李之龍兼）秘書，因李之龍兼職過多，政治部事務均由其代為負責。1926 年 3 月 18 日「中山艦事件」發生後，其一度被軟禁，任國民革命軍軍事委員會政治訓練部宣傳科（科長周逸群）秘書。1926 年 7 月隨部參加北伐戰爭，任北伐軍左翼軍政治部宣傳大隊（大隊長周逸群）副大隊長。1926 年 7 月 12 日北伐軍佔領長沙後，與周逸群在長沙開辦政治訓練班，培訓國民革命軍第八軍政治工作人員。1926 年 8 月 6 日與周逸群率隊赴常德，在澧縣開辦國民革命軍第九軍（軍長彭漢章）第一師（師長賀龍）政治講習所（所長周逸群），任該所政治教官，學員最多時有 2000 人。1927 年 2 月隨賀龍部北上，所部在湖北鄂城改變番號，任國民革命軍獨立第十五師（師長賀龍）政治部（主任周逸群）秘書，1927 年 4 月隨部北伐河南武勝關、逍遙鎮，後因獨立第十四師師長夏鬥寅率部在武漢起事，隨部返回武漢參與平定。1927 年 6 月 15 日武漢國民政府頒令賀龍部擴編，任國民革命軍第四集團軍（總司令唐生智）第二方面軍（總指揮張發奎）暫編第二十軍（軍長賀龍）政治部（主任周逸群）秘書長，[82] 其間與周逸群按照中共黨組織指示，陸續在各師秘密建立中共支部。1927 年武漢「七一五事變」後隨部赴南昌，1927 年 7 月 27 日參加周恩來主持在江西大旅社召開的中共前委會議，隨軍參加八一南昌起

---

[79] 中共中央學校出版社 1983 年出版《革命烈士傳記資料》第 62 頁《陳恭同志事略》記載。

[80] 1925 年 2 月 2 日至 3 月 20 日《革命軍人》第二期《本部東征日記》記載。

[81] 中共黨史人物研究會編：陝西人民出版社 1988 年 4 月《中共黨史人物傳》第三十六卷第 83 頁記載。

[82] 中共中央黨校出版社 1983 年出版《革命烈士傳記資料》第 62 頁《陳恭同志事略》記載。

義。1927 年 8 月 2 日中共前委任命其為國民革命軍第二十軍第二師（師長秦光遠）黨代表，[83] 隨部參加南下時三河壩、潮汕、湯坑等戰鬥，撤退廣東東江時部隊潰散，與蔡升熙等從陸豐縣甲子港乘船赴香港。1927 年 10 月 15 日周恩來、張太雷等在香港召開中共南方局及廣東省委聯席會議決定發起廣州起義，其奉派潛回廣州秘密籌備。1927 年 12 月 9 日起義軍總指揮部在禺山市場陳少泉雜貨店樓上召開軍事會議，其被任命為總指揮（正葉挺、副葉劍英）部副官長，1927 年 12 月 11 日起義部隊改稱工農革命軍，任總司令（葉挺）部（參謀長徐光英）副官長。[84] 起義失敗後，與蔡升熙結伴赴上海，上海黨中央原擬安排其赴蘇聯學習，後隨賀龍、周逸群返回湘西。1928 年 1 月 20 日任中共湖南省委（書記任弼時）軍事部部長，1928 年 2 月 1 日任其為湘東工農紅軍司令員，赴醴陵發起工農武裝割據。1928 年 4 月 8 日晚與中共醴陵縣委書記林蔚在楊家嘴被地主武裝逮捕，1928 年 4 月 12 日在醴陵縣城犧牲。著有《關於隨軍作戰情況的報告》（載於南昌八一紀念館編：中共黨史資料出版社 1987 年 6 月《南昌起義》第 102 頁）等。

陳作為（1899—1926）又名東陽，別號有富，湖南瀏陽人。長沙嵩山高等小學、長沙湖南省立第一師範學校、廣州黃埔中國國民黨陸軍軍官學校第二期步兵科畢業。1912 年考入長沙縣嵩山高等小學堂學習，1915 年考入長沙省立第一師範學校學習，在毛澤東、陳昌等影響下積極參加學校進步活動，被推選為學生自治會負責人之一。1920 年秋畢業回鄉，聘任金江高等小學堂教學主任，參與創辦《瀏陽旬刊》，參與指導金江女子學校等進步活動，為推進瀏陽縣教育革新傳播新文化，推廣白話文起過作

[83] 南昌八一起義紀念館編纂：中共黨史資料出版社 1987 年 6 月《南昌起義》第 590 頁記載。

[84] 中共黨史人物研究會編纂：陝西人民出版社 1882 年 10 月《中共黨史人物傳》第三十六卷第 88 頁記載。

用。1922 年冬經夏明翰介紹加入中共。[85]1924 年秋考入廣州黃埔中國國民黨陸軍軍官學校第二期學習，不久以個人身份加入中國國民黨。1925 年 1 月 14 日在廣州黃埔中國國民黨陸軍軍官學校全體黨員大會上，被投票推選為中國國民黨陸軍軍官學校特別區黨部第二屆執行委員會執行委員，[86]會後分工任特別區黨部財政委員。後被推選為中國青年軍人聯合會經理部部長，並任《中國軍人》、《青年軍人》旬刊主編，與「孫文主義學會」進行輿論對峙，1925 年 6 月隨部參加對滇桂軍閥楊希閔部、劉震寰部軍事行動，1925 年 9 月畢業。分發譚延闓部湘軍第二軍，任第五師第六團黨代表。率部赴廣東北江與軍閥部隊作戰，遭敵伏擊後被俘，受盡酷刑審訊。後被第六團營救，因傷勢過重，於 1926 年 1 月 1 日逝世。

鄭安侖（1901 － 1930）別字脈岡，別號安崙，湖南石門人。廣州黃埔中國國民黨陸軍軍官學校第二期工兵科畢業。1924 年 8 月考入廣州黃埔中國國民黨陸軍軍官學校第二期工兵科學習，在校學習期間加入孫文主義學會，1925 年 2 月 1 日隨軍校教導團參加第一次東征作戰，進駐廣東潮州短期訓練，1925 年 5 月 30 日隨軍返回廣州，繼返回校本部續學，1925 年 6 月隨部參加對滇桂軍閥楊希閔部、劉震寰部軍事行動，1925 年 9 月畢業。分發國民革命軍第一軍第三師見習，1925 年 10 月隨部參加第二次東征作戰。1926 年 7 月隨部參加北伐戰爭，歷任國民革命軍總司令部工兵營排長、連長，步兵營副營長。1929 年 10 月任陸軍第十四師步兵團團附，1930 年 2 月 1 日在山東泰安討伐閻錫山部作戰陣亡。[87]

---

85 范寶俊、朱建華主編，中華人民共和國民政部組織編纂：《中華英烈大辭典》，黑龍江人民出版社 1993 年 10 月，下冊第 1493 頁記載。

86 ①中國第二歷史檔案館供稿：檔案出版社 1989 年 7 月出版、華東工學院編輯出版部影印《黃埔軍校史稿》第七冊第 18 頁；②廣東革命歷史博物館編：廣東人民出版社 1982 年 2 月《黃埔軍校史料》第 520 頁記載。

87 中國第二歷史檔案館供稿，華東工學院編輯出版部影印，檔案出版社 1989 年 7 月《黃埔軍校史稿》第八冊（本校先烈）第 249 頁第二期烈士芳名表記載 1930 年 2 月 1 日在山東泰安陣亡。

鄭會煊（1902 －？）別字孝時，湖南寧遠人。廣州黃埔中國國民黨陸軍軍官學校第二期炮兵科畢業。1924 年 8 月考入廣州黃埔中國國民黨陸軍軍官學校第二期炮兵科學習，在校學習期間加入孫文主義學會，1925 年 2 月 1 日隨軍校教導團參加第一次東征作戰，進駐廣東潮州短期訓練，1925 年 5 月 30 日隨軍返回廣州，繼返回校本部續學，1925 年 6 月隨部參加對滇桂軍閥楊希閔部、劉震寰部軍事行動，1925 年 9 月畢業。分發國民革命軍炮兵營見習，1925 年 10 月隨部參加第二次東征作戰。1926 年 7 月隨部參加北伐戰爭，任國民革命軍第一軍第三師炮兵營排長、連長、副營長。1930 年 5 月任陸軍第十四師炮兵營營長，隨部參加中原大戰。1935 年 12 月任軍政部重炮兵第三團團長。抗日戰爭爆發後，率部參加抗日戰事。抗日戰爭勝利後，1945 年 10 月獲頒忠勤勳章。1946 年 5 月獲頒勝利勳章。1947 年 7 月 7 日被國民政府軍事委員會銓敘廳頒令敘任陸軍少將。

宛旦平（1900—1930）原名明洲，曾用名浩然、運遊，又名首先、治棠，湖南新甯縣宛家岔人。新寧縣立高等小學、長沙嶽雲中學、廣州黃埔中國國民黨陸軍軍官學校第二期步兵科畢業。1900 年 12 月 27 日生於新寧縣楊溪宛家岔一個船工家庭，十三歲入私塾，後入新寧縣立高等小學並畢業。1922 年秋考入長沙嶽雲中學，其間參加學生運動和工人運動，1922 年 12 月 30 日加入中共。[88]1924 年被中國共產黨湘區委員會保送，南下廣東投考黃埔軍校。1924 年 8 月考入廣州黃埔中國國民黨陸軍軍官學校第二期學習。隨軍參加第一次東征作戰，1925 年 3 月初與盧德銘一道派赴廣東海陸豐縣組織訓練農民自衛軍，不久返回軍校續學，1925 年 9 月畢業。1925 年 10 月隨部參加第二次東征作戰，東征軍進佔海豐時，受黃埔軍校政治部委派，任駐海豐縣黨代表，兼任海豐縣農民自衛軍訓

---

[88] 中共中央統戰部、黃埔軍校同學會編纂：華藝出版社 1994 年 6 月《黃埔軍校》第 288 頁記載，疑似加入中國社會主義青年團，另載 1924 年初加入中共。

練所教練員，協助訓練地方農民武裝。1926 年 7 月任國民革命軍第一軍第十師司令部參謀，隨部參加北伐戰爭。1927 年春任第二方面軍第十一軍第二十四師第七十二團第一營營長，1927 年 5 月率部參加對鄂軍夏鬥寅部的戰事，在紙坊戰鬥中被師長葉挺指定為代理團長，戰後任該團參謀長兼第一營營長。1927 年 8 月隨部參加南昌起義，隨軍南下廣東轉戰潮汕途中，於 1927 年 8 月 10 日在揭陽戰鬥中被俘，轉押長沙監獄，後被其兄保釋出獄。1928 年在上海從事中共地下工作，1929 年夏被派往廣西南寧，從事對士兵秘密策反活動，在廣西教導總隊發展中共組織。1929 年 12 月上旬，被派往龍州進行武裝起義前準備工作，任左江督辦公署警備隊營長，協助俞作豫改造警備隊，後任廣西討蔣（中正）南路軍第一軍第二旅司令部參謀長兼第二團團長。1930 年 2 月 1 日率部參加龍州起義，中國工農紅軍第八軍正式成立時，任紅軍第八軍參謀長，兼任紅軍第二縱隊司令員，並被推選為中共紅軍第八軍軍委委員。率部東進南寧途中，奉命率兩個連回師甯明、龍州，擊潰敵軍進犯。1930 年 3 月 19 日龍州遭遇桂系軍隊一個師部隊攻擊，率第二縱隊在白沙街、鐵橋頭一帶展開阻擊戰，因敵眾我寡而放棄龍州城。親率一個營扼守連接龍州南北的鐵橋，掩護大部隊向憑祥方向轉移。命令營長帶領部隊守衛河岸，親率第二連把守橋頭，多次擊退敵軍攻勢。戰至 1930 年 3 月 20 日晚間，已經完成阻擊任務時，在橋頭一顆樹旁中彈犧牲。

岳　麓（1899 － 1930）別字凱夫，湖南寶慶人。廣州黃埔中國國民黨陸軍軍官學校第二期步兵科畢業。1924 年 8 月考入廣州黃埔中國國民黨陸軍軍官學校第二期步兵科學習，在校學習期間加入孫文主義學會，1925 年 2 月 1 日隨軍校教導團參加第一次東征作戰，進駐廣東潮州短期訓練，1925 年 5 月 30 日隨軍返回廣州，繼返回校本部續學，1925 年 6 月隨部參加對滇桂軍閥楊希閔部、劉震寰部軍事行動，1925 年 9 月畢業。1926 年 7 月隨部參加北伐戰爭，任國民革命軍第一軍第二十師第五十九團第一營連長、代營長。1930 年 3 月在河南作戰陣亡。

鍾文璋（1903 － 1930）別字迎峰，湖南益陽人。廣州黃埔中國國民黨陸軍軍官學校第二期步兵科畢業。1924 年 8 月考入廣州黃埔中國國民黨陸軍軍官學校第二期步兵科學習，參加中國青年軍人聯合會，加入中國共產黨，1925 年 3 月隨部參加第一次東征作戰，1925 年 6 月隨部對滇桂軍閥楊希閔部、劉震寰部軍事行動，1925 年 9 月畢業。分發入伍生隊見習，1925 年 10 月隨部參加第二次東征作戰，任國民革命軍北伐東征軍總指揮部政治部科員、宣傳隊隊長。1926 年 7 月隨部參加統一廣東諸役，任國民革命軍第四軍第十師第三十團步兵連排長、連長。1927 年 4 月廣州「清黨」後返回原籍，1927 年率本地農民武裝，參加湘贛邊界秋收起義。1927 年 8 月工農革命軍組成時，任第一師第一團團長。1927 年 9 月任工農革命軍第一軍第一師參謀長，兼任該師第一團團長，率部從修水向長壽街進軍，路過金坪時遭地方民團武裝邱國軒部伏擊，脫離部隊後失蹤。1928 年 10 月任陸軍第二師（師長顧祝同）第五旅（旅長黃傑）步兵第十團（團長鄭洞國）第一營營長，1930 年 5 月隨部參加中原大戰，5 月下旬在隴海路與晉軍作戰時中彈陣亡。[89]

洪士奇（1903 － 1982）別字壯吾，湖南寧鄉人。湖南省立甲種工業學校肄業，廣州黃埔中國國民黨陸軍軍官學校第二期步兵科、日本陸軍士官學校第二十一期炮兵科、德國祐登堡炮兵學校觀測班畢業，臺灣革命實踐研究院高級班第一期、國防大學聯合作戰系第二期結業。1903 年 12 月 2 日生於寧鄉縣鐵山鄉一個商紳家庭。父漢傑，1929 年任國民革命軍陸軍第十八師（師長張輝瓚）第五十二旅副旅長，1930 年在江西與紅軍作戰陣亡。1924 年 8 月考入廣州黃埔中國國民黨陸軍軍官學校第二

洪士奇

[89] ①鄭洞國著：鄭道邦、胡耀萍整理：團結出版社 1992 年 1 月《我的戎馬生涯－鄭洞國回憶錄》第 116 頁記載；②中國第二歷史檔案館供稿，華東工學院編輯出版部影印，檔案出版社 1989 年 7 月出版《黃埔軍校史稿》第八冊本校先烈第 248 頁第一期烈士芳名表記載 1930 年 8 月 10 日在上海陣亡。

期步兵科學習，在校學習期間加入孫文主義學會，1925 年 2 月 1 日隨軍校教導團參加第一次東征作戰，進駐廣東潮州短期訓練，1925 年 5 月 30 日隨軍返回廣州，1925 年 6 月隨部參加對滇桂軍閥楊希閔部、劉震寰部軍事行動，繼返回校本部續學，1925 年 9 月軍校畢業。分發國民革命軍第一軍見習，1925 年 10 月隨部參加第二次東征作戰。1926 年任廣州黃埔中央軍事政治學校第四期入伍生隊排長，1926 年 7 月隨部參加北伐戰爭。1927 年 10 月考取公費留學資格，並由各省軍政機關（或軍、師司令部舉薦）保送日本學習軍事，先入日本陸軍振武學校完成預備學業，繼入日本陸軍聯隊炮兵大隊實習，1928 年 4 月考入日本陸軍士官學校第二十一期學習，1930 年 7 月畢業。1930 年 8 月回國，歷任南京中央陸軍軍官學校高級班學員大隊中校區隊長，中央陸軍炮工學校教官。1931 年 12 月任陸軍第五軍（軍長張治中）司令部參謀，1932 年 1 月隨部參加「一二八」淞滬抗日戰事。戰後返回炮兵學校任教官，1932 年 3 月加入中華民族復興社，任中華民族復興社炮兵學校支社書記。1933 年任炮兵第一旅第一團第二營營長，獨立炮兵第五團上校團長。其間奉派赴德國學習炮兵觀測。1935 年 5 月被國民政府軍事委員會銓敘廳頒令敘任陸軍炮兵中校。1935 年 7 月 10 日被國民政府軍事委員會銓敘廳免炮兵第一旅第五團團長職。[90] 抗日戰爭爆發後，趕回國內參加戰事。1937 年 10 月任機械化重榴彈炮兵第十四團團長。1938 年 1 月被國民政府軍事委員會銓敘廳頒令敘任陸軍步兵上校。1939 年任軍政部直屬獨立炮兵第七旅旅長，兼任第四戰區司令長官部炮兵指揮部指揮官，率部參加桂南昆侖關戰役，指揮兩營炮兵協同陸軍其他部隊攻克昆侖關。後率部調防廣東，任第七戰區司令長官部炮兵指揮部指揮官，率部駐防廣東韶關。1943 年任軍政部直屬炮兵第一旅旅長，所部被裁撤免職。後發表為中央陸軍軍官學校第七分校（西安分校）副主任，1945 年 5 月任陸軍新編第七軍暫編第二十六師師長，

[90] 臺北成文出版社有限公司印行：國民政府公報 1935 年 7 月 11 日第 1790 號頒令。

率部防守黃河。抗日戰爭勝利後，1945 年 10 月獲頒忠勤勳章。1945 年 12 月所部被整編載撤免職。1946 年 1 月任軍政部（部長陳誠）兵工署（署長俞大維）軍械司司長。1946 年 5 月獲頒勝利勳章。1946 年 10 月任聯合後方勤務總司令部兵工署外勤司司長。炮兵學校遷返南京湯山原址，1947 年 11 月任中央炮兵學校校長。1948 年 9 月 22 日被國民政府軍事委員會銓敘廳頒令敘任陸軍少將。1949 年到臺灣，任高雄要塞司令部司令官，兼任高雄港口司令部司令官 .1950 年入臺灣革命實踐研究院第四期受訓。1953 年任臺灣防衛總司令（孫立人）部炮兵指揮部指揮官，1954 年奉派人臺灣國防大學聯合作戰系第二期學習。1955 年任「國防部」兵工署署長，1959 年任陸軍總司令部供應司令部副司令官。1965 年限齡退役，任中央銀行顧問。後隨家眷遷移美國定居，1982 年 10 月 19 日因病在美國聖荷西市逝世。臺灣出版有《陸軍中將洪士奇先生紀念集》等。

胡啟儒（1901 － 1942）別字廣，別號梓卿，湖南常德人。常德湖南省立工業專科學校肄業，廣州黃埔中國國民黨陸軍軍官學校第二期步兵科畢業。常德湖南省立工業專科學校肄業，參加學生運動，曾被選為常德市學生聯合會副會長，加入中國國民黨。受湖南省黨部委派南下廣東，1924 年 8 月考入廣州黃埔中國國民黨陸軍軍官學校第二期步兵科學習，在校學習期間加入孫文主義學會，1925 年 2 月 1 日隨軍校教導團參加第一次東征作戰，進駐廣東潮州短期訓練，1925 年 5 月 30 日隨軍返回廣州，繼返回校本部續學，1925 年 9 月軍校畢業。任教導第一團見習、排長，1925 年 10 月隨部第二次東征作戰，1926 年 3 月任中央軍事政治學校潮州分校孫文主義學會執行委員。1926 年 7 月隨部參加北伐戰爭，任國民革命軍北伐東路軍第一軍第二師步兵團連長、營長。1927 年任國民革命軍總司令部新編第一師第二團團長，贛州警備司令部參謀長，參與倪弼策劃的「贛州慘案」。1927 年 12 月任南京黃埔軍校同學會登記處第一科科長，杭州黃埔失散同學訓練班教官。1932 年 3 月加入中華民族復興社，1932 年 10 月任陸軍第十八軍（軍長陳誠）第十一師（師長羅卓英兼）第三十一旅（旅長蕭乾）步兵第六十一團團長，率部參加對江西紅軍及根據地的「圍剿」戰事。1933年1月5日任陸軍第十一師第三十一旅（旅長莫與碩）副旅長。1936年12月任南京中央陸軍軍官學校教導總隊第二團團長。抗日戰爭爆發後，任南京中央陸軍軍官學校教導總隊第二旅旅長，率部參加南京保衛戰。1942年6月因販毒案被軍法處決。

唐　循（1901 － 1932）別字慎之，湖南零陵縣郵亭鄉人。零陵縣立中學、廣州黃埔中國國民黨陸軍軍官學校第二期工兵科畢業。1901年10月生於零陵縣郵亭鄉一個世代耕種農戶家庭，幼年入本村私塾啟蒙，少時考入郵亭鄉高等小學就讀，畢業後考入零陵縣立中學學習，畢業後返回鄉間。1924年8月考入廣州黃埔中國國民黨陸軍軍官學校第二期工兵科學習，在校學習期間加入孫文主義學會，1925年2月1日隨軍校教導團參加第一次東征作戰，進駐廣東潮州短期訓練，1925年5月30日隨軍返回廣州，繼返回校本部續學，1925年6月隨部參加對滇桂軍閥楊希閔部、劉震寰部軍事行動，1925年9月畢業。分發黨軍第一旅工兵隊見習，1925年10月隨部參加第二次東征作戰。1926年1月任國民革命軍第一軍第一師司令部工兵隊排長、副隊長，1926年7月隨部參加北伐戰爭。後任國民革命軍第一軍第二十師步兵團連長、副營長，1928年任國民政府警衛軍警衛第二師司令部直屬工兵營營長，帶兵打仗身先士卒，治軍嚴格勤勉厲行，所部在南京受閱時被訓練總監部嘉獎兩次，其被蔣中正稱讚為「模範軍人」，1930年5月隨部參加中原大戰。1931年10月任陸軍第五軍第八十八師司令部直屬工兵營營長，率部參加「一二八」淞滬抗日戰事。率部在上海江灣、廟行一線抗擊日軍，激戰數晝夜，負傷仍堅持作戰，1932年2月22日在廟行與日軍激戰時，連中數彈殉國。[91]

唐循

[91] ①中國第二歷史檔案館供稿，華東工學院編輯出版部影印，檔案出版社1989年7月

唐獨衡（1903 －？）別字玉麟，湖南新寧人。廣州黃埔中國國民黨陸軍軍官學校第二期工兵科畢業。1924 年 8 月考入廣州黃埔中國國民黨陸軍軍官學校第二期工兵科學習，在校學習期間加入孫文主義學會，1925 年 2 月 1 日隨軍校教導團參加第一次東征作戰，進駐廣東潮州短期訓練，1925 年 5 月 30 日隨軍返回廣州，繼返回校本部續學，1925 年 6 月隨部參加對滇桂軍閥楊希閔部、劉震寰部軍事行動，1925 年 9 月畢業。1930 年 12 月任陸軍第四十五師（師長衛立煌）司令部直屬暫編第二團團長。抗日戰爭爆發後，任中央陸軍軍官學校第七分校學員總隊上校總隊附。1939 年 12 月起任陸軍步兵旅副旅長、旅長，陸軍步兵師副師長。抗日戰爭勝利後，1945 年 10 月獲頒忠勤勳章。1946 年 1 月奉派入中央訓練團將官班受訓，登記為少將學員，1946 年 3 月結業。1946 年 5 月獲頒勝利勳章。

袁正東（1903—1952）別字雨林，湖南汝城人。前中國國民黨陸軍軍官學校特別黨部常務委員袁同疇胞弟。廣州黃埔中國國民黨陸軍軍官學校第二期步兵科、陸軍大學特別班第四期畢業。1924 年 8 月考入廣州黃埔中國國民黨陸軍軍官學校第二期步兵科步兵大隊學習，在校學習期間加入孫文主義學會，1925 年 2 月 1 日隨軍校教導團參加第一次東征作戰，進駐廣東潮州短期訓練，1925 年 5 月 30 日隨軍返回廣州，繼返回校本部續學，1925 年 9 月軍校畢業。1926 年 7 月隨部參加北伐戰爭和中原大戰，歷任國民革命軍排長、連長、營長、團長。抗日戰爭爆發後，任陸軍預備第六師副師長，湖南臨澧警備司令部司令官。1938 年 3 月入陸軍大學特別班學習，1940 年 4 月畢業。任第九戰區駐衡陽警備司令部司令官，1945 年 1 月該機構裁撤免職。1947 年 2 月 22 日被國民政府軍事委員會銓敘廳頒令敘任陸軍少將。後任中央警官學校（校長李士珍）教育長，

袁正東

《黃埔軍校史稿》第八冊（本校先烈）第 59 頁有烈士傳略；②中國第二歷史檔案館供稿，華東工學院編輯出版部影印，檔案出版社 1989 年 7 月《黃埔軍校史稿》第八冊（本校先烈）第 250 頁第一期烈士芳名表記載 1932 年 2 月 22 日在上海廟行陣亡。

1947 年 11 月任中央警官學校重慶分校主任。後任中央警官學校東北分校主任。1949 年到臺灣，1952 年因病在臺北逝世。

龔光宗

龔光宗（1898 — 1927）別字日耀，湖南澧縣人。澧縣縣立第二初級師範學校畢業，長沙自治講習所肄業，廣州黃埔中國國民黨陸軍軍官學校第二期步兵科畢業。澧縣縣立第二初級師範學校畢業後，返回鄉間辦學，曾任高等小學校校長。參與籌建中國國民黨澧縣黨部，任籌備委員。創辦澧縣《民聲》報，任編輯部主任。後入長沙自治講習所學習，1924 年秋受湖南省國民黨組織委派，南下赴廣州投考黃埔軍校。1924 年 8 月考入廣州黃埔中國國民黨陸軍軍官學校第二期步兵科學習，1925 年 3 月隨部參加第一次東征，返回軍校後加入孫文主義學會，1925 年 6 月隨部參加對滇桂軍閥楊希閔部、劉震寰部軍事行動，1925 年 9 月畢業。分發軍校入伍生部政治訓練員，1925 年 10 月隨部第二次東征作戰，東征軍右翼第二團步兵連排長、連長，隨軍到潮州後，任廣州黃埔中央軍事政治學校潮州分校黃埔同學會籌備委員。1926 年 7 月隨部參加北伐戰爭，任國民革命軍第一軍第三師第九團步兵連連長、營長，奮勇大隊黨代表。1926 年 9 月在福建建甌作戰陣亡。[92]

黃昌治（1899 — 1930）別字德輔，湖南寶慶人。廣州黃埔中國國民黨陸軍軍官學校第二期步兵科畢業。1924 年 8 月考入廣州黃埔中國國民黨陸軍軍官學校第二期步兵科學習，在校學習期間加入孫文主義學會，1925 年 2 月 1 日隨軍校教導團參加第一次東征作戰，進駐廣東潮州短期

[92] ①中國第二歷史檔案館供稿，華東工學院編輯出版部影印，檔案出版社 1989 年 7 月《黃埔軍校史稿》第八冊本校先烈第 248 頁第二期烈士芳名表記載 1926 年 9 月在福建建甌陣亡；②中國第二歷史檔案館供稿，華東工學院編輯出版部影印，檔案出版社 1989 年 7 月《黃埔軍校史稿》第八冊（本校先烈）第 61 頁有烈士傳略記載 1927 年 2 月 4 日在建甌城東泰山廟，與周蔭人殘部作戰時中彈陣亡；③龔樂群編：中央陸軍軍官學校追悼北伐陣亡將士特刊《黃埔血史》第 27 頁記載其 28 歲任營長 1926 年 9 月在福建陣亡。

訓練，1925 年 5 月 30 日隨軍返回廣州，繼返回校本部續學，1925 年 6 月隨部參加對滇桂軍閥楊希閔部、劉震寰部軍事行動，1925 年 9 月畢業。1927 年 9 月 11 日被推選為中國國民黨國民革命軍新編第一軍特別黨部（主席由軍長譚曙卿兼）執行委員。後任國民革命軍步兵團團附，1930 年 2 月 10 日在浙江嘉興圍剿作戰陣亡。[93]

黃煥榮（1900 － 1967）別字鎮華，湖南寶慶人。廣州黃埔中國國民黨陸軍軍官學校第二期步兵科畢業。1924 年 8 月考入廣州黃埔中國國民黨陸軍軍官學校第二期步兵科學習，1925 年 3 月隨部參加第一次東征作戰，1925 年 6 月隨部參加對滇桂軍閥楊希閔部、劉震寰部軍事行動，1925 年 9 月畢業。分發國民革命軍第一軍第三師見習、排長，1925 年 10 月隨部參加第二次東征。1926 年 7 月隨部北伐戰爭，任國民革命軍第一軍第三師步兵營連長、營附、副官等職。1935 年 10 月任南京中央陸軍軍官學校第十二期學員總隊大隊附。抗日戰爭爆發後，任南京中央陸軍軍官學校教導總隊第三旅第九團團長，率部參加淞滬會戰。1937 年 10 月 30 日任南京中央陸軍軍官學校教導總隊第三旅副旅長，率部參加南京保衛戰。1938 年 12 月任軍事委員會軍令部第二廳第九科上校科長、副處長。1943 年 2 月被國民政府軍事委員會銓敘廳敘任陸軍步兵上校。1944 年 10 月任青年軍第二〇三師第一旅副旅長、旅長。抗日戰爭勝利後，1945 年 10 月獲頒忠勤勳章。任青年軍第二〇五師（師長胡素）副師長。1946 年 5 月獲頒勝利勳章。1948 年 9 月 22 日被國民政府軍事委員會銓敘廳敘任陸軍少將。1949 年移居香港。1967 年因病在臺北逝世。

彭熙

彭　熙（1897 － 1960）別字邁蓀，別號戒之，湖南平江縣甕江鎮人。長沙妙高峰中學、湖南陸軍講武堂、

[93] 中國第二歷史檔案館供稿，華東工學院編輯出版部影印，檔案出版社 1989 年 7 月《黃埔軍校史稿》第八冊本校先烈第 249 頁第二期烈士芳名表記載 1930 年 2 月 10 日在浙江嘉興陣亡。

廣州黃埔中國國民黨陸軍軍官學校第二期步兵科畢業，國民革命軍總司令部軍官團教導隊結業。1897 年 10 月 28 日生於平江縣甕江鎮水口嘴村一個農戶家庭。幼年私塾啟蒙，少年時考入本鄉高等小學就讀，畢業後繼考入長沙妙高峰中學學習，畢業後聞知黃埔軍校招生資訊，毅然南下投考。1924 年 8 月考入廣州黃埔中國國民黨陸軍軍官學校第二期步兵科學習，在校學習期間加入孫文主義學會，1925 年 2 月 1 日隨軍校教導團參加第一次東征作戰，進駐廣東潮州短期訓練，1925 年 5 月 30 日隨軍返回廣州，繼返回校本部續學，1925 年 6 月隨部參加對滇桂軍閥楊希閔部、劉震寰部軍事行動，1925 年 9 月畢業。1925 年 10 月隨部參加第二次東征作戰，後任國民革命軍第八軍第一師步兵連排長、連長。1927 年 6 月奉派入國民革命軍總司令部軍官團教導隊受訓。1928 年 10 月任南京中央陸軍軍官學校第六期政治訓練處訓練科科長。後任軍事委員會訓練總監部參謀、科長。1933 年 12 月任陸軍第一師司令部派駐長沙辦事處主任。1936 年 12 月派任駐河南省政府參議。抗日戰爭爆發後，任第六戰區司令長官部後方勤務部副主任，兼任重傷總醫院院長。抗日戰爭勝利後，1945 年 10 月獲頒忠勤勳章。1946 年 5 月獲頒勝利勳章。1946 年 11 月被國民政府軍事委員會銓敘廳頒令敘任陸軍步兵上校。1947 年 11 月 19 日被國民政府軍事委員會銓敘廳頒令敘任陸軍少將。1948 年 8 月任湖南省政府少將參議。1949 年 8 月 6 日隨部參加長沙起義，並在該日長沙《中興日報》載起義通電簽署第 36 名。中華人民共和國成立後，因患中風癱瘓，長期未能安排工作，領取一段時期生活困難補助費。1960 年 2 月因病重在長沙逝世。

彭禮崇（1904—1990）又名光，別字道欽，湖南湘鄉人。1904 年 11 月 2 日生於湖南省湘鄉縣梅橋鄉。私塾啟蒙，長沙船山中學、湘江中學肄業，廣東警衛軍講武堂第二期、廣州黃埔中國國民黨陸軍軍官學校第二期步兵科、陸軍大學將官班乙級第二期畢業，中央軍官訓

彭禮崇

練團第三期、中央訓練團黨政幹部訓練班第十四期結業。1922 年考入長沙船山中學學習，參加進步學生自治會，在學期間經王蕚、王夢周介紹加入中國共產黨。繼入湘江中學讀書肄業，1924 年 1 月赴廣東參加革命活動，同年 5 月入廣東警衛軍講武堂第二期學習，1924 年 8 月考入廣州黃埔中國國民黨陸軍軍官學校第二期步兵科學習，1925 年 9 月畢業。在學期間隨軍參加第一次東征作戰，駐防廣東海豐時，曾任海豐農民自衛軍（總隊長李勞工）第二隊隊長。黃埔軍校畢業後分發國民革命軍第二軍（軍長譚延闓），任該軍第六師（師長戴岳）第十七團（團長劉鳳）政治指導員等職。1926 年 7 月國民革命軍誓師北伐時，調任第三軍（軍長朱培德）第八師（師長朱世貴）第二十四團（團長祝膏如）黨代表，隨軍參加北伐戰爭江西湖南戰事。1927 年「四一二」政變後，被清洗出軍隊後遣送漢口。1927 年 5 月在漢口受黨組織委派，化名彭光返回湖南瀏陽，組織農民自衛軍，任湖南農民自衛軍第四總隊總隊長等職。1927 年 7 月上旬所部被編入國民革命軍第二方面軍第二十軍（軍長賀龍）獨立旅，隨軍由鄂南贛北赴南昌途中，因部隊屢遭阻截失散，返回原籍鄉間閒居，從此與中共黨組織脫離關係。1927 年 10 月返回江西原部隊，經舉薦任第三軍（軍長朱培德）第七師（師長王均）第二十二團（團長彭武駿）政治指導員等職，1928 年 5 月隨部北上津浦路，參加第二期北伐戰爭。戰後國民革命軍編遣，所部被縮編後離開正規部隊。1929 年 10 月至 1931 年 10 月任江西省政府保安處幹部大隊第一隊區隊長、江西保安第四團第一大隊中隊長、江西保安第一團第一大隊大隊附等職。在此期間加入三青團、國民黨及復興社組織。1932 年 8 月起先後任陸軍第三十軍（軍長張印湘）第三十三師（師長馮興賢）步兵第一九八團少校政治指導員，第三十三軍（軍長彭振山、孫連仲）第三十三師（師長馮興賢）司令部政治訓練處上校處長等職。抗日戰爭爆發後，仍任第三戰區第十一軍團（軍團長上官雲相）第三十三師（師長馮興賢）司令部政治訓練處處長，隨部參加淞滬會戰週邊戰事。1938 年 1 月轉任陸軍預備第十一師司令部政治訓練處處長，同年7月轉任第一戰區第十七軍團第二十七軍（軍長桂永清、王敬久、胡宗南兼、范漢傑）預備第八師（師長凌兆垚、陳素農）司令部政治訓練處處長，隨部參加豫魯皖邊區抗日作戰和武漢會戰。1939年10月任第五戰區第二十二集團軍（總司令孫震）第四十一軍（軍長孫震兼）政治部主任，第二十二集團軍總司令（孫震兼）部政治特派員等職。1941年7月任第六戰區第二十集團軍（總司令霍揆彰）第七十三軍（軍長彭位仁、汪之斌、彭位仁復兼、韓浚）暫編第五師（師長戴季韜、郭汝瑰兼、汪之斌、梁化中）副師長，兼任師政治部主任，在任期間率部先後了參加第二、第三次長沙會戰、浙贛會戰、鄂西會戰、常德會戰、長衡會戰和湘西會戰諸役，1945年5月該師被裁撤。抗日戰爭勝利後，任第七十九軍（軍長方靖）政治部主任，部隊整編後，任陸軍整編第七十九師新聞處處長等職。1946年春帶職入陸軍大學乙級將官班學習，1947年4月畢業，曾任國防部附員。1947年4月奉派入中央軍官訓練團第三期第四中隊學員隊學習，1947年6月結業。1947年11月任陸軍總部徐州司令部第一綏靖區司令（李默庵）部政工處處長，隨部駐防江蘇南通地區。1948年夏任徐州「剿總」第一綏靖區司令周岩（嵒）部新聞處處長，隨部駐防江蘇淮陰地區。1949年1月調任雲南省滇西師管區司令部參謀長，隨部駐防雲南大理地區。1949年8月任雲南綏靖主任（盧漢）公署高級參謀等職，1949年12月9月隨盧漢等參加雲南起義。後歷任雲南人民臨時軍事委員會高參室高級參謀，人民解放軍軍事接管後，入中國人民解放軍雲南軍政大學高級研究班學習。1951年10月起任中國人民解放軍雲南軍區司令部幹部集訓隊第一速成小學軍事教員，雲南軍區司令部參議室參議等職。1955年1月轉業地方工作，加入民革昆明地方組織，歷任雲南省人民政府參事室參事等職。1990年11月25日因病在昆明逝世。著有《彭禮崇親筆自傳》（本書著者藏）等。

彭鞏英（1904 － 1952）又名昆霄，湖南湘鄉人。廣州黃埔中國國民黨陸軍軍官學校第二期工兵科畢業。1924年8月考入廣州黃埔中國國民黨陸軍軍官學校第二期工兵科學習，在校學習期間加入孫文主義學會，1925 年 2 月 1 日隨軍校教導團參加第一次東征作戰，進駐廣東潮州短期訓練，1925 年 5 月 30 日隨軍返回廣州，繼返回校本部續學，1925 年 6 月隨部參加對滇桂軍閥楊希閔部、劉震寰部軍事行動，1925 年 9 月畢業。參加第一、二次東征和北伐戰爭。歷任黃埔軍校教導一團排長，國民革命軍第一軍第一師第四團排長，陸軍第九師第二十五旅連長，國民革命軍總司令部警衛團連長，國民政府警衛第二師司令部警衛營營長。1931 年 10 月任陸軍第五軍第八十八師步兵營營長，1932 年 1 月隨部參加「一•二八」淞滬抗日戰事。後任陸軍第五十八師步兵第一三五團團長、旅長。1935 年 3 月被國民政府軍事委員會銓敘廳頒令敘任陸軍工兵上校。1937 年 5 月 21 日被國民政府軍事委員會銓敘廳頒令敘任陸軍少將。抗日戰爭爆發後，任第三十六軍團（軍團長俞濟時）獨立師副師長、師長，第十集團軍預備第九師師長，先後參加南京保衛戰、武漢會戰、南昌會戰、第一次長沙會戰。後任第三十六集團軍總司令部參謀處處長。抗日戰爭勝利後，1945 年 10 月獲頒忠勤勳章。1946 年 5 月獲頒勝利勳章。1946 年 12 月任國防部中將部員，後任陸軍第四十九軍第二十六師師長、副軍長、代理軍長。1948 年 4 月調任總統府戰地視察第九組組長。1949 年 8 月隨部在長沙參加湖南和平起義。中華人民共和國成立後，奉派入湖南軍事政治大學受訓與學習。1952 年被錯捕錯殺，1983 年落實政策並平反昭雪，恢復起義將領政治名譽。

彭善後（1901—1988）原名正富，別字復生，湖南永順人。廣州黃埔中國國民黨陸軍軍官學校第二期步兵科、南京中央陸軍軍官學校高等教育班第四期、陸軍大學將官班乙級第三期畢業，中央訓練團將官班結業。1901 年 6 月 19 日生於永順縣岩門塘旺子莊一個農戶家庭。1924 年 8 月考入廣州黃埔中國國民黨陸軍軍官學校第二期步兵科步兵大隊學習，在校學習期間加入孫文主義學會，1925 年 2 月 1 日隨軍校教導團參加第一次東征作戰，進駐廣東潮州短期訓練，1925 年 5 月 30 日隨軍返回廣州，繼返回校本部續學，1925 年 9 月畢業。1925 年 10 月隨部參加第二次東征作戰，1926 年任中央軍事政治學校第四期入伍生部特別黨部政治指導員。1926 年 7 月隨部參加北伐戰爭，任國民革命軍北伐東路軍總指揮（何應欽）部政治部宣傳科科長。1928 年 12 月任國民革命軍總司令部憲兵第一團第一營營長、副團長，南京憲兵訓練所教官、所長。1933 年 12 月被推選為中國國民黨南京中央憲兵司令部黨部監察委員。1935 年 6 月奉派入南京中央陸軍軍官學校高等教育班學習，1936 年 6 月畢業。1936 年 3 月 26 日被國民政府軍事委員會銓敘廳頒令敘任陸軍憲兵中校。1936 年 7 月派任南京中央憲兵學校（教育長谷正倫兼）教官。1937 年 6 月任湖南郴縣團管區司令部司令官。抗日戰爭爆發後，仍任湖南郴縣團管區司令部司令官。1941 年 10 月任湖南衡耒師管區司令（戴季韜代理）部副司令官，1944 年 5 月兼任該團管區司令部補充第二團團長。1944 年 12 月任湖南衡耒師管區司令部司令官。抗日戰爭勝利後，任西安綏靖主任公署王曲督訓處陸軍補充第二師師長。1945 年 10 月獲頒忠勤勳章。1946 年 1 月奉派入軍政部第六軍官總隊受訓，1946 年 3 月奉派入中央訓練團將官班受訓，登記為少將學員，1946 年 5 月結業。1946 年 5 月獲頒勝利勳章。1947 年 2 月入陸軍大學乙級將官班學習，1948 年 4 月畢業。1948 年 4 月派任國防部（部長白崇禧）部員（掛陸軍少將銜），派監察局供職。1948 年 5 月調任總統特派戰地視察第六組（組長王勁修）少將視察官。1949 年 3 月調任湖南第一兵團司令（陳明仁兼）部少將高級參謀。1949 年 8 月 3 日隨部參加湖南和平起義。中華人民共和國成立後，1951 年春遷移江西南昌定居，歷任江西省人民委員會參事室參事，1955 年春任江西省人民政府參事室參事，當選為江西省政協委員等職。1988 年 2 月 27 日因病在江西九江逝世。

魯宗敬（1897—1976）別字異三，別號義敬，湖南瀏陽縣東市鄉人。廣州黃埔中國國民黨陸軍軍官學校第二期炮兵科、陸軍大學將官班甲級第三期畢業。1897 年 4 月 26 日（民國前十五年農曆三月二十五日）

生於瀏陽縣東市鄉一個耕讀家庭。父因病早逝，倚仗母王氏撫育成長，昆仲三人其居季。幼年隨兄入讀本鄉私塾，少時考入瀏陽縣東市鄉高等小學就讀，畢業後一度在鄉間任教。1924 年 8 月考入廣州黃埔中國國民黨陸軍軍官學校第二期步兵科步兵隊學習，入校不久轉學炮兵科，[94]在校學習期間加入孫文主義學會，因其較同學年長富於經驗，被任為分隊長，1925 年 2 月 1 日隨軍校教導團參加第一次東征作戰，進駐廣東潮州短期訓練，1925 年 5 月 30 日隨軍返回廣州，繼返回校本部續學，1925 年 6 月隨部參加對滇桂軍閥楊希閔部、劉震寰部軍事行動，1925 年 9 月畢業。分發黃埔軍校教導第二團見習、排長，1925 年 10 月隨部參加第二次東征作戰。1926 年 1 月任黨軍第一旅第二團炮兵連連長，1926 年 3 月任廣州黃埔中央軍事政治學校第五期炮兵團團附。1926 年 7 月 9 日率炮兵隊到廣州東較場參加北伐誓師大會，隨即率第五期炮兵隊編入國民革命軍第一軍序列，任該軍第一師司令部直屬炮兵營營長，參加北伐戰爭湘贛戰事。1928 年 1 月任國民革命軍總司令部獨立炮兵第四團營長、副團長、團長。1930 年任陸軍第六十五師司令部軍械處處長，隨部參加中原大戰。1934 年 10 月任陸軍整理訓練總處炮兵指揮部指揮官，1935 年 12 月任軍事委員會武漢行營政治訓練處處長。抗日戰爭爆發後，任軍事委員會西南行營政治部副主任，軍政部直屬重炮兵第四團團長，集團軍總司令部炮兵指揮部指揮官。1940 年 10 月任軍事委員會桂林行營政治部副主任，1941 年 10 月任第六戰區司令長官部政治部副主任。1942 年 12 月任第六戰區司令長官部政治部主任，1944 年 10 月任中央訓練團總團辦公廳副主任。1945 年 1 月被軍隊各特別黨部推選為出席中國國民黨第六次全國代表大會代表。1945 年 2 月 20 日被國民政府軍事委員會銓敘廳敘任陸軍少將，1945 年 8 月保送陸軍大學甲級將官班學習，1945

---

[94] 臺北中華民國國史館 1994 年 6 月印行《國史館現藏民國人物傳記史料彙編》第十二輯第 533 頁記載。

年 11 月畢業。抗日戰爭勝利後，1945 年 10 月獲頒忠勤勳章。1946 年 5 月獲頒勝利勳章。1946 年 12 月任國防部派駐第四區軍法執行部主任，1948 年 10 月任國防部軍法局派駐廣東綏靖主任公署軍法執行總監。1949 年 10 月攜眷到香港，1950 年 3 月赴臺灣，任光復大陸設計研究委員會委員。1952 年 12 月退役，1976 年 5 月 2 日因病在臺北耕莘醫院逝世。

謝宣渠（1904—1976）湖南衡陽縣南鄉人。辛亥革命元老、中國國民黨第一次全國代表大會代表謝晉之子。廣州黃埔中國國民黨陸軍軍官學校第二期輜重兵科、陸軍大學將官班乙級第四期畢業。1924 年 8 月考入廣州黃埔中國國民黨陸軍軍官學校第二期輜重兵科輜重兵隊學習，1924 年秋加入中國共產黨，參加中國革命軍人聯合會，為骨幹成員之一，1925 後 3 月隨部參加第一次東征作戰，1925 年 6 月隨部參加對滇桂軍閥楊希閔部、劉震寰部軍事活動，1925 年 9 月畢業。分發國民革命軍見習，隨部參加第二次東征作戰。1926 年 7 月隨部參加北伐戰爭，任國民革命軍第二方面軍第四軍政治部宣傳隊隊長，第四軍第十師第三十五團第四連連長。後該團改編為第四軍第十二師葉挺獨立團，孫一中負傷後，其代理第一營營長。1926 年 9 月中旬因張際春被選派莫斯科中山大學學習，其接任國民革命軍第四軍獨立團第二營營長，在攻克武昌城戰鬥中亦負重傷（子彈從左腮前骨進腦出），後於漢口中西醫院救治。痊癒後，任國民革命軍總司令部教導團黨代表，武漢衛戍總司令部保安總隊總隊長，時任中共武漢地方委員會書記。1927 年 8 月奉派赴蘇聯學習，入莫斯科中山大學學習，一說入莫斯科東方共產主義勞動者大學學習，[95]1930 年回國。任中共武漢市委軍委書記、士兵運動委員會書記。後奉派上海開闢中共地下組織工作，1931 年 4 月被捕入獄，在上海龍華監獄中與何孟雄、關向應、劉曉等組成中共特別支部，其任支部書記。1931 年 12 月被營救

[95] 湖南省地方誌編纂委員會辦公室編纂：湖南出版社 1995 年 12 月《湖南省志－人物志》下冊第 938 頁記載。

出獄，1932 年 1 月中共上海黨組織令其發動上海暴動，其以缺乏暴動條件徒遭無畏犧牲申辯，被所屬黨組織摒棄，遂失去中共組織關係。1933 年 1 月離開上海，在赴武漢途中九江碼頭時被捕，供認早已脫離中共黨組織。遂得康澤舉薦任用，1933 年 3 月在南京加入「留俄同學會」（理事長賀衷寒），1933 年 7 月赴南昌，任南京中央陸軍軍官學校駐贛暑期研究班（主任康澤）教官。1933 年 8 月隨康澤與研究班赴廬山，續任中央陸軍軍官學校特別訓練班（主任康澤）軍事教官。1933 年 10 月任軍事委員會委員長南昌行營特別行動總隊（總隊長康澤，後改稱軍事委員會別動總隊）情報股股長等職。抗日戰爭爆發後，1938 年 1 月脫離別動總隊，任遷移西南地區的中央憲兵學校政治部主任。後曾任陸軍預備第八師政治部主任，兼任該師補充團團長，率部參加抗日戰事。後任陸軍大學政治部政治指導主任，第三十二集團軍司令（李默庵）部高級參謀，兼任情報室主任，後任第二十集團軍總司令部高級參謀，兼任調查室主任。抗日戰爭勝利後，任軍事委員會高級參謀。1945 年 10 月獲頒忠勤勳章。1946 年 1 月在重慶期間，通過會見鄧穎超、葉挺等，再度與中共黨組織取得聯繫。其後按照黨組織指示，秘密進行軍警憲特機構聯絡與策動事宜。1947 年 11 月入陸軍大學乙級將官班學習，1948 年 11 月畢業。任國防部派駐戰地點檢組組長，後離職潛居上海。中華人民共和國成立後，1949 年 11 月經周恩來批示任中央人民政府情報總署專員。1950 年 3 月任中央軍事委員會聯絡部專員，1952 年任中國人民解放軍南京軍事學院軍事教員。1954 年 10 月任中華人民共和國內務部參事室參事。「文化大革命」中受到衝擊與迫害，1976 年 3 月在北京因煤氣中毒遇難。著有〈葉挺獨立團圍攻武昌城的一段回憶〉、〈國民政府遷都武漢側記〉（載於湖北省政協文史資料委員會編：湖北人民出版社 1999 年 9 月《湖北文史集粹》政治軍事卷上冊第 440 頁）等。

廖　開（1900 －？）又名闓，別字楷模，湖南長沙人。廣州黃埔中國國民黨陸軍軍官學校第二期步兵科畢業。1924 年 8 月考入廣州黃埔中國國民黨陸軍軍官學校第二期步兵科學習，在校學習期間加入孫文主義學會，1925 年 2 月 1 日隨軍校教導團參加第一次東征作戰，進駐廣東潮州短期訓練，1925 年 5 月 30 日隨軍返回廣州，繼返回校本部續學，1925 年 6 月隨部參加對滇桂軍閥楊希閔部、劉震寰部軍事行動，1925 年 9 月畢業。赴法勤工儉學考取莫斯科中山大學第一期學習。畢業後又轉入莫斯科東方共產主義勞動者大學研究班學習，其間參與前蘇聯共產黨「托洛茨基派」活動。1928 年 3 月 17 日陳獨秀由莫斯科乘國際快車赴遠東符拉迪沃斯托克，其以莫斯科東方大學學生與陳獨秀陪同乘車。1945 年 7 月被國民政府軍事委員會銓敘廳頒令敘任陸軍步兵上校。抗日戰爭勝利後，1945 年 10 月獲頒忠勤勳章。1946 年 1 月奉派入中央訓練團將官班受訓，登記為少將學員，1946 年 3 月結業。

譚　侃（1906 － 1931）別字闓生，別號曠、輝梅，化名抗振鵬，湖南長沙人。湖南南縣第一高等小學、岳陽湖濱中學、長沙青年中學、雅禮教會大學預科班、廣州黃埔中國國民黨陸軍軍官學校第二期步兵科畢業。1924 年加入中國共產黨，1924 年冬受黨組織派赴廣州。1924 年 8 月考入廣州黃埔中國國民黨陸軍軍官學校第二期步兵科學習，1925 年 9 月畢業。1925 年 10 月隨部參加第二次東征作戰。後返回廣州，留軍校任職，1927 年 1 月中國國民黨陸軍軍官學校第七期第二學員總隊步兵隊隊附。1927 年夏奉派返回華容開展中共黨組織工作。1930 年 7 月任紅軍第二軍團第六軍第十六師第四十八團政委。1931 年 2 月 23 日率部攻打華容城時犧牲。

翟　雄（1900 －？）別字定安，湖南新寧人。廣州黃埔中國國民黨陸軍軍官學校第二期步兵科畢業、蘇聯莫斯科中山大學、中央政治學校第一期畢業。1924 年 8 月考入廣州黃埔中國國民黨陸軍軍官學校第二期步兵科學習，在校學習期間加入孫文主義學會，1925 年 2 月 1 日隨軍校教導團參加第一次東征作戰，進駐廣東潮州短期訓練，1925 年 5 月 30 日隨軍返回廣州，繼返回校本部續學，1925 年 9 月畢業。1925 年 10 月隨部參加第二次東征，1926 年任中央軍事政治學校第四期政治部科員，軍校辦公廳上尉服務員。1926 年 7 月隨部參加北伐戰爭，歷任國民革命軍總司令部軍務局少校副官，國民革命軍第一軍南昌前敵指揮部警衛連連長。1927 年 5 月任南京國民政府警衛師政治部主任，1928 年 10 月任中國國民黨南京市黨部候補執行委員。1932 年 3 月加入中華民族復興社，被推選為中華民族復興社南京分社幹事，廬山中央訓練團總團教育訓練委員會政治指導員。抗日戰爭爆發後，任軍事委員會政治部戰地黨政工作委員會副秘書長，軍事委員會政治部第二廳秘書處處長。抗日戰爭勝利後，任徐州綏靖主任公署秘書長。1945 年 10 月獲頒忠勤勳章。1946 年 5 月獲頒勝利勳章。

如上表反映資料：軍級以上人員為 7.1%，師級人員為 27.6%，兩項相加占 34.7%，共有 24 人在軍旅生涯中成為將領。第一期生的軍級與師級兩項相加為 52.1%，人員有 100 名，其中：國民革命軍高級將領佔有比重，與第一期生比較差距較大。具體分析該期生有以下幾方面特點：

一是在中國國民黨方面，有幾方面特點：洪士奇擁有炮兵專業完整學歷，歷任炮兵部隊高級主官及炮兵訓練教育主持人——-炮兵學校教育長、校長，是國民革命軍炮兵著名將領和炮兵教育奠基人之一，魯宗敬、鄭會煊則是各級炮兵部隊的指揮官，參加了抗日戰爭時期多次會戰戰役；成剛、李精一分別率部參加了遠征印緬抗日戰役、武漢會戰、桂南戰役諸役；彭霆英則從北伐戰爭開始一直在「黃埔」中央嫡系部隊擔任各級軍事主官，率部參加了「一二八」淞滬抗戰、南京保衛戰、武漢會戰以及歷次長沙會戰諸役。

二是中共第二期生參與早期工農武裝創建。九名中共黨員第二期生，都程度不同地參加了創建工農革命軍及根據地，其中：吳明（又名陳公培）參加了中共創建時期的一些活動和南昌起義，其餘八人均參加了中共領導的早期武裝和工農革命軍的創建活動。

三是從事警務、政訓、後勤人員較多。袁正東長期擔任員警機構與學校職責；彭禮崇、彭善後、王景奎長期負責部隊各級政治訓練與教育事宜；彭熙從北伐開始一直在軍需、軍醫、後勤部門供職，曾任軍需署軍醫監和戰區後勤部主任等職。

（三）浙江省籍第二期生情況簡述

浙江在民國人文歷史上有其重要地位。第一期生招錄人數居於第五位，為 44 名，第二期生招錄則上升為第三位，達到 68 名，有了明顯的增長，似與浙江人文之軍政優勢有關。

附表 14　浙江籍第二期生歷任各級軍職數量比例一覽表

職級	中國國民黨	中國共產黨	人數	比例 %
肄業或未從軍	余雲漢、葉廷元、胡夑棠、顏實堂、張致遠、許式楨、郭玉鳴、袁樹棠、吳仁涵、邵　楨、潘中天、金濟安、陳潤廷、方士雄、吳奠亞、韓壽榮、解謨、方　升、吳祖坻		19	27.9
排連營級	童葆暉、林　華、劉　靖、陳煥新、幹　卓、吳昭、夏　方、徐達祥、郭繼儀、蔣　楝、	陳紹秋、蔣友諒	12	17.66
團旅級	李文開、葉　棱、駱祖賓、沈振華、闕　淵、吳玠、李　秀、陳　焰、何兆昌、吳呂熙、蔣壽銘、林樹人、應　諧、方汝舟	蔡鴻猷、張堂坤、麻　植	17	23.54
師級	沈國臣、葛雨亭、王　岫、湯敏中、施覺民、何淩霄、周平遠、周兆棠、胡履端、王公遐、呂　傑	吳振民	12	19.13
軍級以上	李正先、李士珍、邱清泉、鍾　松、陳玉輝、黃祖壎、葛武棨、楊　彬、		8	11.77
合計	62	6	68	100

部分知名學員簡介：42 名

方汝舟（1898 －？）別字濟川，浙江浦江人。廣州黃埔中國國民黨陸軍軍官學校第二期輜重兵科畢業。1924 年 8 月考入廣州黃埔中國國民黨陸軍軍官學校第二期輜重兵科學習，在校學習期間加入孫文主義學會，

1925 年 2 月 1 日隨軍校教導團參加第一次東征作戰，進駐廣東潮州短期訓練，1925 年 5 月 30 日隨軍返回廣州，繼返回校本部續學，1925 年 6 月隨部參加對滇桂軍閥楊希閔部、劉震寰部軍事行動，1925 年 9 月畢業。歷任國民革命軍第一軍第二十師步兵營排長、連長、副營長，隨部參加第二次東征作戰、北伐戰爭。1928 年後曾任中共領導的湘鄂贛邊區挺進第八縱隊司令員。[96] 脫離後往黃埔同學會登記，1932 年 10 月加入中華民族復興社。1933 年 10 月任江蘇省保安第三團中校團附。1933 年 12 月兼任中華復興社江蘇省支社派駐江蘇省保安司令部分社執行委員。抗日戰爭爆發後，任江蘇省保安第八團團長，[97] 率部參加抗日戰事。抗日戰爭勝利後，參與專修浙江各姓家譜，1947 年印行《浙江奉化汪氏宗譜》（七卷本，首一卷 1940 年印行）、《浙江奉化大橋方氏宗譜》十卷本，[98] 成為浙江民間家譜學專家。

王　岫（1904-1979）別字雲峰，別號雲沛，又名雲沛，浙江仙居人。廣州黃埔中國國民黨陸軍軍官學校第二期步兵科畢業。1924 年 8 月考入廣州黃埔中國國民黨陸軍軍官學校第二期步兵科學習，在校學習期間加入孫文主義學會，1925 年 2 月 1 日隨軍校教導團參加第一次東征作戰，進駐廣東潮州短期訓練，1925 年 5 月 30 日隨軍返回廣州，繼返回校本部續學，1925 年 9 月軍校畢業。歷任黃埔軍校教導第一團見習、排長、連附，兵站監護營副營長，國民革命軍第一師司令部兵站交通處科員，隨部參加第二次東征作戰、北伐戰爭。1928 年 1 月任浙江省保安第三團連長、營長，浙江省保安司令部政治訓練員，浙江省保

王岫

---

[96] 容鑒光編著：臺北博煜企業有限公司 2004 年 4 月印行《黃埔二期研究總成》第 244 頁記載。

[97] 柴夫編：中國文史出版社 1988 年 12 月《CC 內幕》第 183、184 頁記載。

[98] 容鑒光編著：臺北博煜企業有限公司 2004 年 4 月印行《黃埔二期研究總成》第 244 頁記載。

安第一團團附，兼任大隊長，浙江省保安第二團團長，率部參加中原大戰。1932 年 10 月加入中華復興社。1936 年 12 月任陸軍第三十六師（師長宋希濂）副師長。抗日戰爭爆發後，任浙江省政府保安處（處長）副處長，浙江省軍管區司令部參謀長，浙江省政府保安處駐浙東指揮所指揮官。抗日戰爭勝利後，1945 年 9 月任第三十二集團軍總司令部前進指揮部副總指揮，在寧波參與日軍受降與接收事宜。1945 年 10 月 10 日獲頒忠勤勳章。1945 年 10 月 18 日任浙江省政府（主席杜偉）保安處處長，1949 年 1 月 12 日免職。1946 年 5 月獲頒勝利勳章。1946 年 11 月被國民政府軍事委員會銓敘廳頒令敘任陸軍步兵上校。1947 年 2 月任浙江省保安司令部副司令官，1949 年 1 月 12 日轉任浙江省政府警保處處長。1948 年 3 月 29 日被推選為浙江省出席（行憲）第一屆國民大會代表。1949 年 5 月 14 日任浙江省政府（主席周喦）委員，1949 年 7 月兼任浙南行政公署主任，1949 年 11 月 23 日隨周喦離任。1949 年 10 月 7 日在浙江溫州相頭島被人民解放軍俘虜，入中國人民解放軍華東軍區政治部聯絡部解放軍官教育團學習。中華人民共和國成立後，1950 年 10 月關押於撫順戰犯管理所學習與改造，1956 年春轉入北京功德林戰犯管理所學習與改造。1975 年 3 月 19 日獲特赦釋放，欲赴臺北與妻子張佩霞和次子王敏功團聚未遂，與另九名申請赴台探親特赦人員被臺灣當局視為「統戰分子」入境受拒，後滯留香港寓居四年。1979 年 10 月 8 日因病在香港逝世。

王公遐（1903 － 1969）別字芳，浙江黃岩人。廣州黃埔中國國民黨陸軍軍官學校第二期步兵科畢業，中央軍官訓練團結業。1924 年 8 月考入廣州黃埔中國國民黨陸軍軍官學校第二期步兵科學習，在校學習期間加入孫文主義學會，1925 年 2 月 1 日隨軍校教導團參加第一次東征作戰，進駐廣東潮州短期訓練，1925 年 5 月 30 日隨軍返回廣州，繼返回校本部續學，1925 年 9 月軍校畢業。歷任廣州黃埔中央軍事政治學校入伍生第二團排長、連長，隨部參加第二次東征作戰、北伐戰爭。1928 年 12 月任國民革命軍總司令部警衛團營長，隨部參加中原大戰。1931 年 10 月任憲兵教導團團附，陸軍第三十六軍（軍長周渾元）政治部主任秘書。1936年1月任憲兵司令部憲兵第七團團長，後任軍事委員會警衛旅旅長。抗日戰爭爆發後，任陸軍第九十三師司令部參謀長、副師長，率部參加抗日戰事。後任軍政部直屬第十五新兵補充訓練處副處長，1943年3月以該處部分官兵組編二類步兵師，1943年4月任新編成的陸軍暫編第二師師長，[99]1943年8月免職後由曾晴初接任。後任軍政部少將銜部附，軍政部直屬第二十新兵補充訓練處處長。抗日戰爭勝利後，1945年10月獲頒忠勤勳章。1946年5月獲頒勝利勳章。後任聯勤總部第二補給區司令部副司令官。1948年12月免職。中華人民共和國成立後，定居江蘇蘇州，曾任蘇州市第四中學教務處幹事，蘇州市政協委員。1957年10月被錯劃為「右派分子」，「文化大革命」中受到衝擊與迫害。1968年2月因病逝世。

葉　桯（1899－1961）別字謦甫，原載籍貫浙江寧海，[100]一說浙江三門人。[101]廣州黃埔中國國民黨陸軍軍官學校第二期工兵科畢業。1924年8月考入廣州黃埔中國國民黨陸軍軍官學校第二期工兵科學習，在校學習期間加入孫文主義學會，1925年2月1日隨軍校教導團參加第一次東征作戰，進駐廣東潮州短期訓練，1925年5月30日隨軍返回廣州，繼返回校本部續學，1925年9月軍校畢業。分發軍校供職，1926年3月任中央軍事政治學校第四期軍校經理部採辦課官佐。1926年7月隨部參加北伐戰爭，任國民革命軍第一軍司令部工兵連連長。1928年10月任南京中央陸軍軍官學校工兵科工兵隊隊附。1930年10月任陸軍第四師司令部直屬工兵營營長，隨部參加中原大戰。一度任中央工兵學校教官。1933

---

[99] 戚厚傑、劉順發、王楠編著：河北人民出版社2001年1月《國民革命軍沿革實錄》第516頁記載。

[100] 湖南省檔案館校編、湖南人民出版社《黃埔軍校同學錄》記載。

[101] 單錦珩總主編：江西人民出版社1998年8月《浙江古今人物大辭典》第108頁記載。

年 8 月任陸軍第四師（師長邢震南）獨立旅補充團團長，率部參加對江西紅軍及根據地第五次「圍剿」作戰。1934 年 6 月 21 日任陸軍第四師（師長湯恩伯兼）第十旅（旅長馬勵武）副旅長。抗日戰爭爆發後，任交通輜重兵旅副旅長，隨部參加抗日戰事。1945 年 1 月被國民政府軍事委員會銓敘廳頒令敘任陸軍工兵上校。後任中央軍需學校計政人員訓練班學員總隊總隊長。抗日戰爭勝利後，1945 年 10 月獲頒忠勤勳章。1946 年 5 月獲頒勝利勳章。1946 年 12 月任國防部軍需署點檢組組長（陸軍少將銜）。1947 年 4 月退役，往上海定居與營商。中華人民共和國成立後，在上海寓居為無業市民，1961 年春因病上海逝世。

劉　靖（1896 － 1926）別字立青，浙江松陽人。廣州黃埔中國國民黨陸軍軍官學校第二期步兵科畢業。1924 年 8 月考入廣州黃埔中國國民黨陸軍軍官學校第二期步兵科學習，1925 年 9 月畢業。分發國民革命軍第一軍第二師見習，1925 年 10 月隨部參加第二次東征作戰。後任國民革命軍第一軍第二師第五團排長、副連長，1926 年 7 月隨部參加北伐戰爭。1926 年 8 月任國民革命軍第一軍第二師第五團連長兼奮勇隊隊長，1926 年 9 月 5 日在攻克武昌城戰鬥時中彈陣亡。[102]

湯敏中（1906 － 1987）別字沸泉，別號捷夫，浙江平陽人。廣州黃埔中國國民黨陸軍軍官學校第二期工兵科畢業。1906 年 1 月 22 日生於平陽縣城一個商紳家庭。1924 年 8 月考入廣州黃埔中國國民黨陸軍軍官學校第二期工兵科學習，在校學習期間加入孫文主義學會，1925 年 2 月 1 日隨軍校教導團參加第一次東征作戰，進駐廣東潮州短期訓練，1925 年 5 月 30 日隨軍返回廣州，繼返回校本部續學，1925 年 6 月隨部參加對滇

[102] ①中國第二歷史檔案館供稿，華東工學院編輯出版部影印，檔案出版社 1989 年 7 月《黃埔軍校史稿》第八冊（本校先烈）第 249 頁第二期烈士芳名表記載 1926 年 9 月 5 日在湖北武昌陣亡；②龔樂群編：中央陸軍軍官學校追悼北伐陣亡將士特刊《黃埔血史》第 28 頁記載其 32 歲任第一軍第二師第五團連長兼奮勇隊隊長 1926 年 9 月攻武昌城下陣亡。

桂軍閥楊希閔部、劉震寰部軍事行動，1925 年 9 月畢業。分發國民革命軍第一軍第一師工兵隊見習，1925 年 10 月隨部參加第二次東征作戰。1926 年 7 月隨部參加北伐戰爭，任國民革命軍第一軍第一師司令部工兵隊排長。1927 年 12 月任國民革命軍總司令部兵站總監部輜重兵團少校參謀。後任陸軍步兵軍司令部輜重兵營營長，國民政府軍政部直屬獨立工兵第十團參謀、團附。抗日戰爭爆發後，任第五戰區司令長官部交通處副處長，兼任獨立輜重兵團團長，第五戰區司令長官部第二兵站司令部參謀長，國民政府軍政部第三廳第六處處長。抗日戰爭勝利後，任衢州綏靖主任公署交通處處長。1945 年 10 月獲頒忠勤勳章。1946 年 5 月獲頒勝利勳章。1947 年 11 月 19 日被國民政府軍事委員會銓敘廳頒令敘任陸軍少將。1949 年 1 月任第十四編練司令部快速縱隊司令部司令官。後任浙江省第八區行政督察專員，兼任該區保安司令部司令官。1949 年隨軍赴臺灣。1987 年 1 月 13 日因病在臺北逝世。

呂　傑（1903 － 1987）別字子英，浙江縉雲人。廣州黃埔中國國民黨陸軍軍官學校第二期步兵科畢業。1924 年 8 月考入廣州黃埔中國國民黨陸軍軍官學校第二期步兵科學習，在校學習期間加入孫文主義學會，1925 年 2 月 1 日隨軍校教導團參加第一次東征作戰，進駐廣東潮州短期訓練，1925 年 5 月 30 日隨軍返回廣州，繼返回校本部續學，1925 年 6 月隨部參加對滇桂軍閥楊希閔部、劉震寰部軍事行動，1925 年 9 月畢業。1926 年 7 月隨部參加北伐戰爭，歷任國民革命軍陸軍步兵營排長、連長、營長。抗日戰爭爆發後，任陸軍步兵旅團長、副旅長、旅長，率部參加抗日戰事。抗日戰爭勝利後，任陸軍第八十七師副師長。1945 年 10 月獲頒忠勤勳章。1946 年 5 月獲頒勝利勳章。1949 年任陸軍第八軍第四十二師司令部參謀長。中華人民共和國成立後，留居雲南昆明，後隨家屬遷移貴陽定居，1987 年 10 月因病在貴陽逝世。

何天風（1906 － 1939）原名兆昌，[103] 別字天風，後以字行，改名為天風，原載籍貫浙江荔州，[104] 另載浙江臨海人。廣州黃埔中國國民黨陸軍軍官學校第二期工兵科畢業，廬山中央訓練團警憲人員研究班高級班結業。1924 年 8 月考入廣州黃埔中國國民黨陸軍軍官學校第二期工兵科學習，在校學習期間加入孫文主義學會，1925 年 2 月 1 日隨軍校教導團參加第一次東征作戰，進駐廣東潮州短期訓練，1925 年 5 月 30 日隨軍返回廣州，繼返回校本部續學，1925 年 6 月隨部參加對滇桂軍閥楊希閔部、劉震寰部軍事行動，1925 年 9 月畢業。1928 年 4 月任廣州中央軍事政治學校第四期工兵科通信隊區隊長。1932 年 4 月加入中華民族復興社，參加該社特務處工作，歷任情報組組長，軍事委員會別動總隊第一支隊支隊長。抗日戰爭爆發後，任忠義救國軍淞滬指揮部副總指揮，兼任第一縱隊司令部司令官。1938 年 12 月在游擊作戰時被日軍俘虜，曾任偽軍少將高級參謀，肅清委員會委員，偽和平救國軍總指揮（唐蟒）部副總指揮。1939 年 10 月任偽中國國民黨中央執行委員會特務委員會（又稱特工總部）第三廳廳長。1939 年 12 月 25 日耶誕節之夜在上海兆豐總會被軍統特務暗殺。[105]1945 年 9 月以漢奸罪被處決。

何凌霄（1903 － 1974）別字臥雲，浙江諸暨縣諸山鄉（草塔鄉）何頭金村人。廣州黃埔中國國民黨陸軍軍官學校第二期步兵科畢業。1924 年 8 月考入廣州黃埔中國國民黨陸軍軍官學校第二期步兵科學習，在校學習期間加入孫文主義學會，1925 年 2 月 1 日隨軍校教導團參加第一次東征作戰，進駐廣東潮州短期訓練，1925 年 5 月 30 日隨軍返回廣州，繼返回校本部續學，1925 年 9 月軍校畢業。1925 年 10 月隨部參加第二次東征作戰。任中央軍事政治學校第四期入伍生總隊見習、排長、副區隊

---

[103] 湖南省檔案館校編，湖南人民出版社《黃埔軍校同學錄》記載。

[104] 湖南省檔案館校編，湖南人民出版社《黃埔軍校同學錄》記載。

[105] 馬嘯天、汪曼雲遺稿，黃美真整理：東方出版社 2010 年 6 月《我所知道的汪偽特工內幕》第 117 頁記載。

長。1926 年 7 月隨部參加北伐戰爭，任國民革命軍第一軍第二十師步兵連副連長，繼參加第二期北伐戰爭及中原大戰。1930 年夏任中央教導第二師步兵團連長、營長，1931 年 12 月任陸軍第五軍第八十八師第二六二旅第五二四團團長[106]，1932 年 1 月率部參加「一二八」淞滬抗日戰事。因作戰負傷，轉移後方醫院治療，痊癒後任浙江省保安司令部參謀，兼任浙江省保安第二團團長。抗日戰爭爆發後，任陸軍第七十四軍（軍長俞濟時）第五十八師（師長馮聖法）第一七二旅旅長，率部參加淞滬會戰、南京保衛戰。戰後任第三戰區第一游擊縱隊縱隊長，1940 年 8 月接王繼祥任陸軍第一〇〇軍（軍長陳琪）第八十師師長，1941 年 5 月免職，遺缺由錢東亮接任。抗日戰爭勝利後，任衢州綏靖主任公署警務處處長。1945 年 10 月獲頒忠勤勳章。1946 年 5 月獲頒勝利勳章。任聯合後方勤務總司令部湖南省供應局局長。1948 年 1 月 26 日被國民政府軍事委員會銓敘廳敘任陸軍少將。1949 年秋到臺灣，任聯合後方勤務總司令部第二補給司令部副司令官、少將部附。1959 年退役，1974 年 5 月因病在臺北逝世。

吳　玠（1901 – 1953）別字慕晉、武晉，別號瓊恩、瓊旋，浙江松陽人。廣州黃埔中國國民黨陸軍軍官學校第二期步兵科畢業。1924 年 8 月考入廣州黃埔中國國民黨陸軍軍官學校第二期步兵科步兵大隊學習，在校學習期間加入孫文主義學會，1925 年 2 月 1 日隨軍校教導團參加第一次東征作戰，進駐廣東潮州短期訓練，1925 年 5 月 30 日隨軍返回廣州，繼返回校本部續學，1925 年 6 月隨部參加對滇桂軍閥楊希閔部、劉震寰部軍事行動，1925 年 9 月畢業。分發國民革命軍第一軍第一師見習，1925 年 10 月隨部參加第二次東征作戰。後任國民革命軍第一軍第一師第三團排長、副連長，1926 年 7 月隨部參加北伐戰爭。1927 年 8 月任國民

[106] 據：十九路軍淞滬抗日將屬廣州聯誼會編纂：2002 年印行《十九路軍一二八淞滬抗日七十周年紀念冊》第 40 頁「第五軍營以上官佐序列表」記載。

革命軍第一軍第二十二師司令部參謀，隨部參加龍潭戰役。1928 年 10 月任縮編後的第一集團軍第一師第二旅（旅長胡宗南）司令部參謀，1930 年 5 月隨部參加中原大戰。後任陸軍第一師第一旅司令部幹部教導隊隊長，1936 年 12 月任陸軍第一軍（軍長陳繼承、胡宗南代）司令部幹部訓練團教育處處長。抗日戰爭爆發後，1938 年 10 月任中央陸軍軍官學校第七分校辦公廳（主任羅歷戎）第一科上校科長，後任西安綏靖主任公署幹部訓練團教育處副處長，西安王曲軍官訓練督訓處副教育長等職。抗日戰爭勝利後，1945 年 10 月獲頒忠勤勳章。1946 年 5 月獲頒勝利勳章。任西安綏靖主任公署高級參謀。1953 年 7 月 26 日因病在西安逝世。

吳　昭（1902 － 1933）別字讓文，浙江青田人。廣州黃埔中國國民黨陸軍軍官學校第二期步兵科畢業。1924 年 8 月考入廣州黃埔中國國民黨陸軍軍官學校第二期步兵科學習，在校學習期間加入孫文主義學會，1925 年 2 月 1 日隨軍校教導團參加第一次東征作戰，進駐廣東潮州短期訓練，1925 年 5 月 30 日隨軍返回廣州，繼返回校本部續學，1925 年 6 月隨部參加對滇桂軍閥楊希閔部、劉震寰部軍事行動，1925 年 9 月畢業。分發國民革命軍第一軍第一師見習，1925 年 10 月隨部參加第二次東征作戰。1926 年 7 月隨部參加北伐戰爭，任國民革命軍第一軍第二十師步兵團排長、連長。1927 年 8 月隨部參加龍潭戰役，1928 年 10 月任縮編後的第一集團軍第十一師第三十二旅步兵營連長、副營長，1930 年 5 月隨部參加中原大戰。1931 年 12 月任陸軍第十一師第三十三旅補充團第一營營長、團附。1933 年 7 月 26 日率部參加對江西紅軍及根據地第四次「圍剿」作戰時，在江西南昌中彈陣亡。[107]

吳呂熙（1901 －？）別字揮夫，浙江浦江人。廣州黃埔中國國民黨陸軍軍官學校第二期工兵科畢業。1924 年 6 月考入廣州黃埔中國國民黨

---

107 中國第二歷史檔案館供稿，華東工學院編輯出版部影印，檔案出版社 1989 年 7 月《黃埔軍校史稿》第八冊（本校先烈）第 251 頁第二期烈士芳名表記載 1933 年 7 月 26 日在江西南昌陣亡。

陸軍軍官學校第二期工兵科工兵隊學習，在校學習期間加入孫文主義學會，1925 年 2 月 1 日隨軍校教導團參加第一次東征作戰，進駐廣東潮州短期訓練，1925 年 5 月 30 日隨軍返回廣州，繼返回校本部續學，1925 年 6 月隨部參加對滇桂軍閥楊希閔部、劉震寰部軍事行動，1925 年 9 月畢業。1926 年 7 月隨部參加北伐戰爭，歷任國民革命軍總司令部憲兵營排長、連長。1930 年 12 月任南京憲兵司令部教導隊隊長，1936 年 10 月任中央警官學校教育處科長。抗日戰爭爆發後，隨警官學校遷移西南地區。抗日戰爭勝利後，1945 年 10 月獲頒忠勤勳章。1946 年 1 月任中央警官學校東北分校教育組組長。1946 年 5 月獲頒勝利勳章。1947 年 3 月任中央警官學校甲級警官第二期學員總隊總隊長。

吳振民（1898 － 1927）別字化赤、毅，別號志卿、乃堂，乳名阿堂，浙江嵊縣城郊東圃村人。紹興縣本鄉二戴高等小學、浙江省立紹興中學肄業，廣州黃埔中國國民黨陸軍軍官學校第二期輜重兵科畢業。早年在紹興考取「浙江志願軍」，被派遣修築蕭（山）紹（興）路段。1924 年 8 月考入廣州黃埔中國國民黨陸軍軍官學校第二期輜重兵科學習，在學期間加入中共，同時加入中國國民黨，[108] 參與籌備黃埔軍校青年軍人聯合會，為該執行委員會執行委員，隨軍參加第一次東征作戰，1925 年 6 月隨部參加對滇桂軍閥楊希閔、劉震寰部軍事行動，1925 年 9 月畢業。分發國民革命軍見習，1925 年 10 月隨部參加第二次東征作戰，留校任中國國民黨黃埔軍校特別區黨部特派員，1925 年 10 月隨部參加第二次東征作戰，東征軍進佔海豐時，受黃埔軍校政治部委派，任駐海豐縣黨代表，兼任海豐縣農民自衛軍訓練所教練員，協助訓練地方農民武裝。1926 年 1 月作為黃埔軍校政治部特派員留駐海豐，任中共海陸豐縣特別支部委員及黃埔軍校海陸豐後方辦事處代表，進行恢復農會、訓練農軍和維持治安事宜。1926 年 5 月率海豐農軍（約 300 餘人）轉戰海陸豐地

[108] 國際文化出版公司 1994 年 6 月《紹興名人辭典》第 23 頁記載。

區，與地方民團武裝周旋。中共海陸豐地委成立時，任地委軍事委員，兼任海豐縣農民自衛軍大隊長。1926 年 10 月整編農軍，組建「海豐農軍模範中隊」，兼任中隊長，致力培訓農軍骨幹。1927 年 5 月任中共東江特委軍事委員，廣東東江「工農救黨軍」指揮部指揮。參與中共建立的海豐縣臨時人民政府，任政府委員，兼任東江潮惠梅地區「工農救黨軍」總指揮部總指揮，署名發佈「海豐縣臨時人民政府宣言」，被視作中共黨史最早的縣級人民政權。1927 年 6 月受到國民政府廣東軍政當局的軍事討伐，根據中共東江特別委員會擴大會議決定：集中農軍北撤。在河口成立惠潮梅農軍總隊，任總隊長兼第一團黨代表，率農民 400 多人轉戰粵贛湘邊，抵達湖南衡陽。受中共中央軍委指示，與當地農軍合編為「湖南工農革命軍第二師」，任副師長，率部進駐汝城。1927 年 8 月 15 日被湖南當局所派軍隊包圍於汝城，堅持數晝夜抵抗後突圍轉移，作戰時中彈負重傷，1927 年 8 月 22 日在湖南汝城鄉間犧牲。

應　諧（1900 － 1927）別字繼周，浙江縉雲人。廣州黃埔中國國民黨陸軍軍官學校第二期工兵科畢業。1924 年 8 月考入廣州黃埔中國國民黨陸軍軍官學校第二期工兵科學習，在學期間參加中國青年軍人聯合會活動，1925 年 3 月隨部參加第一次東征作戰，1925 年 6 月隨部參加對滇桂軍閥楊希閔部、劉震寰部的軍事行動，1925 年 9 月畢業。1925 年 10 月隨部參加北伐戰爭，隨軍校工兵大隊北上。1927 年 3 月任武漢中央軍事政治學校工兵大隊第一隊隊長。1927 年 5 月任武漢國民政府中央獨立師第三團團長，1927 年夏在討伐鄂軍夏鬥寅部作戰時犧牲。

張堂坤（1903 － 1927）別字覺真，浙江平湖人。浙江平湖縣立中學、廣州黃埔中國國民黨陸軍軍官學校第二期工兵科畢業。浙江平湖縣立中學畢業後，1924 年 8 月考入廣州黃埔中國國民黨陸軍軍官學校第二期工兵科學習，在學期間加入中共，1925 年 3 月隨部參加第一次東征作戰，1925 年 6 月隨部參加對滇桂軍閥楊希閔部、劉震寰部軍事行動，1925 年 9 月畢業。分發入伍生總隊見習，1925 年 10 月隨部參加第二次東征作戰。1925 年 11 月奉中共黨組織委派大元帥府鐵甲車隊，參與籌備組建事宜。1926 年 7 月任國民革命軍第四軍第十二師（師長張發奎）第三十四團（團長葉挺）第三營排長，隨部參加北伐戰爭。後因作戰負傷，改編為國民革命軍第四軍獨立團（即葉挺獨立團）後，任直屬隊擔架隊隊長。1927 年 1 月任國民革命軍第二方面軍第十一軍第二十五師第七十三團第四連連長。1927 年 8 月隨部參加南昌起義，部隊離開南昌後任第二十五師第七十三團少校團附、代理團長，後於筆枝山作戰時犧牲，一說 1927 年 9 月 1 日在南昌犧牲。

李　秀（1901 －？）原名秀清，別字俊甫，浙江松陽人。廣州黃埔中國國民黨陸軍軍官學校第二期步兵科畢業。1924 年 8 月考入廣州黃埔中國國民黨陸軍軍官學校第二期步兵科學習，在校學習期間加入孫文主義學會，1925 年 2 月 1 日隨軍校教導團參加第一次東征作戰，進駐廣東潮州短期訓練，1925 年 5 月 30 日隨軍返回廣州，繼返回校本部續學，1925 年 9 月軍校畢業。1926 年任廣州中央軍事政治學校第四期軍械處官佐。1933 年 10 月任軍事委員會委員長開封行營參謀。抗日戰爭爆發後，任中央陸軍軍官學校第七分校教官，西安綏靖主任公署第三處副處長。1944 年 2 月陸軍總司令部第一廳副處長。抗日戰爭勝利後，任陝西省保安司令部參謀長。1945 年 10 月獲頒忠勤勳章。1946 年 5 月獲頒勝利勳章。1946 年 10 月任國防部高級參謀。1947 年 10 月任陸軍整編第三十六師司令部高級參謀。1948 年 8 月 9 日在陝西韓城被人民解放軍俘虜。

李士珍（1896 － 1995）別字夢周，浙江寧海人。寧海縣城白嶠國民小學、正學高等小學校、上海公學、杭州之江大學、廣州黃埔中國國民黨陸軍軍官學校第二期輜重兵科畢業，日本步兵專門學校、日本高等員警學校肄業。1896 年 11 月 21 日生於寧海縣城關一個書香之家。幼年就讀於寧海縣城白嶠國民小學，畢業後考入正學高等小學校學習，畢業後隨家人赴上海，

李士珍

考入上海公學就讀，畢業後以優異成績考入杭州之江大學學習，畢業後返回家鄉寧海，創辦育才小學，並任校長。1924 年 8 月考入廣州黃埔中國國民黨陸軍軍官學校第二期輜重兵科學習，在校學習期間加入孫文主義學會，被推選為該會候補幹事，1925 年 2 月 1 日隨軍校教導團參加第一次東征作戰，任輜重兵排長，進駐廣東潮州短期訓練，1925 年 5 月 30 日隨軍返回廣州，繼返回校本部續學，1925 年 6 月隨大本營參謀團，參與對滇桂軍閥楊希閔部、劉震寰部軍事行動，1925 年 9 月畢業。分發國民革命軍東征軍總指揮部參謀處參謀，1925 年 10 月隨軍參加第二次東征作戰。後任大本營韶關兵站總監（俞飛鵬）部樂昌站分站長，1926 年 7 月隨部參加北伐戰爭。1926 年 11 月隨軍駐，任兵站總監部南昌兵站司令部參謀處處長，1927 年 1 月任浙江蘭溪兵站司令部參謀長，協助兵站總監部向作戰部隊輸送軍械、糧食和兵員。1928 年 6 月受何應欽舉薦，任浙江省保安第五團團長，率部駐防台州，負責維護六縣治安。1930 年 10 月 30 日任浙江省政府保安處（處長蔣伯誠）統轄步兵第六團團長。1930 年 1 月奉派赴日本考察和學習警政，先入步兵學校受訓，繼入日本高等員警學校學習，1932 年 1 月回國。任參謀本部簡任參謀，1932 年 3 月加入中華復興社，被推選為中華復興社南京中央幹事會幹事。1932 年 8 月任南京高等員警訓練班訓育主任，1933 年 3 月任首都員警廳警士教練所所長，首都員警廳秘書。1935 年 2 月奉派赴歐美各車考察警政，曆英、美、俄、法、義大利等十七國，為建立現代員警制度準備事宜。1936 年 4 月任內政部警官高等學校校長，為統一警官教育和革新警政，各省警官學校撤並中央警官學校，1936 年 9 月 1 日創立南京中央警官學校，由蔣中正兼任校長，其任教育長主持工作。1936 年 9 月 4 日任中央警官學校校務委員會（主任委員戴笠）委員。[109] 抗日戰爭爆發後，督率警官學校

[109] 中央警官學校校史編纂委員會編纂：臺北民生圖書印刷公司 1967 年 11 月 12 日印行《中央警官學校校史》第 110 頁記載。

學生赴滬參戰，協助上海警察局（局長蔡勁軍）員警總隊守備市區兩個月。上海淪陷後，奉命返回參加南京保衛戰。1937 年 12 月率中央警官學校遷移重慶，仍任教育長，組織中國員警學術研究會和員警學會，分別於陝西西安、湖南耒陽開辦西北、西南員警訓練班，為各級警政機構培訓幹部。1939 年 1 月任中央警官學校校務委員會委員，1943 年 6 月被推選為三青團第一屆中央監察會常務監察。1944 年 10 月開設臺灣員警幹部訓練班，為光復臺灣奠定警政基礎。1945 年 1 月被推選為軍隊各特別黨部出席中國國民黨第六次全國代表大會代表，1945 年 5 月 20 日當選為中國國民黨第六屆中央候補執行委員。抗日戰爭勝利後，1945 年 10 月獲頒忠勤勳章。1946 年 5 月獲頒勝利勳章。1946 年 11 月 15 日被推選為浙江省出席（制憲）國民大會代表。1947 年 7 月被推選為黨團合併後的中國國民黨第六屆候補中央執行委員。1948 年 3 月 29 日被推選為浙江省出席（行憲）第一屆國民大會代表。1948 年 5 月獲頒三等景星勳章。1948 年 7 月 13 日任中央警官學校校長（陸軍中將銜）。1949 年 4 月率校遷移臺北，1950 年 9 月奉派赴美國參加國際員警首長會議，1951 年 6 月獲頒四等雲麾勳章。1951 年 7 月任「行政院」政治設計委員會委員，1958 年任「國民大會」憲政實施研討委員會臺北區修憲第一研究組召集人，1970 年當選為「國民大會」主席團成員，1973 年至 1977 年曾任「行政院」經濟設計委員會委員兼市政組召集人。1969 年 1 月任「立法院」特種考試員警人員典試委員會委員。1988 年 7 月當選為中國國民黨第十三屆中央評議委員會委員。1993 年 8 月仍當選國民黨第十四屆中央評議委員會委員。1995 年 4 月 14 日因病在臺北逝世，1996 年 1 月 9 日獲頒「總統府」明令褒揚。著有《東征日記》、《淞滬參戰前後日記》、《現代各國員警》、《戰時員警業務》、《戰後各國考察記》、《員警行政研究》、《員警精神教育》、《員警行政之理論與實踐》、《建警計畫有關資料備忘錄》、《怎樣辦理警衛》、《周易分類研究》等。臺灣出版有《國大代表李士珍先生夫人九秩華誕榮慶錄》等。

李正先（1904—1978）原名正仙，[110] 別號建白，後改名正先，原載籍貫浙江東陽，[111] 另載浙江磐安人。[112] 東陽縣本鄉高等小學、杭州三才中學、廣州黃埔中國國民黨陸軍軍官學校第二期步兵科、陸軍大學將官班甲級第二期畢業。1904 年 12 月 19 日生於東陽縣一個農戶家庭。幼年時入本村私塾啟蒙，繼入本鄉高等小學就讀，畢業後考入杭州三才中學學習，畢業後在杭州謀事。1924 年 8 月考入廣州黃埔中國國民黨陸軍軍官學校第二期步兵科步兵隊學習，在校學習期間加入孫文主義學會，1925 年 2 月 1 日隨軍校教導團參加第一次東征作戰，進駐廣東潮州短期訓練，1925 年 5 月 30 日隨軍返回廣州，繼返回校本部續學，1925 年 6 月參與對滇桂軍閥楊希閔部、劉震寰部軍事行動，1925 年 9 月畢業。分發國民革命軍第一軍第二師第四團第三營第九連見習、排長，1925 年 10 月隨部參加第二次東征作戰。1926 年 7 月隨部參加北伐戰爭，任國民革命軍第一軍第二師第四團第三營第九連副連長，第一軍第二十二師補充團第一營第一連連長、副營長，1927 年 8 月隨部參加龍潭戰役。1928 年春任陸軍第二十二師（代師長胡宗南）第一旅第一團第二營副營長，隨部參加第二期北伐戰爭濟南戰事。1930 年春任陸軍第一師（師長胡宗南）第一旅第一團團附，隨部參加中原大戰。1932 年 1 月「一二八」淞滬抗日戰事爆發，隨陸軍第一師進駐上海週邊，為避免對外擴大中央軍參戰影響，陸軍第一師以「陸軍第四十三師」假番號進抵上海市郊以備增援，事態平息後開赴湖南開封整訓。1932 年 10 月任陸軍第一師第一旅第一團團長，率部參加對鄂豫皖邊區紅軍及長征紅軍的圍追阻截戰事。1935 年 7 月任陸軍第一軍（軍長胡宗南）第一師（師長胡宗南兼）第一旅副旅長，率部赴四川堵擊長征途中紅軍。1935 年 5 月 17 日被國民政府軍事委員會銓敘廳頒令敘任陸軍步兵中校。1936 年 4 月 1 日被國民政府

[110] 湖南省檔案館校編，湖南人民出版社《黃埔軍校同學錄》記載。

[111] 湖南省檔案館校編，湖南人民出版社《黃埔軍校同學錄》記載。

[112] 單錦珩總主編：江西人民出版社1998年8月《浙江古今人物大辭典》第263頁記載。

軍事委員會銓敘廳頒令敘任陸軍步兵上校。1936 年 7 月 3 日任陸軍第一軍第一師第一旅旅長，1936 年 9 月改任陸軍第一軍第七十八師（師長丁德隆）第一五五旅旅長。1937 年 6 月兼任西安綏靖主任公署高級參謀。抗日戰爭爆發後，任第十七軍團（軍團長胡宗南）第一軍第一師第一旅旅長、代理副師長，率部參加淞滬會戰。戰後率部轉移中原，1937 年 10 月任陸軍第十七軍團第一軍（軍長胡宗南兼）第一師（師長李文）副師長，參與籌備中央陸軍軍官學校第七分校，1938 年 1 月中央陸軍軍官學校第七分校正式成立時兼任第十五期第二總隊總隊長。1938 年 5 月 12 日接李鐵軍任陸軍第一軍（軍長李鐵軍）第一師師長，[113] 率部參加武漢會戰。1939 年 6 月 17 日被國民政府軍事委員會銓敘廳頒令敘任陸軍少將。1942 年 10 月 15 日任第三十四集團軍（總司令胡宗南）第一軍（軍長李文）副軍長，兼任第一師師長，1943 年 6 月 1 日免第一師師長職，[114] 由杲春湧接任。1943 年 6 月 30 日任第三十四集團軍（總司令胡宗南兼）第十六軍軍長，統轄陸軍第二十二師（師長馮龍）、陸軍第九十四師（師長張世光）等部，率部參加豫中會戰諸役。1945 年 3 月保送陸軍大學甲級將官班學習，1945 年 6 月畢業。抗日戰爭勝利後，仍任陸軍第十六軍軍長，率部進駐北平，1946 年 1 月免軍長職。1945 年 10 月獲頒忠勤勳章。1946 年 5 月獲頒勝利勳章。1946 年 11 月任第十五軍官總隊總隊長，1947 年 4 月任國防部戰地視察官訓練班副主任，1948 年 3 月 5 日特派為總統府駐華北戰地視察第七組組長。1948 年 12 月 1 日任西安綏靖主任（胡宗南）公署第五兵團司令（李鐵軍、裴昌會）部副司令官，1949 年 3 月 30 日接劉超寰兼任重建後的陸軍第二十七軍軍長，同時兼任安（康）石（泉）警備司令部司令官。1949 年秋率部撤退四川，其間將家眷送臺灣。1949 年 12 月到臺北，

---

[113] 戚厚傑、劉順發、王楠編著：河北人民出版社 2001 年 1 月《國民革命軍沿革實錄》第 440 頁記載。

[114] 戚厚傑、劉順發、王楠編著：河北人民出版社 2001 年 1 月《國民革命軍沿革實錄》第 521 頁記載。

任「國防部」高級參謀（陸軍中將銜）。1952 年奉派入臺灣革命實踐研究院第十九期受訓，1955 年奉派入臺灣國防大學聯合作戰系第四期旁聽。1964 年退役，受聘任臺灣中國石油公司顧問。1966 年 1 月聘任國軍退除役官兵輔導委員會「太平榮譽國民之家」主任。1978 年 1 月 20 日因病在臺北逝世。

楊　彬（1899—1967）別字東屏，浙江諸暨縣長橋鄉下楊村（霞陽村）人。諸暨縣城樂安高等小學、諸暨縣立初級中學、廣州中國國民黨陸軍軍官學校第二期工兵科、德國陸軍大學畢業，中央軍官訓練團第二期結業。1899 年 12 月生於諸暨縣長橋鄉下楊村一個書香之家。六歲起隨祖父讀《四書》、《五經》等古籍，少時入諸暨縣城樂安高等小學就讀，畢業後考入諸暨縣立初級中學學習，1919 年畢業。因家遭火災，無能力供給升學，1920 年起先後在盛兆塢、詹家村、白嶽廟等地小學任教。1924 年 8 月考入廣州中國國民黨陸軍軍官學校第二期工兵科工兵隊學習，在校學習期間加入孫文主義學會，1925 年 2 月 1 日隨軍校教導團參加第一次東征作戰，進駐廣東潮州短期訓練，1925 年 5 月 30 日隨軍返回廣州，繼返回校本部續學，1925 年 9 月軍校畢業。分發第三期入伍生見習、排長，1925 年 10 月隨部參加第二次東征作戰。後任軍校教導第三團排長、副連長，黨軍第一旅第一團第一營連長。1926 年 7 月隨部參加北伐戰爭，任國民革命軍第一軍第一師第一旅步兵團連長、副營長。1928 年 10 月國民革命軍編遣後，任縮編後的第一集團軍第一師第二旅第三團團附，後任陸軍第三師第七旅司令部參謀主任，1929 年 1 月 20 日被推選為中國國民黨陸軍第三師特別黨部執行委員。1930 年任中央警衛師第一旅第一團副團長，隨部參加中原大戰。1930 年 10 月任浙江省保安第四團團長，1931 年夏奉派德國留學，先入德國炮兵學校就讀，繼入德國陸軍參謀學院學習。1935 年 7 月 19 日被國民政府軍事委員會銓敘廳頒令敘任陸軍工兵少校。[115] 後奉派赴德國

[115] 臺北成文出版社有限公司印行：國民政府公報 1935 年 7 月 20 日第 1798 號頒令。

陸軍大學學習，畢業後曾任中國駐德國公使館陸軍武官。抗日戰爭爆發後回國，任軍事委員會委員長侍從室中校參謀，陸軍大學軍學教官。參與籌備中央陸軍軍官學校第七分校（西安分校），1938 年 1 月正式成立時任第一學員總隊總隊長、教育處處長，兼任西安王曲幹部訓練班教育長。1938 年 12 月任陸軍第七十一軍（軍長宋希濂）第八十八師師長。1939 年 11 月 13 日被國民政府軍事委員會銓敘廳頒令敘任陸軍少將。1941 年 4 月 29 日任中國遠征軍新編第一軍（軍長鄭洞國）副軍長，兼任四川遂武師管區司令部司令官。後任中央陸軍軍官學校第六分校（南寧分校）副主任，中央陸軍軍官學校第六分校（桂林分校）副主任。1943 年 4 月 24 日奉派入峨嵋山中央訓練團受訓，並任第二大隊大隊附。結業後，派任陸軍第三十七軍副軍長。1944 年 4 月 15 日任第三十四集團軍（總司令胡宗南兼）第一軍副軍長，兼任甘肅隴南師管區司令部司令官。1944 年 12 月 20 日任青年軍第二〇六師師長，率部駐防陝西漢中地區，1945 年 4 月 28 日免職。[116] 抗日戰爭勝利後，1945 年 10 月獲頒忠勤勳章。1946 年 5 月獲頒勝利勳章。1946 年 5 月入中央軍官訓練團第二期第一中隊學員隊受訓，1946 年 7 月結業，返回原部隊續任原職。1947 年 6 月 1 日接蔣當翊任陸軍整編第五十二師師長，統轄陸軍整編第三十三旅（旅長段海洲）、整編第八十二旅（旅長王伯勳）等部，1948 年 4 月 30 日免師長職。1948 年 12 月任國民政府國防部第四廳（廳長蔡文治）副廳長，主管後勤補給事宜。1949 年 5 月隨胡宗南赴舟山群島定海，奉國防部令組織新編部隊，任番號為三八六一部隊副司令官，1950 年春到臺灣，1952 年退役。任臺灣退除役軍官輔導委員會蘭嶼開發處處長。1967 年 3 月 19 日因病在臺北逝世。

邱清泉（1902—1948）原名青錢，[117] 別字雨庵，別號點溪，後改名清泉，浙江永嘉人。永嘉縣立高等小學堂、浙江省立第十中學、上海大學社會

---

[116] 戚厚傑、劉順發、王楠編著：河北人民出版社 2001 年 1 月《國民革命軍沿革實錄》第 606 頁記載。

[117] 湖南省檔案館校編，湖南人民出版社《黃埔軍校同學錄》記載。

邱清泉

學系一年級、英國文學系二年級肄業，廣州黃埔中國國民黨陸軍軍官學校第二期工兵科、德國陸軍大學畢業。1902 年 3 月 6 日生於永嘉縣浦洲鄉一個小商販家庭。父箴衡，裁縫出身，後開恒泰魚行。早年入私塾就讀，後考入永嘉縣立高等小學堂學習，繼入浙江省立第十中學就讀，1921 年畢業，返回家鄉小學任教一年。1922 年考入上海大學社會學系學習，後轉入本校英國文學系二年級續學，1923 年秋兼任上海大學學務處助理員。[118] 參加黃埔軍校在上海大學招生考試及格，南下廣東續學。1924 年 8 月入廣州中國國民黨陸軍軍官學校第二期工兵科工兵隊學習，在校學習期間加入孫文主義學會，1925 年 2 月 1 日隨軍校教導團參加第一次東征作戰，進駐廣東潮州短期訓練，1925 年 5 月 30 日隨軍返回廣州，1925 年 6 月隨部參加對滇桂軍閥楊希閔部、劉震寰部的軍事行動，繼返回校本部續學，1925 年 9 月畢業。分發國民革命軍第一第一師見習，1925 年 10 月隨部參加第二次東征作戰。戰後任國民革命軍第一軍第一師工兵連排長、黨代表。1926 年 5 月任黃埔中央軍事政治學校第五期入伍生工兵營第三連連長。1926 年 7 月 9 日北伐誓師後，任國民革命軍第四軍工兵營第二連連長，隨部參加北伐戰爭兩湖戰事。1926 年 9 月隨部參加南昌戰役，1927 年 1 月率工兵連赴武昌，入武漢中央軍事政治學校繼續學業。1927 年 5 月任武漢中央軍事政治學校工兵大隊第二隊隊長。後赴南京，任國民革命軍總司令部訓練處科員，軍事委員會委員長侍從室副官。後任國民革命軍第九軍（軍長顧祝同）第三師補充團第三營營長，1927 年 8 月隨部參加龍潭戰役。1928 年 2 月任國民革命軍第一軍第二師司令部直屬工兵營營長，1930 年 5 月隨部赴河南鄭州、開封參加中原大戰。1931 年 4 月任陸軍第十師第五十九團團長，1931 年

---

[118] 黃美真等編，復旦大學出版社 1984 年 2 月《上海大學史料》第 51 頁記載。

8 月任豫鄂皖三省邊區「剿匪」總司令部政治訓練處（處長賀衷寒）訓練科科長，1932 年兼任廬山軍官訓練團教育委員會工兵組組長。1933 年 7 月 20 日南京中央陸軍軍官學校校本部特別黨部執行委員會召集第二次全校黨員大會，其被推選為中國國民黨南京中央陸軍軍官學校第四屆特別黨部執行委員會執行委員。[119]1933 年 10 月 20 日被南京中央陸軍軍官學校第四屆特別黨部執行委員會推舉為常務委員。[120]1933 年 11 月接酆悌任南京中央陸軍軍官學校第八期、第九期第二總隊政治訓練處處長，兼任中華民族復興社南京中央陸軍軍官學校分社書記。1934 年 7 月獲官費赴德國留學，先入德國陸軍工兵專科學校學習，1935 年 10 月考入柏林陸軍大學學習，重點學習機械化部隊理論，1937 年 5 月畢業回國，向南京最高軍事當局建議組建現代化國防軍，頗受蔣中正賞識器重。抗日戰爭爆發後，1937 年 8 月被國民政府軍事委員會銓敘廳頒令敘任陸軍工兵上校。任中央陸軍軍官學校教導總隊（總隊長桂永清）司令部參謀長，率所部四萬部隊參加淞滬會戰。1937 年 12 月率部西撤參加南京保衛戰，奉命防守紫金山、孝衛陵一線，12 月 13 日南京陷落後撤退不及，喬裝老百姓藏匿鄉間半月。後潛行句容至江陰渡江，輾轉徐州至武漢，1938 年 2 月任軍事委員會戰時將校研究班教務幹事。1938 年 3 月任陸軍第二〇〇師副師長，兼任突擊軍第一縱隊司令部司令官，率部參加蘭封戰役、信陽戰役諸役。1939 年 6 月 24 日被國民政府軍事委員會銓敘廳頒令敘任陸軍少將。1939 年 10 月任陸軍新編第五軍（軍長杜聿明）新編第二十二師師長，率部參加桂南昆侖關戰役，1939 年 12 月 20 日率部參加對日軍第十二旅團圍殲戰，擊斃旅團長中村正雄少將。戰後獲頒四等雲麾勳章，1940 年 5 月任陸軍第五軍副軍長，1940 年 9 月調任軍事委員會委員長侍

[119] 中國第二歷史檔案館供稿：檔案出版社 1989 年 7 月出版、華東工學院編輯出版部影印《黃埔軍校史稿》第七冊第 189 頁記載。

[120] 中國第二歷史檔案館供稿：檔案出版社 1989 年 7 月出版、華東工學院編輯出版部影印《黃埔軍校史稿》第七冊第 189 頁記載。

從室參議，不久調任軍政部第十六補充訓練總處處長，統轄三個訓練分處負責訓練補充兵員三萬多人，其間兼任重慶衛戍總司令部第三警備區司令部司令官。1942 年任中央陸軍軍官學校第七分校（主任胡宗南兼）副主任，1942 年 12 月任陸軍新編第一軍軍長，1943 年 1 月 28 日任（由新編第一軍軍長改任）第五集團軍（總司令杜聿明）陸軍第五軍軍長，統轄陸軍第四十九師（師長彭璧生）、第九十六師（師長余韶、黃翔）、第二〇〇師（師長高吉人）及六個特種兵團共約 45000 兵員，率部參加中國遠征軍滇西緬北抗日戰事，1944 年 11 月率部攻克龍陵、芒市。1945 年 1 月 30 日獲頒三等寶鼎勳章及美國政府銅質自由勳章。抗日戰爭勝利後，1945 年 10 月獲頒忠勤勳章。1946 年 5 月獲頒勝利勳章。1947 年 10 月任陸軍整編第五軍軍長，兼任整編第五師師長，1948 年 9 月任第二兵團司令部代司令官。1948 年 9 月 22 日被國民政府軍事委員會銓敘廳頒令敘任陸軍中將。1948 年 10 月任徐州「剿匪」總司令（劉峙）部第二兵團司令部司令官，率部在淮海戰場與人民解放軍作戰。所部在淮海戰役被全殲，其於 1949 年 1 月 10 日在陳官莊自殺身亡。1949 年 1 月 19 日被追贈陸軍上將銜。後被臺灣當局准予入祀臺北「國軍忠烈祠」。臺灣出版有《邱清泉集》（邱清泉著）、《邱故上將清泉紀念集》（臺灣《邱故上將清泉紀念集》編纂委員會編纂）、《民族戰士邱清泉》（邱子靜著）等。

沈國臣（1896 － 1948）別字良鏞、國成，別號方訓、復生，浙江東陽人。廣州黃埔中國國民黨陸軍軍官學校第二期步兵科、南京中央交通輜重學校高級班畢業。1924 年 8 月考入廣州黃埔中國國民黨陸軍軍官學校第二期步兵科學習，在校學習期間加入孫文主義學會，1925 年 2 月 1 日隨軍校教導團參加第一次東征作戰，進駐廣東潮州短期訓練，1925 年 5 月 30 日隨軍返回廣州，繼返回校本部續學，1925 年 9 月畢業。分發國民革命軍第一軍第一師步兵連見習、排長，1925 年 10 月隨部參加第二次東征作戰。1926 年 7 月隨部參加北伐戰爭，任國民革命軍第一軍第一師步兵營連長、營附。1928 年 10 月任南京衛戍司令部憲兵第一團第二營營長，團附，1929年任中央憲兵司令部第三科科長，1930年任浙江省保安總隊第七團團長，太湖「清剿」區指揮部指揮官。1936年12月任交通輜重兵團第三團團長。抗日戰爭爆發後，任軍政部輜重兵駕駛教育團團長。1944年12月任陸軍總司令部部附。抗日戰爭勝利後，1945年10月獲頒忠勤勳章。任聯合後方勤務總司令部川陝區運輸司令部司令官。1946年5月獲頒勝利勳章。1946年12月年任蘭州綏靖主任公署交通處處長，聯合後方勤務總司令部第二｜八兵站總監，聯合後方勤務總司令部物資處理委員會中將銜委員等職。1948年12月因病逝世。

陳　焰（1900－1930）別字醉震，浙江青田人。廣州黃埔中國國民黨陸軍軍官學校第二期工兵科畢業。1924年8月考入廣州黃埔中國國民黨陸軍軍官學校第二期工兵科學習，在校學習期間加入孫文主義學會，1925年2月1日隨軍校教導團參加第一次東征作戰，進駐廣東潮州短期訓練，1925年5月30日隨軍返回廣州，繼返回校本部續學，1925年6月隨部參加對滇桂軍閥楊希閔部、劉震寰部軍事行動，1925年9月畢業。分發國民革命軍第一軍第一師見習，1925年11月隨部參加第二次東征作戰。1926年7月隨部參加北伐戰爭，任國民革命軍第一軍第一第二旅步兵團排長、連長、營長，隨部參加龍潭戰役、中原大戰諸役。1930年5月任陸軍第一師第二旅第五團團長。1930年7月13日在河南與馮玉祥部作戰時中彈陣亡。[121]

陳玉輝

陳玉輝（1904－1990）別字韞山，別號白卷，浙江浦江縣登臨村人。浦江縣城中高等小學、舊制省立浦江中學、廣州黃埔中國國民黨陸軍軍官學校第二期工兵科畢業。1904年2月20日生於浦江縣登臨村一個書香之家。父隆遇，熟讀經書而不與科試，為鄉間行醫謀

[121] 中國第二歷史檔案館供稿，華東工學院編輯出版部影印，檔案出版社1989年7月《黃埔軍校史稿》第八冊（本校先烈）第249頁第一期烈士芳名表記載1930年7月13日在河南陣亡。

生。幼年入本鄉私塾啟蒙，1918 年考入浦江縣城中高等小學就讀，1920 年考入舊制省立浦江中學學習，畢業後返回原籍任教一年。其間于志同道合同學組成「同心會」，從事地方公益事業。1924 年夏因案被誣陷，遂與親戚葛武棨南下廣東。1924 年 8 月考入廣州黃埔中國國民黨陸軍軍官學校第二期工兵科學習，在校學習期間加入孫文主義學會，1925 年 2 月 1 日隨軍校教導團參加第一次東征作戰，進駐廣東潮州短期訓練，1925 年 5 月 30 日隨軍返回廣州，繼返回校本部續學，1925 年 6 月隨部參加對滇桂軍閥楊希閔部、劉震寰部軍事行動，1925 年 9 月畢業。分發留校服務，任第三期入伍連見習、排長，黃埔中央軍事政治學校第四期入伍生團連長。1926 年 7 月任國民革命軍第一軍第一師步兵營副營長，北伐東路軍總指揮部參謀。1927 年 1 月任國民革命軍總司令部新編第一師新編第三團黨代表，獨立第四師步兵團副團長，1927 年 9 月 11 日被推選為中國國民黨國民革命軍新編第一軍特別黨部（主席由軍長譚曙卿兼）候補執行委員。1928 年 6 月任獨立第四師步兵第三團團長，率部參加第二期北伐戰爭華北戰事。其間與張志新（福建人，上海大夏大學教育系畢業）結婚。1928 年 10 月國民革命軍編遣時所部裁撤免職，返回浙江任外海水上警察局「海靜號」緝私艦艦長。1929 年任浙江省保安第一團第二營營長，1931 年「九一八事變」後任南京參謀本部情報人員訓練班學生隊隊長，後奉派河北沙市、宜昌和貴州貴陽等地負責禁煙緝私事宜。其間於家鄉創辦登臨小學。1936 年 10 月任軍事委員會蘇浙特別行動委員會特種技術訓練大隊大隊長，抗日戰爭爆發後，任軍事委員會調查統計局忠義救國軍浙江行動總隊大隊長。後經同學李士珍舉薦，1937 年 10 月任中央警官學校教官、訓練主任，後隨警官學校遷移重慶。1939 年 10 月任中央警官學校訓練處處長，1943 年 10 月教育與訓練兩處合併後，任中央警官學校教育處處長。1944 年春兼任中央警官學校警政高等研究班副主任，1944 年 10 月任中央警官學校第二分校主任。抗日戰爭勝利後，仍任中央警官學校第二分校（廣州分校）主任。1945 年 10 月獲頒忠勤勳章。1946 年 5 月獲頒勝利勳章。1948 年 1 月任中央警官學校（校長李士珍）教育長，1949 年 2 月 5 日接李士珍任中央警官學校校長，1949 年 6 月 30 日免職。其間兼任浙江天臺山挺進縱隊司令部司令官，率部駐防大陳島時，浙江第七挺進縱隊司令部司令官。1949 年 12 月到臺灣，任臺灣省警官訓練班教官，臺灣全省高等員警幹部研究班教官。1952 年因病退休。1990 年 6 月 25 日因病在臺北逝世。

陳紹秋（1902 － 1927）別字複，浙江永康人。廣州黃埔中國國民黨陸軍軍官學校第二期步兵科畢業。1924 年 8 月考入廣州黃埔中國國民黨陸軍軍官學校第二期步兵科學習，在校學習期間加入孫文主義學會，1925 年 2 月 1 日隨軍校教導團參加第一次東征作戰，進駐廣東潮州短期訓練，1925 年 5 月 30 日隨軍返回廣州，繼返回校本部續學，1925 年 6 月隨部參加對滇桂軍閥楊希閔部、劉震寰部軍事行動，1925 年 9 月畢業。任廣州黃埔中央軍事政治學校第五期入伍生第二團（團長陳復）第一營（營長劉效龍）第二連連長，第五期學員總隊第二大隊大隊長。1927 年 12 月在廣州陣亡。

陳煥新（1903 －？）浙江紹興人。廣州黃埔中國國民黨陸軍軍官學校第二期輜重兵科畢業。1924 年 8 月考入廣州黃埔中國國民黨陸軍軍官學校第二期輜重兵科學習，在校學習期間加入孫文主義學會，1925 年 2 月 1 日隨軍校教導團參加第一次東征作戰，進駐廣東潮州短期訓練，1925 年 5 月 30 日隨軍返回廣州，繼返回校本部續學，1925 年 6 月隨部參加對滇桂軍閥楊希閔部、劉震寰部軍事行動，1925 年 9 月畢業。1931 年 12 月任陸軍第五軍第八十八師第二六四旅第五二七團第三營營長，1932 年 1 月隨部參加「一二八」淞滬抗日戰事。

周平遠（1900 － 1974）別字五峰，浙江諸暨縣湯江鄉五指山村人。廣州黃埔中國國民黨陸軍軍官學校第二期輜重兵科、陸軍輜重兵學校經理科畢業。1924 年 8 月考入廣州黃埔中國國民黨陸軍軍官學校第二期輜重兵科學習，在校學習期間加入孫文主義學會，1925 年 2 月 1 日隨軍校教導團參加第一次東征作戰，進駐廣東潮州短期訓練，1925 年 5 月 30 日隨軍返回廣州，繼返回校本部續學，1925 年 6 月隨部參加對滇桂軍閥楊希閔部、劉震寰部軍事行動，1925 年 9 月畢業。分發國民革命軍第一軍第一師輜重兵隊見習，1925 年 10 月隨部參加第二次東征作戰。1926 年 7 月隨部參加北伐戰爭，任國民革命軍第一軍第一師運輸隊隊長，交通輜重兵團第一團排長、連長、營長，中央警衛軍司令部兵站主任，國民革命軍總司令部後方勤務司令部浙江兵站部參謀長，浙江省保安處第一團中校團附，上海市公安局真如分局局長。抗日戰爭爆發後，任第十四集團軍補充師副師長，陸軍暫編第三軍司令部政工處處長，軍政部第六新兵補充訓練處政治訓練室主任。抗日戰爭勝利後，任東北交通警察總局政治部主任。1945 年 10 月獲頒忠勤勳章。1946 年 5 月獲頒勝利勳章。1946 年 11 月被國民政府軍事委員會銓敘廳敘任陸軍輜重兵上校。後任東北交通警察總隊部總務處處長。1948 年夏辭職，乘船返回浙江杭州。中華人民共和國成立後，定居杭州市區。1950 年在肅反運動中因「歷史問題」，被杭州市人民法院判處有期徒刑十五年。1966 年刑滿釋放，安排所在農場就業。「文化大革命」中受到衝擊與迫害，1974 年 10 月因病逝世。

周兆棠（1901 － 1973）別字芾亭，浙江諸暨縣湯江鄉人。湯江鄉牌頭同文高等小學、本鄉達才書院、杭州求實書院畢業，杭州中醫學校肄業，廣州黃埔中國國民黨陸軍軍官學校第二期輜重兵科畢業。1901 年 9 月 30 日生於諸暨縣湯江鄉五指山村一個農商家庭。幼年時入本村私塾啟蒙，少時考入湯江鄉牌頭同文高等小學就讀，畢業後入本鄉達才書院學習，畢業後考入杭州求實書院學習，畢業後繼入杭州中醫學校，肄業一年半。時逢中國國民黨上海執行部在市區環龍路黨部進行秘密招生，受同學影響與上海執行部工作人員鼓勵，遂報名應考，參加由沈應時主持的第二期工兵科考試，其時有 800 人應試，而初試及格錄取者僅 60 名，其領取入學通知及旅費即南下廣州。1924 年 8 月入黃埔中國國民黨陸軍軍官學校第二期輜重兵科學習，在校學習期間

周兆棠

加入孫文主義學會，1925 年 2 月 1 日隨軍校教導第二團（團長王柏齡）參加第一次東征作戰，任命令傳達所書記官，淡水之役後任兵站書記，負責軍械物資運輸，支援河婆之役，進駐廣東潮州短期訓練，1925 年 5 月 30 日隨軍返回廣州，繼返回校本部續學，1925 年 6 月隨部參加對滇桂軍閥楊希閔部、劉震寰部軍事行動，1925 年 9 月軍校畢業。分發軍校本部經理部出納員，1925 年 10 月隨部參加第二次東征作戰，派任國民革命軍總司令部兵站總監部輸送大隊大隊長，及時送達前方部隊竹梯 100 個，為攻克惠州爬城牆作好戰術準備。戰後改任國民革命軍第一軍第二師第六團特務連連長，奉調返任軍校本部經理處採辦科科長，兼任黃埔軍校駐省城辦事處主任。1926 年 7 月隨部參加北伐戰爭，先任國民革命軍第一軍第二師第六團輜重兵隊隊長，後任國民革命軍總司令部兵站總監部（總監俞飛鵬）金櫃科科長，親將軍費送達前方作戰部隊，北伐途中負責籌備設立韶關、長沙兵站事宜。攻克南昌後，被國民革命軍總司令部兵站總監部派任贛東財政特派員，兼任廣州國民政府派駐南昌稅務徵收總局局長。北伐軍進佔上海後，任國民革命軍總司令部兵站總監部上海總兵站總站長，統轄江浙兩省交接三角洲駐防軍隊後勤供給事宜。1927 年秋黃埔軍校第六、七期師生北撤浙江，任黃埔同學會承辦杭州失散學員訓練班（主任蔣伯誠）軍需處處長。複校南京中央陸軍軍官學校後，第六、七期學員歸併後任校本部經理處（處長陳良）副處長。1928 年 1 月任南京國民政府軍政部軍需署第三科科長，其間曾任浙江水上警察局處長半年。1928 年 10 月任軍事委員會政治訓練處（處長賀衷寒）秘書，兼任第一科科長，1930 年 1 月任軍事委員會南昌行營政治訓練處科長，後任軍事委員會駐南昌「剿匪」總司令部宣傳處科長，參與籌備星子特別人員訓練班。1931 年 10 月任軍事委員會漢口行營「剿匪」總司令部宣傳處代處長，兼任南昌、漢口「剿匪」總司令部宣傳處派駐南京辦事處主任。1934 年 10 月任中國國民黨南京中央黨部新聞處秘書，兼任第一科科長。1936 年 3 月被國民政府軍事委員會銓敘廳頒令敘任陸軍輜重兵上校。1936 年 12 月隨賀衷寒赴西安，輔佐顧祝同施行救援事宜，1937 年 1 月返回南京。抗日戰爭爆發後，任中國國民黨中央組織部軍隊黨務處處長。1937 年 11 月隨軍遷移重慶，1942 年 4 月任國民政府考試院法規委員會委員。1944 年 12 月 30 日任國民政府交通部（部長俞飛鵬）總務司司長。1945 年 1 月被推選為軍隊各特別黨部出席中國國民黨第六次全國代表大會代表，1945 年 5 月 20 日被推選中國國民黨第六屆中央執行委員會候補執行委員。1945 年 6 月 28 日被國民政府軍事委員會銓敘廳頒令敘任陸軍少將。抗日戰爭勝利後，任陸軍總司令部新聞處處長。1945 年 10 月獲頒忠勤勳章。1946 年 1 月奉派入中央訓練團將官班受訓，登記為少將學員，1946 年 3 月結業。1946 年 5 月獲頒勝利勳章。1946 年 7 月辦理退役。在南京與友人創辦建國棉紡廠，供應部隊軍服用品。抗日戰爭勝利後撰寫〈八年來之軍隊黨務〉，刊載於中國國民黨中央執行委員會《組織與訓練》第一卷，另載於《民國時期總書目——政治》下冊 728 頁，注明為中國國民黨中央組織部軍隊黨務處編，1946 年出版 16 開 150 頁，講述 1939 年至 1946 年軍隊黨務概況。另著有《軍隊黨務問題》（中央訓練團軍事政治教官班 1939 年 8 月出版，全書 30 頁 36 開，講述軍隊黨務工作的重要性及中心工作；載於《民國時期總書目——政治》下冊 727 頁）。1946 年 11 月 15 日被推選為軍隊出席（制憲）國民大會代表。1947 年 7 月被推選為黨團合併後的中國國民黨第六屆中央執行委員會候補執行委員。1948 年 5 月 4 日被推選為行憲第一屆國民政府立法院立法委員，其間奉派東北任選舉指導委員會委員。1949 年到臺灣，任臺灣省政府招商局常務董事，臺北中華毛紡織廠董事，後創辦臺北大華綢廠，任董事會董事長。1955 年 10 月任臺北復興航業公司董事長，兼任臺北市證券交易所理事，臺北中華貿易開發公司董事，康樂企業公司常務董事等職。1973 年 6 月 19 日因病在臺北逝世。

林華

林　華（1898 －？）別字有皖、仰華，別號一正、岳西、應潮，浙江平陽人。廣州黃埔中國國民黨陸軍軍官學校第二期步兵科畢業。1924年8月考入廣州黃埔中國國民黨陸軍軍官學校第二期步兵科學習，1925年9月畢業。1926年7月隨部參加北伐戰爭，時任國民革命軍步兵連連長，後任南京中央陸軍軍官學校第六期第一總隊步兵第四大隊第十三中隊少校中隊附等職。

林樹人（1905—1934）別字鑑唐，別號嘯天，浙江黃岩人。廣州黃埔中國國民黨陸軍軍官學校第二期步兵科、陸軍大學正則班第九期畢業。1924年8月考入廣州黃埔中國國民黨陸軍軍官學校第二期步兵科步兵隊學習，在校學習期間加入孫文主義學會，1925年2月1日隨軍校教導團參加第一次東征作戰，進駐廣東潮州短期訓練，1925年5月30日隨軍返回廣州，繼返回校本部續學，1925年6月隨部參加對滇桂軍閥楊希閔部、劉震寰部軍事行動，1925年9月畢業。1926年任廣州黃埔中央陸軍軍官學校第五期學生隊隊附等職。1926年7月隨部參加北伐戰爭，任國民革命軍第一軍第一師步兵團排長、副連長，第一軍第二十二師補充旅警衛連連長。1928年10月任縮編後的第一集團軍陸軍第一師第二旅司令部參謀。1928年12月考入陸軍大學正則班學習，1931年10月畢業。返回原部隊，任國民革命軍陸軍第一師（師長胡宗南）司令部參謀處處長，陸軍第一師補充旅第二團團長，率部參加對川陝紅軍及根據地的「圍剿」戰事。1934年12月因病逝世。

林樹人

鍾　松（1901—1995）別字長青，別號常青，浙江松陽人。松陽縣立高等小學、浙江省立第十一師範學校、廣州黃埔中國國民黨陸軍軍官學校第二期炮兵科、陸軍大學將官訓練班第一期畢業。1901年8月1日生於松陽縣城關一個耕讀家庭。1922年畢業於浙江省立第十一師範學校，1924年秋南下廣東，1924年8月考入廣州黃埔中國國民黨陸軍軍官學校第二期學習，在校學習期間加入孫文主義學會，1925年2月

鍾松

1 日隨軍校教導團參加第一次東征作戰，進駐廣東潮州短期訓練，1925 年 5 月 30 日隨軍返回廣州，繼返回校本部續學，1925 年 9 月軍校畢業。後隨部參加第二次東征作戰及廣州地區平定滇桂軍閥楊（希閔）劉（震寰）部叛亂諸役，留校任廣州中國國民黨陸軍軍官學校第三期軍械處第一庫少尉庫長等職。1925 年 11 月隨部第二次東征。後任廣州黃埔中央軍事政治學校第五期入伍生團連長，1926 年 7 月任國民革命軍總司令部炮兵第一團（團長蔡忠笏）第三營連長，炮兵第一旅（旅長蔡忠笏）第三營營長，1926 年 10 月任國民革命軍第一軍第二十一師司令部炮兵營營長等職，隨部參加北伐戰爭南昌、蚌埠、徐州、濟南諸役。1928 年 10 月部隊編遣，任縮編後的第一集團軍第三師步兵營營長，後調任陸軍第二師步兵營營長，1929 年 8 月任陸軍第二師（師長顧祝同）第六旅（旅長柏天民）第十二團團長，隨部參加中原大戰。1931 年秋率部參加對鄂豫皖邊區紅軍及根據地的「圍剿」作戰。1932 年 11 月任陸軍第二師（師長黃杰）第六旅（旅長柏天民）司令部旅附兼步兵第十二團團長，1933 年參加長城抗戰，率部與日軍激戰南天門。1933 年夏任陸軍第二師第六旅副旅長，1933 年秋任軍政部保定陸軍編練處第一旅旅長，1933 年 10 月任陸軍第二師（師長黃杰）補充旅旅長，統轄步兵第一團（團長楊文瑔）、第二團（團長鄧鍾梅）、第三團（團長李潔）等部。1935 年 2 月改任陸軍第一師（師長胡宗南兼）補充旅旅長，率部參加對長征途中紅軍第一方面軍、第四方面軍的「圍剿」作戰。1935 年 5 月 11 日被國民政府軍事委員會銓敘廳頒令敘任陸軍炮兵上校。1937 年 6 月奉派入廬山暑期中央軍官訓練團受訓，並任第二學員大隊（大隊長萬耀煌）第八中隊分隊長。抗日戰爭爆發後，任陸軍獨立第二十旅旅長，率部參加淞滬會戰之防守上海吳淞口及虹橋機場戰事。戰後因兵員損失較重，撤退後方與陸軍第六十一師合併，繼任陸軍第六十一師師長，隸屬陸軍第八軍（軍長黃杰）統轄。1938 年 4 月率部參加徐州會戰，仍任陸軍第九十軍（軍長嚴明）第六十一師師長，在黃河以北戰線抗擊日軍。1939 年 6 月 6 日被國民政府軍事委員會銓敘廳頒令敘任陸軍少將。1940 年 5 月率部參加中條山會戰，1942 年 2 月 11 日任第八戰區第三十七軍集團軍（總司令陶峙岳）陸軍第七十六軍（軍長李鐵軍兼）副軍長，1942 年 6 月 25 日調任昆明防守司令部陸軍第二軍（軍長王凌雲）副軍長，率部參加滇西遠征抗日戰役，參與指揮攻克平戈、芒市戰事。1945 年春奉派入中央軍官訓練團受訓，並任學員大隊大隊長。1945 年 4 月 13 日接吉章簡任第三十七集團軍（總司令丁德隆）陸軍新編第七軍軍長，1945 年 7 月 9 日該軍裁撤，同日被軍事委員會發表任陸軍第三十六軍軍長。1945 年 5 月 11 日因 1944 年 8 月滇西會戰功勳卓著獲頒青天白日勳章。1945 年 6 月奉派入陸軍大學將官訓練班第一期學習，1945 年 10 月畢業。抗日戰爭勝利後，仍任陸軍第三十六軍軍長。1945 年 10 月獲頒忠勤勳章。1946 年 5 月獲頒勝利勳章。1946 年 6 月所部整編後，任陸軍整編第二十六師師長，統轄陸軍整編第二十八旅（旅長徐保）、整編第一二三旅（旅長劉子奇）、整編第一六五旅（旅長李日基）及三個獨立步兵團，全師兵員 3.3 萬人，係全美械裝備，率部駐防陝西關中地區。1947 年 3 月率部參加進攻延安戰役，所部在沙家店戰役中被人民解放軍重創。1948 年 1 月獲頒四等寶鼎勳章。1948 年 4 月 3 日任重建後的整編第二十九軍（軍長魯崇義）副軍長，1948 年 9 月該軍被裁撤並免職。1948 年 9 月部隊恢復軍番號後，再任陸軍第三十六軍軍長，1948 年 11 月兼任西安警備司令部司令官，1949 年 1 月免職。1949 年 1 月任第五兵團司令（裴昌會）部副司令官，後任陸軍總司令部第十二編練司令（胡宗南兼）部副司令官、代理司令官，率部在西南地區對人民解放軍作戰。1951 年 1 月任設立在大陳島的江浙反共救國軍總指揮（胡宗南）部副總指揮，1952 年任「浙江省政府」委員兼軍事處處長、代主席等職，後率部撤退臺灣。1953 年 1 月奉派入臺灣革命實踐研究院第二十三期受訓，江浙反共救國軍總指揮部裁撤後，負責善後及軍隊遷移臺灣事宜。1954 年奉派入臺灣國防大學聯合作戰系旁聽，1955 年任臺灣陸軍總司令部反共救國軍指揮部指揮官等職。1967 年 1 月以陸軍中將軍階除役。1971 年遷移荷蘭定居，1981 年發表為臺灣「僑務委員會」委員，曾組建荷蘭榮光會。曾赴美國僑居，曾參與組建大華府區黃埔軍校同學會，被推選為榮譽會長。1993 年旅居荷蘭期間曾接受臺灣中央研究院近代史研究所研究人員多次訪問。1995 年 3 月 7 日因病在荷蘭逝世。臺灣《傳記文學》第三十七卷第四期載有〈訪鍾松將軍談八一三淞滬抗戰〉（彭廣愷著）等。

胡履端（1902 －）別字宗銓，浙江蕭山人。廣州黃埔中國國民黨陸軍軍官學校第二期步兵科畢業。1924 年 8 月考入廣州黃埔中國國民黨陸軍軍官學校第二期步兵科學習，在校學習期間加入孫文主義學會，1925 年 2 月 1 日隨軍校教導團參加第一次東征作戰，進駐廣東潮州短期訓練，1925 年 5 月 30 日隨軍返回廣州，繼返回校本部續學，1925 年 9 月軍校畢業。1926 年 7 月隨部參加北伐戰爭，1927 年 12 月任杭州失散黃埔同學登記處幹事，國民革命軍總司令部補充第六團團附，1930 年 10 月任中央各軍事學校畢業生調查處浙江分處副主任。1932 年 3 月加入中華民族復興社，後任黃埔同學會浙江分社駐南京辦事處副主任。抗日戰爭爆發後，1938 年 2 月任軍事委員會調查統計局政治設計委員會委員。抗日戰爭勝利後，1945 年 10 月獲頒忠勤勳章。1946 年 5 月獲頒勝利勳章。1947 年 10 月 10 日被國民政府軍事委員會銓敘廳敘任陸軍少將。

胡燮榮（1897 －？）原名燮榮，[122] 別字亦仁，後改名問行，浙江東陽人。廣州黃埔中國國民黨陸軍軍官學校第二期步兵科畢業。1924 年 8 月考入廣州黃埔中國國民黨陸軍軍官學校第二期步兵科學習，在校學習期間加入孫文主義學會，1925 年 2 月 1 日隨軍校教導團參加第一次東征作戰，進駐廣東潮州短期訓練，1925 年 5 月 30 日隨軍返回廣州，繼返回校本部續學，1925 年 6 月隨部參加對滇桂軍閥楊希閔部、劉震寰部軍事行動，1925 年 9 月畢業。分發國民革命軍第一軍第一師見習，1925 年 10

[122] 湖南省檔案館校編、湖南人民出版社《黃埔軍校同學錄》記載。

月隨部參加第二次東征作戰。1926 年 7 月隨部參加北伐戰爭，任國民革命軍北伐東路軍總政治部宣傳科科長，兼任宣傳隊隊長，第一軍第一師第二團黨代表。1927 年 5 月任福州市公安局政治部主任。

施覺民（1904 － 1990）別字省吾，別號新吾，浙江武義人。本縣壺山高等小學畢業，杭州浙江省立第一師範學校肄業，廣州黃埔中國國民黨陸軍軍官學校第二期步兵科畢業。1904 年 6 月 24 日生於武義縣城關一個商紳家庭。父惠之，母徐氏，生育四子，其居長。幼年入本村私塾啟蒙，少時考入本縣壺山高等小學就讀，畢業後考入杭州浙江省立第一師範學校學習，聞知黃埔軍校招生資訊，毅然投筆從戎南下投考。1924 年 8 月考入廣州黃埔中國國民黨陸軍軍官學校第二期步兵科學習，在校學習期間加入孫文主義學會，1925 年 2 月 1 日隨軍校教導團參加第一次東征作戰，進駐廣東潮州短期訓練，1925 年 5 月 30 日隨軍返回廣州，繼返回校本部續學，1925 年 6 月隨部參加對滇桂軍閥楊希閔部、劉震寰部軍事行動，1925 年 9 月畢業。分發黨軍第一旅步兵連見習，隨部參加第二次東征作戰。1926 年 2 月任國民革命軍總司令部憲兵營排長，1926 年 7 月任國民革命軍總司令部警衛團第六連連長，隨部參加北伐戰爭粵贛等省戰事，在南昌牛行車站作戰時左胸負重傷。痊癒後，1927 年入國民革命軍總司令部軍官團受訓，繼入杭州國民革命軍總司令部補充第四團（團長俞濟時）團部參謀。1929 年 2 月任南京國民政府警衛團（團長俞濟時）第一營營長，其後警衛團擴編為警衛旅，任國民政府警衛旅（旅長俞濟時）司令部特務營營長。1930 年 6 月任國民政府警衛司令（俞濟時）部特務團團長，1930 年 10 月任國民政府中央警衛軍警衛第二師（師長俞濟時）第一團團長。1931 年 12 月警衛第二師改編，任陸軍第八十八師（師長俞濟時）第二六四旅（旅長）步兵第五二七團團長。1932 年 1 月率部參加「一二八」淞滬抗日戰事，扼守上海廟行鎮，力拒日軍進犯。1932 年 8 月任浙江省保安第二團團長，1933 年 6 月任浙江省保安第二縱隊指揮部指揮官，負責訓練整編新組建的保安第六、第七、第八、第九團。1934 年 4 月任閩浙贛皖邊區第一縱隊（司令官俞濟時）總預備隊指揮官，率部參加對閩浙贛紅軍及根據地「圍剿」戰事，1935 年 1 月紅軍第十軍團（方志敏、尋淮洲部）在安徽懷玉山區被圍殲。抗日戰爭爆發後，任軍事委員會委員長侍從室高級參謀，國民政府軍政部第二署科長。1937 年 12 月任陸軍新編第二十師（師長）副師長，率部參加抗日戰事。1939 年 10 月被國民政府軍事委員會銓敘廳頒令敘任陸軍步兵上校。後任福建建甌警備司令部司令官，福建省第一保安縱隊司令部司令官，兼任福建省幹部訓練團教育長，率部守備福建沿海，抵禦日軍來犯。後奉俞濟時調赴重慶，1944 年 4 月任軍事委員會委員長侍從長（俞濟時）室第一組（侍衛官組）組長（掛陸軍少將銜）。抗日戰爭勝利後，隨軍遷移南京。1945 年 10 月獲頒忠勤勳章。1945 年 11 月 1 日軍事委員會委員長侍從室裁撤，1946 年 5 月 17 日簡任南京國民政府參軍處參軍，仍兼國民政府主席警衛職責，多次隨侍蔣中正出巡視察。1947 年 11 月 1 日接唐毅任重慶特別市警察局局長，1947 年 12 月 1 日免國民政府參軍職。1949 年 2 月 20 日任福建省保安司令部副司令官，兼任福州市警察局局長。1949 年 8 月 1 日任設立於臺北陽明山麓的中國國民黨總裁辦公室第八組組長，負責警衛事宜。1949 年 12 月任「總統府」軍務局第一處處長，隨侍蔣中正赴西南部署軍事，後飛返臺灣。1950 年 3 月 21 日任「總統府」第三局局長，主管典禮、印鑄和總務事宜。1952 年 3 月 10 日敘任陸軍少將。1952 年 10 月任「總統府」參軍，1962 年 5 月屆齡依例退伍。受聘臺灣電視公司顧問。1970 年 4 月 6 日突患腦溢血病致半身不遂，住院治療後返回家中休養。1984 年 3 月病情惡化失去，成為植物人。1990 年 7 月 11 日因病在臺北逝世。

駱祖賓（1899 －？）浙江永康人。廣州黃埔中國國民黨陸軍軍官學校第二期步兵科畢業。1924 年 8 月考入廣州黃埔中國國民黨陸軍軍官學校第二期步兵科學習，在校學習期間加入孫文主義學會，1925 年 2 月 1 日隨軍校教導團參加第一次東征作戰，進駐廣東潮州短期訓練，1925 年

5 月 30 日隨軍返回廣州，繼返回校本部續學，1925 年 6 月隨部參加對滇桂軍閥楊希閔部、劉震寰部軍事行動，1925 年 9 月畢業。任國民革命軍陸軍步兵團排長、連長，隨部參加北伐戰爭和中原大戰。抗日戰爭爆發後，任陸軍步兵團營長、團長，後勤司令部供應局副局長，參議。抗日戰爭勝利後，1945 年 10 月獲頒忠勤勳章。1946 年 1 月奉派入中央訓練團將官班受訓，登記為少將學員，1946 年 3 月結業。1946 年 5 月獲頒勝利勳章。1947 年 6 月被國民政府軍事委員會銓敘廳頒令敘任陸軍步兵上校，同時辦理退役。

麻　植（1903 — 1927）別字愈高，別號炳登、印植，浙江青田人。浙江處州中學、廣州黃埔中國國民黨陸軍軍官學校第二期工兵科畢業。1923 年浙江處州中學畢業。1924 年 8 月考入廣州黃埔中國國民黨陸軍軍官學校第二期工兵科學習，加入中國共產黨，並任中共黃埔軍校特別支部候補幹事，1925 年 2 月 1 日隨軍校教導團參加第一次東征作戰，進駐廣東潮州短期訓練，1925 年 5 月 30 日隨軍返回廣州，繼返回校本部續學，1925 年 6 月隨部參加對滇桂軍閥楊希閔部、劉震寰部軍事行動，1925 年 9 月畢業。1925 年 10 月任東征軍總政治部宣傳科科長，隨部參加第二次東征作戰。1926 年調任中共廣東區委軍事部秘書，1926 年 7 月國民革命軍出師北伐後，留守軍校負責中共軍委與軍校黨組織聯絡事宜。在周恩來、聶榮臻先後離開廣東後，一度負責中共廣東區委軍事部日常工作。1927 年 4 月廣州「清黨」時被捕關押，1927 年 4 月 16 日在廣州黃花崗遇害犧牲。其名列中共七大公佈的《死難烈士英名錄》。

黃祖塤（1900 — 1958）原名祖壎，[123] 別字伯笙，浙江浦江人。廣州黃埔中國國民黨陸軍軍官學校第二期步兵科畢業。1900 年 10 月 14 日生於浦江縣城一個農商家庭。1924 年 8 月考入廣州黃埔中國國民黨陸軍軍官學校第二期步兵科學習，在校學習期間加入孫文主義學會，1925 年 2

[123] 湖南省檔案館校編，湖南人民出版社《黃埔軍校同學錄》記載。

月 1 日隨軍校教導團參加第一次東征作戰，進駐廣東潮州短期訓練，曾入中央軍事政治學校潮州分校繼續學業，1925 年 5 月 30 日隨軍返回廣州，繼返回校本部續學，1925 年 6 月隨部參加對滇桂軍閥楊希閔部、劉震寰部軍事行動，1925 年 9 月畢業。分發國民革命軍第一軍第一師見習、排長，1925 年 10 月隨部參加第二次東征作戰。1926 年 7 月隨部參加北伐戰爭，任國民革命軍第一軍第一師步兵連連長，第一軍第二十二師步兵營營長，隨部參加中原大戰。1931 年 12 月任陸軍第一軍第一師獨立三十四旅步兵團團長。1933 年 10 月任陸軍第一師獨立旅第一團團長、副旅長。1935 年 5 月被國民政府軍事委員會銓敘廳頒令敘任陸軍步兵上校。抗日戰爭爆發後，隨陸軍第一軍第一師參加淞滬會戰。戰後任第一師獨立旅旅長，1938 年 7 月 1 日接桂永清任由原南京中央陸軍軍官學校教導總隊改編的陸軍第四十六師師長，[124]1938 年 8 月 20 日實任第五戰區司令長官（李宗仁）部第十七軍團（軍團長胡宗南）第二十七軍（軍長范漢傑）第四十六師師長，率部參加徐州會戰。後任中央陸軍軍官學校第七分校（西安分校）第二學員總隊總隊長。1940 年 1 月 9 日被國民政府軍事委員會銓敘廳頒令敘任陸軍少將。1942 年 1 月 27 日任第三十四集團軍（總司令胡宗南兼、李文）第二十七軍（軍長范漢傑兼，劉進）副軍長，兼任陸軍第四十六師師長。1942 年 10 月 15 日免兼陸軍第四十六師師長，專任陸軍第二十七軍（軍長劉進）副軍長。1943 年 4 月 17 日奉軍事委員會軍令部令與林英對調職務，轉任陸軍第七十六軍（軍長李鐵軍）副軍長。抗日戰爭勝利後，1945 年 10 月獲頒忠勤勳章。1946 年 5 月獲頒勝利勳章。1947 年 7 月 1 日接王晉任陸軍整編第二十三師師長，統轄陸軍整編第九十七旅（旅長薛敏泉）、整編第一九一旅（旅長陳希平、廖鳳運）等部，率部駐防甘肅張掖地區。恢復陸軍步兵軍編制後，

[124] 戚厚傑、劉順發、王楠編著：河北人民出版社 2001 年 1 月《國民革命軍沿革實錄》第 440 頁記載。

1948 年 2 月任陸軍二十七軍軍長。1948 年 9 月 22 日被國民政府軍事委員會銓敘廳頒令敘任陸軍中將。任陸軍第九十一軍軍長。1949 年 12 月在甘肅酒泉被人民解放軍俘虜。中華人民共和國成立後，關押於戰犯管理所學習與改造，1958 年因病在獄中逝世。

蔣友諒（1902 － 1928）浙江諸暨人。諸暨縣立高等小學、寧波工業專門學校、廣州黃埔中國國民黨陸軍軍官學校第二期工兵科畢業。早年先後就讀諸暨縣立高等小學、寧波工業專門學校。1923 年加入中國共產黨，受黨組織委派南下投考黃埔軍校。1924 年 8 月考入廣州黃埔中國國民黨陸軍軍官學校第二期工兵科學習，在學期間參加中國青年軍人聯合會活動，1925 年 3 月隨部參加第一次東征作戰，1925 年 6 月隨部參加對滇桂軍閥楊希閔部、劉震寰部的軍事行動，1925 年 9 月畢業。畢業後留軍校政治部工作，1926 年 1 月任軍校入伍生部政治部宣傳股股長。1926 年 6 月 27 日在黃埔軍校召開黃埔同學懇親會，被推選為黃埔同學會監察委員。1926 年 8 月隨部參加北伐戰爭，任國民革命軍第一軍第二師步兵連政治指導員。1927 年任中央軍事政治學校武漢分校政治科政治大隊教官。1927 年 7 月隨部參加鄂軍夏斗寅部的軍事行動。1927 年 8 月奉命返回家鄉從事地下工作。1928 年春被捕後犧牲。

蔣壽銘（1903 －？）別字壽民，浙江諸暨縣紫岩東鄉戴裡村人。廣州黃埔中國國民黨陸軍軍官學校第二期輜重兵科畢業。1924 年 8 月考入廣州黃埔中國國民黨陸軍軍官學校第二期輜重兵科學習，在校學習期間加入孫文主義學會，1925 年 2 月 1 日隨軍校教導團參加第一次東征作戰，進駐廣東潮州短期訓練，1925 年 5 月 30 日隨軍返回廣州，繼返回校本部續學，1925 年 6 月隨部參加對滇桂軍閥楊希閔部、劉震寰部軍事行動，1925 年 9 月畢業。分發任黃埔軍校入伍生團輜重兵隊隊長，1925 年 10 月隨部參加第二次東征作戰。1926 年 7 月隨部參加北伐戰爭，任國民革命軍第一軍第二師司令部輜重兵連連長。1927 年 12 月任第一軍第二十二師司令部後方兵站主任，隨部參加第二期北伐戰爭。1930 年 5 月隨部參加中原大戰。1932 年 12 月任軍事委員會委員長開封行營駐南京辦事處副主任，1933 年 10 月任「剿匪」軍第二縱隊司令部軍需主任。抗日戰爭爆發後，任第三戰區司令長官部第六兵站部支部長，第十一兵站部副監。抗日戰爭勝利後，1945 年 10 月獲頒忠勤勳章。1946 年 1 月任聯合後方勤務總司令部高級參謀。1946 年 5 月獲頒勝利勳章。1946 年 7 月退役。

葛雨亭（1900 － 1962）別字汝民，別號天明，浙江東陽人。廣州黃埔中國國民黨陸軍軍官學校第二期工兵科畢業。1924 年 8 月考入廣州黃埔中國國民黨陸軍軍官學校第二期工兵科學習，在校學習期間加入孫文主義學會，1925 年 2 月 1 日隨軍校教導團參加第一次東征作戰，進駐廣東潮州短期訓練，1925 年 5 月 30 日隨軍返回廣州，繼返回校本部續學，1925 年 9 月軍校畢業。1925 年 10 月隨部參加第二次東征作戰，任國民革命軍第一軍第三師司令部工兵連見習、排長。1926 年 7 月隨部參加北伐戰爭，任國民革命軍總司令部輜重兵團第六隊隊長、連長，國民革命軍第一軍司令部輜重兵團第一營營長，隨部參加中原大戰。1934 年 10 月任軍政部汽車輜重兵第二團團長，率部駐防南京地區。抗日戰爭爆發後，隨部參加南京保衛戰。1938 年 10 月任第三戰區司令長官部交通處副處長、處長，兼任戰區交通輜重兵運輸團團長。抗日戰爭勝利後，1945 年 10 月獲頒忠勤勳章。1946 年 5 月獲頒勝利勳章。1947 年 7 月 31 日被國民政府軍事委員會銓敘廳敘任陸軍工兵上校。1947 年 11 月 21 日被國民政府軍事委員會銓敘廳頒令敘任陸軍少將。任浙南「清剿」區司令部副司令官，兼任參謀長。1949 年到臺灣。1962 年春因病在臺北逝世。

葛武棨（1901 － 1981）浙江浦江人。浦江縣高等小學、浦江縣立中學畢業，上海震旦大學經濟科肄業，廣州黃埔中國國民黨陸軍軍官學校第二期工兵科畢業，日本東京明治大學經濟系肄業。1901 年 10 月 20 日（另載生於民國前十一年九月九日）生於浦江縣寺平村一個耕讀家庭。其父農商兼顧，家境殷實。幼年入本村私塾啟蒙，考入浦

葛武棨

江縣高等小學就讀，繼入浦江縣立中學學習直至畢業，1922 年考入上海震旦大學經濟科學習，在學期間常到中國國民黨上海執行部，受到三民主義及國民革命思潮薰陶。時值黃埔軍校招生考試於上海執行部秘密進行，獲得推薦應試，其父得知後，堅決反對投考，後經其耐心說服，並保證：軍校畢業後不帶兵，一在機會就退出軍界，才獲得勉強同意。匆忙南下廣州，才知錯過了第一期複試時間。1924 年 8 月考入廣州黃埔中國國民黨陸軍軍官學校第二期工兵科學習，在校學習期間加入孫文主義學會，被推選為該會執行秘書，1925 年 2 月 1 日隨軍校教導團參加第一次東征作戰，進駐廣東潮州時，入新成立的中央軍事政治學校潮州分校短期訓練，1925 年 5 月 30 日隨軍返回廣州，繼返回校本部續學，1925 年 6 月隨部參加對滇桂軍閥楊希閔部、劉震寰部的軍事行動，1925 年 9 月軍校畢業。孫文主義學會結束後，被蔣中正指定為黃埔同學會籌備委員。1926 年 7 月隨部參加北伐戰爭，任北伐東路軍第一軍司令部黃埔同學會秘書。北伐軍克復浙江後，任國民革命軍北伐東路軍總指揮部駐杭州辦事處主任，東路軍駐杭州總指揮部政治部主任。1927 年 7 月奉派赴日本留學，入東京明治大學經濟系學習，1931 年「九一八事變」發生後回國。任中國國民黨浙江省特別黨部執行委員，其間與邱一青結婚。其間兼任中國國民黨南京市特別黨部執行委員，1931 年 10 月任國民政府軍事委員會委員長侍從室第五組秘書。1932 年 3 月參與籌備「中華民族復興社」，正式成立時被推選為「中華民族復興社」中央幹事會幹事。後奉國民政府委派，1933 年 2 月 3 日任寧夏省政府（主席馬鴻逵）委員，兼任省政府教育廳廳長，1935 年 1 月 21 日免職。其間兼任中華復興社寧夏支社書記。返回南京後，仍任軍事委員會委員長侍從室秘書。1936 年 12 月隨蔣中正及中央大員赴西安，「西安事變」發生後被囚禁。抗日戰爭爆發後，隨國民政府遷移西南地區。1937 年 12 月 17 日任甘肅省政府（主席朱紹良、賀耀組）委員，兼任省政府教育廳廳長，1938 年 9 月 22 日免職。其時還兼任設立於蘭州的西北幹部訓練團教育長。1939 年 10 月到 1945 年任軍事委員會戰時幹部教育總團第四團（駐西安）教育長，先後培訓西北及淪陷區青年學生、淪陷區各大學教授及黨政軍各級幹部四萬餘人。1943 年 3 月 29 日被推選為三民主義青年團中央團部第一屆中央幹事會幹事。1945 年 1 月被軍隊各特別黨部推選為出席中國國民黨第六次全國代表大會代表，1945 年 5 月 20 日赴重慶出席中國國民黨第六屆第一次會議。抗日戰爭勝利後，仍任戰時幹部訓練第四團教育長。1945 年 10 月獲頒忠勤勳章。1946 年 5 月獲頒勝利勳章。1946 年 10 月任中國國民黨中央執行委員會農工部副部長。1946 年 11 月 15 日被推選為浙江省出席（制憲）國民大會代表。1947 年 3 月 1 日被補選為國民參政會第四屆參政員。1947 年 7 月 7 日被國民政府軍事委員會銓敘廳頒令敘任陸軍少將。1947 年 11 月 18 日被國民政府軍事委員會銓敘廳頒令敘任陸軍中將。1948 年 3 月 29 日被推選為浙江省農會出席（行憲）第一屆國民大會代表。1949 年到臺灣，續任「國民大會」代表。1981 年 9 月 16 日因病在臺北逝世。著有《陝甘寧戍邊回憶記》等。其逝世後臺灣出版有《陸軍中將葛武棨先生紀念集》等。

闕　淵（1904 －？）別字浩川，別號士復，原載籍貫浙江杭縣人，[125] 又載浙江麗水人，[126] 另載其為越南人。[127] 廣州黃埔中國國民黨陸軍軍官學校第二期步兵科畢業。1924 年 8 月考入廣州黃埔中國國民黨陸軍軍官學校第二期步兵科學習，1925 年 9 月畢業。1926 年 1 月考入廣東航空學校第二期飛行班學習，1927 年任廣州黃埔國民革命軍軍官學校第六期第二總隊少校技術教官。參與軍校黨務工作，1929 年 10 月 9 日中國國民黨廣州黃埔國民革命軍軍官學校第七屆黨部籌備委員會召開全校代表大會，投票推選為廣州黃埔國民革命軍軍官學校第七屆黨部執行委

闕淵

[125] 湖南省檔案館校編，湖南人民出版社《黃埔軍校同學錄》記載籍貫浙江杭縣，通訊處：浙江麗水縣碧湘鎮。

[126]《廣州黃埔國民革命軍軍官學校第六期第二總隊教職官佐同學錄》記載。

[127] 航空工業出版社 1994 年 6 月《中國軍事航空》第 315 頁記載。

員會委員。[128]1929 年 10 月 26 日被中國國民黨廣州黃埔國民革命軍軍官學校第七屆特別黨部執行委員會推定為本黨部常務委員，[129] 並兼任總務部部長。時任廣州黃埔國民革命軍軍官學校第七期訓練部少校技術教官。1931 年 10 月任陸軍第五軍第八十八師第二六四旅步兵第五二八團第三營營長，1932 年 1 月隨部參加「一二八」淞滬抗日戰事。抗日戰爭爆發後，歷任陸軍步兵旅團長、副旅長，率部參加抗日戰事。1945 年 7 月被國民政府軍事委員會銓敘廳頒令敘任陸軍步兵上校。

蔡鴻猷（1897—1928）乳名德宣，別字哲臣，別號輝甫，又號舔甫，原載籍貫浙江蘭溪，[130] 另載浙江縉雲人。縉雲縣本鄉高等小學畢業，浙江陸軍教導隊肄業，浙江陸軍無線電話教導隊第一期、上海大學社會系肄業，廣州黃埔中國國民黨陸軍軍官學校第二期步兵科畢業。本鄉高等小學畢業後，1914 年隨父母遷移蘭溪居住，租種地方田地。曾任小學教員，1919 年外出當兵，入浙江陸軍教導隊服務，1922 年考入浙江陸軍無線電話教導隊第一期學習。1922 年加入中共。[131]1924 年入上海大學社會系學習，1924 年 8 月在上海大學參加黃埔軍校第二期招生考試，後赴廣州參加複試，1924 年 8 月考入廣州黃埔中國國民黨陸軍軍官學校第二期步兵科學習，1925 年 9 月畢業。在學期間隨軍參加了平定廣州商團叛亂、第一次東征、削平滇桂軍閥楊希閔部、劉震寰部軍事行動，1925 年 9 月畢業。歷任國民革命軍第一軍排長、連長、連黨代表，國民政府財政部緝私衛商總隊第一團第一營黨代表，財政部稅警團上校黨代表。1927

蔡鴻猷

[128] 中國第二歷史檔案館供稿：檔案出版社 1989 年 7 月出版、華東工學院編輯出版部影印《黃埔軍校史稿》第七冊第 148 頁記載。

[129] 中國第二歷史檔案館供稿：檔案出版社 1989 年 7 月出版、華東工學院編輯出版部影印《黃埔軍校史稿》第七冊第 148 頁記載。

[130] 湖南省檔案館校編湖南人民出版社《黃埔軍校同學錄》記載。

[131] 浙江省社會科學研究所編纂：浙江人民出版社 1983 年 4 月《浙江人物簡志》浙江簡志之二第 231 頁記載。

年 4 月 15 日在廣州「清黨」時被捕，關押於廣州郊外南石頭懲戒場，後轉囚於廣州市公安局拘留所，受盡酷刑堅貞不屈。1928 年 10 月 6 日在獄中遇害。中華人民共和國成立後，周恩來總理曾寫信給烈士家鄉證明其生前革命事蹟，1951 年 1 月 25 日被浙江省人民政府追認為革命烈士。

如上表情況所示，軍級以上人員 8%，師級人員 13%，兩項相加占 30.9%，共有 24 人在軍旅生涯中成為將領。第一期生的軍級與師級兩項相加為 60%，人員有 24 名。根據以上資料反映，雖然第二期生在人數與比例上有所增長，但在高級將領佔有比重，與第一期生比較差距較大。具體分析有以下幾方面情況：

軍級以上人員：邱清泉、鍾松、黃祖壎、李正先四人，從北伐開始一直在「黃埔」中央嫡系部隊服務，歷經抗日戰爭與內戰的許多重要戰役。其中：邱清泉具有職業軍人所需的各級軍校學歷，就讀過德國陸軍大學，在南京保衛戰中他任中央軍校教導總隊參謀長，所部配備的全副德國機械化裝備連同作戰人員損失慘重，其負重傷僥倖逃脫，在遠征印緬抗戰中，他率領的第二〇〇師、新編第二十二師和第五軍打出了國民革命軍軍威，是當時著名的抗日將領。鍾松、黃祖壎、李正先三人均係胡宗南部歷經第一師、第一軍、第十七軍團、第三十四集團軍各級要職老將，都是曾領兵數萬人的高級將領。李士珍、陳玉輝同為警務界先驅者並先後任中央警官學校教育長、校長，李士珍則是國民政府警務界奠基人和較長時期負責人。楊彬與葛武棨分別留學德國和日本，曾擔負軍校教育、軍隊黨務職責。

師級人員：沈國臣、湯敏中、葛雨亭歷任輜重兵各級主官，二十餘年軍旅生涯與軍隊後勤交通共始終；王岫、施覺民、周平遠均曾任警務界高級職務。

中共方面：吳振民曾任井岡山鬥爭時期工農革命軍和湘鄂贛邊紅軍高級指揮員，是中共領導的工農武裝鬥爭與根據地初創時期的先驅者和領導者；麻植在黃埔軍校時期就是著名的基層黨務和軍事工作者，是軍隊政治工作的早期實踐者與開拓者之一。

（四）江西省籍第二期生情況簡述

江西籍的第二期生，與第一期生比較數量相當，同列第四位。但是在高級將領檔次上落差較大，這種情形致使第二期生將領在民國軍政界影響微弱。

附表 15　江西籍第二期生歷任各級軍職數量比例一覽表

職級	中國國民黨	中國共產黨	人數	比例 %
肄業或未從軍	沈玉麟、陳光祥、梅　萼、歐陽桓、黃人俊、劉巽軒、張理猷、蕭振漢、郭　毅		9	17.3
排連營級	黃日新、楊耀唐、賴益躬、帥　正	蕭素民、徐遠揚、張源健	7	13.5
團旅級	劉道琳、蕭猷然、[illegible]、李　岷、毛　豐、丁國保、萬國藩、謝振華、謝振邦、盧　權、陳家駒、龍其光、黃征洋、陳又新	羅　英	15	28.8
師級	張松翹、許　鵠、王建煌、胡　霖、萬少成、龔建勳、史宏熹、幸華鐵、幸良模、胡靖安		10	19.2
軍級以上	徐樹南、沈發藻、劉子清、龍　韜、劉　夷、易　毅、熊仁榮、劉采廷、萬用霖、方　天、賴汝雄		11	21.2
合計	48	4	52	100

部分知名學員簡介：37 名

丁國保（1900 －？）別字國寶，江西修水人。廣州黃埔中國國民黨陸軍軍官學校第二期步兵科畢業。1924 年 8 月考入廣州黃埔中國國民黨陸軍軍官學校第二期步兵科學習，在校學習期間加入孫文主義學會，1925 年 2 月 1 日隨軍校教導團參加第一次東征作戰，進駐廣東潮州短期訓練，1925 年 5 月 30 日隨軍返回廣州，繼返回校本部續學，1925 年 6 月隨部參加對滇桂軍閥楊希閔部、劉震寰部軍事行動，1925 年 9 月畢業。分發國民革命軍第一軍第一師見習，1925 年 10 月隨部參加第二次東征作戰。後任國民革命軍第一軍第一師步兵團排長、連長、營長，隨部參加北伐戰爭、中原大戰諸役。1935 年 12 月任軍事委員會南昌行營第一綏靖區第一政治訓練分處副處長。

萬少成（1898 －？）別字紹誠，江西南昌人。廣州黃埔中國國民黨陸軍軍官學校第二期炮兵科畢業。1924 年 8 月考入廣州黃埔中國國民黨陸軍軍官學校第二期炮兵科學習，在校學習期間加入孫文主義學會，1925 年 2 月 1 日隨軍校教導團參加第一次東征作戰，進駐廣東潮州短期訓練，1925 年 5 月 30 日隨軍返回廣州，繼返回校本部續學，1925 年 9 月軍校畢業。隨黨軍第一旅參加第二次東征作戰。1936 年 12 月任南京中央陸軍軍官學校教導總隊第三團團長。抗日戰爭爆發後，任南京中央陸軍軍官學校教導總隊第二旅司令部參謀長，率部參加南京保衛戰。1938 年 10 月任陸軍預備第六師司令部參謀長，後任該師副師長。1940 年 12 月任軍委會南嶽游擊幹部訓練班學員總隊少將總隊長。後任太湖敵後游擊挺進縱隊司令部副司令官。抗日戰爭勝利後，任軍政部第二軍官總隊副總隊長。1945 年 10 月獲頒忠勤勳章。1946 年 5 月獲頒勝利勳章。1946 年 7 月辦理退役。

萬用霖（1903-1962）別字雨人，江西新建人。廣州黃埔中國國民黨陸軍軍官學校第二期步兵科畢業。在校學習期間加入孫文主義學會，1925 年 2 月 1 日隨軍校教導團參加第一次東征作戰，進駐廣東潮州短期訓練，1925 年 5 月 30 日隨軍返回廣州，繼返回校本部續學，1925 年 9 月軍校畢業。隨部參加第二次東征作戰、北伐戰爭，歷任國民革命軍總司令部警衛團排長、連長，中央警衛師步兵團營長，隨部參加中原大戰。1934 年 12 月任航空委員會特務團團長。後任南京中央陸軍軍官學校教導總隊中校大隊附。抗日戰爭爆發後，率部參加淞滬會戰、南京保衛戰。1938 年 10 月所部擴編後，任航空委員會特務旅旅長。抗日戰爭勝利後，任江西省保警第一師司令部參謀長。1945 年 10 月獲頒忠勤勳章。1946 年 5 月獲頒勝利勳章。1948 年 1 月任空軍總司令部淞滬地面警備司令部司令官。1948 年 9 月 22 日被國民政府軍事委員會銓敘廳頒令敘任陸軍少將。1949 年到臺灣，任空軍總司令部第六處處長。1959 年退役。1961 年 1 月 10 日因病在臺北逝世，另載 1962 年 2 月 18 日逝世。[132]

萬國藩（1899 －？）別字建屏，江西南昌人。建國桂軍幹部學校肄業，廣州黃埔中國國民黨陸軍軍官學校第二期炮兵科畢業。早年投效舊桂系軍隊，1923 年到隨軍廣東，入建國桂軍幹部學校學習。1924 年 8 月考入廣州黃埔中國國民黨陸軍軍官學校第二期炮兵科學習，在校學習期間加入孫文主義學會，1925 年 2 月 1 日隨軍校教導團參加第一次東征作戰，進駐廣東潮州短期訓練，1925 年 5 月 30 日隨軍返回廣州，繼返回校本部續學，1925 年 6 月隨部參加對滇桂軍閥楊希閔部、劉震寰部軍事行動，1925 年 9 月畢業。任廣州黃埔中國國民黨陸軍軍官學校入伍生總隊區隊長、排長、連長，1926 年 8 月隨軍參加北伐戰爭。1929 年 11 月奉派參與對方策陸軍第四十五師接管事宜，1929 年 11 月 28 日任陸軍第四十五師步兵團中校團附。抗日戰爭爆發後，任補充兵訓練分處教務組組長，陸軍步兵獨立旅副旅長。1945 年 7 月被國民政府軍事委員會銓敘廳頒令敘任陸軍炮兵上校。抗日戰爭勝利後，1945 年 10 月獲頒忠勤勳章。1946 年 5 月獲頒勝利勳章。1946 年 10 月任陸軍整編第二十九軍（軍長劉戡）司令部政工處處長。

毛　豐（1897 －？）別字翔雲，原載籍貫江西波陽，[133] 另載江西鄱陽人。廣州黃埔中國國民黨陸軍軍官學校第二期步兵科畢業。1924 年 8 月考入廣州黃埔中國國民黨陸軍軍官學校第二期步兵科學習，在校學習期間加入孫文主義學會，1925 年 2 月 1 日隨軍校教導團參加第一次東征作戰，進駐廣東潮州短期訓練，1925 年 5 月 30 日隨軍返回廣州，繼返回校本部續學，1925 年 6 月隨部參加對滇桂軍閥楊希閔部、劉震寰部軍事行

[132] 胡健國編著：臺北中華民國國史館 2003 年 12 月印行《近代華人生卒簡歷表》第 280 頁記載。

[133] 湖南省檔案館校編、湖南人民出版社《黃埔軍校同學錄》記載。

動，1925 年 9 月畢業。1926 年任中央軍事政治學校潮州分校第二期步兵第一隊隊長。後隨國民革命軍北伐東路軍參加北伐戰爭。1933 年 10 月任陸軍獨立第三十二旅步兵第六九五團團長。

方　天（1902—1991）別號天逸，又號空如，江西贛縣五雲橋圩人。1902 年 6 月 5 日生於贛縣五雲橋圩一個農戶家庭，另載生於 1904 年 7 月 17 日。[134] 江西省立贛州第四中學、廣州黃埔中國國民黨陸軍軍官學校第二期工兵科、陸軍大學正則班第十一期畢業，臺灣革命實踐研究院第二十五期結業。1924 年 8 月考入廣州黃埔中國國民黨陸軍軍官學校第二期工兵科工兵隊學習，1925 年 9 月畢業。任國民革命軍第一軍第二師第四團步兵連排長、連長，隨部參加攻克南昌城戰役。1928 年 10 月部隊編遣，任縮編後的第一集團軍陸軍第三師（師長顧祝同）步兵團團附等職。其間與易鳳郇在南京結婚。1929 年 1 月 20 日被推選為中國國民黨陸軍第三師特別黨部執行委員，1929 年 3 月任中央陸軍軍官學校武漢分校（教育長錢大鈞）第八期學員大隊大隊長，後任第十四師（師長張定璠、錢大鈞）第四十旅步兵第八十一團團長，率部參加對江西中央紅軍及根據地第一、第二次「圍剿」作戰。1932 年 12 月考入陸軍大學正則班學習，1934 年 2 月在學期間被推選為中國國民黨陸軍大學特別黨部第一屆候補監察委員，1935 年 12 月畢業。1936 年 1 月任陸軍第十四師（師長霍揆彰）第四十旅旅長，入陳誠系統為高級幕僚，「兩廣事變」發生後率部入粵，駐防粵漢路沿線。其間曾任陸軍第十八軍軍士教導總隊總隊長，1936 年 10 月任陸軍第十四師（師長霍揆彰）第二十七旅旅長等職。1936 年 12 月被國民政府軍事委員會銓敘廳頒令敘任陸軍步兵上校。1937 年 5 月 21 日被國民政府軍事委員會銓敘廳頒令敘任

方天

[134] 胡健國編著：臺北中華民國國史館 2003 年 12 月印行《近代華人生卒簡歷表》第 11 頁記載。

陸軍少將。任陸軍第十八軍（軍長羅卓英）第十一師（師長彭善）副師長。抗日戰爭爆發後，兼任中央陸軍軍官學校第十四期入伍生團團長、第一學員總隊總隊長等職。1938 年春兼任珞珈山軍官訓練團籌備委員會委員，1938 年 5 月接郭懺任陸軍第一八五師師長，隸屬武漢警備司令（郭懺）部序列，率部參加武漢會戰。1940 年 12 月接彭善任陸軍第十八軍軍長（第五任），統轄第十一師（師長方靖）、第十八師（師長羅廣文）、第一九九師（師長宋瑞珂）等部。其間於 1943 年 7 月任長江上游江防軍總司令（吳奇偉）部副總司令，兼任陸軍第十八軍軍長。1943 年 8 月接張耀明任陸軍第五十四軍軍長，1943 年 10 月 9 日因鄂西會戰石牌固守戰（1943 年 5 月 28 日）功勳卓著獲頒青天白日勳章，所部先後隸屬軍事委員會昆明行營、第五集團軍及遠征軍序列，率部參加打通中印運輸線抗日戰事，1944 年 7 月免職。其間於 1943 年 9 月接黃杰任第十一集團軍總司令（宋希濂）部副總司令，1944 年 4 月免職。率部先後參加隨棗會戰、棗宜會戰、第二次長沙會戰、鄂西會戰諸役。1944 年 4 月任第六戰區第二十集團軍總司令（霍揆彰）部副總司令，率部反攻滇西，強渡怒江收復騰沖。1944 年 8 月接王文宣任國民政府軍政部（部長何應欽、陳誠）軍務司司長，1945 年 1 月軍務司與交通司合併擴編為軍務署，繼任署長，統轄步兵、炮兵、工兵、輜重兵、交通兵、機械兵及馬政司七個兵種行政。1945 年 1 月被軍隊各特別黨部推選為出席中國國民黨第六次全國代表大會代表。1945 年 1 月獲頒三等寶鼎勳章。抗日戰爭勝利後，1945 年 10 月獲頒忠勤勳章。1946 年 5 月獲頒勝利勳章。1946 年 6 月 5 日任國民政府國防部第五廳廳長，負責編制與訓練事宜，1946 年 11 月 26 日免職，同日接郭寄嶠任參謀本部代理次長。1947 年 3 月轉任國民政府國防部第一廳廳長，1947 年 4 月 11 日實任參謀本部次長，1948 年 7 月免職。1948 年 1 月獲頒四等雲麾勳章。1948 年 8 月任國防部第一陸軍訓練處處長，1948 年 9 月初發表為長沙綏靖主任（程潛）公署副主任。1948 年 9 月 22 日被國民政府軍事委員會銓敘廳頒令敘任陸軍中將。1948 年 10 月 1 日抵長沙就職，1948 年 11 月兼任長沙綏靖主任公署南昌指揮所主任。1949 年 1 月 20 日任江西省政府主席，兼任江西省保安司令部及軍管區司令部司令官等職。1949 年 4 月任華中軍政長官（白崇禧）公署副長官，1949 年 6 月兼任駐贛州指揮所主任，1949 年 8 月兼任華中軍政長官公署政務委員會委員等職。1949 年秋乘飛機赴臺灣，曾任「國家安全會議國防計畫局」副局長等職。1953 年春入臺灣革命實踐研究院第二十五期受訓。1954 年 1 月遞補為第一屆「國民大會」代表，繼當選為第一屆「國民大會」第二次會議主席團主席，1960 年 2 月再次當選第一屆「國民大會」第三次會議主席團主席，1966 年 2 月當選為第一屆「國民大會」第四次會議主席團主席。1967 年 3 月任臺灣「國家總動員委員會」副主任委員。1972 年 2 月連任第一屆「國民大會」第五次會議主席團主席。1976 年 11 月任中國國民黨第十一屆中央評議委員會委員，1981 年 11 月任中國國民黨第十二屆中央評議委員會委員，1988 年任中國國民黨第十三屆中央評議委員會委員等職。1991 年 4 月 27 日因哮喘病併發症在臺北逝世。

王建煌（1904—？）別字浣歐，別號瀚歐，又號幹歐，江西興國人。廣州黃埔中國國民黨陸軍軍官學校第二期工兵科、陸軍大學將官班乙級第一期畢業。1924 年 8 月考入廣州黃埔中國國民黨陸軍軍官學校第二期工兵科工兵隊學習，在校學習期間加入孫文主義學會，1925 年 2 月 1 日隨軍校教導團參加第一次東征作戰，進駐廣東潮州短期訓練，1925 年 5 月 30 日隨軍返回廣州，繼返回校本部續學，1925 年 9 月軍校畢業。歷任國民革命軍第一軍第二十二師排長，第二十一師步兵連副連長，隨即參加北伐戰爭。1928 年 10 月任南京中央陸軍軍官學校第六期步兵第四大隊第十四中隊中隊附。1930 年 10 月任陸軍第十一師第三十一旅補充團連長、營長。1935 年 10 月任陸軍第三十六師步兵第一〇八團團長，率部參加對江西中央紅軍及根據地的「圍剿」作戰。抗日戰爭爆發後，任陸軍新編第二十三師司令部參謀主任、參謀長，陸軍獨立第十三旅旅長。1938 年 11 月被國民政府軍事委員會銓敘廳頒令敘任陸軍工兵上校。1938

年12月保送陸軍大學乙級將官班學習，1940年2月畢業。後任陸軍新編第二十三師副師長、代理師長，兼任陝西關中師管區司令（張鼎銘）部副司令官。1939年12月因張鼎銘涉嫌「挪用公款經商」被撤職，其以副司令官代理陝西關中師管區司令部司令官職。後任陝西華潼師管區司令部司令官。抗日戰爭勝利後，1945年10月獲頒忠勤勳章。任廣西南寧師管區司令部司令官。1946年5月獲頒勝利勳章。1948年9月22日被國民政府軍事委員會銓敘廳頒令敘任陸軍少將。1949年任國防部辦公廳主任，總統府特派華中戰地視察官等職。

盧　權（1902－？）別字君平，別號均平，江西南康人。廣州黃埔中國國民黨陸軍軍官學校第二期步兵科畢業。1924年8月考入廣州黃埔中國國民黨陸軍軍官學校第二期步兵科學習，在校學習期間加入孫文主義學會，1925年2月1日隨軍校教導團參加第一次東征作戰，進駐廣東潮州短期訓練，1925年5月30日隨軍返回廣州，繼返回校本部續學，1925年6月隨部參加對滇桂軍閥楊希閔部、劉震寰部軍事行動，1925年9月畢業。1929年10月任國民革命軍第陸軍二十師補充團第三營連長，隨部參加中原大戰。抗日戰爭爆發後，任陸軍步兵旅營長、團長、副旅長等職。抗日戰爭勝利後，1945年10月獲頒忠勤勳章。1946年5月獲頒勝利勳章。1946年1月奉派入中央訓練團將官班受訓，登記為少將學員，1946年3月結業。

龍其光（1901－？）別字壽藏，江西萍鄉人。廣州黃埔中國國民黨陸軍軍官學校第二期工兵科、莫斯科中山大學第一期畢業。1924年8月考入廣州黃埔中國國民黨陸軍軍官學校第二期學習，在校學習期間加入孫文主義學會，1925年2月1日隨軍校教導團參加第一次東征作戰，進駐廣東潮州短期訓練，1925年5月30日隨軍返回廣州，繼返回校本部續學，1925年6月隨部參加對滇桂軍閥楊希閔部、劉震寰部軍事行動，1925年9月畢業。考取選派前蘇聯留學資格，赴莫斯科中山大學第一期學習，1927年12月回國。抗日戰爭爆發後，率部參加抗日戰事。1945

年 1 月任陸軍第二十七軍政治部主任。抗日戰爭勝利後，1945 年 10 月獲頒忠勤勳章。1946 年 5 月獲頒勝利勳章。1946 年 11 月被國民政府軍事委員會銓敘廳敘任陸軍工兵上校。

史宏熹（1905 －？）江西南昌人。廣州黃埔中國國民黨陸軍軍官學校第二期輜重兵科、日本陸軍炮兵學校畢業。黃埔軍校第一期生史宏烈胞弟。1924 年 8 月考入廣州黃埔中國國民黨陸軍軍官學校第二期輜重兵科學習，在校學習期間加入孫文主義學會，1925 年 2 月 1 日隨軍校教導團參加第一次東征作戰，進駐廣東潮州短期訓練，1925 年 5 月 30 日隨軍返回廣州，繼返回校本部續學，1925 年 9 月軍校畢業。歷任國民革命軍總司令部輜重兵連排長、連長，隨部參加第一、二次東征作戰與北伐戰爭。後選派日本留學，入日本陸軍炮兵學校學習。畢業回國後，任陸海空軍總司令部直屬炮兵第一團第一營營長、副團長、團長。1936 年 3 月被國民政府軍事委員會銓敘廳頒令敘任陸軍炮兵上校。後任軍政部新編炮兵第四旅旅長。抗日戰爭爆發後，任陸軍第三十九軍暫編第五十一師師長，第九戰區司令長官部炮兵指揮部指揮官。1939 年 7 月 25 日被國民政府軍事委員會銓敘廳頒令敘任陸軍少將。後任軍事委員會軍事訓練部炮兵監部監員。抗日戰爭勝利後，1945 年 10 月獲頒忠勤勳章。1945 年 11 月奉派臺灣參與接收事務，任國民政府軍政部派駐臺灣第一要塞（基隆）調查組組長，後組成師級要塞指揮機構，1946 年 7 月任基隆要塞司令部司令官。

龍　韜（1899—1974）別號建略，江西永豐縣灃田市西周村人。廣州黃埔中國國民黨陸軍軍官學校第二期步兵科、日本陸軍士官學校第二十一期野戰炮兵科、陸軍大學將官班乙級第二期畢業。1924 年 8 月考入廣州黃埔中國國民黨陸軍軍官學校第二期步兵科步兵大隊學習，在校學習期間加入孫文主義學會，1925 年 2 月 1 日隨軍校教導團參加第一次東征作戰，進駐廣東潮州短期訓練，1925 年 5 月 30 日隨軍返回廣州，繼返回校本部續學，1925 年 9 月軍校畢業。任國民革命軍第一軍第二

龍韜

師司令部參謀。1927 年 10 月考取公費留學資格，並由各省軍政機關（或軍、師司令部舉薦）保送日本學習軍事，先入日本陸軍振武學校完成預備學業，繼入日本陸軍聯隊炮兵大隊實習，1928 年 4 月考入日本陸軍士官學校第二十一期學習，1930 年 7 月畢業。回國後，任杭州筧橋航空學校少校炮術教官，南京湯山中央炮兵學校教官，陸軍整理處炮兵組戰術教官，軍政部直屬炮兵獨立團團附、營長等職。抗日戰爭爆發後，任軍政部直屬獨立野戰炮兵團副團長、團長，率部參加抗日戰事。1944 年 12 月任重慶衛戍總司令部第一區司令部副司令官。1945 年 7 月被國民政府軍事委員會銓敘廳頒令敘任陸軍步兵上校。抗日戰爭勝利後，1945 年 10 月獲頒忠勤勳章。1946 年春入陸軍大學乙級將官班學習，1946 年 5 月獲頒勝利勳章，1947 年 4 月畢業。任華中「剿匪」總司令部高級參謀，陸軍第一〇三軍副軍長等職。1949 年到臺灣，1974 年 9 月 27 日因病在臺北逝世。

劉　夷（1904—1992）別號定一，江西吉安人。前徐州「剿匪」總司令部總司令劉峙胞弟。廣州黃埔中國國民黨陸軍軍官學校第二期工兵科、陸軍大學特別班第二期畢業。1924 年 8 月考入廣州黃埔中國國民黨陸軍軍官學校第二期工兵科工兵隊學習，在校學習期間加入孫文主義學會，1925 年 2 月 1 日隨軍校教導團參加第一次東征作戰，進駐廣東潮州短期訓練，1925 年 5 月 30 日隨軍返回廣州，繼返回校本部續學，1925 年 9 月軍校畢業。任國民革命軍第一軍第一師步兵團排長、連長、營長，步兵團團長等職。後任陸軍獨立第十四旅旅長，陸軍獨立第三十一旅旅長等職。1934 年 9 月入陸軍大學特別班學習，1936 年 2 月被國民政府軍事委員會銓敘廳頒令敘任陸軍少將，1937 年 8 月畢業。抗日戰爭爆發後，作戰失利後被日軍俘虜，1940 年 10 月 1 日被偽南京國民政府軍事委員會任命為首都警衛旅旅長。[135]1941

劉夷

[135] 郭卿友主編：甘肅人民出版社 1990 年 12 月《中華民國時期軍政職官志》第 1971

年 3 月 12 日被偽南京國民政府軍事委員會任命為中央陸軍軍士教導團團長，[136] 以原國民革命軍陸軍工兵學校為團址，主持訓練偽軍部隊軍士後備軍官。後任偽南京國民政府陸軍步兵師師長，偽南京國民政府軍事委員會軍事參議院中將參議。中華人民共和國成立後，留居南京市。1984 年 10 月被江蘇省人民政府任命為江蘇省人民政府參事室參事等職。1992 年 6 月因病在南京逝世。著有《北伐戰爭回憶》等。

劉子清（1904 － 2002）別字定瀾，江西樂平人。廣州黃埔中國國民黨陸軍軍官學校第二期步兵科畢業。1924 年 8 月考入廣州黃埔中國國民黨陸軍軍官學校第二期步兵科學習，在校學習期間加入孫文主義學會，1925 年 2 月 1 日隨軍校教導團參加第一次東征作戰，進駐廣東潮州短期訓練，1925 年 5 月 30 日隨軍返回廣州，繼返回校本部續學，1925 年 6 月隨部參加對滇桂軍閥楊希閔部、劉震寰部戰事，1925 年 9 月軍校畢業。1925 年 10 月隨部參加第二次東征作戰，任國民革命軍第一師第一旅第一團見習、排長。1926 年 7 月任國民革命軍第一軍第一師第一團連黨代表，隨軍參加北伐戰爭。1926 年 12 月任國民革命軍第六軍第十八師第五十二團步兵連連長。後奉命返回廣州，任中央軍事政治學校第五期政治部宣傳科指導股股長，廣州黃埔國民革命軍軍官學校第六期步兵大隊中隊附。1929 年 10 月隨軍校部分師生北上，任南京中央陸軍軍官學校第七期步兵第三大隊第十二中隊中隊長。1930 年 5 月任中央教導第二師步兵團營長，隨部參加中原大戰。1930 年 10 月任陸軍第四師司令部直屬特務團團長。1931 年 12 月 26 日任陸軍第四師

劉子清

頁記載。

136 郭卿友主編：甘肅人民出版社 1990 年 12 月《中華民國時期軍政職官志》第 1973 頁記載。

（師長徐庭瑤）第十旅（旅長王萬齡）第十九團團長，率部參加對江西紅軍及根據地的第二、三次「圍剿」戰事。1933 年 3 月 2 日調任軍事委員會委員長南昌行營上校參謀。抗日戰爭爆發後，1937 年 10 月任第五戰區司令長官部政治部主任。1938 年 4 月任川陝鄂邊綏靖公署政治部主任，1939 年 10 月任陸軍第四十四軍政治部主任。1942 年 1 月被國民政府軍事委員會銓敘廳敘任陸軍步兵上校。後任軍事委員會政治部第一廳副廳長，1944 年 10 月任政治部第一廳代理廳長，兼任政治工作人員業務研究班副主任。1945 年 6 月 28 日被國民政府軍事委員會銓敘廳敘任陸軍少將。抗日戰爭勝利後，1945 年 10 月獲頒忠勤勳章。1946 年 2 月任鄭州綏靖主任公署新聞處處長。1946 年 5 月獲頒勝利勳章。1946 年 11 月 15 日被推選為中國國民黨中央黨部直接遴選為出席（制憲）國民大會代表。1948 年 10 月 14 日任徐州「剿匪」總司令部政務委員會秘書長，1948 年 12 月任南京中央訓練團總團政治工作幹部高級研究班主任。1949 年 1 月任國防部九江指揮部政治工作處處長，隨軍駐防九江構築長江防線。1949 年 3 月 5 日任江西省政府（主席胡家鳳）委員，兼任省政府民政廳廳長，1949 年 4 月 1 日任江西省政府秘書長，兼任江西省保安司令部副司令官。1949 年 10 月到臺灣，1950 年 2 月任「國防部」中將高級參謀。其間奉派入臺灣革命實踐研究院受訓。續任「國民大會」代表。1952 年 3 月 1 日任臺灣高雄鳳山陸軍軍官學校（校長羅友倫）政治部主任。[137]1955 年 10 月任臺灣國防大學政治部主任，1957 年 1 月任「國防部」總政治部政治作戰計畫委員會主任委員。1958 年 10 月任陸軍總司令部政治部主任。1964 年以陸軍中將銜退役。後聘任臺北中正理工學院教授，政治作戰學院教授等職。晚年隨子女赴美國定居，2002 年 9 月 19 日因病在美國洛杉磯逝世。著有《從軍三十年》（臺灣高雄鳳山陸軍

137 容鑒光主編：臺北國防部史政編譯局1986年1月1日印行《黃埔軍官學校史簡編》第 452 頁記載。

軍官學校黃埔出版社 1954 年印行)、《中國歷代故事述評》等。

劉采廷（1899 － 1968）別名畔鄉，別字半荒，江西銅鼓人。廣州黃埔中國國民黨陸軍軍官學校第二期工兵科畢業。1899 年 1 月 12 日生於銅陵縣一個農戶家庭。1924 年 8 月考入廣州黃埔中國國民黨陸軍軍官學校第二期工兵科學習，在校學習期間加入孫文主義學會，1925 年 2 月 1 日隨軍校教導團參加第一次東征作戰，進駐廣東潮州短期訓練，1925 年 5 月 30 日隨軍返回廣州，繼返回校本部續學，1925 年 9 月畢業。分發國民革命軍第一軍第二師見習、排長，1925 年 10 月隨部參加第二次東征作戰。1926 年 7 月隨部參加北伐戰爭，任國民革命軍第一軍步兵團連長、營長。1933 年 9 月任陸軍第五師第十四旅第二十七團團長，率部參加對江西紅軍及根據地的第四、五次「圍剿」戰事，後任任北路軍第八縱隊第五師步兵第二十五團團長。率部「追剿」長征紅軍入滇黔邊區，任陸軍第五師第十四旅副旅長、旅長，兼任貴州省第一區保安司令部副司令官。1936 年 2 月任陸軍第五師副師長，兼任該師第十四旅旅長，抗日戰爭爆發後，任陸軍第五師副師長、代理師長，率部參加淞滬會戰、南京保衛戰。1938 年 6 月 16 日被國民政府軍事委員會銓敘廳頒令敘任陸軍少將。1939 年 4 月正式任陸軍第三十六軍第五師師長，1942 年 4 月任陸軍第三十六軍（軍長）副軍長，湖南洪江師管區司令部司令官。後辭去軍職。抗日戰爭勝利後，1945 年 10 月獲頒忠勤勳章。1946 年 5 月獲頒勝利勳章。1947 年 2 月 15 日被國民政府軍事委員會銓敘廳頒令敘任陸軍中將，同時辦理退役。返回原籍定居鄉間。1949 年 5 月加入中國民主同盟。中華人民共和國成立後，任銅鼓縣各界人民代表會議副主席，銅鼓縣人民政府委員會委員。1955 年加入中國國民黨革命委員會，任江西省人民政府參事室參事，民革江西省委員會委員。「文化大革命」中受到衝擊，1968 年 5 月被迫害致死。

劉道琳（1899 －？）江西九江人。廣州黃埔中國國民黨陸軍軍官學校第二期輜重兵科畢業。1924 年 8 月考入廣州黃埔中國國民黨陸軍軍官學校第二期學習，在校學習期間加入孫文主義學會，1925 年 2 月 1 日隨軍校教導團參加第一次東征作戰，進駐廣東潮州短期訓練，1925 年 5 月 30 日隨軍返回廣州，繼返回校本部續學，1925 年 6 月隨部參加對滇桂軍閥楊希閔部、劉震寰部軍事行動，1925 年 8 月畢業。1926 年 7 月隨部參加北統一廣東諸役，任國民革命軍第四軍第十一師第三十二團排長、連長，廣東第八路軍總指揮部警備團第一營副營長。1932 年 10 月任廣東第一集團軍第一軍司令部參謀等職。抗日戰爭爆發後，任陸軍第六十四軍政治部主任。抗日戰爭勝利後，仍任陸軍第六十四軍政治訓練處處長。1945 年 10 月獲頒忠勤勳章。1946 年 5 月被國民政府軍事委員會銓敘廳頒令敘任陸軍輜重兵上校。1946 年 5 月獲頒勝利勳章。

許　鵠（1905 － 1966）別字淩雲，江西樂平人。廣州黃埔中國國民黨陸軍軍官學校第二期步兵科、南京中央陸軍軍官學校高等教育班第一期[138]畢業。1906 年 12 月 22 日生於江西樂平縣一個農戶家庭。1924 年 8 月考入廣州黃埔中國國民黨陸軍軍官學校第二期學習，在校學習期間加入孫文主義學會，1925 年 2 月 1 日隨軍校教導團參加第一次東征作戰，進駐廣東潮州短期訓練，1925 年 5 月 30 日隨軍返回廣州，繼返回校本部續學，1925 年 9 月畢業。分發國民革命軍第一軍第二師步兵團見習，1925 年 10 月隨部參加第二次東征作戰。1933 年任陸軍第八十師陸軍步兵第一團團附、代理團長。抗日戰爭爆發後，1937 年 8 月被國民政府軍事委員會銓敘廳頒令敘任陸軍步兵上校。1938 年 5 月江西省軍管區司令部兵役科科長，兼任補充訓練第十團團長。1938 年 12 月兼任江西省萬年縣縣長。1939 年 12 月任陸軍第九軍第四十七師副師長，率部參加抗日戰事。抗日戰爭勝利後，仍任陸軍第四十七師副師長兼政治部主任。1945 年 10 月獲頒忠勤勳章。1946 年 5 月獲頒勝利勳章。1946 年 7 月退役。1949 年 2 月出任江西省第五區（景德鎮）行政督察專員，兼任該區保安司令部司令官。

[138]《南京中央陸軍軍官學校高等教育班第一至六期通訊同學錄》無載。

1949年4月30日在江西樂平被人民解放軍俘虜。中華人民共和國成立後，1953年被判處有期徒刑，1956年獲寬大釋放。1966年9月因病逝世。

張松翹（1901 －？）別字抱真，江西大庾人。廣州黃埔中國國民黨陸軍軍官學校第二期炮兵科畢業。1924年6月考入廣州黃埔中國國民黨陸軍軍官學校第二期炮兵科炮兵隊學習，在校學習期間加入孫文主義學會，1925年2月1日隨軍校教導團參加第一次東征作戰，進駐廣東潮州短期訓練，1925年5月30日隨軍返回廣州，繼返回校本部續學，1925年6月隨部參加對滇桂軍閥楊希閔部、劉震寰部軍事行動，1925年9月畢業。1926年任廣州中央軍事政治學校第四期軍械處官佐。抗日戰爭爆發後。任陸軍步兵團營長、團長，江西某團管區司令部副司令官。抗日戰爭勝利後，1945年10月獲頒忠勤勳章。1946年1月奉派入中央訓練團受訓，並任第三大隊大隊長。1946年5月獲頒勝利勳章。1947年10月任國防部附員。1948年1月被國民政府軍事委員會銓敘廳敘任陸軍炮兵上校。1948年3月被國民政府軍事委員會銓敘廳敘任陸軍少將，同時辦理退役。

張源健（1901 － 1928）別字建人，江西萍鄉人。廣州黃埔中國國民黨陸軍軍官學校第二期工兵科畢業。安源煤礦工人出身，加入安源礦務局路礦工人協會。1924年夏受中共黨組織委派南下廣東，1924年8月考入廣州黃埔中國國民黨陸軍軍官學校第二期工兵科學習，1925年3月隨部參加第一次東征作戰，1925年6月隨部參加對滇桂軍閥楊希閔部、劉震寰部軍事行動，1925年9月畢業。1925年10月加入中國共產黨，隨部參加第二次東征作戰。1926年7月隨部參加北伐戰爭，任國民革命軍第四軍葉挺獨立團第三營第一連連長，隨部參加北伐途中汀泗橋、賀勝橋和攻克武昌之役。1927年8月隨部參加南昌起義，失敗後奉派返回原籍鄉間。1927年12月在贛北組建工農革命軍游擊隊，任隊長。1928年春領導當地元宵暴動，任贛北游擊大隊大隊長，創建彭山、岷山、陳賀山等地工農武裝割據，率部抵禦地方武裝民團「圍剿」，1928年6月在作戰時中彈犧牲。

楊含富（1903 － 1951）別字軒烈，別號經略，江西永新人。廣州黃埔中國國民黨陸軍軍官學校第二期步兵科畢業。1924 年 8 月考入廣州黃埔中國國民黨陸軍軍官學校第二期步兵科學習，在校學習期間加入孫文主義學會，1925 年 2 月 1 日隨軍校教導團參加第一次東征作戰，進駐廣東潮州短期訓練，1925 年 5 月 30 日隨軍返回廣州，繼返回校本部續學，1925 年 6 月隨部參加對滇桂軍閥楊希閔部、劉震寰部軍事行動，1925 年 9 月畢業。1925 年 10 月隨部參加第二次東征作戰。1926 年 7 月隨部參加北伐戰爭，任國民革命軍第六軍炮兵營排長、連長。1934 年 12 月任江西省保安司令部保安第十三團團附。抗日戰爭爆發後，任第七戰區司令長官部補給區兵站分監。1945 年 1 月被國民政府軍事委員會銓敘廳頒令敘任陸軍步兵上校。抗日戰爭勝利後，1945 年 10 月獲頒忠勤勳章。1946 年 5 月獲頒勝利勳章。中華人民共和國成立後，被逮捕入獄，1951 年鎮反運動中被處決。

沈發藻（1904—1973）別字思魯，江西大庾人。江西省立第四中學、廣州黃埔中國國民黨陸軍軍官學校第二期工兵科、陸軍大學正則班第九期畢業。1904 年 10 月 8 日生於大庾縣城一個農戶家庭。1924 年 8 月考入廣州黃埔中國國民黨陸軍軍官學校第二期工兵科工兵隊學習，在校學習期間加入孫文主義學會，1925 年 2 月 1 日隨軍校教導團參加第一次東征作戰，進駐廣東潮州短期訓練，1925 年 5 月 30 日隨軍返回廣州，繼返回校本部續學，1925 年 9 月軍校畢業。任國民革命軍第一軍第一師第二團排長、連長，隨部參加第二次東征作戰及北伐戰爭。1928 年 12 月考入陸軍大學正則班學習，1931 年 10 月畢業。任國民政府警衛軍第一師第四

沈發藻

團團長，1931 年 10 月任陸軍第五軍（軍長張治中）第八十七師（師長王敬久）第二六一旅（旅長宋希濂）步兵第五二二團團長，1932 年 1 月率部參加「一•二八」淞滬抗日戰事。戰後任陸軍第八十七師（師長王敬久）第二五九旅副旅長、代理旅長等職，率部駐防福建福州地區。1935 年 5 月被國民政府軍事委員會銓敘廳頒令敘任陸軍步兵上校。1936 年 10 月 5 日被國民政府軍事委員會銓敘廳頒令敘任陸軍少將。抗日戰爭爆發後，率部參加淞滬會戰。1937 年 9 月任陸軍第八十七師副師長，率部參加南京保衛戰。1938 年 1 月任陸軍第八十七師師長，1939 年 5 月 26 日任陸軍第二軍副軍長，1939 年 10 月任中央陸軍軍官學校第八分校副主任。1940 年任中央陸軍軍官學校第十七期、第十八期校本部教育處處長等職。1941 年春任中央陸軍軍官學校第三分校副主任，1944 年 2 月任第二十七集團軍暫編第二軍軍長，率部參加長衡會戰諸役。抗日戰爭勝利後，1945 年 10 月獲頒忠勤勳章。1946 年 5 月獲頒勝利勳章。1946 年 6 月任陸軍總司令部第五署署長。1948 年 3 月 29 日被推選為江西省出席（行憲）第一屆國民大會代表。1948 年 5 月任裝甲兵訓練處處長，1948 年 6 月任國民政府國防部第五廳廳長等職。1948 年 9 月 22 日被國民政府軍事委員會銓敘廳頒令敘任陸軍中將。1949 年 3 月任第三編練司令部司令官，湘粵贛邊區「剿匪」總指揮部總指揮，第十三兵團司令部司令官，後任重建的的第四兵團司令部司令官，率陸軍第二十三軍、第七十軍撤至臺灣。1950 年起任臺灣陸軍第二十三軍軍長，臺灣防衛司令部副司令官。1953 年任臺灣陸軍總司令部副總司令，入臺灣國防大學聯合作戰系學習。1959 年任「總統府」戰略顧問委員會委員，後任臺灣光復大陸設計研究委員會委員。1973 年 2 月 4 日因病在臺北逝世。

陳銘

陳　銘（1898 － 1927）別字又新，江西贛縣人。贛縣縣立中學肄業，廣州黃埔中國國民黨陸軍軍官學校第二期步兵科畢業。贛縣中學肄業後，赴廣東投效駐粵贛軍，曾任贛軍獨立連排長，1924 年夏由駐粵贛軍選派投考黃埔軍校。1924 年 8 月考入廣州黃埔中國國民黨陸軍軍官學校第二期步兵科學習，在校學習期間加入孫文主義學會，1925 年 2 月 1 日隨軍校教導團參加第一次東征作戰，進駐廣東潮州短期訓練，1925 年 5 月 30 日隨軍返回廣州，繼返回校本部續學，1925 年 6 月隨部參加對滇桂軍閥楊希閔部、劉震寰部軍事行動，1925 年 9 月畢業。1925 年 10 月隨部參加第二次東征作戰，後任國民革命軍獨立第一師第一團第一營連長、副營長，1926 年 7 月隨部參加北伐戰爭湘鄂贛等省戰事。南昌克復後任江西省防軍第一團第一營營長，1927 年 2 月任國民革命軍第三師第五旅補充團代理團長，1927 年 8 月 30 日在江西會昌縣作戰陣亡。

幸華鐵（1900 － 1977）別字守義，別號秀凝，江西南康人。江西贛南中學畢業，上海大學社會學系肄業，廣州黃埔中國國民黨陸軍軍官學校第二期輜重兵科畢業。1924 年 8 月考入廣州黃埔中國國民黨陸軍軍官學校第二期輜重兵科學習，在校學習期間加入孫文主義學會，1925 年 2 月 1 日隨軍校教導團參加第一次東征作戰，進駐廣東潮州短期訓練，1925 年 5 月 30 日隨軍返回廣州，繼返回校本部續學，1925 年 6 月隨部參加對滇桂軍閥楊希閔部、劉震寰部軍事行動，1925 年 9 月畢業。1926 年 7 月隨部參加北伐戰爭，歷任國民革命軍北伐東路軍輜重隊隊附、兵站分站主任。1832 年 10 月任交通輜重兵學校政訓主任，機械化學校政治部主任。抗日戰爭爆發後，任中國國民黨戰時幹部訓練團江西幹部訓練班特別黨部書記長，中國國民黨江西省黨部執行委員，第九戰區司令長官部政治部副主任。抗日戰爭勝利後，1945 年 10 月獲頒忠勤勳章。1946 年 1 月任第四綏靖區政治部主任。1946 年 5 月獲頒勝利勳章。1946 年 7 月退役。1948 年 5 月 4 日被推選為（行憲）第一屆立法院立法委員，兼任國民政府立法院交通委員會委員。1949 年到臺灣，續任「立法院」立法委員。1977 年 1 月 16 日因病在臺北逝世。

幸良模

幸良模（1900 －？）原名我，[139] 別號範如、繼揚，江西南康人。廣州黃埔中國國民黨陸軍軍官學校第二期炮兵科畢業。1924 年 8 月考入廣州黃埔中國國民黨陸軍軍官學校第二期炮兵科學習，在校學習期間加入孫文主義學會，1925 年 2 月 1 日隨軍校教導團參加第一次東征作戰，進駐廣東潮州短期訓練，1925 年 5 月 30 日隨軍返回廣州，繼返回校本部續學，1925 年 6 月隨部參加對滇桂軍閥楊希閔部、劉震寰部軍事行動，1925 年 9 月畢業。後留軍校服務，1929 年 12 月任中國國民黨廣州黃埔國民革命軍軍官學校特別黨部執行委員。1930 年任南京中央陸軍軍官學校訓練部技術教官，炮兵科第一中隊中校隊長，中央陸軍炮工學校第一大隊上校大隊長。1935 年 12 月任軍政部獨立炮兵第十團團長。抗日戰爭爆發後，率部參加抗日戰事。1945 年 7 月被國民政府軍事委員會銓敘廳頒令敘任陸軍炮兵上校。抗日戰爭勝利後，1945 年 10 月獲頒忠勤勳章。任國民政府財政部派駐河南緝私處處長。1946 年 5 月獲頒勝利勳章。任湖北鄂西師管區司令部司令官。1948 年 9 月 22 日被國民政府軍事委員會銓敘廳頒令敘任陸軍少將。

易　毅（1899 －？）別字劍龕，別號劍庵，江西吉安人。吉安江西省立第四中學、廣州黃埔中國國民黨陸軍軍官學校第二期輜重兵科畢業。1924 年 8 月考入廣州黃埔中國國民黨陸軍軍官學校第二期輜重兵科學習，在校學習期間加入中國國民黨，參加孫文主義學會，1925 年 2 月 1 日隨軍校教導團參加第一次東征作戰，進駐廣東潮州短期訓練，1925 年 5 月 30 日隨軍返回廣州，繼返回校本部續學，1925 年 6 月隨部參加對滇桂軍閥楊希閔部、劉震寰部軍事行動，1925 年 9 月畢業。分發國民革命軍第一軍第一師輜重兵隊見習，1925 年 10 月隨部參加第二次東征作戰。1926 年 7 月任國民革命軍北伐東路軍第一軍第一師輜重兵隊排長，運輸連連長，

[139] 湖南省檔案館校編、湖南人民出版社《黃埔軍校同學錄》記載。

隨部參加北伐戰爭。1927 年春任國民革命軍總司令部兵站總監部軍需處少校副官、金櫃股股長。1930 年春任上海兵站部、南昌兵站部參謀主任，隨部參加對江西紅軍及根據地的「圍剿」戰事。抗日戰爭爆發後，任陸軍步兵團營長、副團長、團長，隨部參加淞滬會戰、南京保衛戰。1938 年 12 月任陸軍步兵旅副旅長。1940 年 7 月被國民政府軍事委員會銓敘廳敘任陸軍輜重兵上校。後任軍政部第十六補充兵訓練處副處長，陸軍步兵師司令部參謀長等職。抗日戰爭勝利後，1945 年 10 月獲頒忠勤勳章。1946 年 1 月奉派入中央訓練團將官班受訓，登記為少將學員，1946 年 3 月結業。任陸軍步兵師副師長、師長。1946 年 5 月獲頒勝利勳章。1946 年 12 月 23 日被國民政府軍事委員會銓敘廳敘任陸軍少將。後任陸軍步兵軍副軍長。

羅　英（1898—1934）別字國華，江西餘幹人。餘幹縣立玉亭中學畢業，江西南昌通俗教育學校肄業，廣州黃埔中國國民黨陸軍軍官學校第二期步兵科畢業。1916 年畢業於本縣縣立玉亭中學，繼考入江西南昌通俗教育學校學習，因不滿學校的陳腐教育狀況，於 1919 年赴北京大學旁聽。[140] 其間曾參與中國社會主義青年團北京地方組織活動。1924 年 8 月考入廣州黃埔中國國民黨陸軍軍官學校第二期步兵科學習，在學期間隨部參加了第一次東征作戰，1925 年 6 月隨部參加對滇桂軍閥楊希閔部、劉震寰部軍事行動，1925 年 9 月畢業。考取赴蘇聯留學資格，入莫斯科中山大學第一期學習。[141]1927 年 11 月接南京國民政府駐前蘇聯使館通知回國，後被軟禁審查。至 1928 年 12 月，入南京中央陸軍軍官學校高級軍事訓練班學習。1930 年 5 月被國民政府委任少校（副）團長，在赴湖南就任前夕，辭去本職，回江西（辦理）領取挖煤執照，準備開辦煤礦。在贛東北從事中共領導的地下工作，1932 年經中共餘幹區委安排，

---

[140] 范寶俊、朱建華主編：中華人民共和國民政部組織編纂：黑龍江人民出版社 1993 年 10 月《中華英烈大辭典》下冊第 1644 頁記載。

[141] 孫耀文著：中央編譯出版社 1996 年 10 月《風雨五載——莫斯科中山大學始末》第 22 頁記載。

出任餘幹縣靖衛大隊副大隊長。1932 年 9 月 15 日率部 170 餘人起義，翌日，配合紅軍游擊隊攻克縣城，後率部加入中國工農紅軍。同年加入中國共產黨，歷任紅軍第十軍獨立團營長、政委，紅軍第十軍政治部秘書[142]後任贛東北紅軍學校（第五）分校副校長，參加了閩浙贛邊區紅軍及根據地的反「圍剿」戰事。1934 年 4 月因「肅反」擴大化被錯殺于橫峰葛源，一說 1935 年在作戰中犧牲。[143]中華人民共和國成立後，被追認為革命烈士。

胡霖

胡　霖（1899 － 1990）別字澤民，江西興國人。廣州黃埔中國國民黨陸軍軍官學校第二期輜重兵科畢業，中央政治學校高級班、臺灣革命實踐研究院第三期，圓山軍官訓練團政治作戰班結業。1924 年 8 月考入廣州黃埔中國國民黨陸軍軍官學校第二期輜重兵科學習，在校學習期間加入孫文主義學會，1925 年 2 月 1 日隨軍校教導團參加第一次東征作戰，進駐廣東潮州短期訓練，1925 年 5 月 30 日隨軍返回廣州，繼返回校本部續學，1925 年 6 月隨部參加對滇桂軍閥楊希閔部、劉震寰部軍事行動，1925 年 9 月畢業。歷任黃埔軍校教導第二團輜重隊隊長，入伍生部輜重科區隊長，1925 年 10 月隨部參加第二次東征作戰。1926 年 7 月隨部參加北伐戰爭，任國民革命軍總司令部兵站總監部少校副官。1927 年 10 月任南京國民革命軍總司令部兵站總監部濟南兵站站長，軍事委員會後勤司令部武昌兵站站長，陸軍第七十九師政治部主任。抗日戰爭爆發後，任陸軍第三十六軍政治部主任，陸軍第一〇三師副師長。1942 年 1 月被國民政府軍事委員會銓敘廳敘任陸軍輜重兵上校。後任軍事委員會政治部少將參議，戰地黨政指導委員會委員。抗日戰爭勝利後，1945 年

[142] 中國工農紅軍第一方面軍史編審委員會：《中國工農紅軍第一方面軍人物志》，解放軍出版社 1995 年 3 月版，第 445 頁記載。

[143] 中國工農紅軍第一方面軍史編審委員會編纂：解放軍出版社 1995 年 3 月《中國工農紅軍第一方面軍人物志》第 445 頁記載。

10 月獲頒忠勤勳章。1946 年 1 月任東北保安司令長官部高級參謀，兼任政治訓練室主任。1946 年 5 月獲頒勝利勳章。1946 年 12 月任國防部新聞局政治工作幹部訓練班主任，國防部高級參謀。1949 年到臺灣，1956 年退役。1990 年因病在臺北逝世。

胡靖安（1903 － 1978）原名靖，[144] 又名金茂，別字靜龕，別號中道，後改名靜安，江西靖安人。靖安縣鴨婆潭鄉高等小學肄業，廣州黃埔中國國民黨陸軍軍官學校第二期步兵科、德國陸軍工兵學校畢業。1903 年 10 月 4 日生於靖安縣鴨婆潭鄉一個祖傳篾匠家庭。其父為鄉間有名篾匠，編織器物精巧無比，被稱譽「篾匠秀才」。幼年入本村私塾啟蒙，繼入本鄉高等小學就讀，後輟學入縣城雜貨店當學徒，受到店主打罵虐待，隨父返回鄉間耕種。父常對其說：「工字不出頭，田字四無門，商字張大口，只有兵字好，有頭有尾，像似人在大踏步前進，我看你還是當兵好，將來能當官致富，不要像我這樣做篾匠吃苦」。遵從父命到九江，1920 年入贛軍李烈鈞部當兵，曾充李烈鈞衛士隊馬弁四年，為李所器重。1923 年春隨李烈鈞到廣州，時想入軍校學習，1924 年夏始得李應允舉薦投考，此時黃埔軍校第一期招生考試已過。遂由李保薦投考廣東警衛軍講武堂，發榜時名列前茅被錄取，曾隨隊參加平定廣州商團叛亂的戰鬥。1924 年 8 月考入廣州黃埔中國國民黨陸軍軍官學校第二期步兵科學習，在校學習期間加入孫文主義學會，1925 年 2 月 1 日隨軍校教導團參加第一次東征作戰，進駐廣東潮州短期訓練，1925 年 5 月 30 日隨軍返回廣州，繼返回校本部續學，1925 年 6 月隨部參加對滇桂軍閥楊希閔部、劉震寰部軍事行動，1925 年 9 月軍校畢業。分發校長辦公室充當服務員，1926 年春任校長蔣中正隨從副官，被推選為中國國民黨黃埔軍校特別

胡靖安

[144] 湖南省檔案館校編，湖南人民出版社《黃埔軍校同學錄》記載。

區黨部候補幹事。1926 年 6 月 27 日在黃埔軍校召開黃埔同學懇親會，被推選為黃埔同學會監察委員，並任黃埔同學會辦公處主任。1927 年 4 月 15 日廣州「清黨」時，任黃埔軍校「清黨」委員會委員。1927 年 4 月 26 日重新被黃埔同學會駐粵特別委員會任命為廣州黃埔國民革命軍軍官學校入伍生政治部主任。1927 年 6 月 3 日在南京中央陸軍軍官學校新俱樂部召集全校代表大會上，被推選為廣州黃埔國民革命軍軍官學校第六屆特別黨部監察委員。[145]1927 年 7 月 15 日再被黃埔同學會特別委員會任命為黃埔同學會廣東支會監察委員。[146]1927 年 8 月率廣州黃埔國民革命軍軍官學校部分師生奉命北上南京，任國民革命軍總司令部警衛室隨從副官，蔣中正赴日本訪問期間任侍從保衛事宜。蔣中正返回奉化溪口後，其於 1927 年 10 月閒居上海法租界家中，後應衛立煌聘請，任第一軍第十四師（師長衛立煌）司令部參謀，鼓動部分黃埔學生通電擁蔣（中正）事宜。蔣中正複職南京後，仍任其隨從副官，其間經其引薦，戴笠得以晉謁蔣中正。第二期北伐期間，隨侍蔣中正赴前線征討，歷經諸多戰事，其間許多黃埔學生晉見蔣皆由其轉呈引薦，頗得黃埔圈內讚譽。1929 年 1 月任軍事委員會委員長侍從室參謀、組長、副主任，繼續隨侍蔣中正身邊工作三年，後因與主任俞濟時矛盾結深，被蔣撤職離去。1932 年派任中華民國國民政府駐德國公使館陸軍副武官，在德國期間兼任中國國民黨柏林特別黨部總幹事，被推選為中華復興社駐德國支社幹事。1934 年 10 月獲准入德國陸軍工兵學校學習，1937 年 1 月畢業回國。任軍事委員會參謀本部德文編譯科科長。抗日戰爭爆發後，得戴笠舉薦，任軍事委員會調查統計局政治設計委員會主任委員，隨軍遷移西南地區。1939 年 10 月任該局駐貴州息烽特別工作人員訓練班（主任戴笠）代理主任（第三期），後任軍事委員會調查統計局督察室主任，軍事委員會高級參謀。抗日戰爭勝利後，

---

[145] 中國第二歷史檔案館供稿：檔案出版社 1989 年 7 月出版、華東工學院編輯出版部影印《黃埔軍校史稿》第七冊第 144 頁記載。

[146] 1927 年 7 月 16 日《廣州民國日報》刊載。

1945 年 10 月獲頒忠勤勳章。1946 年 5 月獲頒勝利勳章。1946 年 10 月任國防部保密局政治設計委員會委員。1946 年 11 月 15 日被推選為江西省出席（制憲）國民大會代表。後任國防部附員（掛陸軍中將銜）。1948 年 3 月 29 日被推選為江西省出席（行憲）國民大會代表，參加第一屆國民大會第一次會議期間，被推選為國民大會主席團成員。1949 年春到香港，中華人民共和國成立後，奉派潛伏上海，1953 年 10 月被上海市公安機關逮捕，1975 年 3 月 19 日獲特赦釋放，1975 年 4 月任上海市政協秘書處專員。1978 年 3 月 1 日因病在上海逝世。1996 年廣州長洲黃埔軍校舊址紀念館重修時，其女胡葆琳資助 10 萬元人民幣支持修繕。

徐樹南（1903 －？）別字耕陽，別號樹楠，江西九江人。廣州黃埔中國國民黨陸軍軍官學校第二期步兵科畢業。1924 年 8 月考入廣州黃埔中國國民黨陸軍軍官學校第二期工兵科學習，入學不久因工兵訓練器械缺少，與部分學員轉學步兵科，在校學習期間加入孫文主義學會，1925 年 2 月 1 日隨軍校教導團參加第一次東征作戰，進駐廣東潮州短期訓練，1925 年 5 月 30 日隨軍返回廣州，繼返回校本部續學，1925 年 6 月隨部參加對滇桂軍閥楊希閔部、劉震寰部軍事行動，1925 年 9 月畢業。1926 年 7 月隨部參加北伐戰爭，任國民革命軍第一軍第三師步兵團排長、連長。1928 年 12 月任縮編後的陸軍第一師第一旅補充團營長，隨部參加中原大戰。1936 年 10 月任陸軍第九十二師步兵團團長。抗日戰爭爆發後，任陸軍步兵旅副旅長、旅長，陸軍步兵師副師長，率部參加抗日戰事。抗日戰爭勝利後，任陸軍第二十軍副軍長，兼任該軍政治部主任。1945 年 10 月獲頒忠勤勳章。1946 年 5 月獲頒勝利勳章。1948 年 9 月 22 日被國民政府軍事委員會銓敘廳頒令敘任陸軍少將。

蕭猷然（1904—1949）別字悠然，又字攸焉，別號嘉謀，原載籍貫江西大庾，[147] 另載江西大餘人。廣州黃埔中國國民黨陸軍軍官學校第二

[147] 湖南省檔案館校編湖南人民出版社《黃埔軍校同學錄》記載。

期步兵科、陸軍大學將官班乙級第四期畢業，中央軍官訓練團將官班結業。1924 年 8 月考入廣州黃埔中國國民黨陸軍軍官學校第二期步兵科步兵大隊學習，在校學習期間加入孫文主義學會，1925 年 2 月 1 日隨軍校教導團參加第一次東征作戰，進駐廣東潮州短期訓練，1925 年 5 月 30 日隨軍返回廣州，繼返回校本部續學，1925 年 9 月軍校畢業。歷任國民革命軍陸軍步兵團排長、連長，1926 年 7 月隨部參加北伐戰爭。1928 年 10 月任黃埔同學會派駐南京中央陸軍軍官學校（政治訓練處）支會幹事，兼任校本部政治訓練處組織科科長。後任陸軍步兵營營長，中央訓練團學員總隊大隊長等職。抗日戰爭爆發後，任新兵訓練處副處長，守備司令部副司令官。1939 年 1 月被國民政府軍事委員會銓敘廳頒令敘任陸軍步兵上校。抗日戰爭勝利後，1945 年 10 月獲頒忠勤勳章。1946 年 1 月入中央軍官訓練團將官班受訓，登記為少將學員，1946 年 3 月結業。1946 年 5 月獲頒勝利勳章。1947 年 11 月入陸軍大學乙級將官班學習，1948 年 11 月畢業。1949 年到臺灣並逝世。

黃徵泮（1903 －？）江西萍鄉人。廣州黃埔中國國民黨陸軍軍官學校第二期炮兵科畢業。1924 年 8 月考入廣州黃埔中國國民黨陸軍軍官學校第二期炮兵科學習，在校學習期間加入孫文主義學會，1925 年 2 月 1 日隨軍校教導團參加第一次東征作戰，進駐廣東潮州短期訓練，1925 年 5 月 30 日隨軍返回廣州，繼返回校本部續學，1925 年 6 月隨部參加對滇桂軍閥楊希閔部、劉震寰部軍事行動，1925 年 9 月畢業。1925 年 11 月 21 日大元帥府鐵甲車隊擴編，任國民革命軍第四軍第十二師（師長張發奎）第三十四團（團長葉挺）第二營（營長賀聲洋）第五連（連長劉光烈）副連長，1926 年 2 月 16 日接任連長。後任陸軍步兵團營長、團附。抗日戰爭爆發後，隨部參加抗日戰事。抗日戰爭勝利後，1945 年 10 月獲頒忠勤勳章。1946 年 5 月獲頒勝利勳章。1947 年 10 月任徐州「剿匪」總司令部第九綏靖區司令部政治訓練處處長。1949 年到臺灣無出任公職。

龔建勳（1899 － 1963）別字志成，江西南昌人。廣州黃埔中國國民黨陸軍軍官學校第二期步兵科畢業。1924 年 8 月考入廣州黃埔中國國民黨陸軍軍官學校第二期步兵科學習，在校學習期間加入孫文主義學會，1925 年 2 月 1 日隨軍校教導團參加第一次東征作戰，進駐廣東潮州短期訓練，1925 年 5 月 30 日隨軍返回廣州，繼返回校本部續學，1925 年 9 月軍校畢業。分發黃埔軍校入伍生總隊見習、區隊附，1925 年 10 月隨部參加第二次東征作戰。1926 年 7 月隨部參加北伐戰爭，任國民革命軍第一軍第三師步兵營排長、連長、營長。1932 年 12 月加入中華民族復興社，參與該社特務處情報事宜，任軍事委員會別動總隊第二大隊大隊長，中央訓練團星子特別工作人員訓練班學員大隊大隊長。抗日戰爭爆發後，任軍事委員會調查統計局別動軍第二總隊副總隊長，隨部參加淞滬會戰、南京保衛戰。1939 年 10 月任陸軍步兵補充旅副旅長，長江上游江防總司令部第二挺進縱隊司令部副司令官。1945 年 1 月被國民政府軍事委員會銓敘廳敘任陸軍步兵上校。抗日戰爭勝利後，1945 年 10 月獲頒忠勤勳章。1946 年 5 月獲頒勝利勳章。1947 年 2 月 22 日被國民政府軍事委員會銓敘廳敘任陸軍少將。1948 年 2 月 13 日試用江西省政府警保處處長，1948 年 12 月 7 日免職。1949 年到臺灣，1963 年因病逝世。

梅　蕚（1899 －？）別字季芳，江西九江人。廣州黃埔中國國民黨陸軍軍官學校第二期步兵科畢業。1924 年 8 月考入廣州黃埔中國國民黨陸軍軍官學校第二期步兵科學習，在校學習期間加入孫文主義學會，1925 年 2 月 1 日隨軍校教導團參加第一次東征作戰，進駐廣東潮州短期訓練，1925 年 5 月 30 日隨軍返回廣州，繼返回校本部續學，1925 年 6 月隨部參加對滇桂軍閥楊希閔部、劉震寰部軍事行動，1925 年 9 月畢業。分發國民革命軍第一軍第一師見習，1925 年 10 月隨部參加第二次東征作戰。1926 年 7 月隨部參加北伐戰爭，任國民革命軍第一軍第二師步兵團排長、連長，1927 年 8 月隨部參加龍潭戰役。1928 年 10 月任編遣後縮編的第一集團軍陸軍第二師（師長顧祝同）第四旅（旅長樓景樾）第八團（團長趙強華）第一營營長等職。

謝振邦（1902 － 1940）別字欽之，江西南昌人。廣州黃埔中國國民黨陸軍軍官學校第二期輜重兵科、南京中央陸軍軍官學校高等教育班第二期畢業。1924 年 8 月考入廣州黃埔中國國民黨陸軍軍官學校第二期輜重兵科學習，在校學習期間加入孫文主義學會，1925 年 2 月 1 日隨軍校教導團參加第一次東征作戰，進駐廣東潮州短期訓練，1925 年 5 月 30 日隨軍返回廣州，繼返回校本部續學，1925 年 9 月軍校畢業。1925 年 10 月隨部參加第二次東征作戰。1926 年 7 月隨部參加北伐戰爭，歷任國民革命軍總司令部輜重兵隊排長、副連長。1928 年 12 月任後勤司令部駐南京兵站運輸大隊大隊長。1932 年 1 月奉派入南京中央陸軍軍官學校高等教育班學習，1933 年 1 月畢業。後任第一輜重兵團第二營營長、副團長、團長。1936 年 9 月被國民政府軍事委員會銓敘廳頒令敘任陸軍輜重兵上校。抗日戰爭爆發後，率部參加淞滬會戰、南京保衛戰、武漢會戰。1940 年 8 月追贈陸軍少將銜。

謝振華（1904—1952）別字藻瑲，別號真我，又號文光，江西南昌人。廣州黃埔中國國民黨陸軍軍官學校第二期步兵科、莫斯科中山大學第一期、陸軍大學將官班乙級第四期畢業。1924 年 8 月考入廣州黃埔中國國民黨陸軍軍官學校第二期步兵科步兵隊學習，在校學習期間加入孫文主義學會，1925 年 2 月 1 日隨軍校教導團參加第一次東征作戰，進駐廣東潮州短期訓練，1925 年 5 月 30 日隨軍返回廣州，繼返回校本部續學，1925 年 9 月軍校畢業。考取赴蘇聯留學資格，繼赴莫斯科中山大學學習，1926 年回國，隨部參加北伐戰爭。任國民革命軍步兵團連長、團政治指導員，陸軍步兵師政治部宣傳科科長，南昌警備司令部參謀，閩贛邊區「剿匪」指揮部參謀長，江西省保安第四團團長等職。抗日戰爭爆發後，任江西省保安司令部政治部主任兼特別黨部書記長，中國國民黨第三戰區司令長官部特別黨部執行委員，中央各軍事學校畢業生調查處江西分處主任。抗日戰爭勝利後，任軍事委員會高級參謀。1945 年 10 月獲頒忠勤勳章。1946 年

5 月獲頒勝利勳章。1947 年 11 月入陸軍大學乙級將官班學習，1948 年 11 月畢業。任江西省政府參事，後辭職賦閑。中華人民共和國成立後，仍留居南昌市。1952 年被逮捕關押，後在鎮反運動被處決。

賴汝雄（1901 －？）別字壯威，江西贛縣人。廣州黃埔中國國民黨陸軍軍官學校第二期輜重兵科畢業，中央軍官訓練團第三期結業。1924 年 8 月考入廣州黃埔中國國民黨陸軍軍官學校第二期輜重兵科學習，在校學習期間加入孫文主義學會，1925 年 2 月 1 日隨軍校教導團參加第一次東征作戰，進駐廣東潮州短期訓練，1925 年 5 月 30 日隨軍返回廣州，繼返回校本部續學，1925 年 9 月軍校畢業。歷任廣州黃埔中央軍事政治學校第五期教導第二團排長，國民革命軍第一軍第三師步兵團連長，第二十師司令部警衛營營長，隨部參加第二次東征、北伐戰爭及中原大戰。1930 年 10 月任陸軍第四師第十旅第三十團團附，第四師第十旅司令部參謀主任，中央教導第二師步兵團營長、團長。後任陸軍第十三軍第八十九師步兵團團長，陸軍第八十九師第二七六旅旅長。抗日戰爭爆發後，任陸軍第二十九軍第一九三師師長。先後率部參加淞滬抗戰、徐州會戰、武漢會戰、豫北會戰諸役。1940 年 7 月 19 日被國民政府軍事委員會銓敘廳頒令敘任陸軍少將。1943 年 6 月 13 日任陸軍第二十九軍（軍長陳大慶兼）副軍長，隸屬第三集團軍（總司令李鐵軍）。1944 年 2 月 29 日任第二十八集團軍（總司令李仙洲兼）第七十八軍軍長，統轄新編第四十二師（師長彭齎良）、新編第四十三師（師長黃國書）、新編第四十四師（師長姚秉勳）等部，率部參加豫中會戰。抗日戰爭勝利後，仍任陸軍第七十八軍軍長。1945 年 10 月獲頒忠勤勳章。1946 年 5 月獲頒勝利勳章。1947 年 10 月任重建後的陸軍整編第七十六師（師長徐保）副師長、代理師長。1948 年 9 月 22 日被國民政府軍事委員會銓敘廳頒令敘任陸軍中將。後任國民政府國防部中將部附。

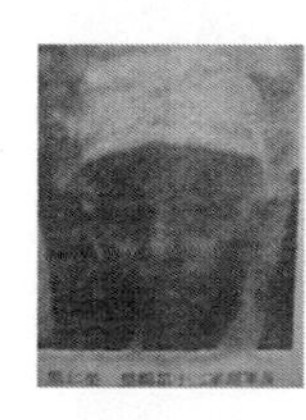
熊仁榮

熊仁榮（1899 －？）別字桂軒，江西武寧人。廣州黃埔中國國民黨陸軍軍官學校第二期步兵科畢業。1924 年 8 月考入廣州黃埔中國國民黨陸軍軍官學校第二期步兵科學習，在校學習期間加入孫文主義學會，1925 年 2 月 1 日隨軍校教導團參加第一次東征作戰，進駐廣東潮州短期訓練，1925 年 5 月 30 日隨軍返回廣州，繼返回校本部續學，1925 年 9 月軍校畢業。1945 年 4 月被國民政府軍事委員會銓敘廳頒令敘任陸軍步兵上校。抗日戰爭勝利後，1945 年 10 月獲頒忠勤勳章。1946 年 5 月獲頒勝利勳章。1947 年 7 月任陸軍整編第十二師（師長霍守義）副師長。1948 年 1 月恢復軍編制後，任山東第十綏靖區司令（李玉堂）部陸軍第十二軍（軍長霍守義）副軍長，率部駐防兗州地區。1948 年 7 月山東兗州被人民解放軍俘虜。1948 年 9 月 22 日被國民政府軍事委員會銓敘廳頒令敘任陸軍少將。

如上表情況所示，軍級以上人員有 21.2%，師級人員有 19.2%，兩項相加占 40.4%，共有 21 人位居國民革命軍將領行列。具體分析上述情況，比較有影響的人物主要有：方天從北伐開始即在「黃埔」嫡系中央軍履任要職，先後擔任多個甲種師、軍師長軍長，以及軍政部、國防部各司軍事主官，率部參加過淞滬會戰、武漢會戰、棗宜會戰、鄂西會戰和遠征印緬抗戰，離開大陸前曾任江西省政府主席及綏靖公署主任，在當時是有名的少壯派高級將領。沈發藻歷任中央軍校及其分校教育訓練負責人，多次擔負新兵訓練事宜，還數度出任師長、軍長率部參加了「一二八」淞滬抗戰、南京保衛戰、蘭封會戰、豫中會戰和長衡會戰。胡靖安早期任黃埔軍校政工部門負責人，曾出任駐德國使館武官，後履任軍統與保密局高級官員。劉子清、胡霖、幸華鐵擔任各級軍隊政工部門負責人。賴汝雄長期在湯恩伯部履任師長、軍長，先後率部參加淞滬會戰、徐州會戰、武漢會戰及豫北會戰。中共方面的羅英，黃埔軍校畢業後即赴莫斯科中山大學學習，後任紅十軍獨立團政委，贛東北紅軍學校副校長。

（五）四川省籍第二期生情況簡述

四川作為內陸省份，第二期生招錄數量並不少，比較第一期生的 22 名，增長了 66%，入學人數翻了一翻。有可能是個別人錯過了第一期考試，只能以第二期生資格入學。

附表 16　四川籍第二期生歷任各級軍職數量比例一覽表

職級	中國國民黨	中國共產黨	人數	比例 %
肄業或未從軍	鍾　鳴、朱思鳴、樂縕精、石子雅、石重陽、向鑒榮、謝純庵、孫兆祥、秦湘溥、楊文煥、楊植勳、羅楚材、范朝梁、楊英昆、劉　宇		15	30
排連營級	王德清、盧明忠、蔣志高、鄒　駿、黃乃潛、但　端		6	12
團旅級	向傳柄、廖維民、梁源隆、熊仁彥、伍德鑾、張鐵英、楊引之、王成桂、鄒明光、劉宗漢、雷　震、程克平	羅振聲	13	26
師級	蕭武郎、戴頌儀、張漢初、謝廷獻、吳克定、許伯洲、曾　魯、呂德璋、馬　驥	盧德銘	10	20
軍級以上	張　瓊、楊文璟、余錦源、趙　楞、廖　昂、羅歷戎		6	12
合計	48	2	50	100

部分知名學員簡介：31 名

王成桂（1902 － 1944）別字成貴，四川成都人。廣州黃埔中國國民黨陸軍軍官學校第二期步兵科畢業。1924 年 8 月考入廣州黃埔中國國民黨陸軍軍官學校第二期步兵科學習，在校學習期間加入孫文主義學會，1925 年 2 月 1 日隨軍校教導團參加第一次東征作戰，進駐廣東潮州短期訓練，1925 年 5 月 30 日隨軍返回廣州，繼返回校本部續學，1925 年 6 月隨部參加對滇桂軍閥楊希閔部、劉震寰部軍事行動，1925 年 9 月畢業。歷任國民革命軍第一軍第一師步兵營排長、連長，少校參謀，隨部參加第二次東征作戰與北伐戰爭。1928 年 10 月任南京中央陸軍軍官學

王成桂

校第六期第一總隊步兵第一大隊第三中隊中隊長。後任陸軍第四十軍司令部教導大隊上校大隊長，四川省軍管區司令部參謀。1935 年 7 月 10 日被國民政府軍事委員會銓敘廳頒令敘任陸軍步兵少校。[148] 抗日戰爭爆發後，任四川省國民軍訓委員會委員，重慶衛戍總司令部第三區司令部副司令官，1944 年 2 月日機轟炸重慶時遇難身亡。

盧德銘（1905 － 1927）又名邦鼎，別字繼雄，別號又新，四川宜賓縣雙石鋪人。廣州黃埔中國國民黨陸軍軍官學校第二期步兵科畢業。1905 年 6 月 9 日生於宜賓縣雙石鋪獅子灣村一個農戶家庭。父安炳，曾在自貢縣城「有道生」鹽棧管賬，並有 21 擔租的土地，土改時家庭被劃為地主成分，[149] 有兄弟姐妹七人，其為最小。六歲入本村私塾啟蒙，1919 年考入宜賓縣屬白花鄉高等小學堂就讀，1921 年畢業，繼考入成都公學讀書，在學期間受五四思潮影響參加學生運動。1924 年春得知黃埔軍校招生消息，徵求父親同意，並得本地老同盟會員李銘忠介紹，遂南下廣東。1924 年夏抵達廣州後，第一期生招考已過。後經一同鄉、中國國民黨員介紹受到孫中山接見，遂舉薦入校學習。1924 年 8 月入廣州黃埔中國國民黨陸軍軍官學校第二期學習，在學期間加入中共，[150]1925 年 2 月隨軍參加第一次東征作戰，任偵察隊隊長，率六十多名同學參戰。曾受到孫中山先生表揚，稱：「全校學生要以德銘為學習楷模」。1925 年 9 月軍校畢業後，任中國國民黨陸軍軍官學校（第三期）政治部組織科科員。1925 年 11 月 21 日大元帥府鐵甲車隊擴編，任國民革命軍第四軍第十二師（師長張發奎）第三十四團（團長葉挺）第二營（營長賀聲洋）第四

盧德銘

[148] 臺北成文出版社有限公司印行：國民政府公報 1935 年 7 月 11 日第 1790 號頒令。

[149] 中共黨史人物研究會編纂：陝西人民出版社《中共黨史人物傳》第一卷第 228 頁記載。

[150] 中共黨史人物研究會編纂：陝西人民出版社《中共黨史人物傳》第一卷第 229 頁記載。

連連長，曾在廣東高要縣一帶參加農民運動。1926 年 7 月隨軍參加北伐戰爭，任獨立團第一營（營長曹淵）第四連連長，隨軍參加汀泗橋、賀勝橋戰役。1926 年秋在攻克武昌城戰鬥中，曹淵犧牲後接任獨立團第一營營長。[151] 北伐軍佔領武漢後，任國民革命軍第十一軍第二十四師（師長葉挺）第七十三團參謀長，率部參加與鄂軍夏斗寅部的作戰。1927 年 6 月 25 日任國民革命軍第四集團軍第二方面軍總指揮（張發奎）部警衛團團長，因曾擔負武漢國民政府警衛事宜，一度稱作武漢國民政府警衛團。1927 年 8 月 1 日深夜得知南昌起義爆發，即率全團 2000 官兵前往江西，因路途受阻所部滯留江西修水。其間與中共湖南省委取得聯繫，按照省委負責人夏曦指導，暫時脫離部隊，與團政治指導員辛煥文、參謀長韓浚赴武漢彙報工作。[152] 到武漢後，按照中共「八七會議」指示即刻返回部隊，到湘贛邊界開闢武裝鬥爭，還給予 3000 元活動經費。返回江西修水後，與毛澤東率領的農軍會合，率部參加湘贛邊界秋收暴動，1927 年 9 月 9 日被推選為起義軍總指揮，兼任工農革命軍第一師師長。1927 年 9 月 20 日中共前委在毛澤東主持下決定向井岡山進軍，1927 年 9 月 23 日率領先頭部隊到萍鄉縣蘆溪鄉山口岩附近時，遭遇江西保安第四團居高臨下猛烈襲擊，其與四十多名官兵中彈犧牲。

石子雅（1901 －？）四川巴縣人。廣州黃埔中國國民黨陸軍軍官學校第二期炮兵科畢業。1924 年 8 月考入廣州黃埔中國國民黨陸軍軍官學校第二期學習，在校學習期間加入孫文主義學會，1925 年 2 月 1 日隨軍校教導團參加第一次東征作戰，進駐廣東潮州短期訓練，1925 年 5 月 30 日隨軍返回廣州，繼返回校本部續學，1925 年 6 月隨部參加對滇桂軍閥楊希閔部、劉震寰部軍事行動，1925 年 9 月畢業。分發國民革命軍炮

[151] 中共黨史人物研究會編纂：陝西人民出版社《中共黨史人物傳》第一卷第 230 頁記載。

[152] 中共黨史人物研究會編纂：陝西人民出版社《中共黨史人物傳》第一卷第 233 頁記載。

兵連見習，1925 年 10 月隨部參加第二次東征作戰。1926 年 7 月隨部參加北伐戰爭，任國民革命軍第二軍炮兵團排長、副連長。後返回四川，投效川軍部隊與地方民團武裝。抗日戰爭勝利後，組織地方武裝稱霸一方。1949 年 11 月任重慶衛戍總司令部「反共保民軍」第三師師長，1949 年 12 月在四川北碚率部起義。

伍德鑒（1904—？）別號秋書，四川邛崍人。廣州黃埔中央陸軍軍官學校第二期輜重兵科、陸軍大學將官班乙級第三期畢業。1924 年 8 月考入廣州黃埔中央陸軍軍官學校第二期輜重兵科輜重兵隊學習，在校學習期間加入孫文主義學會，1925 年 2 月 1 日隨軍校教導團參加第一次東征作戰，進駐廣東潮州短期訓練，1925 年 5 月 30 日隨軍返回廣州，繼返回校本部續學，1925 年 6 月隨部參加對滇桂軍閥楊希閔部、劉震寰部軍事行動，1925 年 9 月畢業。歷任國民革命軍總司令部輜重兵教導隊排長、隊附，獨立輜重兵營營長。抗日戰爭爆發後，任陸軍步兵旅司令部參謀主任，軍事特派員。抗日戰爭勝利後，1945 年 10 月獲頒忠勤勳章。1946 年 1 月奉派入中央訓練團將官班受訓，登記為少將學員，1946 年 3 月結業。1946 年 5 月獲頒勝利勳章。1947 年 2 月入陸軍大學乙級將官班學習，1948 年 4 月畢業。

劉宗漢（1905—？）別號中漢，四川資中人。廣州黃埔中國國民黨陸軍軍官學校第二期工兵科、陸軍大學將官班乙級第三期畢業。1924 年 8 月考入廣州黃埔中國國民黨陸軍軍官學校第二期工兵科工兵隊學習，在校學習期間加入孫文主義學會，1925 年 2 月 1 日隨軍校教導團參加第一次東征作戰，進駐廣東潮州短期訓練，1925 年 5 月 30 日隨軍返回廣州，繼返回校本部續學，1925 年 6 月隨部參加對滇桂軍閥楊希閔部、劉震寰部軍事行動，1925 年 9 月畢業。分發國民革命軍第一軍第一師見習，1925 年 10 月隨部第二次東征作戰。1926 年 7 月隨部參加北伐戰爭，任國民革命軍北伐東路軍第一軍工兵營排長、連長，1927 年 8 月隨部參加龍潭戰役。1933 年 10 月任陸軍第一師第一旅司令部直屬工兵營營長。抗日戰爭爆發後，任陸軍暫編第三十三師步兵第二團團長。抗日戰爭勝利後，1945 年 10 月獲頒忠勤勳章。1946 年 5 月獲頒勝利勳章。1947 年 2 月入陸軍大學乙級將官班學習，1948 年 4 月畢業。

呂德璋（1903 －？）別字叔勳，四川資中人。廣州黃埔中國國民黨陸軍軍官學校第二期步兵科畢業，中央政治學校第一期政治訓練班結業。1924 年 8 月考入廣州黃埔中國國民黨陸軍軍官學校第二期步兵科學習，在校學習期間加入孫文主義學會，1925 年 2 月 1 日隨軍校教導團參加第一次東征作戰，進駐廣東潮州短期訓練，1925 年 5 月 30 日隨軍返回廣州，繼返回校本部續學，1925 年 6 月隨部參加對滇桂軍閥楊希閔部、劉震寰部軍事行動，1925 年 9 月畢業。1926 年 7 月隨部參加北伐戰爭，1927 年 10 月任南京中央陸軍軍官學校第六期訓練部官佐，第七期第一總隊步兵大隊大隊附，第八期入伍生團第三連連長，中央陸軍軍官學校第八分校（設於湖北均縣）學員總隊總隊長。後任南昌中央訓練團特訓班政治大隊中隊長。抗日戰爭爆發後，任四川省行政人員訓練所學員大隊大隊長，四川省軍管區司令部新兵補充訓練處處長。1945 年 7 月被國民政府軍事委員會銓敘廳頒令敘任陸軍步兵上校。抗日戰爭勝利後，1945 年 10 月獲頒忠勤勳章。1946 年 5 月獲頒勝利勳章。任四川省保安司令部西南區榮軍墾屯總隊總隊長。1948 年 9 月 22 日被國民政府軍事委員會銓敘廳頒令敘任陸軍少將。任四川省保安司令部副司令官等職。

呂德璋

許伯洲（1905 －？）別字百州，別號伯周，四川成都人。廣州黃埔中國國民黨陸軍軍官學校第二期工兵科畢業。1924 年 8 月考入廣州黃埔中國國民黨陸軍軍官學校第二期工兵科學習，在校學習期間加入孫文主義學會，1925 年 2 月 1 日隨軍校教導團參加第一次東征作戰，進駐廣東潮州短期訓練，1925 年 5 月 30 日隨軍返回廣州，繼返回校本部續學，1925 年 9 月軍校畢業。隨部參加第二次東征作戰與北伐戰爭，歷任國民革命軍第一軍第一師步兵團排長、連長、營長、團長。1929 年 2 月 3 日被推選為中國國民黨第一師特別黨部候補監察委員。1934 年 12 月任軍政部直屬獨立工兵團團長。1936 年 9 月被國民政府軍事委員會銓敘廳頒令敘任陸軍工兵上校。抗日戰爭爆發後，任獨立工兵團團長，工兵指揮部副指揮官，率部參加抗日戰事。抗日戰爭勝利後，1945 年 10 月獲頒忠勤勳章。1946 年 5 月獲頒勝利勳章。1947 年 2 月 22 日被國民政府軍事委員會銓敘廳頒令敘任陸軍少將。1947 年 2 月 28 日任國民政府國防部第四廳副廳長。1948 年 5 月任中央警官學校重慶分校主任，中央警官學校校本部教務主任等職。

余錦源（1905—1955）別字彙源、彙泉，別號彙淵，四川金堂人。廣州黃埔中國國民黨陸軍軍官學校第二期步兵科、陸軍大學將官班甲級第三期畢業。1924 年 8 月考入廣州黃埔中國國民黨陸軍軍官學校第二期步兵科步兵大隊學習，在校學習期間加入孫文主義學會，1925 年 2 月 1 日隨軍校教導團參加第一次東征作戰，進駐廣東潮州短期訓練，1925 年 5 月 30 日隨軍返回廣州，繼返回校本部續學，1925 年 9 月軍校畢業。留校服務任教，後隨部參加第二次東征作戰。1925 年 12 月任中央軍事政治學校潮州分校第一期入伍生大隊（大隊長阮開基）第三隊（隊長趙一肩）區隊長，1926 年 6 月任潮州分校第二期學員大隊（大隊長阮開基）第二隊隊長。1926 年 12 月任國民革命軍第一軍第十四師（師長衛立煌）第四十二團（團長劉漢珍）第二營營長，率部參加北伐戰爭。1927 年 11 月任國民革命軍第十四師第四十二團團附，1928 年 7 月部隊編遣，任縮編後的第一集團軍陸軍第二師第四旅第七團（團長侯克聖）團附，隨部參加第二期北伐戰爭。1930 年 5 月隨部參加中原大戰，1930 年 8 月因作戰失利被撤職查辦。1930 年 10 月派任陸軍第四十五師（師長衛立煌）暫編第一團（團長陳瑞河）團附，1931 年 6 月暫編第一團改編為陸軍第十師（師長衛立煌）獨立旅（旅長陳步雲）第一團（團長陳瑞河），仍任團附。1931 年 8 月任陸軍第十師獨立旅第二團團長，1931 年 12 月

余錦源

所部編入陸軍第八十三師（師長蔣伏生），任該師第二四七旅（旅長梁華盛）副旅長。1932 年 11 月任陸軍第八十三師（師長劉戡）第二四七旅步兵第四九四團團長，1933 年率部參加長城抗戰，後率部參加對鄂豫皖邊區紅軍及根據地的「圍剿」作戰。1935 年 5 月 18 日被國民政府軍事委員會銓敘廳頒令敘任陸軍步兵中校。1937 年 5 月 6 日被國民政府軍事委員會銓敘廳頒令敘任陸軍步兵上校。抗日戰爭爆發後，任陸軍第十四軍第八十三師（師長陳武）第二四九旅旅長，率部參加忻口會戰。1940 年 5 月任陸軍第十軍第一九〇師師長，1941 年 5 月 25 日任陸軍第十軍（軍長李玉堂）副軍長，1943 年 10 月兼任吉泰師管區司令部司令官。1945 年 2 月 8 日任陸軍第十四軍軍長，隸屬重慶衛戍總司令部，統轄陸軍第八十三師（師長沈向奎）、第八十五師（師長王連慶、王景淵）、第十師（師長王聲溢、谷炳奎）等部。1945 年 6 月 28 日被國民政府軍事委員會銓敘廳頒令敘任陸軍少將。抗日戰爭勝利後，於 1945 年 8 月保送陸軍大學甲級將官班學習，1945 年 11 月畢業。後任軍政部第四軍官總隊總隊長，負責軍官編遣與復員事宜。1946 年 1 月奉派入中央警官學校高等教育班第一期受訓，結業後為同學李士珍舉薦任用，1946 年 8 月任中央警官學校（校長李士珍）副教育長，1946 年 9 月任中央警官學校第三分校主任等職。1947 年 5 月出任陸軍整編第十師（由原第十四軍整編而成，師長羅廣文兼、熊綬春）副師長，率部在山東與人民解放軍作戰。1947 年 10 月在泰安戰役中整編第七十二師被人民解放軍全殲，師長楊文瑔被俘虜後，其受命重組以川軍餘部為主體的整編第七十二師，並任師長，隸屬第七兵團（司令官區壽年），統轄整編第三十四旅（旅長李則堯、陳漁浦）、新編第十五旅（旅長江濤、唐雨岩）等部，率部在蘇北等地與人民解放軍作戰。1948 年夏所部恢復為軍編制，任陸軍第七十二軍軍長，隸屬第二兵團（司令官邱清泉），統轄陸軍第三十四師（師長陳漁浦）、陸軍第一二二師（師長張宣武）、陸軍第二三三師（後未編成）等部，率部在淮海地區與人民解放軍作戰。1949 年 1 月 9 日在河南永城率部放下武器向人民解放軍投誠。分配入中國人民解放軍華東軍區解放軍官訓練團學習二十餘天，1949 年 2 月 6 日獲得寬大釋放。後返回國軍統治區，1949 年 3 月派任第七編練司令部副司令官，1949 年 12 月任成都防衛總司令部副總司令等職。1949 年 12 月 27 日所部在四川邛崍被全殲，其被人民解放軍俘虜，後關押于重慶監獄，1955 年在獄中因病逝世。

吳克定（1901 －？）別字靖方，原載籍貫四川華陽，[153] 另載四川雙流人。廣州黃埔中國國民黨陸軍軍官學校第二期輜重兵科畢業。1924 年 6 月考入廣州黃埔中國國民黨陸軍軍官學校第二期輜重兵科輜重兵隊學習，在校學習期間加入孫文主義學會，1925 年 2 月 1 日隨軍校教導團參加第一次東征作戰，進駐廣東潮州短期訓練，1925 年 5 月 30 日隨軍返回廣州，繼返回校本部續學，1925 年 6 月隨部參加對滇桂軍閥楊希閔部、劉震寰部軍事行動，1925 年 9 月畢業。1933 年 12 月任補充第一旅第一團團附，隨部參加對江西紅軍及根據地的「圍剿」戰事。1935 年 2 月 22 日任陸軍第八十七師獨立第一旅第三團團長。抗日戰爭爆發後，率部參加淞滬會戰、南京保衛戰。後任軍事委員會國民兵總動員委員會辦公室科長、視察官。1943 年 2 月被國民政府軍事委員會銓敘廳頒令敘任陸軍輜重兵上校。後任軍事委員會軍事訓練部補充兵訓練處副處長。抗日戰爭勝利後，1945 年 10 月獲頒忠勤勳章。1946 年 5 月獲頒勝利勳章。任四川某師管區司令部副司令官，兼任四川平武縣縣長。1949 年任陸軍第二三一師師長。

張　瓊（1904 － 1943）別字仲瑩，四川華陽人。廣州黃埔中國國民黨陸軍軍官學校第二期步兵科畢業。1924 年 8 月考入廣州黃埔中國國民黨陸軍軍官學校第二期步兵科學習，在校學習期間加入孫文主義學會，1925 年 2 月 1 日隨軍校教導團參加第一次東征作戰，進駐廣東潮州短期訓練，1925 年 5 月 30 日隨軍返回廣州，繼返回校本部續學，1925 年 6 月隨部參加對滇桂軍閥楊希閔部、劉震寰部軍事行動，1925 年 9 月畢業。

[153] 湖南省檔案館校編，湖南人民出版社《黃埔軍校同學錄》記載。

分發國民革命軍第一軍第二師第四旅見習，1925 年 10 月隨部第二次東征作戰。1930 年 12 月任陸軍第十四師獨立旅旅長，率部參加對江西紅軍及根據地的「圍剿」戰事。1932 年 10 月任陸軍第二軍（軍長將鼎文）第九師（師長李延年）第十八旅旅長，率部駐防福建並隸屬軍事委員會駐閩綏靖主任公署，參加對閩西紅軍及根據地的「圍剿」戰事。1935 年 5 月被國民政府軍事委員會銓敘廳敘任陸軍步兵上校。1937 年 5 月 7 日被國民政府軍事委員會銓敘廳敘任陸軍少將。抗日戰爭爆發後，任第四集團軍（總司令蔣鼎文）第二軍（軍長李延年）第九師（師長李延年兼）副師長，兼任該師第十八旅旅長，率部參加淞滬會戰。1938 年 7 月 1 日接成光耀任陸軍第七十五軍（軍長周嵒）第五十師師長，奉陳誠命重建在淞滬會戰損失慘重的該師殘部，編成後隸屬陸軍第五十四軍（軍長霍揆彰、陳烈），率部參加第一次長沙會戰。1940 年 3 月 6 日免師長職，由楊文瑔接任。1940 年 3 月 7 日任陸軍第二軍（軍長李延年、王凌雲）副軍長，兼任陸軍第九師師長，率部參加隨棗會戰、第二次長沙會戰。1943 年 2 月 12 日由原陸軍第二軍副軍長調任陸軍第十五軍（軍長武庭麟）副軍長。1943 年夏因病在抗日前線任上逝世，1943 年 9 月 4 日被國民政府軍事委員會銓敘廳頒令追晉陸軍中將銜。

張漢初（1903—1977）別字斌，四川巴縣人。廣州中國國民黨陸軍軍官學校第二期輜重兵科、南京中央陸軍軍官學校高等教育班第五期畢業，德國陸軍大學肄業。1924 年 8 月考入廣州黃埔中國國民黨陸軍軍官學校第二期輜重兵科學習，在校學習期間加入孫文主義學會，1925 年 2 月 1 日隨軍校教導團參加第一次東征作戰，進駐廣東潮州短期訓練，1925 年 5 月 30 日隨軍返回廣州，繼返回校本部續學，1925 年 9 月軍校畢業。歷任國民革命軍第一軍第一師排長、連長等職。1928 年任陸軍第一師第一團連長，陸軍第一軍第一師第一團第二營營長，隨部參加中原大戰。1930 年任陸軍第四師獨立旅補充第二團團長，1931 年 12

張漢初

月 26 日任陸軍第四師（師長徐庭瑤）第十一旅第二十二團副團長，率部參加對江西紅軍及根據地的第二、三次「圍剿」戰事。1933 年 2 月任陸軍第二十五師（師長關麟徵）第七十五旅步兵第一五〇團團長，率部參加長城抗戰。1935 年 7 月 17 日因長城抗戰中禦敵有功獲頒青天白日勳章。[154] 其間奉派德國學習軍事，入德國柏林陸軍大學學習兩年。抗日戰爭爆發後回國，任第一戰區第三十四集團軍（總司令胡宗南）第一軍（軍長胡宗南兼）司令部（參謀長于達）參謀處處長，隨部參加淞滬會戰。1937 年 12 月任陸軍第七十四軍（軍長俞濟時）第五十八師（師長馮聖法）第一七二旅（旅長何凌霄）第三〇二團（團長程智）團附，隨部參加南京保衛戰。1937 年 12 月 12 日團長程智作戰殉國，其繼任該團團長，參加南京保衛戰全過程。後任陸軍第五十二軍第二十五師第七十五旅旅長，率部在平漢路參加抗日戰事。第八戰區第三十四集團軍總司令部直屬暫編第六師副師長，軍事委員會西安行營高級參謀，1938 年 5 月第五十二軍（軍長關麟徵）第二十五師師長，率部參加武漢會戰。1939 年 6 月 19 日被國民政府軍事委員會銓敘廳頒令敘任陸軍少將。1941 年 5 月任第九集團軍總司令部參謀長，後任陸軍第五十二軍（軍長張耀明）第二十七師師長。抗日戰爭勝利後，1945 年 10 月獲頒忠勤勳章。1946 年 5 月獲頒勝利勳章。任陸軍整編第七十六師整編第二十四旅旅長，率部在陝北地區與人民解放軍作戰，1948 年 3 月 3 日在陝西宜川被人民解放軍俘虜。中華人民共和國成立後，任中國人民解放軍西北軍區高級步兵學校軍事教員。轉業地方工作後，任陝西省政協委員，西安市黃埔軍校同學會理事等職。著有〈宜川戰役胡宗南部整編第二十四旅被殲經過〉（載於陝西人民出版社《陝西文史資料選編》）等。

張鐵英（1900 －？）四川華陽人。廣州黃埔中國國民黨陸軍軍官學校第二期輜重兵科畢業。1924 年 8 月考入廣州黃埔中國國民黨陸軍軍官

[154] 臺北成文出版社有限公司印行：國民政府公報 1935 年 7 月 18 日第 1796 號頒令。

學校第二期輜重兵科學習，在校學習期間加入孫文主義學會，1925 年 2 月 1 日隨軍校教導團參加第一次東征作戰，進駐廣東潮州短期訓練，1925 年 5 月 30 日隨軍返回廣州，繼返回校本部續學，1925 年 6 月隨部參加對滇桂軍閥楊希閔部、劉震寰部軍事行動，1925 年 9 月畢業。奉派返回北方從事軍事活動，1926 年任陝軍三民軍官學校政治部副主任。

楊文璟（1905 － 1973）別字文泉，四川江安人。廣州黃埔中國國民黨陸軍軍官學校第二期輜重兵科畢業。1924 年 8 月考入廣州黃埔中國國民黨陸軍軍官學校第二期輜重兵科學習，在校學習期間加入孫文主義學會，1925 年 2 月 1 日隨軍校教導團參加第一次東征作戰，進駐廣東潮州短期訓練，1925 年 5 月 30 日隨軍返回廣州，繼返回校本部續學，1925 年 9 月軍校畢業。分發國民革命軍第一軍第二師步兵團見習、排長，1925 年 10 月隨部參加第二次東征作戰。1926 年 7 月隨部參加北伐戰爭，任國民革命軍第一軍第二師第四旅步兵團連長、營長。1928 年 1 月任國民革命軍第一軍第二十二師第六十五團中校團附，隨部參加第二期北伐戰爭。1929 年 10 月任南京中央陸軍軍官學校第九期高級班步兵隊隊附。後任中央教導第一師第一團第三營營長，隨部參加中原大戰。1931 年 10 月任陸軍第五軍第八十七師司令部副官處處長，1932 年 1 月隨部參加「一二八」淞滬抗日戰事。後任軍事委員會保定第三新兵補訓處新編步兵第一團團長。1934 年 12 月任「剿匪」軍第三路軍第二縱隊第二師補充旅第一團團長，率部在川西北參與「追剿」紅軍戰事。1936 年 10 月任陸軍第二師補充旅第一團團長、副旅長。抗日戰爭爆發後，任陸軍獨立第二十旅副旅長，率部參加淞滬會戰，後任陸軍第六十一師第一八一旅旅長，率部參加徐州會戰、武漢會戰。1939 年 4 月被國民政府軍事委員會銓敘廳敘任陸軍輜重兵上校。1940 年 2 月任陸軍第五十四軍第五十師師長，1943 年 1 月任陸軍第九十四軍副軍長，兼任陸軍第五十師師長，率部參加鄂北會戰、第二至四次長沙會戰。抗日戰爭勝利後，仍

楊文璟

任陸軍九十四軍副軍長，兼任天津警備司令部司令官。1945 年 10 月獲頒忠勤勳章。1946 年 5 月獲頒勝利勳章。1946 年 11 月被國民政府軍事委員會銓敘廳敘任陸軍少將。1946 年 7 月任陸軍整編第七十五師師長。1946 年 12 月任陸軍整編第七十二師師長，率部在華東與人民解放軍作戰。1947 年 4 月 26 日在山東泰安被人民解放軍俘虜，入中國人民解放軍第三野戰軍政治部聯絡部解放軍官教育團學習受訓。中華人民共和國成立後，關押戰犯管理所學習與改造。1973 年 10 月 24 日因病在撫順戰犯管理所逝世。

楊引之（1901 － 1927）別字叔延，四川華陽人。華陽縣南城高等小學業，成都初級師範學校、高等蠶業講習所、上海南洋公學肄業，廣州黃埔中國國民黨陸軍軍官學校第二期工兵科畢業。幼年本鄉私塾啟蒙，少時考入華陽縣南城高等小學就讀，畢業後改入高等蠶業講習所學習，繼入成都初級師範學校，再轉赴上海南洋公學就讀，未及畢業聞黃埔軍校在上海招生，欣然赴考及格遂南下，1924 年 8 月考入廣州黃埔中國國民黨陸軍軍官學校第二期工兵科學習，在校學習期間加入孫文主義學會，被推選為該會執行委員，1925 年 2 月 1 日隨軍校教導團參加第一次東征作戰，進駐廣東潮州短期訓練，曾入中央軍事政治學校潮州分校繼續學業，1925 年 5 月 30 日隨軍返回廣州，繼返回校本部續學，1925 年 6 月隨部參加對滇桂軍閥楊希閔部、劉震寰部軍事行動，1925 年 9 月軍校畢業。分發中央軍事政治學校第四期入伍生總隊見習、排長，1925 年 10 月隨部參加第二次東征作戰。1925 年 12 月任國民革命軍第一軍第二師衛生隊中國國民黨少校黨代表。1926 年 1 月作為黃埔軍校本部特別區黨部代表出席中國國民黨第二次全國代表大會代表，並任校本部孫文主義總會常駐執行委員。1926 年 5 月隨部參加國恥紀念日集會時，被工人糾察隊打至重傷，由二期同學王景奎等送廣州市光華醫院搶救倖免於死，住院期間蔣中正曾前往看望。1926 年 6 月奉蔣中正命校本部

楊引之

兩會撤銷，任黃埔軍校同學會組織科科長。1927 年 1 月 26 日奉蔣命將黃埔同學總會由南昌遷移武漢，到武昌策動武漢中央軍校學員擁蔣並遷校南京，到漢口後再接令其入川，說服楊森軍長歸附蔣系中央。其間于漢口英租界福昌旅館暫停時，被二期同學向鑒榮告發，並指引武漢國民政府「左翼」勢力派兵將其逮捕。1927 年 4 月 23 日武漢軍校學生討蔣籌備委員會在漢口閱馬場召開反蔣（中正）大會，其與陳紹平（二期生）等被赤身反縛背負木牌遊街，[155] 後囚禁于武昌第一模範監獄西監幹字第一號房，經過四十餘天拷打審訊。其受累於當權者熱衷於兩黨鬥爭，為軍校兩黨師生派性鬥爭所害，1927年6月1日在武昌第一模範監獄內執行槍決。

鄒明光（1900 － 1941）四川貢井人。廣州黃埔中國國民黨陸軍軍官學校第二期步兵科畢業。1924 年 8 月考入廣州黃埔中國國民黨陸軍軍官學校第二期步兵科學習，在校學習期間加入孫文主義學會，1925 年 2 月 1 日隨軍校教導團參加第一次東征作戰，進駐廣東潮州短期訓練，1925 年 5 月 30 日隨軍返回廣州，繼返回校本部續學，1925 年 6 月隨部參加對滇桂軍閥楊希閔部、劉震寰部軍事行動，1925 年 9 月畢業。分發國民革命軍第一軍第三師見習，1925 年 10 月隨部參加第二次東征作戰。1926 年 1 月奉派返回四川，投效川軍部隊劉湘部，歷任國民革命軍第二十軍司令部教導旅連長、營長、團長等職。1935 年 5 月被國民政府軍事委員會銓敘廳敘任陸軍步兵上校。1935 年 12 月任國民革命軍第二十軍政治訓練處處長。抗日戰爭爆發後，任四川萬源縣縣長。1941 年 2 月 6 日因「軍械貪污案」被軍法處決。

羅歷戎

羅歷戎（1901 － 1991）原名立榮，[156] 別字顯華，後改名歷戎，四川渠縣人。渠縣高等小學、渠縣縣立中學、廣州黃埔中國國民黨陸軍軍官學校第二期步科畢

155　中國第二歷史檔案館供稿，華東工學院編輯出版部影印，檔案出版社 1989 年 7 月《黃埔軍校史稿》第八冊（本校先烈）第 56 頁楊引之烈士傳略記載。

156　湖南省檔案館校編，湖南人民出版社《黃埔軍校同學錄》記載。

業，中央軍官訓練團將官班結業。幼年在本鄉私塾啟蒙，少時考入渠縣縣城高等小學就讀，畢業後考入渠縣縣立中學學習，畢業後返回原籍任小學教員兩年多。1924 年 8 月考入廣州黃埔中國國民黨陸軍軍官學校第二期步兵科學習，在校學習期間加入孫文主義學會，1925 年 2 月 1 日隨軍校教導團參加第一次東征作戰，進駐廣東潮州短期訓練，1925 年 5 月 30 日隨軍返回廣州，繼返回校本部續學，1925 年 9 月軍校畢業。分發國民革命軍第一軍第一師步兵連見習、排長，1925 年 10 月隨部參加第二次東征戰事。1926 年 7 月隨部參加北伐戰爭，任國民革命軍第一軍第二十二師步兵營連長、營長。1929 年 10 月任陸軍第一師（師長胡宗南）司令部參謀處處長，隨部參加中原大戰。1930 年 11 月任陸軍第一師第二旅第五團團長，陸軍第一軍第七十八師獨立團團長。1935 年 10 月任南京中央陸軍軍官學校第十二期上校教官，後任學員總隊總隊長。後任陸軍第一軍第一師獨立旅旅長，1936 年 10 月任陸軍第一軍（軍長胡宗南）第七十八師（師長丁德隆）副師長。抗日戰爭爆發後，率部參加淞滬會戰。1938 年任陸軍第八軍第四十師師長，率部參加武漢會戰週邊戰。受胡宗南委派籌備中央陸軍軍官學校第七分校，除原率南京中央陸軍軍官學校第十二期學員總隊 700 餘人外，徵求南京中央陸軍軍官學校教育長陳繼承批准，將中央陸軍軍官學校第十五期一個學員總隊所歸其帶領赴陝西鳳翔，續任中央陸軍軍官學校第七分校（西安分校）第十五期第四學生總隊總隊長，率部在陝西鳳翔進行胡宗南部隊初級軍官教育與訓練。1939 年 4 月任中央陸軍軍官學校第七分校（主任胡宗南）辦公廳主任，兼任第七分校畢業生通訊處主任，協助管理軍校教務事宜一年多。1939 年 4 月 29 日發表為陸軍第一軍（軍長李文）副軍長，實際沒到任，仍以副軍長兼任第七分校辦公廳主任。1939 年 7 月 13 日被國民政府軍事委員會銓敘廳頒令敘任陸軍少將。1942 年 10 月 15 日任陸軍第三十六軍軍長。1945 年 1 月 9 日任第三十四集團軍（總司令李文）陸軍第三軍軍長，統轄陸軍第七師（師長李用章）、第十二師（師長劉英）等部。

抗日戰爭勝利後，1945 年 10 月獲頒忠勤勳章。1946 年 1 月仍任陸軍第三軍軍長，率部駐軍石家莊兩年多。1947 年 10 月 19 日在河北定縣被人民解放軍包圍，戰至 1947 年 10 月 22 日第三軍傷亡兩千餘人，其中陣亡 700 多官兵，後在定縣清風店附近與第七師師長李用章等被人民解放軍俘虜。入華北野戰軍政治部聯絡部解放軍官教導團學習。中華人民共和國成立後，關押於戰犯管理所學習與改造。1960 年 11 月 28 日獲特赦釋放，後任全國政協文史資料委員會專員，1983 年 5 月當選為第六屆全國政協委員，1988 年 3 月當選為第七屆全國政協委員。1991 年 7 月 6 日因病在北京逝世。著有〈我率第三軍進駐石家莊和在清風店被殲經過〉（載於河北人民出版社 1985 年《石家莊文史資料》第三輯）、〈胡宗南部到華北及在清風店被殲經過〉（載於中國文史出版社《文史資料選輯》第二十輯）、《國民黨中央陸軍軍官學校第七分校概述》（1965 年 10 月撰稿，載於中國文史出版社《文史資料存稿選編－軍事派系》下冊）、〈胡宗南集團的興起與覆滅〉（載於中國文史出版社《文史資料選輯》第一四一輯）等。全國政協《縱橫》1984 年第四輯載有〈新生的時刻〉（黃國平著），河北《石家莊文史資料》1985 年第三輯載有〈羅歷戎第三軍來石家莊及覆滅經過〉（道家訓著）、1989 年第九輯載有〈回憶家父與羅歷戎對弈〉（王過靈著）等。

羅振聲（1898-1939）原名共榮，別字繼溥，又名向乾，四川綦江縣東溪鄉人。東溪鄉高級小學、綦江縣立初級師範學校、成都高等師範學校預科、廣州黃埔中國國民黨陸軍軍官學校第二期步兵科畢業。原載生於 1898 年，另載生於 1900 年 8 月 25 日。其為獨生子，家庭薄有田產。1919 年 1 月與鄧希賢（小平）、江克明（澤民）、冉均等投考重慶留法勤工儉學預備學校，經過一年半努力，其與部分同學于 1920 年 9 月通過法國駐重慶領事館的考試及格，並經體檢及格結業。其與江克明、冉均等 46 人為貸費生，由校董事會補助每人 100 元，鄧希賢、周文楷等 38 人為自費生。1920 年 9 月 11 日乘「盎特萊蓬號」輪船赴法國勤工儉學，其入工廠做工，併入巴黎工業學院就讀，1921 年 2 月參加「二•二八」留法勤工儉學赴中國公使館爭取助學運動。其間參與少共旅法支部組織活動，1922 年經周恩來、周維楨介紹加入旅歐中國共產主義青年團，1923 年 5 月 3 日經周恩來、周維楨介紹加入中共。1923 年 7 月於巴黎大學政治經濟學系、巴黎工業學院機械學系畢業。後為中共旅歐支部成員。[157] 根據中共旅歐支部號召旅歐中共黨員和共青團員「努力學習，儘早歸國」，1924 年 9 月上旬與周恩來等乘船抵達廣州天字碼頭。抵達黃埔軍校後即自願入第二期學習，並以個人名義加入中國國民黨。其間與李勞工、周逸群、王伯蒼、吳明等發起組織「火星社」，創辦「火星劇社」。1925 年 1 月 14 日在廣州黃埔中國國民黨陸軍軍官學校全體黨員大會上，被投票推選為中國國民黨陸軍軍官學校特別區黨部第二屆執行委員會執行委員，[158] 會後分工任中國國民黨特別區黨部組織委員，留任校本部政治部科員，入伍生政治部政治訓練員。1925 年年 2 月參與在校本部發起「中國青年軍人聯合會」。1925 年 3 月隨部參加第一次東征作戰，東征軍佔領東莞後，其在東莞縣中國國民黨召集 1000 多人參加的市民聯歡會上，周恩來等在會上講演，其在該會上解釋了由自巳寫作國民革命歌的歌詞意義，歌詞為「打倒列強，除軍閥，努力國民革命，齊奮鬥，打倒列強，除軍閥，國民革命成功，齊歡唱」(譜曲為原法國童謠)。後為傳唱一時膾炙人口氣勢磅礴的國民革命北伐進軍歌曲。1925 年 6 月隨黨軍第一旅參加對滇桂軍閥楊希閔部、劉震寰部的軍事行動。1925 年 9 月 6 日隨軍校第二期學員參加畢業儀式。1925 年 10 月隨部參加第二次東征作戰，任東征軍總指揮部偵察隊隊長，政治部派赴東江黨務特派員，國民革命

---

[157] 河北省博物館、留法勤工儉學運動紀念館編纂：《留法勤工儉學運動》山西高校聯合出版社 1993 年 10 月版，第 363 頁記載。

[158] ①中國第二歷史檔案館供稿：檔案出版社 1989 年 7 月出版、華東工學院編輯出版部影印《黃埔軍校史稿》第七冊第 18 頁；②廣東革命歷史博物館編：廣東人民出版社 1982 年 2 月《黃埔軍校史料》第 520 頁記載。

軍總政治部訓練科科長。1926 年夏被派返四川工作，公開職業為重慶中法大學體育訓練主任，具體負責學校的軍事訓練，黨內職務為中共重慶地方委員會（書記楊闇公）教育委員會委員，中共重慶中法大學支部委員。其間參與發起全校師生聲援「東溪米案」，在《新蜀報》上發表文章，揭露軍閥罪行。1927 年 3 月 31 日參與重慶各界兩萬餘人舉行的「反對英帝炮轟南京市民」聲援大會，其根據分工在會場指揮糾察隊和童子軍維持秩序，在「三・三一慘案」被暴徒開槍擊傷。在這次事件中重慶黨組織領導人相繼犧牲或轉移。其隻身脫險，返回綦江縣東溪鎮家中隱蔽養傷，一直沒外出謀事和尋找黨組織，從此失去中共組織關係。後長期在東溪鎮小學教書，曾經營一家茶館維持生計。1939 年春因病在家中逝世。

羅楚材（1907 － 1951）原名楚材，[159] 別字作桓，後改名國熙，四川瀘縣人。廣州黃埔中國國民黨陸軍軍官學校第二期炮兵科畢業。1924 年 8 月考入廣州黃埔中國國民黨陸軍軍官學校第二期炮兵科學習，在學期間加入孫文主義學會，1925 年 2 月 1 日隨軍校教導團參加第一次東征作戰，進駐廣東潮州短期訓練，1925 年 5 月 30 日隨軍返回廣州，繼返回校本部續學，1925 年 9 月軍校畢業。1926 年 7 月隨部參加北伐戰爭，任國民革命軍炮兵營排長、連長、副營長。1936 年 10 月任軍事委員會別動軍第一總隊大隊長。抗日戰爭爆發後，隨部參加淞滬會戰。1940 年任春任軍事委員會蘇浙行動委員會忠義救國軍第二團團長，1940 年 10 月任第九戰區司令長官部敵後游擊總指揮部編練處專員，負責訓練敵後游擊部隊幹部及情報特別工作人員。1945 年 1 月任重慶衛戍總司令部稽查處處長。抗日戰爭勝利後，1945 年 10 月獲頒忠勤勳章。1946 年 5 月獲頒勝利勳章。1948 年 5 月任四川省第七區（瀘縣）行政督察專員，兼任該區保安司令部司令官。1949 年 8 月任川南游擊總指揮部總指揮，1949 年 12 月 29 日在四川瀘縣被人民解放軍俘虜。1951 年在鎮反運動中被處決。

[159] 湖南省檔案館校編、湖南人民出版社《黃埔軍校同學錄》記載。

趙援

趙　援（1904—1972）別號金鑑，原籍湖北宜昌，一說四川巴縣人。1904 年 7 月 11 日生於重慶。重慶聯合中學畢業，北京朝陽大學肄業，廣州黃埔中國國民黨陸軍軍官學校第二期步兵科、陸軍大學特別班第五期畢業，中央訓練團將官班結業。1924 年 8 月考入廣州黃埔中國國民黨陸軍軍官學校第二期步兵科步兵隊學習，在校學習期間加入孫文主義學會，1925 年 2 月 1 日隨軍校教導團參加第一次東征作戰，進駐廣東潮州短期訓練，1925 年 5 月 30 日隨軍返回廣州，繼返回校本部續學，1925 年 6 月隨部參加對滇桂軍閥楊希閔部、劉震寰部軍事行動，1925 年 9 月畢業。分發教導第三團見習、排長，1925 年 10 月隨部參加第二次東征作戰。1926 年 7 月隨部參加北伐戰爭，任國民革命軍第一軍第二十二師第六十六團第二營連長、營長。1930 年 5 月隨部參加中原大戰。後任陸軍第一師第一旅（旅長李文）補充團副團長、團長。其間與鄧佩英結婚。1935 年 10 月任陸軍第四十九師副師長。抗日戰爭爆發後，任第四十九師副師長兼政治部主任，陸軍第八十四軍第一三一師司令部參謀長，1940 年 7 月入陸軍大學特別班學習，1942 年 7 月畢業。1942 年 8 月留任陸軍大學兵學教官。1943 年 7 月被國民政府軍事委員會銓敘廳頒令敘任陸軍步兵上校。任第三十一集團軍總司令部參謀處處長，1944 年 10 月任長江上游江防總司令部參謀處處長。1946 年 1 月入中央訓練團將官班受訓，1946 年 3 月結業。1946 年 10 月 17 日任國防部（部長白崇禧）特種計畫司司長，1947 年 6 月 9 日該司裁撤免職。[160] 參與籌備國防部九江指揮所事宜，1947 年 8 月 21 日正式成立時任國防部駐九江指揮所（主任白崇禧兼）司令部（參謀長徐祖詒兼）副參謀長，

[160] 戚厚傑、劉順發、王楠編著：河北人民出版社 2001 年 1 月《國民革命軍沿革實錄》第 712 頁記載。

1948 年春任華中「剿匪」總司令（白崇禧）部（參謀長徐祖詒兼）副參謀長，後兼任陸軍暫編第八縱隊司令部司令官。1948 年 9 月 22 日被國民政府軍事委員會銓敘廳頒令敘任陸軍少將。後任陸軍第四十九師師長，1949 年 2 月 1 日任湘鄂邊區綏靖總司令（宋希濂兼）部（由第十四兵團改稱）第十三綏靖區司令（王凌雲）部陸軍第一二四軍軍長，統轄陸軍第六十師（師長易瑾）、陸軍第二二三師（師長宋瑞鼎）、陸軍第二三五師（師長潘清洲，該師實際沒歸入指揮建制），1949 年 8 月 20 日以「撤退部署錯誤，即予免職」，[161] 改由顧葆裕接任。1949 年 9 月率部在四川北碚起義。中華人民共和國成立後，任川東人民行政公署北碚市人民政府建設科副科長，加入民革四川地方組織。1954 年 7 月任重慶市人民政府參事室參事。「文化大革命」開始後受到衝擊和迫害，1972 年 4 月 29 日因病在重慶逝世。著有〈關於白崇禧在國民黨華中「剿總」時的回憶〉〔1964 年 4 月撰稿，載於中國文史出版社《文史資料存稿選編－軍政人物》上冊第 156 － 171 頁〕等。

蕭武郎（1903 －？）別字池，四川仁壽人。廣州黃埔中國國民黨陸軍軍官學校第二期輜重兵科畢業。1924 年 8 月考入廣州黃埔中國國民黨陸軍軍官學校第二期輜重兵科學習，在校學習期間加入孫文主義學會，1925 年 2 月 1 日隨軍校教導團參加第一次東征作戰，進駐廣東潮州短期訓練，1925 年 5 月 30 日隨軍返回廣州，繼返回校本部續學，1925 年 6 月隨部參加對滇桂軍閥楊希閔部、劉震寰部軍事行動，1925 年 9 月畢業。1925 年 10 月隨部參加第二次東征作戰。1926 年 7 月隨部參加北伐戰爭。1928 年 12 月任南京中央陸軍軍官學校軍官特訓班總務組組長。1930 年 12 月任陸軍第四十五師（師長衛立煌）司令部直屬暫編第一團團長。抗日戰爭爆發後，任陸軍步兵師副師長，率部參加抗日戰事。抗日戰爭勝利後，任陸軍步兵師師長。1945 年 10 月獲頒忠勤勳章。1946 年 5 月獲頒勝利勳章。1946 年

[161] 中國文史出版社《文史資料存稿選編－軍政人物》上冊第 171 頁記載。

11 月被國民政府軍事委員會銓敘廳頒令敘任陸軍輜重兵上校。1947 年 4 月 17 日被國民政府軍事委員會銓敘廳頒令敘任陸軍少將。

黃乃潛（1906 － 1927）別字杞南，四川敘永人。廣州黃埔中國國民黨陸軍軍官學校第二期步兵科畢業。1924 年 8 月考入廣州黃埔中國國民黨陸軍軍官學校第二期步兵科學習，在校學習期間加入孫文主義學會，1925 年 2 月 1 日隨軍校教導團參加第一次東征作戰，進駐廣東潮州短期訓練，1925 年 5 月 30 日隨軍返回廣州，繼返回校本部續學，1925 年 6 月隨部參加對滇桂軍閥楊希閔部、劉震寰部軍事行動，1925 年 9 月畢業。國民革命軍步兵團連長。1927 年 12 月 28 日國民革命軍北伐福建時，在福州城郊作戰陣亡。

梁伯龍（1898 － 1930）又名伯隆、廷楝、尚志、靖超，別號興穀，四川江安人。江安縣立高等小學、四川省立第三中學、上海中華職業學校畢業，上海震旦大學政法科、廣州黃埔中國國民黨陸軍軍官學校第二期肄業。[162]1924 年加入中共，1924 年秋受黨組織派赴廣州黃埔軍校第二期學習，1925 年 3 月隨部參加第一次東征作戰。後離校，曾當選為中華學生聯合總會代表。1925 年夏奉派入上海大學學習。1926 年 7 月任國民革命軍總政治部政訓員、宣傳隊隊長，國民革命軍第六軍政治部宣傳科科長，中國國民黨九江市特別黨部執行委員，兼任宣傳部部長，九江總工會秘書，《國民新聞》總編輯兼代經理，1927 年任南昌《貫徹日報》主筆。1927 年 8 月隨部參加南昌起義，任國民革命軍第十一軍政治部秘書長，第二十五師政治部宣傳科科長。1928 年奉派返四川，從事中共地下工作，創辦重慶高級中學，任校長，後任國民革命軍第二十一軍政治部編纂委員，聘任西南學院院長，1930 年春任成都西南大學校長。1930 年 6 月 8

梁伯龍

[162] ①中華人民共和國民政部編纂、範寶俊、朱建華主編：黑龍江人民出版社 1993 年 10 月《中華英烈大辭典》第 2344 頁記載；②陳予歡編著：廣州出版社 1998 年 9 月《黃埔軍校將帥錄》1418 頁記載。

日因叛徒告密被被捕入獄，1930 年 10 月 31 日在成都東門外下蓮池遇害。

梁源隆（1902 －？）四川巴縣人。廣州黃埔中國國民黨陸軍軍官學校第二期工兵科畢業。1924 年 8 月考入廣州黃埔中國國民黨陸軍軍官學校第二期工兵科學習，在校學習期間加入孫文主義學會，1925 年 2 月 1 日隨軍校教導團參加第一次東征作戰，進駐廣東潮州短期訓練，1925 年 5 月 30 日隨軍返回廣州，繼返回校本部續學，1925 年 6 月隨部參加對滇桂軍閥楊希閔部、劉震寰部軍事行動，1925 年 9 月畢業。分發國民革命軍第一軍第一師見習，1925 年 10 月隨部參加第二次東征作戰。1926 年 7 月隨部參加北伐戰爭，任國民革命軍第一軍第十四師步兵團排長、連長、副營長。1928 年 1 月隨部參加第二期北伐戰事，任陸軍第八師補充團團附。1928 年 10 月 13 日被委派為中國國民黨第八師特別黨部籌備委員。

曾　魯（1904 －？）四川自流井人。廣州黃埔中國國民黨陸軍軍官學校第二期炮兵科畢業。1924 年 8 月考入廣州黃埔中國國民黨陸軍軍官學校第二期炮兵科學習，在校學習期間加入孫文主義學會，1925 年 2 月 1 日隨軍校教導團參加第一次東征作戰，進駐廣東潮州短期訓練，1925 年 5 月 30 日隨軍返回廣州，繼返回校本部續學，1925 年 6 月隨部參加對滇桂軍閥楊希閔部、劉震寰部軍事行動，1925 年 9 月畢業。1925 年 10 月隨部參加第二次東征作戰，歷任國民革命軍步兵營排長、連長、副營長，1926 年 7 月隨部參加北伐戰爭。1928 年返回川軍部隊服務。抗日戰爭爆發後，任集團軍總司令部參謀處處長，隨部參加抗日戰事。後任四川川東師管區司令部副司令官，軍政部直屬補充兵訓練總處學員總隊副總隊長。1942 年 7 月被國民政府軍事委員會銓敘廳頒令敘任陸軍炮兵上校。1946 年 1 月奉派入中央訓練團將官班受訓，登記為少將學員，1946 年 3 月結業。1945 年 10 月獲頒忠勤勳章。1946 年 5 月獲頒勝利勳章。後任四川川東師管區司令部司令官。1948 年 9 月 22 日被國民政府軍事委員會銓敘廳頒令敘任陸軍少將。

蔣志高（1897 －？）別字光國，四川安嶽人。廣州黃埔中國國民黨陸軍軍官學校第二期步兵科畢業。1924 年 8 月考入廣州黃埔中國國民黨陸軍軍官學校第二期步兵科學習，在校學習期間加入孫文主義學會，1925 年 2 月 1 日隨軍校教導團參加第一次東征作戰，進駐廣東潮州短期訓練，1925 年 5 月 30 日隨軍返回廣州，繼返回校本部續學，1925 年 6 月隨部參加對滇桂軍閥楊希閔部、劉震寰部軍事行動，1925 年 9 月畢業。分發國民革命軍第一軍第二師見習，1925 年 10 月隨部參加第二次東征作戰。1926 年 7 月任國民革命軍第一軍第二師步兵連排長、連長，隨部參加北伐戰爭。1927 年任國民革命軍第一軍第二十二師補充團第一營副營長，隨部參加龍潭戰役。1928 年 10 月任縮編後的第一集團軍第一師第二旅第四團第二營連長、副營長，1930 年 5 月隨部參加中原大戰。1933 年 12 月任陸軍第一師第二旅司令部參謀主任，1936 年 12 月任陸軍第一軍司令部軍官教導隊教官。抗日戰爭爆發後，任中央陸軍軍官學校第七分校第六總隊第一大隊大隊長等職。

程克平（1900 －？）別字則一，四川黔江人。廣州黃埔中國國民黨陸軍軍官學校第二期步兵科畢業。1924 年 8 月考入廣州黃埔中國國民黨陸軍軍官學校第二期步兵科學習，在校學習期間加入孫文主義學會，1925 年 2 月 1 日隨軍校教導團參加第一次東征作戰，進駐廣東潮州短期訓練，1925 年 5 月 30 日隨軍返回廣州，繼返回校本部續學，1925 年 6 月隨部參加對滇桂軍閥楊希閔部、劉震寰部軍事行動，1925 年 9 月畢業。歷任國民革命軍陸軍步兵團連長、營長、團長，陸軍步兵旅副旅長。1935 年 5 月被國民政府軍事委員會銓敘廳頒令敘任陸軍步兵上校。抗日戰爭爆發後，任陸軍步兵補充旅副旅長，率部參加抗日戰事。後任陸軍步兵旅旅長等職。

謝廷獻（1898 －？）別字存長，四川巴縣人。廣州黃埔中國國民黨陸軍軍官學校第二期輜重兵科畢業。1924 年 8 月考入廣州黃埔中國國民黨陸軍軍官學校第二期輜重兵科學習，在學期間隨部參加第一次東征作戰，1925 年 6 月隨部參加對滇桂軍閥楊希閔部、劉震寰部的軍事行動，1925 年 9 月畢業。分發黃埔軍校教導第二團見習、排長，1925 年 10 月隨部參加第二次東征作戰。1926 年任黃埔中央軍事政治學校第四期入伍生團連長，1927 年任廣州黃埔國民革命軍軍官學校第六期（第二總隊）教育處副官。1928 年隨軍校部分師生北上，任南京中央陸軍軍官學校第七期（第一總隊）訓練教育副官。後任第八期教育處中校訓育副官，第九期騎兵科騎兵隊訓育員，第十期第二總隊部少校訓育主任，南京校本部政治訓練部教育委員。抗日戰爭爆發後，隨軍校遷移西南地區，任成都中央陸軍軍官學校軍校第十七至二十期政治部第二科科長，兼任黃埔中學校長。1943 年 2 月被國民政府軍事委員會銓敘廳敘任陸軍步兵上校。抗日戰爭勝利後，任中央陸軍軍官學校政治部教育委員。1945 年 10 月獲頒忠勤勳章。1946 年 5 月獲頒勝利勳章。1948 年 1 月任中央陸軍軍官學校第二十三期第二總隊代理總隊長，黃埔中學軍簡二階校長。1948 年 3 月 22 日被國民政府軍事委員會銓敘廳敘任陸軍少將。1949 年 12 月隨軍校第一、三總隊參加起義。中華人民共和國成立後，定居成都市，任四川省人民政府文史研究館館員等職。

雷　震（1901 － 1937）別字汝勤，四川蒲江人。四川邛崍縣邛大蒲聯立中學、成都法政學校畢業，四川建武學堂肄業，廣州黃埔中國國民黨陸軍軍官學校第二期炮兵科畢業。1924 年 8 月考入廣州黃埔中國國民黨陸軍軍官學校第二期炮兵科學習，在校學習期間加入孫文主義學會，1925 年 2 月 1 日隨軍校教導團參加第一次東征作戰，進駐廣東潮州短期訓練，1925 年 5 月 30 日隨軍返回廣州，繼返回校本部續學，1925 年 6 月隨部參加對滇桂軍閥楊希閔部、劉震寰部軍事行動，1925 年 9 月畢業。任廣州黃埔中國國民黨陸軍軍官學校第三期軍械處黨代表，中央軍事政治學校（第四期）本部軍械處黨代表，兼任中央軍事政治學校軍械庫黨代表。1926 年 7 月隨部參加北伐戰爭，任國民革命軍第一軍司令部直屬教導團團附兼第一營營長，1927 年 11 月 28 日被推選為中國國民黨國民革命軍第一軍司令部直屬教導團特別黨部執行委員。1930 年奉派蔡廷鍇部，歷任第十九路軍總指揮（蔣光鼐、蔡廷鍇）部警衛團第二營營長。1932 年參加「一•二九」淞滬抗日戰事，任第十九路軍總指揮部補充團團長。1933 年 12 月返回南京中央陸軍軍官學校任職，1936 年 12 月任南京中央陸軍軍官學校教導總隊（總隊長桂永清）第四團團長。抗日戰爭爆發後，任南京中央陸軍軍官學校教導總隊第三旅（旅長馬威龍）副旅長，率部參加淞滬會戰。1937 年 12 月率部參加南京保衛戰，奉命堅守紫金山殂擊陣地。1937 年 12 月 12 日下午教導總隊隊長桂永清率部撤離，其奉命率部留守斷後。1937 年 12 月 13 日掩護軍民於下關火車站乘火車突圍，與連長雷天乙等乘最後一節車廂殿後。日機空襲並將列車炸斷數節，火車頭拉著前面車廂開走後，其率部下車指揮官兵抗擊日軍，後彈盡援絕陣亡。1938 年 9 月追晉陸軍少將銜，奉准入祀蒲江縣忠烈祠。

熊仁彥（1903—？ ）別字飛，別號國英，原載籍貫四川巴縣，[163] 另載四川璧山人。廣州黃埔中國國民黨陸軍軍官學校第二期步兵科、陸軍大學將官班乙級第四期畢業。1924 年 8 月考入廣州黃埔中國國民黨陸軍軍官學校第二期步兵科步兵隊學習，在校學習期間加入孫文主義學會，1925 年 2 月 1 日隨軍校教導團參加第一次東征作戰，進駐廣東潮州短期訓練，1925 年 5 月 30 日隨軍返回廣州，繼返回校本部續學，1925 年 9 月軍校畢業。1925 年 10 月隨部參加第二次東征作戰，任國民革命軍陸軍步兵營見習、排長。1926 年 7 月隨部參加北伐戰爭，任國民革命軍步兵團連長。1928 年任南京中央陸軍軍官學校第七期管理處官佐。後任陸軍步兵團營長、團長等職。抗日戰爭爆發後，任陸軍補充旅副旅長、旅長等職。抗日戰爭勝利後，1945 年 10 月獲頒忠勤勳章。任國民革命軍復員委員會處長。1946 年 5 月獲頒勝利勳章。1946

熊仁彥

[163] 湖南省檔案館校編、湖南人民出版社《黃埔軍校同學錄》記載。

年 11 月被國民政府軍事委員會銓敘廳頒令敘任陸軍步兵上校。1947 年 11 月入陸軍大學乙級將官班學習，1948 年 11 月畢業。1948 年 11 月任國民政府國防部部附。

廖　昂（1903—1964）別字先誠，四川資中人。廣州黃埔中國國民黨陸軍軍官學校第二期工兵科、陸軍大學特別班第四期畢業。1924 年 8 月考入廣州黃埔中國國民黨陸軍軍官學校第二期工兵科工兵隊學習，在校學習期間加入孫文主義學會，1925 年 2 月 1 日隨軍校教導團參加第一次東征作戰，進駐廣東潮州短期訓練，1925 年 5 月 30 日隨軍返回廣州，繼返回校本部續學，1925 年 9 月軍校畢業。歷任國民革命軍陸軍工兵營排長、連長，陸軍補充團營長等職，隨部參加第二次東征作戰及北伐戰爭。1929 年 2 月 3 日被推選為中國國民黨第一師特別黨部候補執行委員。1929 年 9 月任陸軍第一師第一旅第二團團長，1934 年 2 月任陸軍第一軍第一師西北補充旅旅長。1935 年率部參加對陝北紅軍及根據地的「圍剿」作戰。1935 年 5 月被國民政府軍事委員會銓敘廳頒令敘任陸軍工兵上校。1936 年 9 月任陸軍第一軍（軍長陳繼承，胡宗南代）第七十八師（師長丁德隆）第二三二旅旅長。抗日戰爭爆發後，率部參加淞滬會戰。1938 年 3 月入陸軍大學特別班學習，1940 年 4 月畢業。1940 年 7 月 1 日接楊光鈺任陸軍第七十六軍（軍長李鐵軍）第二十四師師長，1943 年 9 月 28 日接李鐵軍任陸軍第七十六軍軍長，統轄陸軍第二十四師（師長劉勁持）、榮譽第二師（師長戴堅）、新編第五師（師長廖慷）、暫編第五十七師（師長祝夏年）等部，其間還兼任四川敘瀘警備司令部司令官。1945 年 2 月 20 日被國民政府軍事委員會銓敘廳頒令敘任陸軍少將。

廖昂

抗日戰爭勝利後，1945 年 10 月獲頒忠勤勳章。1946 年 5 月獲頒勝利勳章。1946 年 10 月任陸軍整編第七十六師師長，統轄陸軍整編第二十四旅（旅長車藩如）、整編第一四四師（師長賴汝雄）、新編第一旅（旅長黃詠贊）等部，全師 1.8 萬人，率部駐防陝西渭南地區，在西北地方對人民解放軍作戰。1947 年 10 月 11 日在陝西清澗被人民解放軍俘虜。後獲寬大釋放，返回胡宗南部隊，1949 年 12 月從成都赴臺灣，二十世紀六十年代初赴美國加利福尼亞州定居。1964 年春因病在臺北逝世。

戴頌儀（1904 － 1979）別字亦宇，四川仁壽人。廣州黃埔中國國民黨陸軍軍官學校第二期輜重兵科、奧地利維也納警官大學畢業，中央訓練團國防高級研究班結業。1924 年 8 月考入廣州黃埔中國國民黨陸軍軍官學校第二期輜重兵科學習，在校學習期間加入孫文主義學會，1925 年 2 月 1 日隨軍校教導團參加第一次東征作戰，進駐廣東潮州短期訓練，1925 年 5 月 30 日隨軍返回廣州，繼返回校本部續學，1925 年 9 月軍校畢業。1925 年 10 月隨部參加第二次東征作戰，任黃埔軍校教導第二團見習、排長。1926 年 7 月隨軍參加北伐戰爭，任國民革命軍步兵營副連長、連長。1927 年 12 月任國民革命軍總司令部警衛團政治指導員，1928 年 10 月任憲兵第一團第三營營長。其間奉派赴奧地利學習警政，1931 年畢業回國。1932 年 3 月加入中華民族復興社，任中華復興社南京總社中央幹事會訓練處科長，軍事委員會委員長侍從室上校副官。中央警官學校（教育長李士珍）教育處處長，中央警官學校北京分校主任。1937 年 6 月 5 日任中央警官學校校務委員會（主任委員戴笠）委員。[164] 抗日戰爭爆發後，1937 年 12 月率警官學校學員總隊參加南京保衛戰。戰後率部遷移西南地區，任軍事委員會調查統計局重慶外事人員訓練班（主任戴笠兼）副主任，後任成都市警察局局長。抗日戰爭勝利後，1945 年 10 月獲頒忠勤勳章。1946 年 1 月任國民政府內政部員警總署（署長唐縱）第一處少將銜處長、高級督察專員。1946 年 5 月獲頒勝利勳章。1946 年 12 月任中央警官學校北平特別警務人員訓練班主任。後任上海三有公司總經理，國

[164] 中央警官學校校史編纂委員會編纂：臺北民生圖書印刷公司 1967 年 11 月 12 日印行《中央警官學校校史》第 110 頁記載。

民政府行政院經濟部調查室主任。1949 年到臺灣，任臺灣「國防部」保密局香港站高級聯絡專員。1970 年退休，1979 年秋因病在香港逝世。

如上表情況所示，軍級以上人員有 12%，師級人員有 20%，兩項相加占 32%，共有 16 人成為國民革命軍將領。具體分析以上情況，有影響的人物主要有：余錦源抗日戰爭時期曾任第十軍第一九〇師師長、副軍長等，參加了著名的衡陽防守戰週邊作戰，以及第一至三次長沙會戰、湘西雪峰山戰役諸役。廖昂、羅歷戎從北伐戰爭開始長期在胡宗南部服役，歷任第一軍各級主官，並出任該軍派生的其他軍師級主官，率部參加了淞滬會戰和武漢會戰諸役。戴頌儀是警界高級官員。

中共方面，最著名的是盧德銘，他得知黃埔軍校招生消息後即啟程，因路途遙遠耽擱時間較長，到達廣州時已經錯過考試時間，他通過本鄉一名中國國民黨員介紹，見到了孫中山先生，是經過孫中山先生面試合格，介紹到黃埔軍校第二期輜重兵科學習。在學期間加入中共，1925 年 11 月葉挺獨立團成立時，即任第二營（營長許繼慎）第四連連長，北伐攻打武昌城時其在第一營營長、第一期生曹淵指揮下作戰，戰後接任第一營營長。後任第七十三團參謀長，1927 年 6 月任國民革命軍第二方面軍警衛團團長，因未能趕上南昌起義的隊伍，率部參加了湘贛邊界秋收起義，並擔任起義部隊總指揮。

（六）湖北省籍第二期生情況簡述

湖北的地理優勢和革命基礎，造就了革命事業後繼有人。根據第一期生招錄人數位居第十，第二期生則有所上升，位居第六，僅增加了 7 名學員。

附表 17　湖北籍第二期生歷任各級軍職數量比例一覽表

職級	中國國民黨	中國共產黨	人數	比例 %
肄業或未從軍	張維藩、王孝同		2	8
排連營級	黃仲馨、吳造漢、吳道南	王伯蒼、張　崴、劉光烈	6	22
團旅級	楊清波、謝雨時、曾育才、鄧明道、蔡劭、張錦堂	聶紺弩、程俊魁、	8	30
師級	曹　勖、張麟舒、嚴　正、田　齊、陳紹平、黃天玄		6	22
軍級以上	彭克定、阮　齊、劉鳳鳴	蕭人鵠、王一飛	5	18
合計	20	7	27	100

部分知名學員簡介：24 名

王一飛（1901 － 1968）別字竹林，湖北黃梅縣大河鎮王家橋人。黃梅縣立高等小學堂畢業，武昌高等師範黨校附屬中學、漢陽兵工專門學校肄業，廣州黃埔中國國民黨陸軍軍官學校第二期工兵科畢業。父為鄉間錫匠，手工業者，以製作錫器為生。少年時考入黃梅縣立高等小學堂就讀，畢業後於 1918 年秋考入武昌高等師範學校附屬中學學習，1920 年春考入漢陽兵式專門學校就讀，經常在兵工廠實習，懂得製造槍炮技術。1921 年夏因軍閥混戰，兵工學校停辦。其間通過報紙得知哈爾濱戊通航業公司招收航機實習員，其考取後，到哈爾濱做工謀生。1923 年春奉系軍閥張作霖沒收戊通公司，其因思想激進被除名。遂返回湖北，1923 年 9 月在武漢經張如岳介紹加入中國社會主義青年團，[165] 奉派返回家鄉黃梅從事平民教育活動，發起成立「黃梅平民教育促進會」，被推選為總幹事。其間組織「青年讀書會」，發展為團組織，建立黃梅縣第一個社會主義青年團小組。[166] 在其倡導下黃梅平民教育活動後來發展為反對土

[165] 廣東省政協文史資料研究委員會、廣東革命歷史博物館合編：廣東人民出版社 1982 年 11 月《廣東文史資料》第三十七輯《黃埔軍校回憶錄專輯》第 104 頁記載。

[166] 中共湖北省委組織部、中共湖北省委黨史資料徵集編研委員會、湖北省檔案館編

豪劣紳的農民運動，遂遭到黃梅縣政府通緝。先到上海後赴廣東，1924年8月考入廣州黃埔中國國民黨陸軍軍官學校第二期步兵科學習，在校學習期間轉為中共黨員，[167]1925年2月與蔣先雲、李之龍（均為一期生）和同學周逸群等發起組建「中國青年軍人聯合會」，被推選為該會執行委員，曾主持編輯出版《中國軍人》刊物，並任該社編輯股股長。1925年3月12日在《中國軍人》第三期撰文《中國軍人與世界革命》，在當時黃埔學生中有較大反響。1925年3月13日「中國青年軍人聯合會」召開悼念孫中山大會，其作為大會執行主席主持會議，並以黃埔軍校學生代表致詞。1925年4月19日「中國青年軍人聯合會」召開第四次代表大會，其被推選為該會常務委員（僅設一名常委），主持該會全面工作。軍校未及畢業，即於1925年8月以革命軍人代表參加北上北京的「廣東外交代表團」（團長林森，秘書長鄒魯），被黨組織指定為該團中共黨團書記。[168]1926年3月在北京參與「三•一八」抗議遊行活動，「三一八」慘案後，「廣東外交代表團」撤回廣州，李大釗邀其留北京，繼續從事中共地下工作。1926年4月受黨組織委派國民三軍進行軍事活動，任國民軍第三軍（總司令孫岳）第二師（師長葉荃）第三混成旅（旅長孫魁元）司令部參謀長，隨部駐河南洛陽。其間任直屬中共北方區委員會的革命軍聯合委員會書記，負責該旅中共黨組織工作，其間發展中共黨員三十多名。1926年9月17日馮玉祥在五原誓師參加國民革命，組建國民聯軍總司令部，馮玉祥被委派為中國國民黨國民聯軍特別黨部監察委員，其兼任中國國民黨國民聯軍特別黨部常務委員，是中共較早直接參與並領導軍事活動先驅者。1927年6月馮玉祥部「清黨」時被免職，後到武

纂：中國共產黨湖北省組織史資料編纂領導小組編輯組1990年2月內部印行《中國共產黨湖北省組織史資料》無載相關情況。

[167] 楊牧、袁偉良主編：河南人民出版社2005年11月《黃埔軍校名人傳》第1090頁記載。

[168] 楊牧、袁偉良主編：河南人民出版社2005年11月《黃埔軍校名人傳》第1092頁記載。

漢中共中央秘書處工作。1927 年 8 月被黨組織派赴前蘇聯莫斯科中山大學學習，在學期間與同學劉鳳翔（1909 年 4 月 1 日生，湖北黃陂人，湖北女子師範黨校畢業，1925 年入團，同年轉入中共）結婚，畢業後派赴蘇聯遠東任紅旗軍司令部特派員，1929 年 12 月被派回東北，任前蘇聯遠東紅軍情報局駐東北地區軍事情報機關負責人，在黑龍江依蘭地區收集日本關東軍情報，曾在馮仲雲（時任中共滿洲省委秘書長）領導下工作，以商人作掩護，駐在哈爾濱俄國人開的馬迭爾旅館。二十世紀三十年代初，奉派赴下江依蘭與當地商人合資開家油坊，其化名王士毅，任經理，夫人劉鳳翔化名李德音，管理財務，建立對日關東軍情報站，分管佳木斯地區的國際情報工作。1935 年 1 月奉命回蘇聯符拉迪沃斯托克，任遠東廣播委員會中文部主任，劉鳳翔任音樂組組長兼華語播音員。後調回莫斯科工作，任前蘇聯國家外文出版局中文部編輯，全蘇廣播委員會中文部翻譯。劉鳳翔在全蘇中央廣播電臺任華語廣播員，期間生育兩個孩子，一男一女。1936 年「基洛夫遇刺案」發生後，前蘇聯進行清黨。1937 年其夫婦被調回符拉迪沃斯托克工作，其任列寧學校教員，劉鳳翔擔任遠東國立東方語言大學教授魯達柯夫博士助教。前蘇聯「肅反運動」開始後，夫婦涉嫌被收繳蘇共黨證，夫婦後被清除出黨，開除黨籍與公職。1938 年秋夫婦聯名致信史達林鳴冤，1940 年獲得平反。此後長期在蘇聯軍事部門工作，曾任文化教員、軍事教員，參加前蘇聯衛國戰爭，曾榮獲前蘇聯最高蘇維埃主席團頒發「英勇勞動獎狀」和「史達林金質獎章」。1946 年回到東北工作，與夫人劉鳳香一同參加李立三組織的中共中央東北局俄文編譯小組，負責將中共歷史上重要文件翻譯成俄文版本。1947 年任中共中央東北局俄文翻譯組組長，中共中央東北局宣傳部俄文翻譯局局長。中華人民共和國成立後，任中共中央俄文編譯局副局長。1953 年 1 月成立中共中央書記處馬恩列斯著作編譯局時，於 1953 年 10 月任中共中央編譯局（局長師哲）副局長，兼任北京俄語專科學校副校長。劉鳳翔任中央編譯局校對室資料員、校對員、翻譯。1955

年 10 月其調任北京圖書館副館長。1957 年其夫人劉鳳翔因向黨支部提意見，在中央編譯局被劃成「右派分子」。「文化大革命」期間夫婦均受到衝擊，1968 年 1 月 10 日因病在北京逝世。劉鳳翔於 1979 年獲得平反恢復名譽，1995 年 8 月 3 日因病在北京逝世。著有〈我從黃埔軍校到蘇聯的回憶〉（陳以沛整理，載於廣東省政協文史資料研究委員會、廣東革命歷史博物館合編：廣東人民出版社 1982 年 11 月《廣東文史資料》第三十七輯《黃埔軍校回憶錄專輯》第 104 － 112 頁）、〈大革命時期的黃梅黨團組織〉（1959 年 6 月 18 日致黃梅縣某同志回信）等。

王伯蒼（1892 － 1927）又名柏蒼，湖北羅田人。武昌共進中學、武昌高等師範學校預科、廣州黃埔中國國民黨陸軍軍官學校第二期輜重兵科畢業。參加惲代英等組織的「利群書社」，1924 年加入中共。1924 年 8 月考入廣州黃埔中國國民黨陸軍軍官學校第二期輜重兵科學習，1925 年 1 月 14 日在廣州黃埔中國國民黨陸軍軍官學校全體黨員人會上，被投票推選為中國國民黨陸軍軍官學校特別區黨部第二屆執行委員會候補執行委員，[169] 會後分工任特別區黨部助理宣傳委員。1925 年 3 月隨部參加第一次東征作戰，其間參加中國青年軍人聯合會，為骨幹成員，1925 年 6 月隨部參加對滇桂軍閥楊希閔部、劉震寰部戰事，1925 年 9 月軍校畢業。任廣州黃埔中國國民黨陸軍軍官學校政治部宣傳科科員。1925 年 10 月隨軍參加第二次東征作戰，1926 年 7 月隨軍參加北伐戰爭。1927 年 8 月被捕後遇害。湖北《羅田文史資料》1990 年第四輯載有〈王伯蒼在黃埔〉（方國興著）等。

鄧明道

鄧明道（1901 －？）別字澤民，湖北黃陂人。廣州黃埔中國國民黨陸軍軍官學校第二期步兵科畢業。1924 年 8 月考入廣州黃埔中國國民黨陸軍軍官學校第二期步兵科學習，在校學習期間加入孫文主義學會，1925 年 2 月

[169] ①中國第二歷史檔案館供稿：檔案出版社 1989 年 7 月出版、華東工學院編輯出版部影印《黃埔軍校史稿》第七冊第 18 頁；②廣東革命歷史博物館編：廣東人民出版社 1982 年 2 月《黃埔軍校史料》第 520 頁記載。

1 日隨軍校教導團參加第一次東征作戰，進駐廣東潮州短期訓練，1925 年 5 月 30 日隨軍返回廣州，繼返回校本部續學，1925 年 9 月軍校畢業。1926 年 10 月任中央軍事政治學校第四期步科第二團第九連連長。後任陸軍第七十軍司令部炮兵隊隊長。抗日戰爭爆發後，任第二十四集團軍總司令部炮兵團營長、團長，第九戰區司令長官部炮兵大隊指揮官，第二十四集團軍總司令部炮兵指揮所主任等職，隨部參加抗日戰事。抗日戰爭勝利後，1945 年 10 月獲頒忠勤勳章。1946 年 5 月獲頒勝利勳章。1946 年 7 月 31 日被國民政府軍事委員會銓敘廳敘任陸軍少將，同時辦理退役。

田　齊（1901 － 1985）別字子正，原載籍貫湖北黃安人，[170] 另載湖北大悟人。[171] 廣州黃埔中國國民黨陸軍軍官學校第二期炮兵科畢業。1924 年 8 月考入廣州黃埔中國國民黨陸軍軍官學校第二期學習，在校學習期間加入孫文主義學會，1925 年 2 月 1 日隨軍校教導團參加第一次東征作戰，進駐廣東潮州短期訓練，1925 年 5 月 30 日隨軍返回廣州，繼返回校本部續學，1925 年 9 月軍校畢業。分發國民革命軍第一軍炮兵營見習，1925 年 10 月隨部參加第二次東征作戰。1926 年 7 月隨部參加北伐戰爭，任國民革命軍總司令部炮兵營排長、副連長。1928 年 1 月任國民革命軍總司令部炮兵教導隊教官。1933 年 10 月任軍政部直屬炮兵第一旅司令部參謀，炮兵第一旅第二團團附。抗日戰爭爆發後，任軍政部直屬獨立炮兵團團長，率部參加抗日戰事。1945 年 4 月被國民政府軍事委員會銓敘廳頒令敘任陸軍炮兵上校。抗日戰爭勝利後，1945 年 10 月獲頒忠勤勳章。任北平市警察總局總局長。1946 年 5 月獲頒勝利勳章。1949 年赴香港，1985 年因病在臺北逝世。

---

[170] 湖南省檔案館校編、湖南人民出版社《黃埔軍校同學錄》記載。

[171] 湖北省地方誌編纂委員會編纂：光明日報出版社 1989 年 9 月《湖北省志－人物志稿》第 1748 頁記載。

劉鳳鳴（1901 － 1948）湖北蒲圻人。廣州黃埔中國國民黨陸軍軍官學校第二期炮兵科、南京中央陸軍軍官學校高等教育班第六期畢業。1924 年 8 月考入廣州黃埔中國國民黨陸軍軍官學校第二期炮兵科學習，在校學習期間加入孫文主義學會，1925 年 2 月 1 日隨軍校教導團參加第一次東征作戰，進駐廣東潮州短期訓練，1925 年 5 月 30 日隨軍返回廣州，繼返回校本部續學，1925 年 6 月隨部參加對滇桂軍閥楊希閔部、劉震寰部軍事行動，1925 年 9 月畢業。分發國民革命軍第四軍見習、排長，1926 年隨部參加統一廣東諸役。1928 年任國民革命軍第四軍第十二師第三十六團第二營營長 .1931 年 10 月任第十九路軍第六十一師第一團團長，1932 年 1 月率部參加「一二八」淞滬抗日戰事。戰後隨部遷移福建漳州，1933 年「福建事變」時任福建人民革命軍第一軍司令部兵站主任。1934 年奉派入南京中央陸軍軍官學校高等教育班學習，1935 年畢業。抗日戰爭爆發後，任陸軍第五十七軍政治部主任，率部參加抗日戰事。1942 年 7 月被國民政府軍事委員會銓敘廳頒令敘任陸軍炮兵上校。1945 年春率部參加對日老河口保衛戰。抗日戰爭勝利後，曾任陸軍第五十七軍副軍長。1945 年 10 月獲頒忠勤勳章。1946 年 5 月獲頒勝利勳章。1948 年春因病河南商丘逝世。

劉光烈（1901 － 1927）別字佩隆，湖北黃陂人。武昌中華大學中學部、廣州黃埔中國國民黨陸軍軍官學校第二期輜重兵科畢業。1919 年考入武昌中華大學中學部，參加惲代英創建的「利群書社」活動，1921 年 12 月畢業。返回原籍鄉間任親平小學教員，其間與惲代英、唐際盛（黃埔一期生）保持密切聯繫。1924 年春由唐際盛寫信告知黃埔軍校招生消息，經惲代英舉薦，毅然投筆從戎南下廣東。1924 年 8 月考入廣州黃埔中國國民黨陸軍軍官學校第二期輜重兵科學習，在學期間加入中國共產黨，參加革命軍人聯合會活動，1925 年 3 月隨部參加第一次東征作戰，戰後返回軍校續讀，1925 年 6 月隨軍參加對滇桂軍閥楊希閔部、劉震寰部戰事，1925 年 9 月畢業。分發大元帥府鐵甲車隊見習、排長，1925 年

10 月隨部參加第二次東征作戰。1925 年 11 月 21 日大元帥府鐵甲車隊擴編，任國民革命軍第四軍第十二師（師長張發奎）第三十四團（團長葉挺）第二營（營長賀聲洋）第五連連長，1926 年 7 月任國民革命軍第四軍葉挺獨立團第二營第五連連長。1926 年 7 月調任國民政府兵站總監部第七分站站長，隨軍參加北伐戰爭。1927 年夏隨國民革命軍第二方面軍第二十軍（軍長賀龍）到南昌，1927 年 8 月隨部參加南昌起義，起義軍南下潮汕後，乘船赴上海避難，後奉派返回家鄉開闢工作，組織黃岡縣農民自衛軍，任參謀。並協助潘忠汝、吳光浩等發起「黃麻起義」。1927 年 12 月 5 日起義軍被陸軍第十二軍教導師包圍於黃安縣，在突圍作戰時中數彈，負重傷後犧牲。

阮　齊（1902 － 1951）別字篪，別號仲賢、觀桐，湖北黃陂人。漢口博學書院、南京金陵大學體育專修科肄業，廣州黃埔中國國民黨陸軍軍官學校第二期工兵科、蘇聯莫斯科中山大學第一期、日本陸軍經理學校、日本陸軍工兵專科學校畢業。1924 年 8 月考入廣州黃埔中國國民黨陸軍軍官學校第二期工兵科學習，在校學習期間加入孫文主義學會，1925 年 2 月 1 日隨軍校教導團參加第一次東征作戰，進駐廣東潮州短期訓練，1925 年 5 月 30 日隨軍返回廣州，繼返回校本部續學，1925 年 9 月畢業。考取留學蘇聯資格，赴蘇聯莫斯科入中山大學第一期學習，畢業後再赴日本學習。1927 年回國，任國民革命軍總司令部軍官團教官，國民革命軍第一軍第二十師第五十九團（團長蔣超雄）第二營營長。1932 年 1 月任軍事委員會訓練總監部政治訓練處上校處長，兼任中央政治學校教官。後任軍事委員會駐鄂特派綏靖公署高級參謀，軍事委員會北平分會高級參謀。1936 年 3 月被國民政府軍事委員會銓敘廳頒令敘任陸軍工兵上校。任湖北省國民兵軍事訓練委員會主任委員。抗日戰爭爆發後，1938 年 1 月 20 日任湖北省政府保安處（處長嚴重兼）副處長，兼任湖北省保安團指揮部指揮官，陸軍新編第二十二師師長。1938 年 7 月 26 日接嚴重任湖北省政府保安處處長，兼任施巴警備司令部司令官。1941 年 10 月 13

日免職。1941 年 5 月出任陸軍第九十九軍第一九七師師長，率部參加抗日戰事。1943 年 10 月任陸軍第八十六軍暫編第三十二師師長，1945 年 6 月 23 日任陸軍總司令部第一方面軍第六十六軍副軍長。抗日戰爭勝利後，仍任陸軍第六十六軍（軍長宋瑞珂）副軍長。1947 年 6 月任武漢警備司令部司令官，後任國民政府武漢行轅新聞處處長，1948 年 9 月 22 日被國民政府軍事委員會銓敘廳頒令敘任陸軍少將。任湘鄂川黔邊區總指揮部第四「清剿」區指揮部指揮官，湖北省幹部訓練團教育長兼恩施警備司令部司令官。1949 年 7 月任湖北綏靖總司令（朱鼎卿兼）部副總司令。1949 年 8 月 22 日任湖北省政府（主席朱鼎卿）委員，兼任湖北省軍管區司令（朱鼎卿兼）部副司令官。中華人民共和國成立後，潛逃西南地區。1949 年 12 月在重慶被人民解放軍俘虜。1951 年春在鎮反中在武漢被處決。

嚴　正（1903 － 1983）又名佐華，別字公威、公畏，原籍籍貫湖北麻陽，[172] 另載湖北黃梅人。武昌高等師範學校肄業，廣州黃埔中國國民黨陸軍軍官學校第二期步兵科畢業。1924 年 8 月考入廣州黃埔中國國民黨陸軍軍官學校第二期步兵科學習，在校學習期間加入孫文主義學會，1925 年 2 月 1 日隨軍校教導團參加第一次東征作戰，進駐廣東潮州短期訓練，1925 年 5 月 30 日隨軍返回廣州，繼返回校本部續學，1925 年 6 月隨部參加對滇桂軍閥楊希閔部、劉震寰部軍事行動，1925 年 9 月畢業。歷任中央軍事政治學校入伍生總隊區隊長，國民革命軍第一軍第二師第四旅團連長，隨部參加北伐戰爭。後任陸軍步兵團團附，陸軍步兵軍司令部參謀處作戰科科長，陸軍步兵師司令部上校參謀長。抗日戰爭爆發後，任國民政府內政部調查局第四處副處長。抗日戰爭勝利後，1945 年 10 月獲頒忠勤勳章。任暫編第二稽查總隊少將副總隊長。1946 年 5 月獲頒勝利勳章。1947 年 4 月 17 日被國民政府軍事委員會銓敘廳敘任陸軍少將。1948 年 3 月 29 日被推選為福建省出席（行憲）第一屆國

[172] 湖南省檔案館校編，湖南人民出版社《黃埔軍校同學錄》記載。

民大會代表。1949 年任陸軍新編第二四八師師長，1949 年 12 月率部在四川德陽起義。中華人民共和國，任中國人民解放軍西南軍區高級步兵學校教員。1952 年轉業，自願返回家鄉任教。1957 年 12 月被錯劃為「右派分子」,「文化大革命」中受到衝擊與迫害。1979 年獲得改正，加入民革地方組織。當選為湖北省沙市市政協副主席，民革沙市市委員會副主任委員，民革湖北省委員會委員。1983 年 10 月因病在湖北沙市逝世。

吳兆甡（1898 － 1927）原名道南，[173] 別字兆生、兆甡，後以字行，湖北黃梅人。廣州黃埔中國國民黨陸軍軍官學校第二期炮兵科畢業。1924 年 6 月考入廣州黃埔中國國民黨陸軍軍官學校第二期炮兵科炮兵隊學習，1925 年 3 月隨軍校教導團參加第一次東征作戰，進駐廣東潮州短期訓練，1925 年 5 月 30 日隨軍返回廣州，繼返回校本部續學，1925 年 6 月隨部參加對滇桂軍閥楊希閔部、劉震寰部軍事行動，1925 年 9 月畢業。1926 年 6 月任國民革命軍第四軍獨立團第二連連長，1927 年 7 月 10 日在北伐泗汾戰役中，渡河作戰時中彈陣亡。[174]

吳造漢（1895 － 1926）別字乾三，湖北沔陽人。沔陽縣立初級中學、武昌共進中學、武昌中華大學肄業，廣州黃埔中國國民黨陸軍軍官學校第二期步兵科畢業。1923 年加入中國國民黨，參加武昌學生愛國活動，被推選為學生聯合會主席，曾任中國國民黨武昌第二區籌備黨部黨務指導員。受中國國民黨武昌籌備黨部委派南下廣東，舉薦投考黃埔軍校。1924 年 8 月考入廣州黃埔中國國民黨陸軍軍官學校第二期步兵科學習，在學期間加入孫文主義學會，隨部參加第一次東征作戰，1925 年 6 月隨部參加對滇桂軍閥楊希閔部、劉震寰部軍事行動，1925 年 9 月畢業。分發國民革命軍見習、排長，1925 年 10 月隨部參加第二次東征作戰。任國民革命軍步兵連連長，1926 年 7 月任國民革命軍步兵營營長，鄂北警

---

173 湖南省檔案館校編、湖南人民出版社《黃埔軍校同學錄》記載。

174 中國第二歷史檔案館供稿，華東工學院編輯出版部影印，檔案出版社 1989 年 7 月《黃埔軍校史稿》第八冊本校先烈第 60 頁有烈士傳略。

備旅教導大隊大隊長。1926 年 9 月在湖北隨縣作戰時中彈陣亡。[175]

張　崴（1902 － 1928）別字傑三，別號威，湖北黃安人。廣州黃埔中國國民黨陸軍軍官學校第二期輜重兵科畢業。1924 年 8 月考入廣州黃埔中國國民黨陸軍軍官學校第二期輜重兵科學習，1925 年 2 月 1 日隨軍校教導團參加第一次東征作戰，進駐廣東潮州短期訓練，1925 年 5 月 30 日隨軍返回廣州，繼返回校本部續學，1925 年 6 月隨部參加對滇桂軍閥楊希閔部、劉震寰部軍事行動，1925 年 9 月畢業。1925 年 10 月隨部參加第二次東征作戰。1926 年 7 月隨部參加北伐戰爭。1928 年 6 月任中國工農紅軍第四軍軍部獨立營營長，1929 年 3 月 14 日在井岡山反「圍剿」作戰中犧牲。[176]

張錦堂（1900 －？）別字子愉，湖北廣濟人。廣州黃埔中國國民黨陸軍軍官學校第二期步兵科畢業。1924 年 8 月考入廣州黃埔中國國民黨陸軍軍官學校第二期步兵科步兵隊學習，在校學習期間加入孫文主義學會，1925 年 2 月 1 日隨軍校教導團參加第一次東征作戰，進駐廣東潮州短期訓練，1925 年 5 月 30 日隨軍返回廣州，繼返回校本部續學，1925 年 6 月隨部參加對滇桂軍閥楊希閔部、劉震寰部軍事行動，1925 年 9 月畢業。歷任黃埔軍校教導第一團第二營見習，黨軍第一旅第二團步兵連排長，國民革命軍第一軍第二師步兵團連長，隨部參加第二次東征及北伐戰爭。1932 年任陸軍第二師第四旅第十團第三營副營長，隨部參加長城抗日戰事。抗日戰爭爆發後，任陸軍步兵團營長、團長，守備處主任，集團軍總司令部駐重慶辦事處處長，警備司令部指揮官。1945 年 7 月被國民政府軍事委員會銓敘廳頒令敘任陸軍步兵上校。抗日戰爭勝利後，1945 年 10 月獲頒忠勤勳章。1946 年 1 月奉派入中央訓練團將官班受訓，登記為少將學員，1946 年 3 月結業。1946 年 5 月獲頒勝利勳章。

---

[175] 龔樂群編：中央陸軍軍官學校追悼北伐陣亡將士特刊《黃埔血史》第 27 頁記載其以鄂北警備隊教導隊隊長在湖北隨縣陣亡。

[176] 王健英著：廣東人民出版社 2000 年 1 月《"朱毛紅軍"歷史追蹤》第 32 頁。

張麟舒（1901 － 1971）別字鵲痕，別號麟書，湖北羅田人。武昌共進中學、武昌高等師範學校、廣州黃埔中國國民黨陸軍軍官學校第二期步兵科畢業。1924 年 8 月考入廣州黃埔中國國民黨陸軍軍官學校第二期步兵科學習，在校學習期間加入孫文主義學會，1925 年 2 月 1 日隨軍校教導團參加第一次東征作戰，進駐廣東潮州短期訓練，1925 年 5 月 30 日隨軍返回廣州，繼返回校本部續學，1925 年 6 月隨部參加對滇桂軍閥楊希閔部、劉震寰部軍事行動，1925 年 9 月畢業。1925 年 10 月隨部參加第二次東征作戰，任國民革命軍第四軍第十二師步兵連見習。1926 年 7 月隨部參加北伐戰爭，任國民革命軍第四軍第十二師步兵團排長、連長、團政治指導員，師政治部組織科長，武漢中央陸軍軍官學校校務整理委員，1927 年 3 月任武漢中央軍事政治學校政治大隊女生大隊第二隊隊長、大隊附。1927 年 7 月後賦閒寓居，後入南京黃埔同學總會登記，入杭州黃埔失散同學訓練班受訓。後任南京中央陸軍軍官學校教導總隊大隊附，南京憲兵司令部參謀，後任濟甯鐵路線護路司令部副司令官。1936 年 12 月任財政部稅警總團秘書處處長。抗日戰爭爆發後，隨部參加淞滬會戰，1937 年 12 月隨部參加南京保衛戰。1941 年 6 月被國民政府軍事委員會銓敘廳頒令敘任陸軍步兵上校。抗日戰爭勝利後，1945 年 10 月獲頒忠勤勳章。1946 年 5 月獲頒勝利勳章。1948 年 9 月 22 日被國民政府軍事委員會銓敘廳頒令敘任陸軍少將。任東南綏靖主任公署幹部訓練團教育長。1949 年赴臺灣。1971 年 8 月 29 日因病在臺北逝世。

楊清波（1899 － 1928）別字鴻珊，湖北應城人。應城縣立小學堂、廣州黃埔中國國民黨陸軍軍官學校第二期步兵科畢業。應城縣立小學堂畢業後，1922 年返回原籍任教，參加應城縣學生聯合會組織的進步活動，其間加入中國國民黨。1924 年秋受中國國民黨湖北省黨部委派，南下廣東投考黃埔軍校。1924 年 8 月考入廣州黃埔中國

楊清波

國民黨陸軍軍官學校第二期步兵科學習，在校學習期間加入孫文主義學會，1925 年 2 月 1 日隨軍校教導團參加第一次東征作戰，進駐廣東潮州短期訓練，1925 年 5 月 30 日隨軍返回廣州，繼返回校本部續學，1925 年 6 月隨部參加對滇桂軍閥楊希閔部、劉震寰部軍事行動，1925 年 9 月畢業。分發軍校入伍生隊見習，任教導第二團排長，1925 年 10 月隨部參加第二次東征作戰。後任黨軍第一旅司令部警衛營第一連連長，1926 年 7 月隨部參加北伐戰爭，任國民革命軍第一軍第一師步兵團營長。1928 年 1 月任國民革命軍獨立第十三師步兵第一團團長，率部參加第二期北伐戰爭。1928 年 3 月 24 日在湖北應城地區與軍閥作戰時中彈陣亡。[177]

陳紹平（1899—2000）別字策奇，湖北黃陂人。本鄉小陳灣高等小學堂、武昌湖北省立第二中學畢業，武昌中華大學肄業兩年，廣州黃埔中國國民黨陸軍軍官學校第二期輜重兵科、日本陸軍騎兵專門學校、陸軍大學將官班甲級第三期畢業，臺灣革命實踐研究院第六期結業。1899 年 11 月 19 日（農曆九月二十八日）生於黃陂縣東鄉小陳灣一個望族人戶。七歲喪母，靠祖父以務農經商為業，開有小型五金工廠。七歲入私塾啟蒙，1915 年考入本鄉小陳灣高等小學堂就讀，畢業後，1919 年考入武昌湖北省立第二中學學習，畢業後，於 1923 年以第三名考人武昌中華大學學習，肄業兩年，即投筆從戎南下廣東。因錯過黃埔軍校第一期生考試時間，1924 年 8 月考入廣州黃埔中國國民黨陸軍軍官學校第二期輜重兵科輜重兵隊學習，在學期間隨部參加第一次東征戰事，1925 年 9 月畢業。分發部隊見習，1925 年 10 月隨部參加第二次東征作戰。1926 年奉蔣中正令，派赴武漢組織黃埔軍校同學會，以兼任《血花劇社》

陳紹平

[177] ①中國第二歷史檔案館供稿，華東工學院編輯出版部影印，檔案出版社 1989 年 7 月《黃埔軍校史稿》第八冊本校先烈第 249 頁第二期烈士芳名表記載 1928 年 3 月 24 日在湖北應城陣亡；②龔樂群編：中央陸軍軍官學校追悼北伐陣亡將士特刊《黃埔血史》第 27 頁記載其在任獨立第十三團團長於 1928 年 2 月湖北槍殺。

駐武漢辦事處主任作掩護，進行策應北伐戰爭的軍事活動。1927 年甯漢分裂時被武漢軍方逮捕入獄，並與楊引之被反綁雙手背插木牌被押上武漢方面召開的討蔣聲討大會，本擬公審後即行槍決，幸得鄧演達、譚延闓保釋才脫險，楊引之則在此次公審後槍決。1927 年任國民革命軍陸軍輜重兵連連長，隨部參加北伐戰爭。1928 年被選派日本留學，入日本陸軍騎兵專門學校學習，曾任中國國民黨旅日本東京總支部執行委員。在學期間因發表「日本勿侵略中國」演講稿，被日方強制退學。後被留學日本黃埔同學會推選為參加國父奉安大典代表，返回南京參與事宜。期間經友人介紹結識馮麟芝（1911 年－ 1999 年 7 月 19 日），不久結為夫妻，結伴赴法國留學。回國後任陸軍步兵團團附，騎兵訓練班副主任，騎兵大隊大隊長，訓育主任等職。1935 年 10 月任中華復興社特務處武漢站站長，武漢區幹部訓練班學員大隊大隊長，軍事委員會委員長蔣中正牯嶺行營機要秘書。1935 年 11 月被推選為軍隊出席中國國民黨第五次全國代表大會代表，並出席第一次全體會議。後任軍事委員會第三部交通科科長，峨嵋山軍官訓練團教官，交通部鐵道總局督察處處長。抗日戰爭爆發後，任軍事委員會交通運輸局副局長，軍事委員會交通警備司令部副司令官。1942 年 8 月 6 日被國民政府軍事委員會銓敘廳頒令敘任陸軍少將。後任軍事委員會交通警備司令部司令官，兼任中國國民黨交通特別黨部主任委員等職。1945 年 8 月保送陸軍大學甲級將官班學習，1945 年 11 月畢業。任聯合後方勤務總司令部第三補給區指揮官，第五區軍事運輸指揮部指揮官（掛陸軍中將銜）等職。1946 年 5 月入中央軍官訓練團第二期受訓，並任學員第二中隊副中隊長等職，1946 年 7 月結業。後任交通部粵漢鐵路管理局局長，1946 年 11 月 15 日被推選為為湖北省出席（制憲）國民大會代表，1948 年 3 月 29 日被漢口市工會推選為出席（行憲）第一屆國民大會代表。1949 年到臺灣，續任「國民大會」代表，曾任臺灣「交通部」設計委員會委員，光復大陸設計研究委員會委員兼交通組召集人。1966 年起當選為「國民大會」第一屆第四至第六次會議主席團主席之一。1988 年

7 月後受聘任中國國民黨第十三屆中央評議委員會委員，第十四屆中央評議委員會委員。先後兼任臺北金甌中學董事會董事、董事長三十多年，在董事長任期內，曾在金甌中學財政困難時多方奔走，推動修建新教學大樓。參與籌組旅台湖北黃陂同鄉會，被推選為同鄉會理事會理事。2000 年 5 月 19 日因病在臺北逝世。[178]

聶紺弩（1903 － 1986）別名甘雨、國棪，別字於如，筆名耳耶、邁斯、悍膂等，湖北京山人。京山縣高級小學畢業，廣州黃埔中國國民黨陸軍軍官學校第二期肄業。[179]1903 年 1 月 28 日生於京山縣一個破落地主家庭。其十一歲時父（平周）母（王氏）雙亡，依靠叔父（行周）撫育成長。幼年在本地私塾啟蒙，少時考入京山縣高級小學，畢業後赴武漢做工兼讀夜校，接受劉師復的無政府主義思想，發表於《大漢報》上的新詩，受到早年啟蒙老師、老同盟會員孫鏡（字鐵人，湖北京山人，參與孫中山在日本創建中華革命黨）的賞識，此時孫鏡在上海任中國國民黨黨務部副部長，受其影響參加國民革命運動。1922 年南下福建泉州，入援閩粵軍總指揮部任秘書處文書。1923 年春返回上海，經孫鏡介紹加入中國國民黨。[180]後由孫鏡介紹赴南洋，受包惠僧舉薦任馬來亞吉隆玻華僑辦運懷學校教員，後應同鄉董鋤平邀請赴緬甸，任仰光《覺民日報》社

聶紺弩

[178] 臺北中華民國國史館編纂：胡健國主編：2000 年 12 月國史館印行《國史館現藏民國人物傳記史料彙編》第二十二輯第 256 頁記載。

[179] ①四川人民出版社 1979 年 12 月第一版《中國文學家辭典》現代第一分冊第 494 頁記載：1924 年考入廣州黃埔中國國民黨陸軍軍官學校第二期，第二年在廣州考入莫斯科中山大學學習；②另據：上海辭書出版社 1992 年 12 月第一版《中國人名大辭典 --- 當代人物卷》第 1609 頁記載：1924 年入黃埔軍校第二期學習，未及畢業即赴蘇聯學習，其第二期生學籍應確認。

[180] 楊牧、袁偉良主編：河南人民出版社 2005 年 11 月《黃埔軍校名人傳》下冊第 1173 頁記載。

（主任董鋤平）編輯，後任《緬甸晨報》編輯。1924年8月回國到上海，其間孫鏡在上海任中國國民黨黃埔軍校第二期招生考卷評閱委員，[181] 經孫舉薦參加考試及格，遂南下廣州入黃埔中國國民黨陸軍軍官學校第二期學習，1925年2月隨部參加第一次東征作戰，東征軍克復海豐城後，留彭湃主辦的海豐農民運動講習所任軍事教員，不久歸隊赴潮州，入中央軍事政治學校潮州分校繼續學業，未及兩個月，再隨第二期生隊返回廣州本校續學，1925年6月隨部參加對滇桂軍閥楊希閔部、劉震寰部軍事行動，1925年9月未及畢業，即以第三名考試成績取得赴蘇聯留學資格。1925年冬赴莫斯科中山大學第一期學習，[182] 在校學習期間沒有參加黨派活動。1927年5月被列入蘇聯政府遣返名單，離開莫斯科回國。回到南京後一年沒安排工作，1928年受聘任中國國民黨南京中央黨務學校政治課訓育員，1929年被國民政府任命為南京中央通訊社副主任，其間與周穎（日本東京早稻田大學畢業）結婚。此後熱衷於新詩創作與新文學思潮，「九一八事變」後因參加反日活動被免職。後與周穎流亡日本，結識胡風等文化人，共同發起組織「新文化研究會」，繼續發表反日傾向言論，1933年被日本政府驅逐出境。回到上海後，應林柏生邀請接辦時為汪精衛背景的《中華日報》社副刊《動向》編輯，結識魯迅、茅盾、丁玲等，加入中國「左翼」作家聯盟。1935年5月在上海加入中共，[183] 當時為秘密黨員。抗日戰爭爆發後，隨軍遷移廣西桂林，與人合辦《野草》刊物。1938年1月應邀任國民革命軍新編第四軍政治部（主任袁國平）文化委員會委員兼秘書，負責編輯軍部刊物《抗敵》。1939年受聘任《文化戰士》主編，實際為中共浙江省委幕後主辦刊物。1940年任桂林《力

[181] 徐友春主編：河北人民出版社2007年1月《民國人物大辭典》增訂版第1523頁記載。

[182] 孫耀文著：中央編譯出版社1996年10月《風雨五載－莫斯科中山大學始末》第22頁記載，時名甘雨。

[183] 北京語言學院《中國文學家辭典》編纂委員會編纂：四川人民出版社1979年12月出版《中國文學家辭典》現代第一分冊第494頁記載。

報》副刊主編。抗日戰爭勝利後，任重慶《商務日報》副刊主編，《新民報》副刊主編，西南學院教授。1948年赴香港，主持將《野草》復刊，接任香港《文匯報》主筆。中華人民共和國成立後，任中南區文教委員會委員。1951年回到北京，任人民文學出版社副總編輯，兼任古典部主任，中國作家協會古典文學研究部副部長，中國作家協會第一至三屆理事，全國文聯委員。1954年受到隔離審查，因「有嚴重政治歷史問題」被開除黨籍。因涉嫌胡風案件，1957年被定為「右派分子」，遣送北大荒勞動改造，其間因吸煙失火，被認定「縱火罪犯」判處有期徒刑一年。1962年摘除「右派分子」帽子，獲准返回北京居住。安排任全國政協文史資料委員會文史專員。「文化大革命」再受衝擊與迫害，以「反對無產階級專政罪」被判處無期徒刑，在山西監獄關押七年。此後全憑夫人周穎多方上訪奔走，1976年受到特赦。1979年獲得徹底平反，任人民文學出版社顧問。當選為中國作家協會理事，全國文聯委員，1980年8月25日增選為第五屆全國政協委員，第六屆全國政協委員。是現代中國著名作家和古典文學研究家，[184]1985年1月任中國作家協會顧問。1986年3月26日因病在北京逝世。著有《紺弩小說集》、《紺弩散文》、《聶紺弩雜文集》及《中國古典文學論集》等。

曹　勖（1899－1951）又名勗、維彬，別字勉青，原載籍貫湖北孝感，[185]一說湖北京山縣木梓樹灣人。[186]前軍事委員會軍法執行總監部中將督察官曹振武胞弟。京山縣木梓樹灣高等小學、京山縣立中學畢業，武昌中華大學肄業，福建漳州學兵營、廣州黃埔國民革命軍軍官學校第二期步兵科畢業。幼年入本村私塾啟蒙，少時考入京山縣木梓樹灣高等小學就讀，畢業後考入京山縣立中學學習，畢業後，1923年考入武昌中華大學

---

[184] 四川人民出版社1979年12月出版《中國文學家辭典》現代第一分冊第494頁。

[185] 湖南省檔案館校編、湖南人民出版社《黃埔軍校同學錄》記載。

[186] 湖北省地方誌編纂委員會編纂：光明日報出版社1989年8月《湖北省志－人物志稿》第二卷第572頁記載。

學習，後決然投筆從戎，1924 年隨兄曹振武赴廣東，適逢黃埔軍校第一期已開學，遂由何應欽面試作文一篇，[187] 舉薦其入第二期就讀。1924 年 8 月入廣州黃埔中國國民黨陸軍軍官學校第二期步兵科學習，在校學習期間加入孫文主義學會，1925 年 2 月 1 日隨軍校教導團參加第一次東征作戰，進駐廣東潮州短期訓練，1925 年 5 月 30 日隨軍返回廣州，繼返回校本部續學，1925 年 6 月隨部參加對滇桂軍閥楊希閔部、劉震寰部軍事行動，1925 年 9 月畢業。1926 年 6 月 27 日在黃埔軍校召開黃埔同學懇親會，被推選為黃埔同學會監察委員。1926 年 7 月任「中山艦」黨代表，1926 年 8 月任北伐先遣軍湖北前敵總指揮兼軍事指導員，派遣湖北進行敵後軍事策反。1928 年任天津特別市公安局政治特派員，後返回湖北，任襄河「剿匪」司令部參謀長，第七區「清剿」司令部武裝民團總團長。1931 年任湖北綏靖主任公署上校參謀。1932 年 10 月任中央陸軍軍官學校駐贛暑期研究班學員總隊大隊長，1933 年 10 月任中央陸軍軍官學校星子特別工作人員訓班第一營營長，1935 年 12 月任軍事委員會別動總隊第四大隊大隊長，第二十五路軍軍官教導團教育長。1937 年 2 月任陸軍第八十二師副師長。抗日戰爭爆發後，任陸軍第一九三師副師長，率部參加徐州會戰。後任第五戰區鄂中游擊挺進縱隊司令部司令官，第五戰區司令長官部第六游擊挺進縱隊司令部司令官。1942 年 2 月 24 日派任湖北省第三區行政督察專員，兼任該區保安司令部司令官及京山縣縣長，1944 年 8 月 10 日免職。抗日戰爭勝利後，任軍政部第十九總隊總隊長。1945 年 10 月獲頒忠勤勳章。1946 年 5 月獲頒勝利勳章。1946 年 12 月任湖北省軍管區司令部兵役督導專員。1947 年 7 月 17 日再任湖北第三區行政督察專員，兼任該區保安司令部司令官。1949 年 9 月任湖北省綏靖總司令（朱鼎卿）部副總司令，西南軍政長官公署王纘緒副長官部中將總參議。1949 年 12

[187] 臺北中華民國國史館編纂：胡健國主編：2000 年 12 月國史館印行《國史館現藏民國人物傳記史料彙編》第二十二輯第 211 頁記載。

月 26 日隨王贊緒、朱鼎卿部在四川成都起義，奉派入中國人民解放軍第十八兵團高級研究班學習。後轉入中國人民解放軍西南軍政大學學習，結業後任西南軍區第二高級步兵學校軍事教員。1951 年 7 月被京山縣人民政府逮捕關押，1951 年 7 月 7 日以「反革命戰犯罪」被判處死刑，在湖北京山被執行槍決。[188]1981 年京山縣人民法院撤銷原判，不追究刑事責任。

黃天玄（1896-1951）別字人極，湖北蘄春縣黃八通垸人。江西九江書院、廣州黃埔中國國民黨陸軍軍官學校第二期步兵科畢業。早年入江西九江書院就讀，後赴上海求學。1916 年隨田桐、方覺慧等參加護法運動，奉派返回湖北，參與策動武穴北洋駐軍譁變未遂。1922年南下廣東，投效駐粵攻鄂軍，曾任步兵連排長、連長，參與對陳炯明部粵軍的討伐戰事。1924 年 8 月考入廣州黃埔中國國民黨陸軍軍官學校第二期步兵科學習，在校學習期間加入中國國民黨，參加孫文主義學會，1925 年 2 月 1 日隨軍校教導團參加第一次東征作戰，進駐廣東潮州短期訓練，1925 年 5 月 30 日隨軍返回廣州，繼返回校本部續學，1925 年 9 月軍校畢業。分發國民政府海軍處，任中國國民黨黨代表辦公室特派員，海軍局政治部組織科科長。1926 年 1 月被海軍特別黨部推選為出席中國國民黨第二次全國代表大會代表，奉派任廣東海防艦隊「舞鳳艦」黨代表。1926 年 7 月被推選為國民革命軍總司令部特別黨部執行委員。後隨軍參加北伐戰爭，任國民革命軍第六軍江西新編第二師政治部秘書、代理主任。1927 年夏任國民革命軍第六軍第十七師政治部代理主任，兼任湖北廣濟縣縣長。1930 年任陸軍第十三師政治訓練處處長。抗日戰爭爆發後，任陸軍第十三師政治部主任，率部參加淞滬會戰、徐州會戰。1938 年 5 月率部參加武漢會戰，戰後率部在豫南鄂北阻擊日軍。1940 年 10 月任陸軍第七十五軍（軍長周喦）政治部主任，率部在唐河、襄河、白河一線殂擊

188 湖北省地方誌編纂委員會編纂：光明日報出版社 1989 年 8 月《湖北省志－人物志稿》第二卷第 574 頁記載。

日軍。1941年10月任軍事委員會政治部（部長張治中）部附（掛陸軍少將銜），後任第六戰區司令長官部高級參謀。1942年1月被國民政府軍事委員會銓敘廳頒令敘任陸軍步兵上校。1942年12月任中國國民黨湖北省特別黨部執行委員。抗日戰爭勝利後，1945年10月獲頒忠勤勳章。1946年5月獲頒勝利勳章。1946年12月任湖北省幹部訓練團副教育長，1948年12月任華中「剿匪」總司令部第三兵團暫編第八軍司令部高級參謀，1949年12月26日隨部在四川新都參加起義。中華人民共和國成立後，奉派入中國人民解放軍西南軍政大學高級研究班學習，鎮反運動中被逮捕關押，1951年12月1日被以「反革命罪」處決。1983年3月經中國人民解放軍成都軍區軍事法院重新審查，撤銷原判予以平反，恢復起義將領政治名譽。

蕭人鵠（1898—1932）又名仁鵠、鴻翥、雲鵠，[189]化名沈福康、汪東來、鍾德輝，湖北黃岡人。廣州黃埔中國國民黨陸軍軍官學校第二期肄業。[190]1899年1月5日生於黃岡縣程德崗蕭家灣一個書香家庭。父潤生，以鄉村塾師為業，母親靠紡線微薄收入維持生計，其在兄弟姐妹中居長。幼年隨父私塾啟蒙，年少時入楊鷹嶺學校就讀，1916年3月隨父到省城當家庭教師，考入武昌中華大學附屬中學就讀。1917年暑期返鄉與陳羽西（黃岡陳宅樓人）結婚。1917年12月受林育南影響，加入鄆代英等發起的「互助社」、「利群書社」。1920年秋武昌中華大學附屬中學畢業，返回家鄉任陳宅樓聚星小學教師。1920年冬參與陳潭秋、林育南等組織「馬克思學說研究會」。1921年9月經陳潭秋介紹加入中共，[191]1921年10月與陳潭秋等創建黃岡縣第一個黨組織

蕭人鵠

[189] 中共黨史人物研究會編纂：陝西人民出版社1994年5月《中共黨史人物傳》第五十一卷第130頁記載。

[190] 湖南省檔案館校編，湖南人民出版社《黃埔軍校同學錄》無載，現據：范寶俊、朱建華主編：中華人民共和國民政部組織編纂：黑龍江人民出版社1993年10月《中華英烈大辭典》下冊第2267頁記載，因提前離校故確認為肄業。

[191] ①范寶俊、朱建華主編：中華人民共和國民政部組織編纂：黑龍江人民出版社

－陳宅樓黨小組，任組長。[192]1921 年 12 月赴武漢從事革命活動，1924 年夏受黨組織委派南下廣東。1924 年 8 月入廣州黃埔中國國民黨陸軍軍官學校第二期學習，[193]1924 年 9 月與李勞工、周逸群、王伯蒼等創辦《火星報》，在軍校發起組織「火星社」。1924 年 11 月被選派為孫中山隨行侍衛人員。[194]1925 年 2 月隨軍參加第一次東征作戰，1925 年 6 月被選拔提前離校，[195] 任命為中國國民黨中央農民部農民運動特派員身份，被派到河南（開封）開展農民運動。[196] 回到開封後，任中共豫陝區執行委員會（書記王若飛）執行委員，[197] 負責農民運動。1925 年 8 月 8 日攜妻子與三個兒女赴開封，先後居住鼓樓街兩湖書院、三聖廟後街中州藝術學校門樓上及雙龍巷，公開身份為學校教員，化名汪東來，實為中共豫陝區委秘密聯絡點。1925 年 11 月以廣州國民政府派赴河南特派員身份，到河南杞縣農民協會與自衛團。1926 年 4 月任河南省農民協會籌備委員會主任，[198]1926 年 6 月 16 日正式成立時，被推選河南省農民協會執行委員會委員。1926 年 8 月任中共河南省委農民運動委員會委員、軍事運動委員會委員。1927 年 3 月 30 日赴武昌參加粵鄂湘贛豫等省農民協會負責人聯席會議，其與毛澤東、方志敏、彭湃等十三人被推選為中華全國農民

1993 年 10 月《中華英烈大辭典》下冊第 2266 頁記載；②另據中共中央黨史研究室編中共黨史出版社 2004 年 8 月《中國共產黨歷史第一卷人物注釋集》第 491 頁記載為 1921 年 8 月加入中共。

[192] 倪興祥：《中國共產黨創建史辭典》，上海人民出版社 2006 年版，第 624 頁記載。

[193] 中共黨史人物研究會編纂：陝西人民出版社 1994 年 5 月《中共黨史人物傳》第五十一卷第 131 頁記載。

[194] 倪興祥：《中國共產黨創建史辭典》，上海人民出版社 2006 年版，第 624 頁記載。

[195] 范寶俊、朱建華主編：中華人民共和國民政部組織編纂：《中華英烈大辭典》，黑龍江人民出版社 1993 年 10 月，下冊第 2267 頁記載。

[196] 王健英著：《中國紅軍人物志》，廣東人民出版社 2000 年 1 月，第 736 頁記載。

[197] 中共黨史人物研究會編纂：陝西人民出版社 1994 年 5 月《中共黨史人物傳》第五十一卷第 132 頁記載。

[198] 中共黨史人物研究會編纂：陝西人民出版社 1994 年 5 月《中共黨史人物傳》第五十一卷第 139 頁記載。

協會臨時執行委員會委員。1927 年 6 月 30 日其被中共河南省委處以「留黨察看」處分。[199] 後與家眷赴武漢治病，1927 年 7 月上旬被武漢國民政府任命為國民革命軍第十一軍第二十四師獨立團參謀長。武漢「七一五事變」後，奉派在江西九江負責收容行軍掉隊人員。「八一」南昌起義後，率留守部隊追趕大部隊。1927 年中共「八七會議」後，奉派返回原籍，與王平章組建中共鄂中特別委員會，任特委書記，後任鄂中南分特委書記，此時化名鍾德輝開展工作。領導農軍暴動攻克沔陽縣城，組建工農革命軍第五軍並任軍長。1928 年夏奉派上海中共中央彙報工作，被任命為中共河南省委軍委書記，1928 年 11 月 20 日攜眷到達河南開封。化名蕭煥然，以家居為軍委機關聯絡點，進行秘密聯繫事宜。1928 年 11 月 26 日與吳奚如（黃埔四期生）等被警察局逮捕，關押於河南省第一監獄，1929 年 1 月在獄中秘密建立黨支部，任書記。後被判處兩年半有期徒刑，1931 年「九一八事變」後被轉移軍人反省院關押，後又轉至洛陽監獄。1932 年 2 月 10 日在洛陽遇害。

曾育才（1899 －？）別字樂三，湖北沔陽人。廣州黃埔中國國民黨陸軍軍官學校第二期步兵科畢業。1924 年 8 月考入廣州黃埔中國國民黨陸軍軍官學校第二期步兵科學習，在校學習期間加入孫文主義學會，1925 年 2 月 1 日隨軍校教導團參加第一次東征作戰，進駐廣東潮州短期訓練，1925 年 5 月 30 日隨軍返回廣州，繼返回校本部續學，1925 年 6 月隨部參加對滇桂軍閥楊希閔部、劉震寰部軍事行動，1925 年 9 月畢業。分發國民革命軍第一軍第三師見習，1925 年 10 月隨部參加第二次東征作戰。1926 年 7 月任國民革命軍第一軍第三師步兵團排長、連長、副營長，隨部參加北伐戰爭。1932 年 10 月任南京中央陸軍軍官學校駐贛暑期特別研究班學員總隊第一大隊大隊長。

[199] 中共黨史人物研究會編纂：陝西人民出版社 1994 年 5 月《中共黨史人物傳》第五十一卷第 144 頁記載。

彭克定（1900—1954）又名運謨，別字靜安，湖北雲夢縣長彭村人。廣州黃埔中國國民黨陸軍軍官學校第二期輜重兵科、前蘇聯莫斯科中山大學第二期、德國陸軍坦克軍官學校畢業。1924 年 8 月考入廣州黃埔中國國民黨陸軍軍官學校第二期學習，在校學習期間加入孫文主義學會，1925 年 2 月 1 日隨軍校教導團參加第一次東征作戰，進駐廣東潮州短期訓練，1925 年 5 月 30 日隨軍返回廣州，繼返回校本部續學，1925 年 9 月軍校畢業。歷任廣州黃埔中央陸軍軍官學校第四期入伍生總隊排長、連附，國民革命軍第一軍第二十師步兵營連長、營附，隨部參加第二次東征及北伐戰爭。1926 年冬奉命與丁炳權（黃埔一期生）結伴返回湖北，會同鄉人夏國鼐等率部攻克雲夢縣城，進軍安陸縣境，繳獲槍支千餘，組成武勝關別動隊。1927 年春奉派赴前蘇聯留學，入莫斯科中山大學第二期學習，因參加留學生反對派遊行，被捕後遣送西伯利亞勞動營近兩年。回國後，考取官費派遣留學資格，於 1930 年春考入德國陸軍坦克軍官學校學習，掌握德軍機械化部隊作戰基本技能及戰術理論。1933 年春回國，1933 年 7 月任南京中央陸軍軍官學校第十期第一總隊戰車教官，後任第二總隊戰車戰術教官等職。1934 年 12 月任中央陸軍軍官學校教導總隊（總隊長桂永清）戰車教導營營長（掛陸軍上校銜），其間主持編纂《戰車兵操典》、《戰車車輛保養條例》等，是國民革命軍最早的機械化部隊軍官，培訓了一批機械化部隊骨幹。1937 年 3 月因涉嫌「盜賣汽油案」被撤職。抗日戰爭爆發後，任軍事委員會戰時幹部訓練團第一團教育處處長。1938 年 12 月任中央陸軍軍官學校第七分校（西安分校）教育處副處長。1940 年 7 月被國民政府軍事委員會銓敘廳頒令敘任陸軍輜重兵上校。後任陸軍第一九七師（師長萬倚吾）副師長，陸軍第九十八軍第四十二師師長、副軍長等職。1944 年 10 月派任中國駐瑞士公使館（大使梁龍）陸軍武官（掛陸軍少將銜），抗日戰爭勝利後回國。1945 年 10 月獲頒忠勤勳章。1946 年 5 月獲頒勝利勳章。1948 年 12 月任陸軍總司令部第五編練司令部參謀長、副司令官，西安綏靖主任公署高級參謀，兼任幹部訓練團戰術研究班副主任、大巴山工程處主任等職。1949 年 11 月經重慶輾轉印度赴臺灣，1952 年退役後經商。1954 年 4 月 9 日因病在臺北逝世。

程俊魁（1901 — 1928）又名沈自東、陳覺先，湖北黃梅人。武漢湖北省立第一中學、廣州黃埔中國國民黨陸軍軍官學校第二期步兵科畢業。武漢湖北省立第一中學畢業後，獲悉黃埔軍校招生，遂南下廣東投考。1924 年 8 月考入廣州黃埔中國國民黨陸軍軍官學校第二期步兵科學習，在學期間加入中國共產黨，1925 年 3 月隨部參加第一次東征作戰，1925 年 6 月隨部參加對滇桂軍閥楊希閔部、劉震寰部的軍事行動，1925 年 9 月畢業。1925 年 10 月隨部參加第二次東征作戰，任國民革命軍第二軍教導團步兵連見習、排長。1926 年 7 月隨部參加北伐戰爭，任國民革命軍第二軍教導團政治指導員。1927 年 6 月任國民革命軍第十一軍第二十四師政治部秘書，第二方面軍第二十軍（軍長賀龍）教導團政治指導員。1927 年 8 月隨賀龍部參加南昌起義。起義軍南下時，奉派返回原籍黃梅，發起秋收農民暴動，任中共黃梅縣委軍事委員。起義失敗後返回南昌，任中共贛南特委軍事委員。1928 年 4 月特委機關遭受破壞，被捕後在贛州犧牲。

謝雨時（1900 — 1928）別字春垓，湖北應城人。應城初級師範學校、廣州黃埔中國國民黨陸軍軍官學校第二期步兵科畢業。應城初級師範學校畢業後，曾任本鄉高等小學教員、教務主任。1924 年秋到廣州，1924 年 8 月考入廣州黃埔中國國民黨陸軍軍官學校第二期步兵科學習，參加孫文主義學會，1925 年 3 月隨部參加第一次東征作戰，1925 年 6 月隨部參加對滇桂軍閥楊希閔部、劉震寰部的軍事行動，1925 年 9 月畢業。分發國民革命軍步兵營見習，1925 年 10 月隨部參加第二次東征作戰。後任國民革命軍第一軍第二師步兵團排長、連長，1926 年 7 月隨部參加北伐戰爭。1927 年春任第一軍第二師補充團營長、團長。1927 年夏任國民革命軍總司令部獨立第十三師司令部參謀長。1928 年 3 月 2 日在湖北應城與軍閥作

謝雨時

戰時中彈陣亡。[200]

蔡劭

蔡　劭（1904—？）別字大化，別號大華，湖北黃陂人。廣州黃埔中國國民黨陸軍軍官學校第二期炮兵科、陸軍大學特別班第二期畢業。1924 年 8 月考入廣州黃埔中國國民黨陸軍軍官學校第二期炮兵科炮兵隊學習，在校學習期間加入孫文主義學會，1925 年 2 月 1 日隨軍校教導團參加第一次東征作戰，進駐廣東潮州短期訓練，1925 年 5 月 30 日隨軍返回廣州，繼返回校本部續學，1925 年 9 月軍校畢業。後隨部參加第二次東征作戰與北伐戰爭，任國民革命軍陸軍炮兵營排長、連長、營長等職。1928 年秋任陸軍第十三師政治部主任，1928 年 11 月 26 日被推選為中國國民黨陸軍第十三師特別黨部候補執行委員，1929 年 2 月被委派為中國國民黨陸軍第十三師特別黨部常務委員。1931 年任陸軍第八十七師第二三六旅司令部參謀長，1932 年 1 月率部參加「一二八」淞滬抗日戰事。1934 年 9 月入陸軍大學特別班學習，1937 年 8 月畢業。抗日戰爭爆發後，任陸軍預備第十師補充旅副旅長，陸軍第九十四師副師長，率部參加淞滬會戰、南京保衛戰。1939 年 7 月 20 日接陳希平任陸軍第十四軍（軍長陳鐵）第九十四師師長，1940 年 5 月免職，遺缺由劉明夏接任。

如上表情況所示，軍級以上人員有 18%，師級人員有 22%，兩項相加占 40%，共有 11 人位居國民革命軍將領行列。具體分析以上情況，較有影響的人物有：在中國國民黨方面，彭克定、阮齊、劉鳳鳴等歷任國民革命軍各級軍事主官；黃天玄在二十世紀二十年代以中國國民黨廣東革命政府海軍局代表出席國民黨二大會議。在中共方面，蕭人鵠是河南

[200] ①中國第二歷史檔案館供稿，華東工學院編輯出版部影印，檔案出版社 1989 年 7 月《黃埔軍校史稿》第八冊本校先烈第 249 頁第二期烈士芳名表記載 1928 年 3 月 2 日在湖北應城陣亡；②龔樂群編：中央陸軍軍官學校追悼北伐陣亡將士特刊《黃埔血史》第 27 頁記載其在任獨立第十三師司令部參謀長于 1928 年 2 月湖北槍殺。

省農民運動著名領導人，曾任中共中央農委委員，河南省農協主席及黨團書記。後任中共鄂中特委書記，領導農軍暴動攻克沔陽縣城，組建工農革命軍第五軍並任軍長。後任中共河南省委軍委書記，率領工農武裝劫獄救兩百多名革命骨幹。王一飛在黃埔軍校學習時就是著名的中國共產黨學員，參與籌組「中國青年軍人聯合會」並任常務委員，曾主持該會並編輯出版《革命軍人》刊物。1926 年受黨組織委派馮玉祥國民軍進行軍事活動，並任中共北方區委員會軍委書記，兼任中國國民黨西北國民軍特別黨部常務委員、馮玉祥部第三混成旅參謀長等職，是中共較早直接參與並領導軍事活動的先驅者之一。1927 年「八七會議」前曾在中共中央工作，後被黨組織派赴前蘇聯莫斯科軍事學院學習，曾任軍事教員並參加前蘇聯衛國戰爭。聶紺弩是現代中國著名作家和古典文學研究家，1922 年入福建泉州援閩粵軍總指揮部任秘書處文書，後往馬來亞、緬甸任教和辦報。1924 年夏回到廣州，考入黃埔軍校第二期政治科，1925 年未及畢業即考取赴前蘇聯莫斯科中山大學第一期學習。回國後曾任南京國民政府主辦的中央通訊社副主任，「九一八」事變後離任。其後從事進步文化事業，加入中國左翼作家聯盟。1935 年 5 月在上海加入中國共產黨，當時為秘密黨員。1938 年起在新四軍軍部、中共浙江省委等工作。

（七）廣西籍第二期生情況簡述

廣西人或緣於地域觀念，對於設於廣州的黃埔軍校歷來較少人投考。第一期生入學人數為 39 名，居於各省第六位，第二期生招錄人數銳減，排名也退居第七。其中：已知有壯族學員一名。

附表 18　廣西籍第二期生歷任各級軍職數量比例一覽表

職級	中國國民黨	人數	比例 %
肄業或未從軍	劉德華、鄧宗堯、劉冠坤、馮正誼、周家駒	5	27.8
團旅級	雷　飛、盧錦清、甘羨吾	3	16.8

師級	甘　霸、陸廷選、鍾沛燊、滕　雲、劉觀龍、羅克傳、羅丕振、胡松林	8	44.4
軍級以上	覃異之、呂國銓	2	11
合計		18	100

部分知名學員簡介：14 名

盧錦清（1900 －？）廣西容縣人。廣州黃埔中國國民黨陸軍軍官學校第二期炮兵科畢業。1924 年 8 月考入廣州黃埔中國國民黨陸軍軍官學校第二期炮兵科學習，在校學習期間加入孫文主義學會，1925 年 2 月 1 日隨軍校教導團參加第一次東征作戰，進駐廣東潮州短期訓練，1925 年 5 月 30 日隨軍返回廣州，繼返回校本部續學，1925 年 6 月隨部參加對滇桂軍閥楊希閔部、劉震寰部軍事行動，1925 年 9 月畢業。1925 年 10 月隨部參加第二次東征作戰，任國民革命軍總司令部炮兵營排長、副連長，1926 年 7 月隨部參加北伐戰爭。1936 年 12 月任獨立炮兵第四十團第一營營長。抗日戰爭爆發後，任軍政部直屬炮兵第四十一團團附，隨部參加抗日戰事。

甘　霸（1902—？）別號西伯，廣西平南人。廣州黃埔中國國民黨陸軍軍官學校第二期炮兵科、陸軍大學特別班第四期畢業。1924 年 8 月考入廣州黃埔中國國民黨陸軍軍官學校第二期炮兵科炮兵大隊學習，在校學習期間加入孫文主義學會，1925 年 2 月 1 日隨軍校教導團參加第一次東征作戰，進駐廣東潮州短期訓練，1925 年 5 月 30 日隨軍返回廣州，繼返回校本部續學，1925 年 9 月軍校畢業。任黨軍第一旅第一團排長，隨部參加第二次東征作戰。1926 年 7 月任北伐東路軍第一軍第一師步兵連連長，隨部參加北伐戰爭。1927 年春任國民革命軍陸軍第二師第四旅步兵營副營長，1928 年 10 月任陸軍第二師司令部參謀處參謀，後隨部參加中原大戰。1936 年 10 月任陸軍第四十八軍司令部參謀處作戰科科長。抗日戰爭爆發後，任第二十一集團軍總司令部參謀處作戰課課長，陸軍獨立第十六旅副旅長。1938 年 2 月入陸軍大學特別班學習，1940 年 4 月畢業。後任獨立第十六旅代理旅長等職。抗日戰爭勝利後，1945 年 10 月獲頒忠勤勳章。1946年5月獲頒勝利勳章。1946年6月任中央警官學校甲級警官第一期學員總隊總隊長。[201]

甘羨吾

甘羨吾（1896 － 1927）廣西容縣人。容縣縣立中學肄業，廣州黃埔中國國民黨陸軍軍官學校第二期炮兵科畢業。容縣縣立中學肄業後，聞知黃埔軍校招生，遂乘船東赴廣州，到後才知第一期考試已過。滯留省城等待機會，1924年8月考入廣州黃埔中國國民黨陸軍軍官學校第二期炮兵科學習，1925年3月隨部參加第一次東征作戰，1925年6月隨部參加對滇桂軍閥楊希閔部、劉震寰部軍事行動，1925年9月畢業。分發國民革命軍總司令部炮兵營見習、排長，1925年10月隨部參加第二次東征作戰。1926年7月隨部參加北伐戰爭南昌戰事，任國民革命軍第一軍第二十師炮兵營連長。戰後俘虜甚多，遂組建國民革命軍新編第二師（師長葉劍英），任該師第一團第一營營長，隨部繼續吉安北伐戰事。1927年1月任國民革命軍第四軍第二十六師第七十八團團附，隨部參加統一廣東諸役。1927年12月在五華作戰陣亡。[202]

劉觀龍（1902—1950）別號觀龍，別字峰，廣西貴縣人。廣州黃埔中國國民黨陸軍軍官學校第二期工兵科、陸軍大學將官班乙級第一期畢業。1924年8月考入廣州黃埔中國國民黨陸軍軍官學校第二期工兵科工兵隊學習，在校學習期間加入孫文主義學會，1925年2月1日隨軍校教

---

[201] 臺北中央警官學校校史編纂委員會編纂：臺北民生圖書印刷公司1967年11月12日再版印行《中央警官學校校史》記載。

[202] ①中國第二歷史檔案館供稿，華東工學院編輯出版部影印，檔案出版社1989年7月《黃埔軍校史稿》第八冊（本校先烈）第57頁有烈士傳略；②中國第二歷史檔案館供稿，華東工學院編輯出版部影印，檔案出版社1989年7月《黃埔軍校史稿》第八冊本校先烈第249頁第二期烈士芳名表記載1927年12月在廣東五華陣亡；③龔樂群編：中央陸軍軍官學校追悼北伐陣亡將士特刊《黃埔血史》第28頁記載其陣亡。

導團參加第一次東征作戰，進駐廣東潮州短期訓練，1925 年 5 月 30 日隨軍返回廣州，繼返回校本部續學，1925 年 6 月隨部參加對滇桂軍閥楊希閔部、劉震寰部軍事行動，1925 年 9 月畢業。1925 年 10 月隨部參加第二次東征作戰。1926 年 7 月隨部參加統一廣東諸役，任國民革命軍第四軍第十師第三十團步兵營排長、連長、營長。1935 年 5 月任陸軍第九十三師司令部副官處主任等職。抗日戰爭爆發後，1938 年 1 月任陸軍第九十三師第二七七團團長。1938 年 12 月入陸軍大學乙級將官班學習，1940 年 2 月畢業。1940 年 2 月任陸軍第九十三師司令部步兵指揮官，1941 年 5 月任陸軍第四十九師副師長等職。1941 年 6 月被國民政府軍事委員會銓敘廳頒令敘任陸軍工兵上校。1943 年 1 月任陸軍第六軍（軍長）第四十九師師長，1945 年 2 月任中央警察學校第二分校副主任等職。1947 年 2 月 22 日被國民政府軍事委員會銓敘廳頒令敘任陸軍少將，同時退役。後返回原籍居住，1949 年 12 月在廣西貴縣向公安機關投誠，後參與組織武裝叛亂，1950 年 11 月在廣西大瑤山與人民解放軍作戰時中彈陣亡。

呂國銓（1904—1983）別字正崇、戈前，別號國詮，廣西容縣人。容縣中學、廣州黃埔中國國民黨陸軍軍官學校第二期炮兵科、陸軍大學特別班第二期畢業，中央軍官訓練團第一期將官研究班、中央軍官訓練團第三期結業。父冠卿，務農為業，母黃氏。早年入容縣中學讀書，1924 年畢業。1924 年 8 月考入廣州黃埔中國國民黨陸軍軍官學校第二期炮兵科炮兵隊學習，在校學習期間加入孫文主義學會，1925 年 2 月 1 日隨軍校教導團參加第一次東征作戰，進駐廣東潮州短期訓練，1925 年 5 月 30 日隨軍返回廣州，繼返回校本部續學，1925 年 9 月軍校畢業。任國民革命軍第一軍第二師司令部直屬炮兵營排長，1926 年任廣州黃埔中央軍事政治學校第五期入伍生團迫擊炮營第三連連長，後隨部參加北伐戰爭。後任陸軍第二師司令部直屬獨立炮兵營營長，隨部參加第二期北伐戰

呂國銓

事。1930年5月任陸軍第十一師（師長陳誠）第三十二旅（旅長周至柔）步兵第三團副團長，率部參加中原大戰，1930年9月任該團團長。1931年3月任陸軍第十八軍（軍長陳誠）第十一師（師長羅卓英）獨立旅（旅長霍揆彰）第二團團長，1932年5月任陸軍第五十二師第一五四旅步兵第三〇九團團長，率部參加對江西中央紅軍及根據地的「圍剿」作戰，在作戰中負傷。痊癒後返回原部隊，1934年3月任陸軍第九十八師（師長夏楚中）第二九二旅（旅長彭善）副旅長。1934年9月入陸軍大學特別班學習。 1935年5月30日被國民政府軍事委員會銓敘廳頒令敘任陸軍炮兵中校。1935年12月調任陸軍第九十八師第二九四旅副旅長。1937年5月6日被國民政府軍事委員會銓敘廳頒令敘任陸軍炮兵上校。1937年8月陸軍大學畢業。抗日戰爭爆發後，任陸軍第九十八師（師長夏楚中）第二九二旅旅長，率部參加淞滬會戰。1938年5月入中央軍官訓練團第一期將官研究班學員隊受訓，1938年7月結業。1938年7月任陸軍第九十八師（師長王甲本）副師長，1938年12月任陸軍第六軍（軍長甘麗初）第九十三師師長。1939年6月24日被國民政府軍事委員會銓敘廳頒令敘任陸軍少將。[203] 1941年3月率部參加遠征印緬抗日作戰。1944年6月獲頒四等雲麾勳章。抗日戰爭勝利後，1945年10月獲頒忠勤勳章。任廣西桂東師管區司令部司令官等職。1946年5月獲頒勝利勳章。1947年4月入中央軍官訓練團第三期第一中隊學員隊受訓，1947年6月結業，返回原部隊續原職。1949年11月任陸軍第二十六軍（軍長余程萬）副軍長，率部撤退緬甸北部，1950年3月任陸軍第二十六軍軍長。1950年9月任雲南「反共救國軍」總指揮（李彌）部副總指揮，兼任第二十六軍軍長。1951年1月任「雲南反共大學」校務委員會（校長李彌）委員，後赴臺灣。1952年1月奉派入臺灣革命實踐研究院第十九期受訓，繼入該

---

[203] 劉紹唐主編：臺北傳記文學出版社《民國人物小傳》第十九輯呂國銓傳記載：1940年6月24日任少將。

院黨政軍幹部聯合作戰研究班第三期受訓。1954 年春奉命返回緬甸，接運所屬部隊撤退臺灣。後任臺灣「國防部」參議，1955 年 3 月奉派入臺灣國防大學聯合作戰系第四期旁聽。1957 年 2 月任臺灣陸軍總司令部作戰計畫委員會委員，1960 年 3 月退役。1983 年 8 月 22 日因病在臺北榮民總醫院逝世。1983 年 9 月 8 日在臺北舉行公祭，蔣經國特頒「忠勤堪念」挽聯，公祭主持人黃杰，參加公祭高級將領有：劉詠堯、袁樸、石覺、夏楚中、梁華盛、劉安祺、方天、吉章簡、王昇、郝伯村等。臺灣印行有《呂國銓將軍事略》等。

陸廷選（1904—1960）別字民舉，別號文舉，原載籍貫廣西永淳，[204] 另載廣西橫縣人。廣州中國國民黨陸軍軍官學校第二期步兵科、陸軍大學正則班第十二期畢業。1924 年 8 月考入廣州中國國民黨陸軍軍官學校第二期步兵科步兵隊學習，在校學習期間加入孫文主義學會，1925 年 2 月 1 日隨軍校教導團參加第一次東征作戰，進駐廣東潮州短期訓練，1925 年 5 月 30 日隨軍返回廣州，繼返回校本部續學，1925 年 6 月隨部參加對滇桂軍閥楊希閔部、劉震寰部軍事行動，1925 年 9 月畢業。分發駐粵建國桂軍服務，後應邀返回廣西部隊供職。1926 年任中央軍事政治學校第一分校（南寧分校）第二期步兵第六隊隊長。1933 年秋被廣西第四集團軍舉薦投考陸軍大學，1933 年 11 月考入陸軍大學第十二期正則班學習，1936 年 12 月畢業。抗日戰爭爆發後，任第二十一集團軍總司令部參謀處參謀、科長、處長等職。1942 年 7 月被國民政府軍事委員會銓敘廳敘任陸軍步兵上校。後任中央陸軍軍官學校第六分校（桂林分校）教育處處長，1945 年 1 月任中央陸軍軍官學校第六分校（南寧分校，主任馮璜）教育處處長。抗日戰爭勝利後，1945 年 10 月獲頒忠勤勳章。1946 年 5 月獲頒

陸廷選

[204] 湖南省檔案館校編，湖南人民出版社《黃埔軍校同學錄》記載。

勝利勳章。任陸軍第一七〇師司令部參謀長，[205] 率部在廣西境內與人民解放軍作戰。1949 年 10 月在粵桂邊區被人民解放軍俘虜。中華人民共和國成立後，關押于戰犯管理所學習與改造，1960 年在押期間因病逝世。

周公重（1903—？）原名家駒，[206] 別字公重，後以字行，廣西藤縣人。廣州黃埔中國國民黨陸軍軍官學校第二期工兵科、陸軍大學將官班乙級第四期畢業。1924 年 8 月考入廣州黃埔中國國民黨陸軍軍官學校第二期工兵科工兵隊學習，在校學習期間加入孫文主義學會，1925 年 2 月 1 日隨軍校教導團參加第一次東征作戰，進駐廣東潮州短期訓練，1925 年 5 月 30 日隨軍返回廣州，繼返回校本部續學，1925 年 6 月隨部參加對滇桂軍閥楊希閔部、劉震寰部軍事行動，1925 年 9 月畢業。歷任國民革命軍總司令部工兵營排長、連長，1926 年 7 月隨部參加北伐戰爭。1930 年後任軍政部獨立工兵營連長、營長。抗日戰爭爆發後，任軍政部直屬工兵第四團第一營營長、副團長、團長等職。1945 年 4 月被國民政府軍事委員會銓敘廳頒令敘任陸軍工兵上校。抗日戰爭勝利後，1945 年 10 月獲頒忠勤勳章。1946 年 5 月獲頒勝利勳章。1947 年 11 月入陸軍大學乙級將官班學習，1948 年 11 月畢業。

羅丕振（1899 －？）別字承烈，廣西桂平人。廣州黃埔中國國民黨陸軍軍官學校第二期工兵科、廣州黃埔國民革命軍軍官學校高級班軍事科畢業。1924 年 8 月考入廣州黃埔中國國民黨陸軍軍官學校第二期工兵科學習，在校學習期間加入孫文主義學會，1925 年 2 月 1 日隨軍校教導團參加第一次東征作戰，進駐廣東潮州短期訓練，1925 年 5 月 30 日隨軍返回廣州，繼返回校本部續學，1925 年 6 月隨部參加對滇桂軍閥楊希閔部、劉震寰部軍事行動，1925 年 9 月畢業。1925 年 10 月隨部參加第

羅丕振

[205] 譚開先主編：廣西人民出版社《廣西軍事人物》第 47 頁記載。
[206] 湖南省檔案館校編湖南人民出版社《黃埔軍校同學錄》記載。

二次東征作戰。1926 年 7 月隨部參加統一廣東諸役，任國民革命軍第四軍第十師第三十團步兵營排長、連長。1927 年 10 月奉派入廣州黃埔國民革命軍軍官學校高級班軍事科學習，1928 年 3 月畢業。1928 年 10 月任廣州黃埔國民革命軍軍官學校第六期（第二總隊）工兵中隊中隊附。抗日戰爭爆發後，任廣西獨立第二旅副旅長，安徽省保安司令部參謀長。抗日戰爭勝利後，任軍政部第九軍官總隊副總隊長。1945 年 10 月獲頒忠勤勳章。1946 年 5 月獲頒勝利勳章。

羅克傳（1899 －？）別字鵬飛，廣西容縣人。廣州黃埔中國國民黨陸軍軍官學校第二期工兵科畢業。1924 年 8 月考入廣州黃埔中國國民黨陸軍軍官學校第二期工兵科學習，在校學習期間加入孫文主義學會，1925 年 2 月 1 日隨軍校教導團參加第一次東征作戰，進駐廣東潮州短期訓練，1925 年 5 月 30 日隨軍返回廣州，繼返回校本部續學，1925 年 6 月隨部參加對滇桂軍閥楊希閔部、劉震寰部軍事行動，1925 年 9 月畢業。分發教導第一團見習，1925 年 10 月隨部參加第二次東征作戰。1926 年 7 月隨部參加北伐戰爭，任國民革命軍第一軍第二十二師步兵團排長、連長。1928 年 10 月國民革命軍編遣後，任縮編後的第一集團軍第一師第一旅第二團第三營連長、副營長，1930 年 5 月隨部參加中原大戰。1931 年 12 月任陸軍第一師第一旅補充團第一營營長，1932 年 1 月「一二八」淞滬抗日戰事爆發後，隨部進駐上海市郊，作為戰役預備隊處於臨戰狀態。戰事平息後隨部駐防河南開封。1932 年 10 月任陸軍第一師第一旅（旅長李鐵軍）司令部參謀主任，經李鐵軍舉薦，後任陸軍第一師第一旅補充團團長，1934 年 10 月所部在四川廣元縣境羊牟壩被紅軍殲滅大部，戰後經李疏通免於軍法處置被撤職。[207]1942 年 7 月被國民政府軍事委員會銓敘廳敘任陸軍工兵上校。抗日戰爭勝利後，任第四集團軍總司令部高級參謀。1945 年 10 月獲頒忠勤勳章。1946 年 5 月獲頒勝利勳章。

---

[207] 中國文史出版社《文史資料存稿選編－軍事派系》下冊第 495 頁記載。

1947 年 11 月 19 日被國民政府軍事委員會銓敘廳頒令敘任陸軍少將，同時辦理退役。

鍾沛燊（1904 －？）別字炎興，廣西岑陵人。廣州黃埔中國國民黨陸軍軍官學校第二期工兵科畢業。1924 年 8 月考入廣州黃埔中國國民黨陸軍軍官學校第二期工兵科學習，在校學習期間加入孫文主義學會，1925 年 2 月 1 日隨軍校教導團參加第一次東征作戰，進駐廣東潮州短期訓練，1925 年 5 月 30 日隨軍返回廣州，繼返回校本部續學，1925 年 6 月隨部參加對滇桂軍閥楊希閔部、劉震寰部軍事行動，1925 年 9 月畢業。分發駐粵建國桂軍服務，後應邀返回廣西部隊供職。抗日戰爭爆發後，任陸軍第四十八軍步兵旅副旅長，陸軍步兵師副師長。抗日戰爭勝利後，1945 年 10 月獲頒忠勤勳章。1946 年 5 月獲頒勝利勳章。1947 年 6 月被國民政府軍事委員會銓敘廳頒令敘任陸軍工兵上校，同時退為備役。

胡松林（1904—？）廣西桂林人。廣州黃埔中國國民黨陸軍軍官學校第二期步兵科、陸軍大學特別班第七期畢業。1924 年 8 月考入廣州黃埔中國國民黨陸軍軍官學校第二期步兵科步兵隊學習，在校學習期間加入孫文主義學會，1925 年 2 月 1 日隨軍校教導團參加第一次東征作戰，進駐廣東潮州短期訓練，1925 年 5 月 30 日隨軍返回廣州，繼返回校本部續學，1925 年 6 月隨部參加對滇桂軍閥楊希閔部、劉震寰部軍事行動，1925 年 9 月畢業。歷任國民革命軍陸軍步兵團排長、連長等職。1929 年 12 月任南京中央陸軍軍官學校第八期第二總隊第四學員大隊大隊長，後任陸軍步兵團營長、團長等職。抗日戰爭爆發後，任陸軍步兵旅旅長，陸軍第四十九軍第一〇九師（師長趙毅、李樹森）副師長，率部參加淞滬會戰。1938 年 12 月 10 月接李樹森任陸軍第四十九軍（軍長劉多荃）第一〇九師師長，率部參加鄂北會戰。1939 年 6 月 17 日被國民政府軍事委員會銓敘廳頒令敘任陸軍少將。後任陸軍第九十軍（軍長李文）第一

胡松林

○二師師長，1940 年 7 月免職，遺缺由陳金城接任。1943 年 10 月入陸軍大學特別班學習，1946 年 3 月畢業。抗日戰爭勝利後，1945 年 10 月獲頒忠勤勳章。任甘肅省某師管區司令部司令官。1946 年 5 月獲頒勝利勳章。1947 年 6 月奉派入中央軍官訓練團第三期受訓，並任第二中隊分隊長，1947 年 9 月結業，返回原部隊續任原職。

覃異之（1907 － 1995）又名異存、異知，別號曉能，祖籍廣西賓陽，生於廣西安定（今宜山）。壯族。安定縣立中學畢業，中國國民黨陸軍軍官學校第二期肄業。[208] 早年入本鄉私塾啟蒙，1921 年考入安定縣立中學學習，畢業後，於 1924 年夏到廣州，入建國桂軍軍官學校第一期學習，1924 年 12 月經黨代表廖仲愷介紹轉入廣州黃埔中國國民黨陸軍軍官學校第二期炮兵科學習。1925 年 2 月加入中國青年軍人聯合會和中國社會主義青年團。隨教導第一團參加第一次東征，任東征軍總政治部宣傳隊隊員。1925 年 10 月轉入中共。後任中國國民黨陸軍軍官學校第三期第四隊副區隊長、上尉區隊長，中央軍事政治學校第四期入伍生第三團第一營第二連排長，第五期入伍生第二團第三連連長，第一團特務連連長，黃埔軍校入伍生部特務連長，軍士教導總隊獨立中隊中隊長。1927 年冬被捕入獄，1928 年 1 月獲釋到上海，脫離中共組織關係。後任國民革命軍陸軍第四十六軍第四師司令部參謀

覃異之

[208] 湖南省檔案館校編、湖南人民出版社《黃埔軍校同學錄》無載；現據：①文史資料出版社 1984 年 5 月第一版《第一次國共合作時期的黃埔軍校》第 272—274 頁記載其本人《回憶黃埔》稱：去虎門新成立的建國桂軍官學校報到。……廖黨代表說："桂軍學校第一期學生按黃埔軍校第二期待遇"；②陳予歡編著：廣州出版社 1998 年 9 月出版社《黃埔軍校將帥錄》第 1485 頁記載：1924 年夏到廣州，入建國桂軍軍官學校第一期學習，1925 年 6 月入黃埔軍校第二期炮兵科學習；依據史料確認其中途插入第二期炮兵科學習資格。

處第三科科長，陸軍第十師司令部參謀，南京中央陸軍軍官學校第六期第一總隊第三大隊第十中隊區隊長。其間在南京與敖天犀（日本士官二期生、黃埔軍校上校戰術教官敖正邦長女）結婚。後任南京中央陸軍軍官學校第七期第一總隊步兵大隊第二中隊副中隊長，中央教導第二師步兵第四團團附、營長，陸軍第二十五師（師長關麟徵）第七十五旅步兵第一四九團團長，1933 年 3 月率部參加長城古北口抗日戰事。抗日戰爭爆發後，仍任陸軍第二十五師第七十五旅第一四九團團長，率部參加保定戰役，在平漢路北與日軍作戰中負傷。1938 年 2 月任陸軍第五十二軍（軍長關麟徵）第二十五師司令部參謀長，率部參加台兒莊戰役。1938 年 4 月任陸軍第五十二軍第二十五師第七十三旅旅長，率部參加武漢會戰。後任陸軍第五十二軍第一九五師師長，率部參加第一次長沙會戰。1940 年 12 月 5 日被國民政府軍事委員會銓敘廳頒令敘任陸軍少將。1943 年 4 月 8 日任陸軍第五十二軍（軍長）副軍長，率部參加桂南會戰。1943 年 10 月任中國遠征軍駐印軍總部戰術軍官學校副主任。1944 年返任原職，率部參加衡陽戰役。1945 年 1 月任青年軍第二〇四師師長。抗日戰爭勝利後，1945 年 10 月獲頒忠勤勳章。1946 年 5 月獲頒勝利勳章。1946 年 7 月任陸軍整編第二〇五師師長。1946 年 9 月被推選為中國三民主義青年團中央幹事會幹事。1947 年 7 月被推選為黨團合併後的中國國民黨第六屆中央執行委員。1947 年 9 月 30 日任第八兵團司令部副司令官，兼任陸軍第五十二軍軍長。1948 年 3 月 29 日被推選為廣西省出席（行憲）第一屆國民大會代表。1948 年 9 月 22 日被國民政府軍事委員會銓敘廳頒令敘任陸軍中將。1948 年 11 月 1 日任南京衛戍總司令（陳大慶）部副總司令，兼任江北（設立於滁縣）指揮所主任。1949 年 5 月離職赴香港，1949 年 8 月 13 日與黃紹竑、賀耀祖、李默庵等在香港通電，宣佈脫離國民政府。中華人民共和國成立後，留居香港。1949 年 12 月返回北京，任中華人民共和國水利部參事室主任，1959 年 12 月 30 日任全國政協文史資料研究委員會（主任委員范文瀾）委員。中華人民共和國第二屆國防委員會委員，水利部參事室主任，北京市人大常委會副主任，第二、三、四、七屆全國政協委員，第五、六屆全國政協常務委員，民革中央第三、四屆中央候補委員，第五、六屆中央常委，民革北京市委員會主任委員，北京市黃埔軍校同學會會長等職。1995 年 9 月 17 日因病在北京逝世。著有〈第五十二軍台兒莊抗戰經過〉（載於中國文史出版社《原國民黨將領抗日戰爭親歷記－徐州會戰》）、〈黃埔建軍〉（載於中國文史出版社《文史資料選輯》第二輯）、〈舒宗鎏等談中山艦事件〉（載於中國文史出版社《文史資料選輯》第二輯）、〈衡陽保衛戰前後回憶〉（載於中國文史出版社《原國民黨將領抗日戰爭親歷記－湖南會戰》）、〈蔣經國與青年軍〉（載於中國文史出版社《文史資料選輯》第二十八輯）、〈中國駐印軍始末〉（與人合著，載於中國文史出版社《文史資料選輯》第八輯）、〈古北口抗戰紀要〉（與人合著，載於載于中國文史出版社《文史資料選輯》第十四輯）、〈關於陳誠的二三事〉（載於中國文史出版社《文史資料存稿選編－軍政人物》下冊）、〈台兒莊戰役親歷記〉（載於中國文史出版社《中華文史資料文庫》第四卷）、〈漳河之戰〉（載於中國文史出版社《中華文史資料文庫》第四卷）、〈回憶南京解放前夕二三事〉（載於中國文史出版社《中華文史資料文庫》第七卷）、〈我所認識的蔣經國〉（載於中國文史出版社《中華文史資料文庫》第十一卷）、〈宋家河畔遇伏記〉（載於中國文史出版社《原國民黨將領的回憶－圍追堵截紅軍長征親歷記》下冊）、〈古北口抗戰紀實〉（載於中國文史出版社《原國民黨將領抗日戰爭親歷記——從九一八到七七事變》）、〈四二〇高地戰鬥〉（載於中國文史出版社《原國民黨將領抗日戰爭親歷記——從九一八到七七事變》）、〈「比家山千秋不朽，福臨鋪——戰成功」〉（載於中國文史出版社《原國民黨將領抗日戰爭親歷記－湖南四大會戰》）、〈蔣中正在京滬杭最後的掙扎〉（載於中國文史出版社《中華文史資料文庫》第三十二卷）、〈塘沽協定簽訂後「中央軍」在華北的幾件事〉（載於中國文史出版社《中華文史資料文庫》第九十九卷）等，遺作編入《覃異之回憶錄》等。

雷　飛（1898 －？）廣西南寧人。廣州黃埔中國國民黨陸軍軍官學校第二期炮兵科畢業。1924 年 8 月考入廣州黃埔中國國民黨陸軍軍官學校第二期炮兵科學習，在校學習期間加入孫文主義學會，1925 年 2 月 1 日隨軍校教導團參加第一次東征作戰，進駐廣東潮州短期訓練，1925 年 5 月 30 日隨軍返回廣州，繼返回校本部續學，1925 年 6 月隨部參加對滇桂軍閥楊希閔部、劉震寰部軍事行動，1925 年 9 月畢業。1925 年 10 月隨部參加第二次東征作戰。1926 年任中央軍事政治學校第四期入伍生團第一營第二連排長。1933 年 10 月任軍政部炮兵第三團第一營營長。抗日戰爭爆發後，任軍政部直屬炮兵第三團副團長、代團長，炮兵指揮部副指揮官。抗日戰爭勝利後，1945 年 10 月獲頒忠勤勳章。1946 年 5 月獲頒勝利勳章。1947 年 5 月被國民政府軍事委員會銓敘廳頒令敘任陸軍炮兵上校，同時辦理退役。

滕　雲（1900 －？）別字雲翔、雲祥，廣西南寧人。南寧廣西省立第二中學、廣州黃埔中國國民黨陸軍軍官學校第二期炮兵科、南京中央陸軍軍官學校高等教育班第二期畢業。1924 年 8 月考入廣州黃埔中國國民黨陸軍軍官學校第二期炮兵科學習，在校學習期間加入孫文主義學會，1925 年 2 月 1 日隨軍校教導團參加第一次東征作戰，進駐廣東潮州短期訓練，1925 年 5 月 30 日隨軍返回廣州，繼返回校本部續學，1925 年 9 月軍校畢業。歷任黃埔軍校入伍生團學生隊隊附，廣州黃埔中央軍事政治學校高級班軍事科教育副官。1927 年 10 月被推選廣東黃埔同學會秘書，國民革命軍第四軍駐廣州留守處中校參謀，第八路軍總指揮部兵站部副參謀長。1931 年 2 月 28 日任陸軍第十八軍（軍長陳誠）第十一師（師長羅卓英）第三十二旅（旅長李明）第六十六團團長。其間奉派入南京中央陸軍軍官學校高等教育班學習半年。1931 年 10 月 4 日任陸軍第十八軍（軍長陳誠）第五十二師（師長陳誠兼）第一五四旅（旅長傅仲芳）副旅長，率部參加對江西紅軍及根據地的「圍剿」戰事。後應邀返回廣西供職，1936 年 10 月任廣西人民抗日救國軍第二縱隊副司令官，兼任第四團團長。抗日戰爭爆發後，任廣西全省國民兵軍事訓練委員會高級教官、委員，軍事委員會桂林辦公廳高級參謀。後任陸軍第一八五師第五四六旅旅長，率部參加桂南會戰。1945 年 1 月被國民政府軍事委員會銓敘廳敘任陸軍炮兵上校。抗日戰爭勝利後，1945 年 10 月獲頒忠勤勳章。1946 年 5 月獲頒勝利勳章。1946 年 12 月任聯合後方勤務總司令部廈門港口司令部司令官，1948 年 9 月 22 日被國民政府軍事委員會銓敘廳敘任陸軍少將。後任東南軍政長官公署高級參謀。

如上表情況所示，軍級以上人員有 11%，師級人員有 44.4%，兩項相加占 55.4%，共有 10 人在軍旅歷程中曾任國民革命軍將領。具體分析上述情況，較著名的人物主要有：覃異之就讀黃埔中國國民黨陸軍軍官學校第二期時曾加入中共，1928 年失去黨組織關係。此後加入「黃埔」嫡系中央軍服役，歷任師、軍、兵團級軍事主官，率部參加台兒莊戰役、武漢會戰、第一次長沙會戰、桂南會戰諸役。1949 年回到北京，歷任中華人民共和國國防委員會委員，水利部參事室主任，北京市人大常委會副主任，全國政協委員、常務委員，北京市黃埔軍校同學會會長等職。呂國銓、羅丕振、羅克傳、陸廷選、甘霸、滕雲等廣州黃埔軍校畢業後，均返回桂系部隊並長期供職，直至 1949 年桂系軍事集團消亡。

（八）安徽籍第二期生情況簡述

安徽歷來就是軍政人才輩出的福地。第一期生中安徽籍有 29 人，位居各省第七。第二期生的招錄銳減不少，僅有 15 名，排名也相應退居第八位。

附表 19　安徽籍第二期生歷任各級軍職數量比例一覽表

職級	中國國民黨	人數	比例 %
肄業或未從軍	李時敏、鄭震初、童善宇、王積恂、張寅臣、	5	33.4
排連營級	許文騄、陳濟光、華潤農、	3	20
團旅級	朱　深、陳軍鋒、	2	13.3

師級	劉希文、吳繼光、姜筱丹、	3	20
軍級以上	陳金城、陳瑞河、	2	13.3
合計		15	100

部分知名學員簡介：9 名

劉希文（1904—？）別字輝，別號光軍，安徽懷寧人。廣州黃埔中國國民黨陸軍軍官學校第二期步兵科、陸軍大學將官班乙級第四期畢業。1924 年 8 月考入廣州黃埔中國國民黨陸軍軍官學校第二期步兵科步兵隊學習，在校學習期間加入孫文主義學會，1925 年 2 月 1 日隨軍校教導團參加第一次東征作戰，進駐廣東潮州短期訓練，1925 年 5 月 30 日隨軍返回廣州，繼返回校本部續學，1925 年 6 月隨部參加對滇桂軍閥楊希閔部、劉震寰部軍事行動，1925 年 9 月畢業。1930 年 10 月 30 日任浙江省政府保安處（處長蔣伯誠）統轄步兵第一團團長。1936 年 10 月任軍事委員會參謀本部參謀。抗日戰爭爆發後，任軍事委員會軍令部第一廳參謀、科長、處長。後滯留日軍佔領區，1941 年 9 月 16 日被偽南京國民政府軍事委員會任命為南京中央陸軍軍官學校（校長汪兆銘）校務委員會（教育長劉培緒）教務處處長。[209] 抗日戰爭勝利後，1946 年 11 月被國民政府軍事委員會銓敘廳頒令敘任陸軍步兵上校。1947 年 11 月入陸軍大學乙級將官班學習，1948 年 11 月畢業。任國民政府國防部少將銜部附。

朱　深（1904 －？）別字政文，別號笑諸，安徽合肥人。廣州黃埔中國國民黨陸軍軍官學校第二期步兵科畢業。1924 年 8 月考入廣州黃埔中國國民黨陸軍軍官學校第二期步兵科學習，在校學習期間加入孫文主義學會，1925 年 2 月 1 日隨軍校教導團參加第一次東征作戰，進駐廣東潮州短期訓練，1925 年 5 月 30 日隨軍返回廣州，繼返回校本部續學，1925 年 6 月隨部參加對滇桂軍閥楊希閔部、劉震寰部軍事行動，1925 年 9 月畢業。1926 年夏隨軍參加北伐戰爭。1928 年 4 月任南京中央陸軍軍

[209] 郭卿友主編：甘肅人民出版社 1990 年 12 月《中華民國時期軍政職官志》第 1972 頁記載。

官學校第六期訓練部官佐。抗日戰爭爆發後，歷任陸軍步兵旅營長、團長、副旅長，隨部參加抗日戰事。抗日戰爭勝利後，1945 年 10 月獲頒忠勤勳章。1946 年 5 月獲頒勝利勳章。1948 年 2 月被國民政府軍事委員會銓敘廳頒令敘任陸軍步兵上校，同時辦理退役。

許文駼

許文駼（1901 － 1929）別字季良，安徽合肥人。廣州黃埔中國國民黨陸軍軍官學校第二期步兵科畢業。1924 年 8 月考入廣州黃埔中國國民黨陸軍軍官學校第二期步兵科學習，1925 年 9 月畢業。分發教導第二團見習，1925 年 10 月隨部參加第二次東征作戰。1926 年 7 月隨部參加北伐戰爭，任國民革命軍第一軍第三師步兵團排長、副連長、連長。1928 年 1 月隨部參加第二期北伐戰事，任國民革命軍第一軍第三師司令部參謀。1929 年 10 月 18 日在安徽蕪湖「圍剿」作戰陣亡。[210]

吳繼光（1895 － 1937）原名紹麟，別字鐵夫，安徽盱眙縣老三界人。廣州黃埔中國國民黨陸軍軍官學校第二期步兵科畢業。1924 年 8 月考入廣州黃埔中國國民黨陸軍軍官學校第二期步兵科學習，在校學習期間加入孫文主義學會，1925 年 3 月隨軍校教導團參加第一次東征作戰，進駐廣東潮州短期訓練，1925 年 5 月 30 日隨軍返回廣州，繼返回校本部續學，1925 年 6 月隨部參加對滇桂軍閥楊希閔部、劉震寰部軍事行動，1925 年 9 月畢業。分發國民革命軍第六軍第十七師見習、排長，1925 年 10 月隨部參加第二次東征作戰。後任國民革命軍第六軍第十七師步兵團連長、營長，1926 年 7 月隨部參加北伐戰爭江西戰事。1928 年春任第三十二軍教導師第一團團附，1928 年 7 月 5 日被委派為中國國民黨國民革命軍第三十二軍（軍長錢大鈞）特別黨部執行委員。後任陸軍第

吳繼光

[210] 中國第二歷史檔案館供稿，華東工學院編輯出版部影印，檔案出版社 1989 年 7 月《黃埔軍校史稿》第八冊（本校先烈）第 250 頁第一期烈士芳名表記載 1929 年 10 月 18 日在安徽蕪湖陣亡。

九十八師第二九四旅第二團團長，率部參加中原大戰。1931 年 10 月任陸軍第九十八師第二九四旅副旅長，後任該師第二九二旅旅長。1934 年 12 月任陸軍第九十八師第二六六旅旅長，率部參加對紅軍及根據地的「圍剿」戰事。1935 年 5 月被國民政府軍事委員會銓敘廳敘任陸軍步兵上校。抗日戰爭爆發後，任陸軍第七十四軍第五十八師第一七四旅旅長，率部參加淞滬會戰，在羅店、金山衛殂擊日軍進犯。1937 年 11 月 9 日在青浦縣白鶴港與登陸日軍展開激戰，身負重傷殉國。1946 年 2 月被軍事委員會頒令追贈陸軍中將銜。

陳軍鋒（1903 － 1933）別字君鋒，安徽英山人。廣州黃埔中國國民黨陸軍軍官學校第二期工兵科畢業。1924 年 8 月考入廣州黃埔中國國民黨陸軍軍官學校第二期工兵科學習，1925 年 2 月 1 日隨軍校教導團參加第一次東征作戰，進駐廣東潮州短期訓練，1925 年 5 月 30 日隨軍返回廣州，繼返回校本部續學，1925 年 6 月隨部參加對滇桂軍閥楊希閔部、劉震寰部軍事行動，1925 年 9 月畢業。分發國民革命軍第一軍第三師第九團見習，1925 年 10 月隨部參加第二次東征作戰。1926 年 7 月隨部參加北伐戰爭，任國民革命軍第一軍第三師第九團步兵營連長。1928 年 10 月任第一集團軍總司令部補充旅司令部警衛營營長，1930 年 5 月隨部參加中原大戰。1932 年 10 月任陸軍第五十九師第一七五旅步兵第三五〇團團長。率部參加對江西紅軍及根據地的第四次「圍剿」戰事，1933 年 3 月 20 日在江西廣昌縣草苔岡作戰陣亡。

陳金城（1903—1983）別字精誠，別號都，安徽全椒人。江蘇省立南京蠶桑專科學校、廣州黃埔中國國民黨陸軍軍官學校第二期步兵科、陸軍大學將官班甲級第一期畢業。中央軍官訓練團第三期結業。1904 年 3 月 5 日生於全椒縣城關一個農戶家庭。1924 年 8 月考入廣州中國國民黨陸軍軍官學校第二期工兵科工兵大隊學習，入學不久因工兵訓練器械

陳金城

缺少，與部分學員轉學步兵科，在校學習期間加入孫文主義學會，1925年2月1日隨軍校教導團參加第一次東征作戰，進駐廣東潮州短期訓練，1925年5月30日隨軍返回廣州，繼返回校本部續學，1925年6月隨部參加對滇桂軍閥楊希閔部、劉震寰部軍事行動，1925年9月軍校畢業。分發國民革命軍第一軍第一師司令部參謀，1925年10月隨部參加第二次東征作戰。後任國民革命軍第一軍第二師第六團團部參謀，1925年10月調任第二師第四團第二營第二連連長，隨部參加第二次東征作戰。1926年3月調任第二師第六團（團長嚴爾艾）第二營（營長帥倫）第四連連長，1926年秋隨部參加攻克武昌戰役，率奮勇隊攻城時胸部負重傷，是役第二師損失慘重，團長嚴爾艾、營長帥倫以下官兵數百人陣亡。痊癒後隨軍參加北伐戰爭。1926年12月任第一軍第二師第五團少校團附等職。1927年6月9日任由孫傳芳舊屬白寶山部改編的國民革命軍第三十一軍（軍長鄭紹虞）政治部中校科長。1927年12月調任陸軍第一軍獨立團中校團附，後任陸軍第二十六師步兵營營長，第九十三師步兵團團附等職，隨部參加第二期北伐戰事。1928年7月25日國民革命軍第一軍縮編，任縮編後的第一集團軍第九師（師長蔣鼎文）第二十六旅（旅長李延年）步兵第五十一團第二營中校營長。1929年2月3日被委派為中國國民黨陸軍第一師（師長劉峙）特別黨部監察委員。1929年3月任步兵第五十一團中校團附，1930年3月調任鎮江江蘇警官學校學員隊中校隊長。1930年9月調任獨立第十五旅司令部中校參謀主任，1930年12月任獨立第十五旅（旅長唐雲山）步兵第三團團長。1931年4月10日獨立第十五旅改稱獨立第三十三旅（旅長唐雲山），續任該旅步兵第六九九團團長，率部參加討伐石友三部叛亂的作戰。1933年11月14日獨立第三十三旅改編為第九十三師（師長唐雲山），任該師步兵第五八八團團長。1934年10月加入第二路「追剿」軍（司令官薛岳）序列，率部輾轉廣西、雲南、貴州等省，參加對長征途中中央紅軍的圍追堵截戰事。1935年5月1日陸軍第九十三師擴編為兩旅四團制師，續任陸軍第九十三師（師長唐雲山）第二七九旅（旅轄兩團）旅長。1935 年 5 月 9 日被國民政府軍事委員會銓敘廳頒令敘任陸軍步兵上校。1937 年 1 月仍任陸軍第九十三師（師長甘麗初）第二七九旅旅長，率部駐防山東地區。抗日戰爭爆發後，率部參加魯南抗日戰事。後任中央陸軍軍官學校第七分校第十五期第五總隊總隊長等職。1938 年 8 月調任第十七軍團（軍團長胡宗南兼）重新組建的陸軍第四十六師（師長黃祖塤）副師長，兼任中央陸軍軍官學校第七分校第十六期第四總隊總隊長。1938 年 10 月 29 日被國民政府軍事委員會銓敘廳頒令敘任陸軍少將。後實任陸軍第四十六師（師長黃祖塤）副師長，1940 年任陸軍第十六軍（軍長董釗）第一〇九師師長，率部駐防陝東地區。1943 年 8 月 4 日任陸軍第三十六軍（軍長羅歷戎）副軍長，兼任陸軍第一〇九師師長，1943 年 10 月免兼師長職，率部先後參加豫中會戰、桂柳會戰諸役。1944 年 6 月 5 日任陸軍第九軍軍長，統轄陸軍第五十四師（師長史松泉）、陸軍新編第二十四師（師長宋子英、夏季屏）等部，率部參加獨山殂擊戰，馳援防守貴陽城。1944 年 10 月入陸軍大學甲級將官班學習，1945 年 1 月畢業，返回原部隊續任原職。1945 年 5 月 10 日接孫元良任陸軍第二十九軍軍長，統轄陸軍第九十一師（師長王鐵麟）、第一九三師（師長蕭重光）、預備第十一師（師長王鐵麟兼）等部，率部參加對廣西日軍作戰諸役，先後收復雒容、中渡、黃冕、永福、荔浦、白沙等地。1945 年 6 月 30 日陸軍第二十九軍被裁撤，1945 年 7 月 1 日任軍事委員會參議（掛陸軍中將銜）。抗日戰爭勝利後，1945 年 10 月 18 曰獲頒忠勤勳章。1945 年 11 月任陸軍總司令部第四方面軍司令長官（王耀武）部高級參謀，參與接收山東及改編偽軍事宜。1946 年 3 月 1 日調任第二綏靖區司令（王耀武）部高級參謀等職。1946 年 3 月 28 日接廖運澤任新組建的陸軍第九十六軍軍長，統轄陸軍暫編第十二師（師長趙保原）、暫編第十四師（師長李鴻慈）、暫編第十五師（師長康莊）等部，率部駐防山東地區。1946 年 5 月 5 日獲頒勝利勳章。1947 年 2 月陸軍第九十六軍改編為整編第四十五師，統轄整編第二一一旅（旅長晏子風、張忠中）、整編第二一二旅（旅長汪安瀾）、整編第二一四旅（旅長徐長熙），任師長。1947 年 3 月 14 日獲頒四等雲麾勳章。1947 年 4 月入中央軍官訓練團第三期受訓，並任第一學員中隊副中隊長，1947 年 6 月結業。返回原部隊，續任恢復軍番號後的整編第九十六軍軍長，統轄整編第四十五師（師長陳金城兼）、整編第二師（師長晏子風）等部，隸屬第二綏靖區司令（王耀武）部序列，率部在山東與人民解放軍作戰。1948 年 1 月 1 日獲頒三等雲麾勳章。1948 年 4 月 27 日所部被全殲，其在山東濰縣被人民解放軍俘虜。後入中國人民解放軍華東軍區政治部聯絡部解放軍官訓練團學習，因改造和表現較好曾任分團行政組組長等職。中華人民共和國成立後，轉移北京功德林戰犯管理所改造，1958 年轉入公安部幹部勞動農場勞動，曾任學員第二隊隊長。1960 年 11 月 28 日獲得特赦釋放，按照個人意願安置南京工作，先任國營南京木器廠工人，「文化大革命」中受到衝擊。後任江蘇省人民政府文史研究館館員等職。1983 年 1 月 6 日因病在南京逝世。著有〈第五十九師、第九十三師遵義被殲記〉〔載於中國文史出版社《原國民黨將領的回憶—圍追堵截紅軍長征親歷記》上冊〕、〈獨立第三十三旅參加對湘鄂贛邊區「圍剿」的經過〉（載於中國文史出版社《原國民黨將領圍剿邊區根據地親歷記》）、〈濰縣戰役始末〉〔載於中國文史出版社《文史資料存稿選編－全面內戰》中冊〕、著有〈陳金城口述〉（邱行湘筆記，載於全國政協文史資料研究委員會編：文史資料出版社 1984 年 5 月《第一次國共合作時期的黃埔軍校》第 293 － 302 頁）等。

陳濟光（1903 －？）安徽英山人。廣州黃埔中國國民黨陸軍軍官學校第二期步兵科畢業。1924 年 8 月考入廣州黃埔中國國民黨陸軍軍官學校第二期步兵科學習，在校學習期間加入孫文主義學會，1925 年 2 月 1 日隨軍校教導團參加第一次東征作戰，進駐廣東潮州短期訓練，1925 年 5 月 30 日隨軍返回廣州，繼返回校本部續學，1925 年 6 月隨部參加對滇桂軍閥楊希閔部、劉震寰部軍事行動，1925 年 9 月畢業。1926 年 7 月隨部參加北伐戰爭，1927 年 6 月隨軍校遷移南京。1931 年 10 月任南京中央陸軍軍官學校第九期入伍生團連長。1933 年 12 月任中央陸軍軍官學校洛陽分校軍士教導總隊練習大隊中校大隊長。

陳瑞河（1900 － 1962）原名榮光，[211] 別字瑞河，後以字行，後改名瑞河，安徽合肥人。廣州黃埔中國國民黨陸軍軍官學校第二期炮兵科畢業。1924 年 8 月考入廣州黃埔中國國民黨陸軍軍官學校第二期炮兵科學習，在校學習期間加入孫文主義學會，1925 年 2 月 1 日隨軍校教導團參加第一次東征作戰，進駐廣東潮州短期訓練，1925 年 5 月 30 日隨軍返回廣州，繼返回校本部續學，1925 年 6 月隨部參加對滇桂軍閥楊希閔部、劉震寰部軍事行動，1925 年 9 月軍校畢業。分發國民革命軍第一軍第二師第六團見習，1925 年 10 月隨部參加第二次東征作戰。1926 年 7 月隨部參加北伐戰爭，任國民革命軍第一軍第二師第六團排長、副連長。1927 年春任國民革命軍第一軍第二十師補充團第九連連長，1927 年 8 月隨部參加龍潭戰役。1928 年 10 月任中央教導第一師步兵第三團第二營副營長，中央警衛軍第一師步兵團第一營營長，隨部參加中原大戰。1931 年 10 月任陸軍第五軍第八十七師第二五九旅第五一八團團長，1932 年 1 月率部參加「一二八」淞滬抗日戰事。1933 年 10 月任陸軍第三十六師第一〇六旅副旅長，率部參加對閩浙贛邊區紅軍及根據地的「圍剿」戰事。1935 年 5 月被國民政府軍事委員會銓敘廳頒令敘任陸軍炮兵上校。1935 年 10 月任陸軍第三十六師（師長宋希濂）第一〇六旅旅長。1937 年 5 月 21 日被國民政府軍事委員會銓敘廳頒令敘任陸軍少將。抗日戰爭爆發後，率部參加淞滬會戰。1937 年 12 月率部參加南京保衛戰。1938 年 5 月任陸軍第七十八軍第三十六師師長，1939 年 11 月 12 日任陸軍第七十五軍（軍長周喦）副軍長，率部中條山戰役。1940 年 7 月 23 日任第四集團軍陸軍第七十一軍軍長，隸屬第一戰區第三十四集團軍，統轄陸

[211] 湖南省檔案館校編，湖南人民出版社《黃埔軍校同學錄》記載。

軍第三十六師（師長陳瑞河兼）、陸軍第八十七師（師長向鳳武）、陸軍第八十八師（師長楊彬）等部。1942年3月30日任第十四集團軍陸軍第九軍軍長，統轄陸軍第五十四師（師長王晉）、陸軍新編第二十四師（師長張東凱、宋子英）、陸軍獨立第五旅（旅長邱開基、楊炳麟）等部。1943年8月因「囤積軍需品」被革職。後任第一戰區司令長官部高級參謀。抗日戰爭勝利後，1945年10月獲頒忠勤勳章。1846年5月獲頒勝利勳章。1946年7月退役，後於上海、南京等地經商。1948年12月出任暫編第二縱隊司令部司令官，率部在華東地區與人民解放軍作戰。1950年1月在南京被逮捕入獄。後關押於戰犯管理所學習與改造，1962年10月7日因病逝世。

姜筱丹（1892－？）別字振華，別號曉嵐，安徽英山人。廣州黃埔中國國民黨陸軍軍官學校第二期輜重兵科畢業。1924年8月考入廣州黃埔中國國民黨陸軍軍官學校第二期輜重兵科學習，在學期間隨部參加第一次東征作戰，1925年6月隨部參加對滇桂軍閥楊希閔部、劉震寰部軍事行動，1925年9月畢業。抗日戰爭爆發後，任陸軍步兵團團長，守備區指揮部指揮官，率部參加抗日戰事。後任安徽省某縣縣長，陸軍步兵師政治部主任，陸軍步兵軍政治部主任。抗日戰爭勝利後，1945年10月獲頒忠勤勳章。1946年5月獲頒勝利勳章。1947年9月被國民政府軍事委員會銓敘廳敘任陸軍輜重兵上校。1948年2月16日被國民政府軍事委員會銓敘廳敘任陸軍少將，同時退為備役。

從上表顯示情況看，擔任軍級以上人員有13.3%，師級人員有20%，兩項相加占33.3%，有5人在軍旅生涯中成長為將領。具體分析起來，主要有以下情況：陳金城、陳瑞河等從參加北伐戰爭開始，一直在「黃埔」嫡系中央序列部隊服務，歷任各級部隊軍事主官，陳金城率部參加了忻口會戰、豫中會戰、桂柳會戰諸役，陳瑞河率部參加了「一二八」淞滬抗戰、中條山會戰以及湖南境內多次戰役。吳繼光是知名將領和抗戰英雄，黃埔軍校畢業後隨部參加湖南、江西等省北伐戰事，抗日戰爭爆發後，率領國民革命軍陸軍步兵第一七四旅奔赴上海參加淞滬會戰，先後在羅店、江灣、青浦等地殂擊日軍進犯，1937年11月9日在白鶴港與日軍激戰中，身先士卒臨陣殺敵，中彈後壯烈殉國。1946年2月21日國民政府頒令追贈陸軍中將銜。

（九）貴州籍第二期生情況簡述

貴州因其內陸邊遠地理位置、抵達沿海各省交通不便，歷來較少有人投考黃埔軍校。第一期生有15人，居於各省第十一位，第二期有13人入學，位居第九位，由是觀之變化不大。

附表20　貴州籍第二期生歷任各級軍職數量比例一覽表

職級	中國國民黨	中國共產黨	人數	比例%
排連營級	張任權、曹潤群、覃　恩、張忠熙、黃文昭、練國梁		6	46.2
團旅級	譚南傑、張道宗、姚鐘鼎、蔣其遠	胡秉鐸	5	38.4
師級	潘超世		1	7.7
軍級以上		周逸群	1	7.7
合計	11	2	13	100

部分知名學員簡介：11名

張道宗（1905—？）別字紹堯，貴州盤縣人。廣州黃埔中國國民黨陸軍軍官學校第二期步兵科、陸軍大學將官班乙級第二期畢業。1924年8月考入廣州黃埔中國國民黨陸軍軍官學校第二期步兵科步兵隊學習，在校學習期間加入孫文主義學會，1925年2月1日隨軍校教導團參加第一次東征作戰，進駐廣東潮州短期訓練，1925年5月30日隨軍返回廣州，繼返回校本部續學，1925年6月隨部參加對滇桂軍閥楊希閔部、劉震寰部軍事行動，1925年9月畢業。分發國民革命軍第一軍第一師見習，1925年10月隨部參加第二次東征作戰。戰後任第一軍第一師第三團排長。1926年7月任國民革命軍第一軍第一師第三團步兵連連長，隨部參加北伐戰爭。抗日戰爭爆發後，任陸軍步兵旅營長、團長、副旅長，率部參加抗日戰事。抗日戰爭勝利後，1945年10月獲頒忠勤勳章。1946年1月奉派中央訓練團受訓。1946年春入陸軍大學乙級將官班學習，1947年4月畢業。任陸軍步兵師副師長等職。

周逸群（1896－1931）別字立風，別號黔鐵，曾用名易穹、一穹、左應龍，祖籍湖北蒲圻，原載籍貫貴州銅仁。[212]貴陽城南小學、貴陽南明中學、廣州黃埔中國國民黨陸軍軍官學校第二期輜重兵科畢業。1896年6月25日生於銅仁縣城大公館路（今共同路13號）一個小康家庭。父母早年逝世，由堂叔周志炳撫育成長。幼年私塾啟蒙，1906年入周志炳創辦的貴陽城南小學讀書，畢業後於1914年考入貴陽南明中學學習，1918年畢業。返回原籍，在周志炳主持的銅仁縣教育會任會計。後得周志炳資助，1919年春赴日本留學，考入東京慶應大學攻讀政治經濟學，1923年春回國。1923年5月在上海與貴州同鄉李俠公等組織「貴州青年社」，編輯《貴州青年》旬刊，創刊號有其以黔鐵為筆名撰寫序「貴州問題的先決問題」，該刊共出版十二期。1924年在上海加入中共，[213]另說1924年11月經魯易、陳公培（原名吳明）介紹加入中共。[214]1924年8月考入廣州黃埔中國國民黨陸軍軍官學校第二期輜重兵科學習，任第二期中共黃埔軍校特別支部宣傳幹事，1924年12月與蔣先雲、李勞工等組建「火星社」，出版《火星報》，1925年1月14日在

周逸祥

[212] 湖南省檔案館校編，湖南人民出版社《黃埔軍校同學錄》記載。

[213] 中共黨史人物研究會編纂：陝西人民出版社1882年10月《中共黨史人物傳》第八卷第102頁記載。

[214] 廖蓋隆主編：中共中央黨校出版社2001年6月《中國共產黨歷史大辭典－總論、人物》（增訂本）第368頁記載；王健英著：廣東人民出版社2000年1月《中國紅軍人物志》第582頁記載。

廣州黃埔中國國民黨陸軍軍官學校全體黨員大會上，被投票推選為中國國民黨陸軍軍官學校特別區黨部第二屆執行委員會執行委員，[215] 會後分工任特別區黨部常務委員。1925 年 2 月參與創建「中國革命軍人聯合會」，被推選為常務委員。1925 年秋任黃埔軍校籌備校史編纂委員會委員，參與組織和編輯《青年軍人》、《中國軍人》、《中國青年軍人聯合會週刊》，1925 年 9 月軍校畢業。1925 年 10 月隨部第二次東征作戰，1926 年 4 月任國民政府軍事委員會政治訓練部宣傳科科長。1926 年 7 月 9 日參加在廣州東較場北伐誓師大會，任北伐軍總政治部宣傳隊隊長。1926 年 9 月率北伐軍宣傳隊至常德，結識時任國民革命軍第九軍（軍長彭漢章）第一師師長賀龍，應邀到其所屬部隊從事政治宣傳工作，任該師政治部主任，兼任設立於湖南澧縣的第九軍第一師政治工作人員講習所所長。1926 年 12 月隨軍北伐至武漢，所部被武漢國民政府更改番號，任國民革命軍獨立第十五師（師長賀龍）政治部主任。1927 年 6 月部隊再度擴編，任國民革命軍第四集團軍（總司令唐生智）第二方面軍（總指揮張發奎）第二十軍（軍長賀龍）政治部主任，後任新組編的該軍第三師師長。1927 年 7 月中旬率部抵達南昌，1927 年 7 月 28 日參加周恩來主持召開的前委擴大會議，協助制訂八一南昌起義具體行動計畫。起義中率第三師教導團和第六團，乘夜攻擊並瓦解當面敵軍第九軍第七十九團、第八十團大部。1927 年 8 月 5 日率部起義軍南下行動，部隊行至江西瑞金時，1927 年 8 月 19 日由其與譚平山介紹賀龍加入中共，並在瑞金縣城一所學校進行入黨宣誓儀式。南下至廣東潮州時，任潮汕衛戍司令，在其報告中稱：「二十軍中以第三師黨務最為發展，在潮汕時，全師黨員達 500 余人」。[216] 隨後由潮州乘船赴上海，1928 年 1 月 15 日與賀龍、史書元、

[215] ①中國第二歷史檔案館供稿：檔案出版社 1989 年 7 月出版、華東工學院編輯出版部影印《黃埔軍校史稿》第七冊第 18 頁；②廣東革命歷史博物館編：廣東人民出版社 1982 年 2 月《黃埔軍校史料》第 520 頁記載。

[216] 原載 1927 年《中央通訊》第七期《周逸群的報告》，轉載於中共黨史人物研究會

盧冬生等七人到漢口市謝弄北裡 17 號與郭亮（時任中共湖北省委書記）接上頭，[217]1928 年 2 月下旬與賀龍等十幾人抵達湖南桑植縣洪家關，開闢湘鄂西工農武裝割據。1928 年 3 月 30 日由其與賀龍等已彙集 3000 人的隊伍，任工農革命軍（軍長賀龍）黨代表。1928 年 7 月中旬任中共鄂西特委書記，整頓和恢復了鄂西地區黨組織。1929 年 7 月 30 日任紅軍鄂西游擊總隊總隊長。1929 年 9 月任中共湖北省委委員、鄂西特委書記，創建了以桑植、鶴峰為中心的湘鄂西根據地。1930 年 2 月任中國工農紅軍第六軍（軍長孫德清、鄺繼賀）政委，兼任中共紅軍第六軍前敵委員會書記。1930 年 7 月中旬率部與賀龍部紅軍第二軍會師後合編，任紅軍第二軍團總指揮（賀龍）部總政委，兼任中共前委書記，全軍萬餘人。受中共中央委派，鄧中夏、夏曦到湘鄂西主持黨政軍工作期間，其於 1930 年 9 月任中共湘西特委代理書記，兼任湘鄂西蘇維埃聯縣政府主席，是湘鄂西紅軍及根據地主要創建人和領導者。1931 年 5 月在岳陽縣賈家涼亭附近遭敵伏擊犧牲。著有《外禍與內憂》、《總理逝世後之中國青年軍人運動》、《關於南昌起義的報告》、《鄂西農村工作》等。

練國樑（1901 － 1927）別字續丞，貴州榕江人。廣州黃埔中國國民黨陸軍軍官學校第二期步兵科畢業。十五歲入私塾啟蒙，1918 年至貴陽求學，考入貴陽南明中學第一分校學習。1924 年 8 月考入廣州黃埔中國國民黨陸軍軍官學校第二期步兵科學習，1925 年參加中國青年軍人聯合會，加入中共，1925 年 2 月 1 日隨軍校教導團參加第一次東征作戰，進駐廣東潮州短期訓練，1925 年 5 月 30 日隨軍返回廣州，繼返回校本部續學，1925 年 6 月隨部參加對滇桂軍閥楊希閔部、劉震寰部軍事行動，1925 年 9 月畢業。1925 年 11 月 21 日任國民革命軍第四軍第十二師第三十四團（團長葉挺）機關槍連連長，兼任中共第三十四團直屬隊黨小

編纂：陝西人民出版社 1882 年 10 月《中共黨史人物傳》第八卷第 110 頁。

[217] 中共黨史人物研究會編纂：陝西人民出版社 1882 年 10 月《中共黨史人物傳》第八卷第 111 頁記載。

組組長，隨部駐軍廣東肇慶。1926 年 5 月所部改編，任國民革命軍第四軍獨立團（團長葉挺）機關槍連連長。1926 年 7 月隨部參加北伐戰爭，參加北伐途中歷次戰役。1927 年 1 月任國民革命軍第十一軍第二十五師第七十五團第三營營長。隨部參加對鄂軍夏斗寅部戰事，1927 年 5 月 12 日在武漢紙坊土地堂附近作戰犧牲。著有《獨立團北伐陣亡烈士——徐釗傳略》、《獨立團北伐陣亡烈士－蔣克才傳略》（原載：1927 年 1 月《國民革命軍第四軍追悼陣亡將士大會特刊》；現載：肇慶市葉挺獨立團紀念館編：廣東人民出版社 1991 年 1 月《葉挺獨立團史料》第 358 － 360 頁；另載：龔樂群編：中央陸軍軍官學校追悼北伐陣亡將士特刊《黃埔血史》第 28 頁記載其陣亡）。

姚鐘鼎（1904—1970）別字旬封，別號甸九，貴州榕江人。廣州黃埔中國國民黨陸軍軍官學校第二期輜重兵科、陸軍大學正則班第九期畢業。1924 年 8 月考入廣州黃埔中國國民黨陸軍軍官學校第二期輜重兵科輜重兵隊學習，在校學習期間加入孫文主義學會，1925 年 2 月 1 日隨軍校教導團參加第一次東征作戰，進駐廣東潮州短期訓練，1925 年 5 月 30 日隨軍返回廣州，繼返回校本部續學，1925 年 6 月隨部參加對滇桂軍閥楊希閔部、劉震寰部軍事行動，1925 年 9 月畢業。1928 年 12 月考入陸軍大學正則班學習，1931 年 10 月畢業。任國民政府訓練總監部武昌陸軍整理處（處長陳誠兼）高級參謀，軍事委員會宜昌行營參謀處作戰科科長，1937 年 2 月任軍事委員會銓敘廳服役科科長等職。抗日戰爭爆發後，歷任國民革命軍陸軍第十軍（軍長徐源泉兼）第三十一師（師長池峰城）司令部參謀長，率部參加平漢路北段阻擊作戰、太原會戰之娘子關戰役、台兒莊戰役諸役。1939 年 10 月任中央陸軍軍官學校第六分校（桂林分校）辦公廳主任。1942 年 12 月軍事委員會辦公廳第二處第五科科長，後任國民政府軍政部人事處處長。1943 年 12 月任軍事委員會軍令部銓敘廳第七處處長。抗日戰爭勝利後，任國民政府軍令部銓敘

姚鐘鼎

廳（廳長林蔚）人事處處長。1946 年 7 月退為備役，1947 年春出任聯合後方勤務總司令部人事處處長等職。1949 年到臺灣，1970 年 2 月 19 日因病在臺北逝世。

胡秉鐸（1901 － 1927）別字鳴之，貴州榕江人。貴州榕江縣高級小學、貴州省立法政專門學校畢業，北京朝陽大學肄業，廣州黃埔中國國民黨陸軍軍官學校第二期步兵科畢業。其父曾任榕江縣團防總辦，嗣父為榕江首富，任商會會長，榕江縣參議會副議長。1901 年 12 月生於榕江縣古州鄉一個富裕家庭。六歲在本鄉私塾啟蒙，從當地名塾師陳錫侯學習，1910 年考入榕江縣城七年制高等小學堂就讀，畢業後，1920 年考入貴州省立法政專門學校學習，1922 年赴北京朝陽大學學習，1924 年春肄業。1924 年夏在上海受周逸群、鄧中夏等影響，參加國民革命活動，任《貴州青年》社編輯，撰寫《惡政府的勢力》、《攻敵》，鋒芒直指貴州軍閥。1924 年 8 月以第二期招生第一名考試成績被錄取，1924 年 8 月入廣州黃埔中國國民黨陸軍軍官學校第二期步兵科學習，在學初期加入中共和中國青年軍人聯合會，1925 年 1 月任中國青年軍人聯合會機關刊物《革命軍人》刊物編輯，並推選為駐會負責人之一，1925 年 3 月隨部參加第一次東征作戰，1925 年 6 月隨部參加對滇桂軍閥楊希閔部、劉震寰部軍事行動，1925 年 9 月畢業。1925 年 10 月任國民革命軍第一軍司令部機要秘書，隨軍參加第二次東征作戰。1926 年 3 月「中山艦事件」後因中共黨員身份未暴露，仍留任第一軍總司令部中校參謀，並任黃埔同學會潮汕分會秘書。1926 年 7 月任國民革命軍北伐東路軍總指揮部政治部第一科科長，隨部參加北伐戰爭粵閩浙戰事，1927 年 1 月任北伐東路軍第一軍第一師政治部主任。1927 年 4 月南京「清黨」時被捕入獄，後在南京市公安局看守所遇害。

曹潤群（1903 － 1926）原載籍貫貴州平壩，[218] 另載貴州興義人。平壩縣立高級小學畢業，雲南航空學校第一期肄業，廣州黃埔中國國民黨

[218] 湖南省檔案館校編，湖南人民出版社《黃埔軍校同學錄》記載。

陸軍軍官學校第二期步兵科畢業。1922 年 12 月考入雲南航空學校第一期學習，肄業一年半，後赴廣東投效駐粵滇軍楊希閔部。1924 年 8 月考入廣州黃埔中國國民黨陸軍軍官學校第二期步兵科學習，1925 年 3 月隨部參加第一次東征作戰，1925 年 6 月隨部參加對滇桂軍閥楊希閔部、劉震寰部軍事行動，1925 年 9 月畢業。分發第三期入伍生團見習，1926 年 3 月任黃埔中央軍事政治學校第四期入伍生總隊排長，後任國民革命軍第一軍第一師步兵連副連長，第一師第二團政治指導員。1926 年 7 月隨部參加北伐戰爭，任國民革命軍北伐東路軍第一軍第一師第二團第三營第八連連長。1926 年 8 月在江西銅鼓縣搶奪敵軍據守的螺山高地機關槍陣地時被刺殉國。

曹潤群

黃文昭（1901 － 1927）別字仲明，貴州朗岱人。廣州黃埔中國國民黨陸軍軍官學校第二期步兵科畢業。1924 年 8 月考入廣州黃埔中國國民黨陸軍軍官學校第二期步兵科學習，在校學習期間加入孫文主義學會，1925 年 2 月 1 日隨軍校教導團參加第一次東征作戰，進駐廣東潮州短期訓練，1925 年 5 月 30 日隨軍返回廣州，繼返回校本部續學，1925 年 6 月隨部參加對滇桂軍閥楊希閔部、劉震寰部軍事行動，1925 年 9 月畢業。分發國民革命軍第一軍第一師見習，1925 年 10 月隨部參加第二次東征作戰。戰後任第一軍第一師第二團排長。1926 年 7 月任國民革命軍第一軍第一師第二團步兵連連長，隨部參加北伐戰爭。1927 年 3 月 18 日北伐在浙江嘉興時作戰時陣亡。[219]

蔣其遠（1901 －？）別字其炎，貴州黔西人。廣州黃埔中國國民黨陸軍軍官學校第二期炮兵科畢業。1924 年 8 月考入廣州黃埔中國國民

[219] ①中國第二歷史檔案館供稿，華東工學院編輯出版部影印，檔案出版社 1989 年 7 月《黃埔軍校史稿》第八冊（本校先烈）第 250 頁第二期烈士芳名表記載 1927 年 3 月 18 日在浙江嘉興陣亡；②龔樂群編：中央陸軍軍官學校追悼北伐陣亡將士特刊《黃埔血史》第 28 頁記載其 25 歲任第一軍第一師第二團連長 1927 年 3 月 18 日在張堰作戰陣亡。

黨陸軍軍官學校第二期炮兵科學習，在校學習期間加入孫文主義學會，1925 年 2 月 1 日隨軍校教導團參加第一次東征作戰，進駐廣東潮州短期訓練，1925 年 5 月 30 日隨軍返回廣州，繼返回校本部續學，1925 年 6 月隨部參加對滇桂軍閥楊希閔部、劉震寰部軍事行動，1925 年 9 月畢業。1926 年 7 月隨部參加北伐戰爭，歷任國民革命軍炮兵連排長、副連長等職。抗日戰爭爆發後，任軍事委員會特務團團長。1940 年 11 月被國民政府軍事委員會銓敘廳敘任陸軍炮兵上校。後任陸軍第一〇六師第三一八旅旅長，率部參加抗日戰事。

覃　恩（1904 － 1928）原載籍貫貴州朗岱，[220] 另載湖南辰溪人。廣州黃埔中國國民黨陸軍軍官學校第二期炮兵科畢業。1924 年 8 月考入廣州黃埔中國國民黨陸軍軍官學校第二期炮兵科學習，1925 年 9 月畢業。1926 年任黃埔中央軍事政治學校第四期軍械處官佐。1926 年 7 月隨部參加北伐戰爭，1928 年 8 月 10 日在安徽懷遠作戰陣亡。[221]

譚南傑（1901 －？）貴州平壩人。廣州黃埔中國國民黨陸軍軍官學校第二期步兵科畢業。1924 年 8 月考入廣州黃埔中國國民黨陸軍軍官學校第二期步兵科學習，在校學習期間加入孫文主義學會，1925 年 2 月 1 日隨軍校教導團參加第一次東征作戰，進駐廣東潮州短期訓練，1925 年 5 月 30 日隨軍返回廣州，繼返回校本部續學，1925 年 9 月畢業。1926 年 7 月隨部參加北伐戰爭，歷任國民革命軍步兵團排長、連長、營長、團長。1928 年 10 月國民革命軍編遣，任縮編後的陸軍第十二師第三十六旅步兵團團附。1929 年 8 月 13 日被推選為中國國民黨陸軍第十二師特別黨部執行委員。抗日戰爭爆發後，任陸軍步兵師政治部主任，率部參加抗

---

[220] 湖南省檔案館校編，湖南人民出版社《黃埔軍校同學錄》記載。

[221] 中國第二歷史檔案館供稿，華東工學院編輯出版部影印，檔案出版社 1989 年 7 月《黃埔軍校史稿》第八冊（本校先烈）第 251 頁第二期烈士芳名表記載 1928 年 8 月 10 日在安徽懷遠陣亡。

日戰事。抗日戰爭勝利後，1945年10月獲頒忠勤勳章。1946年5月獲頒勝利勳章。1946年12月任陸軍整編第五十二師司令部新聞處處長。

潘超世（1900－？）原載籍貫貴州貴陽，[222]另載貴州鎮遠人。廣州黃埔中國國民黨陸軍軍官學校第二期步兵科、中央政治學校第一期畢業。1924年8月考入廣州黃埔中國國民黨陸軍軍官學校第二期步兵科學習，在校學習期間加入孫文主義學會，1925年2月1日隨軍校教導團參加第一次東征作戰，進駐廣東潮州短期訓練，1925年5月30日隨軍返回廣州，繼返回校本部續學，1925年9月軍校畢業。留校任黃埔中國國民黨陸軍軍官學校政治部訓育員，廣州黃埔中央軍事政治學校第五期上尉政治指導員，入伍生團營黨代表。1926年7月隨部參加北伐戰爭，任國民革命軍第一軍第二十一師政治部宣傳科科長，陸軍新編第六師政治部副主任。1930年奉派入中央政治學校第一期學習，1931年畢業。任軍事委員會政治訓練處科長，1932年3月加入中華民族復興社，任中華民族復興社四川分社幹事，調查處副處長。抗日戰爭爆發後，任陸軍第十七軍政治訓練處處長，中國國民黨陸軍第十七軍特別黨部書記長，軍事委員會政治部第二廳民眾武裝組織訓練督察官，敵後抗日游擊武裝人員訓練班副主任。抗日戰爭勝利後，任安徽蚌埠綏靖主任公署參謀處處長。1945年10月獲頒忠勤勳章。1946年5月獲頒勝利勳章。1946年5月被國民政府軍事委員會銓敘廳敘任陸軍步兵上校。1947年7月23日被國民政府軍事委員會銓敘廳敘任陸軍少將。1949年1月任陸軍總司令部第十三編練司令部副參謀長，後任陸軍新編第三〇二師師長。

如同上表情況所示：軍級以上人員有7.7%，師級人員有7.7%，兩項相加占15.4%，共有2人成為國民革命軍將領。具體分析有如下情況：在中共方面，周逸群是中共黨史著名人物，是湘鄂西紅軍及根據地主要創

[222] 湖南省檔案館校編，湖南人民出版社《黃埔軍校同學錄》記載。

建人和領導者，他在黃埔軍校學習時已鼎鼎有名，參與創建「中國革命軍人聯合會」並任常務委員，後入賀龍部參加北伐戰爭，歷任國民革命軍師、軍政治部主任，南昌起義時任起義軍第二十軍第三師師長等職。1928 年初奉派到湘鄂西開展工農武裝鬥爭，領導創建洪湖根據地，歷任中共湖北省委軍委書記，紅軍第六軍及紅軍第二軍團政委兼前委書記。胡秉鐸是在周逸群引導下參加國民革命，他以第一名成績考入黃埔中國國民黨陸軍軍官學校第二期，是《革命軍人》刊物的總編輯，後隨部參加第一、第二次東征和北伐戰爭，1927 年 4 月在南京被捕犧牲。潘超世來自黔東古城鎮遠，畢業後長期從事政治工作和軍隊黨務，1949 年才得以出任重建後新編師師長。

（十）江蘇籍第二期生情況簡述

江蘇歷史上就是華夏富庶之地，科學進步與革命浪潮早于內地形成大勢。第一期生有 27 名蘇籍學子，名列各省第八位。第二期生招錄了 11 人，位居第十，比較第一期人數少了許多。

附表 21　江蘇籍第二期生歷任各級軍職數量比例一覽表

職級	中國國民黨	人數	比例 %
肄業或未從軍	張文毅、賀崇悌、楊俊嶧、費　煉	4	36.4
團旅級	劉獻琨（啓雄）、朱吳城、李人欽、曹廷珍、	4	36.4
師級	陳達衢（超）、袁執中、	2	18.2
軍級以上	李守維	1	9
合計		11	100

部分知名學員簡介：8 名

劉啟雄（1903—？）原名獻琨，[223] 別字啟熊，後改名啟雄，原載籍貫江蘇江寧人，另載安徽五河人。廣州黃埔中國國民黨陸軍軍官學校第

[223] 湖南省檔案館校編，湖南人民出版社《黃埔軍校同學錄》記載。

劉啟雄

二期炮兵科、南京中央陸軍軍官學校高等教育班第三期畢業，陸軍大學特別班第三期肄業。1924 年 8 月考入廣州黃埔中國國民黨陸軍軍官學校第二期炮兵科學習，在校學習期間加入孫文主義學會，1925 年 2 月 1 日隨軍校教導團參加第一次東征作戰，進駐廣東潮州短期訓練，1925 年 5 月 30 日隨軍返回廣州，繼返回校本部續學，1925 年 6 月隨部參加對滇桂軍閥楊希閔部、劉震寰部軍事行動，1925 年 9 月畢業。1926 年任廣州中央軍事政治學校第四期步兵科第二團第八連第三排排長，隨部參加北伐戰爭。1929 年 8 月任陸軍第二師（師長顧祝同）第五旅步兵第九團團長，隨部參加中原大戰。1931 年秋率部參加對鄂豫皖邊區紅軍及根據地的「圍剿」作戰。1931 年 12 月任陸軍第二師第四旅步兵第九團團長，1933 年率部參加長城抗日戰事之古北口戰役。1936 年 12 月入陸軍大學特別班學習，抗日戰爭爆發後提前畢業。任第三戰區陸軍第五軍（軍長張治中兼）第八十七師（師長王敬久）步兵第二六一旅旅長，率部參加「八一三」淞滬會戰及南京保衛戰，因南京突圍未能成功而滯留，被日軍搜查出來後供認。1940 年夏任援道組建南京國民政府偽軍部隊時，1940 年 7 月 2 日被偽南京國民政府軍事委員會任命為蘇豫邊區綏靖總司令（胡毓坤）部第二軍軍長。[224]1941 年 9 月 16 日被偽南京國民政府軍事委員會任命為南京中央陸軍軍官學校（校長汪兆銘）校務委員會委員。[225]1943 年 10 月 10 日被偽南京國民政府軍事委員會敘任陸軍中將。[226]1944 年 7 月 15 日被偽南京國民政府軍事委員會任命為首都警備司

[224] 郭卿友主編：甘肅人民出版社 1990 年 12 月《中華民國時期軍政職官志》第 1964 頁記載。

[225] 郭卿友主編：甘肅人民出版社 1990 年 12 月《中華民國時期軍政職官志》第 1972 頁記載。

[226] 郭卿友主編：甘肅人民出版社 1990 年 12 月《中華民國時期軍政職官志》第 1974 頁記載。

令（李謳一）部副司令官，[227] 兼任首都警衛第一師師長。

朱吳城（1906 － 2003）別字無塵，江蘇江寧人。廣州黃埔中國國民黨陸軍軍官學校第二期步兵科畢業。1924 年 8 月考入廣州黃埔中國國民黨陸軍軍官學校第二期步兵科學習，1925 年 9 月畢業。奉派轉學航空，1926 年 12 月考入廣州大沙頭軍事航空學校第二期飛行班學習，畢業返回陸軍部隊服務。歷任國民革命軍第一軍第二師步兵團排長、連長、營長，隨部參加北伐戰爭、龍潭戰役、中原大戰諸役。1936 年 10 月任軍事委員會駐豫皖綏靖主任公署特務團團長。抗日戰爭爆發後，隨部參加徐州會戰。1939 年 6 月被國民政府軍事委員會銓敘廳頒令敘任陸軍步兵上校。抗日戰爭勝利後，1945 年 10 月獲頒忠勤勳章。1946 年 5 月獲頒勝利勳章。1949 年到臺灣。2003 年 10 月 3 日因病在臺北逝世。

李人欽（1899 －？）江蘇南京人。廣州黃埔中國國民黨陸軍軍官學校第二期步兵科畢業。1924 年 8 月考入廣州黃埔中國國民黨陸軍軍官學校第二期步兵科學習，在校學習期間加入孫文主義學會，1925 年 2 月 1 日隨軍校教導團參加第一次東征作戰，進駐廣東潮州短期訓練，1925 年 5 月 30 日隨軍返回廣州，繼返回校本部續學，1925 年 6 月隨部參加對滇桂軍閥楊希閔部、劉震寰部軍事行動，1925 年 9 月畢業。歷任國民革命軍第一軍第二師見習、排長、連長、營長，隨部參加第二次東征作戰、北伐戰爭、中原大戰諸役。抗日戰爭爆發後，任陸軍步兵團副團長，陸軍步兵師政治部主任，率部參加抗日戰事。抗日戰爭勝利後，1945 年 10 月獲頒忠勤勳章。1946 年 5 月獲頒勝利勳章。1948 年 10 月任徐州「剿匪」總司令部第八綏靖區司令部政治訓練處處長。

李守維（1900 － 1940）別字新甫，原載籍貫江蘇沭陽，[228] 另載江蘇泗陽人。西鄉高等小學、江蘇省立第一工業專科學校、廣州黃埔中國國

[227] 郭卿友主編：甘肅人民出版社 1990 年 12 月《中華民國時期軍政職官志》第 1964 頁記載。

[228] 湖南省檔案館校編，湖南人民出版社《黃埔軍校同學錄》記載。

民黨陸軍軍官學校第二期步兵科、南京中央陸軍軍官學校高等教育班第一期畢業。1900 年 4 月 15 日生於江蘇泗陽縣西鄉李樓村一個農戶家庭。西鄉高等小學畢業後，入江蘇省立第一工業專科學校就讀，受國民革命思潮影響，毅然南下投考黃埔軍校。1924 年 8 月考入廣州黃埔中國國民黨陸軍軍官學校第五隊學習，後劃分為第二期步兵科，在校學習期間加入孫文主義學會，1925 年 2 月 1 日隨軍校教導團參加第一次東征作戰，進駐廣東潮州短期訓練，1925 年 5 月 30 日隨軍返回廣州，繼返回校本部續學，1925 年 9 月軍校畢業。分發國民革命軍第一軍司令部特務連（連長桂永清）見習，1925 年 10 月隨部參加第二次東征作戰。1925 年 11 月任國民革命軍第一軍司令部特務連第一排排長，1926 年 1 月任國民革命軍第一軍第三師第九團特務連連長，1926 年秋隨部參加鬆口戰役，任第三師第九團第三營第九連連長，隨北伐東路軍參加北伐戰爭閩浙蘇等省戰事。1927 年 3 月任國民革命軍第一軍第三師第九團第三營營長，1928 年春任第三師第九團團附，繼任國民革命軍總司令部新編第十一師（師長曹萬順）第一團團附。1929 年任陸軍第十一師特別黨部候補執行委員。後任陸軍第五十二師補充旅副旅長，兼任該旅第一團團長，率部駐軍江蘇徐州地區。1932 年 1 月奉派入南京中央陸軍軍官學校高等教育班第一期學習，1932 年 3 月加入中華民族復興社，1932 年 10 月任中華民族復興社江蘇支社主要負責人，1933 年 1 月畢業。任江蘇省保安第四團團長，兼任徐、淮、海三屬「清剿」區指揮部指揮官。1933 年 10 月任江蘇省政府保安處（處長）副處長，兼任江蘇省保安第一團團長，後任江蘇全省學生軍事訓練總教官。1935 年 12 月當選為國民大會代表。1936 年 10 月奉派入陸軍大學將官班學習。[229] 抗日戰爭爆發後，率江蘇省保安團隊參加淞滬會戰。1937 年 11 月任江蘇省保安總團總團長，統轄全省保安團隊十個團兵員，1937 年 12 月率部參加南京保衛戰。戰後主持江蘇省部分保安團整編，

[229] 據查《陸軍大學將官班同學通訊錄》無載。

1938 年 4 月任陸軍第一一七師師長，1938 年 4 月 28 日任陸軍第八十九軍副軍長，兼任陸軍第一一七師師長。1938 年 6 月 24 日被國民政府軍事委員會銓敘廳頒令敘任陸軍少將。1938 年 8 月 27 日任江蘇省政府（主席顧祝同）委員，兼任省政府保安處處長，兼任三青團蘇北支團幹事兼主任。1939 年 8 月任陸軍第八十九軍軍長，兼任中央陸軍軍官學校派駐蘇北幹部訓練班主任，三青團江蘇省支社幹事長，後辭去省政府保安處處長職，由顧錫九接任。其間所率部隊與同處蘇北中共新編第四軍第一師粟裕部，在與日偽軍拉鋸戰中矛盾結深，為爭奪敵後游擊地盤及其生存空間資源形成軍事對峙。1940 年 10 月 5 日在江蘇泰安黃橋與新四軍作戰，旅長翁達戰至最後自殺，其率隨從十數人在突圍時被李明揚部屬暗殺，[230] 遇害後被投入江中掩蓋行徑，致被記載為溺水身亡。其逝後家屬蕭條，未遺子女。

楊峻峰（1901 －？）江蘇海門人。廣州黃埔中國國民黨陸軍軍官學校第二期炮兵科畢業。1924 年 8 月考入廣州黃埔中國國民黨陸軍軍官學校第二期炮兵科學習，在校學習期間加入孫文主義學會，1925 年 2 月 1 日隨軍校教導團參加第一次東征作戰，進駐廣東潮州短期訓練，1925 年 5 月 30 日隨軍返回廣州，繼返回校本部續學，1925 年 9 月軍校畢業。歷任黃埔軍校教導第一團炮兵隊排長，黨軍第一旅司令部直屬炮兵連副連長，1926 年 8 月隨軍參加北伐戰爭。1927 年 10 月任國民革命軍總司令部教導隊炮兵隊黨代表，1928 年 1 月被南京黃埔同學總會任命為駐陸軍第三師黃埔同學分會特派員（蕭乾兼）辦公室主任。1930 年 1 月任陸軍第十八軍第十一師第三十旅第六十一團（團長蕭乾）政治訓練室主任，隨部參加對江西紅軍及根據地的「圍剿」戰事。

陳　超（1901 － 1940）原名達衢，[231] 別字超，後以字行，改名超，江蘇江寧人。廣州黃埔中國國民黨陸軍軍官學校第二期炮兵科畢業。

---

[230] 臺北中華民國國史館編纂：2006 年 12 月印行《國史館現藏民國人物傳記史料彙編》第二十輯第 141 頁記載。

[231] 湖南省檔案館校編，湖南人民出版社《黃埔軍校同學錄》記載。

1924 年 8 月考入廣州黃埔中國國民黨陸軍軍官學校第二期炮兵科學習，1925 年 9 月畢業。1926 年 5 月 22 日被推選為中國國民黨中央軍事政治學校第四屆特別區黨部執行委員會委員。[232]1927 年 4 月參與廣州黃埔國民革命軍軍官學校「清黨」活動，1927 年 7 月 18 日被推選黃埔同學會廣東支會懇親會籌備委員，參與組織籌備委員會，辦理廣東黃埔同學聯絡登記事宜。1927 年 10 月 1 日任第八路軍總指揮部陸海軍軍人教養院院長，其間受黃埔同學會廣東支會委派，與李安定（黃埔一期生，會長）代表兩廣同學秘密赴浙江奉化晉謁蔣中正，請示如何應付廣東局勢。返回廣東後，參與軍校黨務工作，1929 年 10 月 9 日中國國民黨廣州黃埔國民革命軍軍官學校第七屆黨部籌備委員會召開全校代表大會，投票推選為廣州黃埔國民革命軍軍官學校第七屆黨部執行委員會委員。[233]1932 年 3 月中華民族復興社成立，其因與李安定關係密切，未被批准加入。隨後與李安定、賴剛（二期同學）自行發起「革命青年勵志社」組織，先後聯絡了陳誠第十八軍的團長如李及蘭（一期）、莫與碩（二期）、李節文（二期）、翟榮基（二期）及該軍部分中級軍官都在江西駐地，經其與李安定發動參加了「革命青年勵志團」。1934 年 2 月因涉嫌黃埔同學總會外另立組織，被校長蔣中正勒令解散，所有成員隨即加入黃埔同學會。1934 年 6 月李安定遇害後。任福建省政府保安處（處長蕭乾）特務團（團長黎庶望）團附。1936 年夏加入李新俊（李安定胞弟）發起組織的「貫一社」（李安定號於一，為紀念其命名），秘密於粵系部隊糾集力量，後為桂系集團接納任用。抗日戰爭爆發後，隨李宗仁赴徐州前線，任第五戰區司令長官（李宗仁）部高級參謀，高級參謀組組長，第五戰

---

[232] ①中國第二歷史檔案館供稿：檔案出版社 1989 年 7 月出版、華東工學院編輯出版部影印《黃埔軍校史稿》第七冊第 48 頁；②廣東革命歷史博物館編：廣東人民出版社 1982 年 2 月《黃埔軍校史料》第 521 頁記載。

[233] 中國第二歷史檔案館供稿：檔案出版社 1989 年 7 月出版、華東工學院編輯出版部影印《黃埔軍校史稿》第七冊第 148 頁記載。

區司令長官部幹部訓練團副教育長。後任軍事委員會軍事訓練部（部長白崇禧）高級參謀。1939 年 12 月由老河口去湖北恩施接任保安團團長，1940 年 1 月被軍統特務秘密殺害。[234]

袁執中（1904 － 1941）別字少廷，江蘇海門人。廣州黃埔中國國民黨陸軍軍官學校第二期步兵科畢業。1924 年 8 月考入廣州黃埔中國國民黨陸軍軍官學校第二期步兵科學習，在校學習期間加入孫文主義學會，1925 年 2 月 1 日隨軍校教導團參加第一次東征作戰，進駐廣東潮州短期訓練，1925 年 5 月 30 日隨軍返回廣州，繼返回校本部續學，1925 年 6 月隨部參加對滇桂軍閥楊希閔部、劉震寰部軍事行動，1925 年 9 月畢業。歷任國民革命軍步兵團排長、連長、營長、團長等職，隨部參加北伐戰爭、中原大戰諸役。抗日戰爭爆發後，任江蘇鹽東行政公署主任。1941 年 10 月在抗日作戰時陣亡。

曹廷珍（1900 －？）別字席儒，江蘇南通人。廣州黃埔中國國民黨陸軍軍官學校第二期炮兵科畢業。1924 年 8 月考入廣州黃埔中國國民黨陸軍軍官學校第二期炮兵科學習，在校學習期間加入孫文主義學會，1925 年 2 月 1 日隨軍校教導團參加第一次東征作戰，進駐廣東潮州短期訓練，1925 年 5 月 30 日隨軍返回廣州，繼返回校本部續學，1925 年 6 月隨部參加對滇桂軍閥楊希閔部、劉震寰部軍事行動，1925 年 9 月畢業。歷任國民革命軍炮兵營排長、連長，隨部參加第二次東征作戰、北伐戰爭及中原大戰諸役。抗日戰爭爆發後，任江西省防空司令部參謀長，第三戰區司令長官部敵後抗日游擊總指揮部第二挺縱隊司令部副司令官。抗日戰爭勝利後，1945 年 10 月獲頒忠勤勳章。1946 年 5 月獲頒勝利勳章。1948 年 2 月被國民政府軍事委員會銓敘廳頒令敘任陸軍炮兵上校。

[234] 中國文史出版社《文史資料存稿選編－軍事派系》下冊第 117、118、129、130 頁。

根據上表情況所示，軍級以上人員為9%，師級人員有18.2%，兩項相加占27.2%，有3名成為將領。較有影響的人物僅有：李守維自黃埔軍校畢業後，追隨顧祝同長期在「黃埔」嫡系部隊供職，1937年夏已任江蘇省政府保安處處長，抗日戰爭爆發後歷任師長、軍長和江蘇省政府委員，率部參加武漢會戰、徐州會戰諸役。

（十一）山東、福建、陝西、雲南籍第二期生情況簡述

歷史上魯、閩、陝、滇等省籍人物各有特色，但在第二期生招錄方面，落後於上述各省。尤其是山東省第一期生中有「三李」（李玉堂、李延年、李仙洲）「一王」（王叔銘），都是民國時期名震一時的重量級人物，到了第二期就「沒譜」了。其次，閩陝滇籍第一期生也有一些著名將領，到了第二期也「枯萎」了，似是應了前人所說「風水輪流轉」，名將崛起也須借助「天時地利人和」。

附表22　山東、福建、陝西、雲南籍第二期生歷任各級軍職數量比例一覽表

職級	中國國民黨				中國共產黨	人數	比例 %
	山東	福建	陝西	雲南			
肄業或未從軍	韓金諾	梁汝梁、譚煜麒	王景明	王天與、楊華倉、馬西藩		8	42
排連營級	王忠輔、傅思義	富恩佐、林鼎銘、楊育廷	武止戈			6	32
團旅級	孫生之	余石民	惠子和			3	16
師級	李郁文					1	5
軍級以上	范煜燧		李　忠			1	5
合計	6	6	4	3	暫缺載	19	100

部分知名學員簡介：5名

余石民（1902－？）別字子丘，福建南安人。廣州黃埔中國國民黨陸軍軍官學校第二期輜重兵科畢業。1924年8月考入廣州黃埔中國國民

余石民

黨陸軍軍官學校第二期輜重兵科學習，在校學習期間加入孫文主義學會，1925 年 2 月 1 日隨軍校教導團參加第一次東征作戰，進駐廣東潮州短期訓練，1925 年 5 月 30 日隨軍返回廣州，繼返回校本部續學，1925 年 6 月隨部參加對滇桂軍閥楊希閔部、劉震寰部軍事行動，1925 年 9 月畢業。1927 年 10 月任廣州黃埔國民革命軍軍官學校第七期第二總隊政治訓練處總務科科長。後任國民革命軍第一軍第三師司令部輜重兵隊隊長，國民革命軍總司令部第一輜重兵團第二營營長，中國國民黨福建南安縣國民黨黨部書記長。1931 年 10 月任南京中央陸軍軍官學校政治訓練處總務科科長，南京黃埔同學會派駐杭州辦事處主任。1935 年 10 月任三青團福建省支團部幹事，福建省保安第一旅副旅長，兼政治部主任。抗日戰爭爆發後，任第三戰區司令長官部政治部戰地政治工作服務團長，第三戰區政治部政治工作人員訓練班副主任。抗日戰爭勝利後，1945 年 10 月獲頒忠勤勳章。1946 年 5 月獲頒勝利勳章。任中國國民黨福建省黨部執行委員，福建省保安司令部副司令官。

李　忠（1903 — 1977）別字恕之，陝西高陵人。廣州黃埔中國國民黨陸軍軍官學校第二期輜重兵科、南京中央陸軍軍官學校高等教育班畢業。1924 年 8 月考入廣州黃埔中國國民黨陸軍軍官學校第二期輜重兵科學習，在校學習期間加入孫文主義學會，1925 年 2 月 1 日隨軍校教導團參加第一次東征作戰，進駐廣東潮州短期訓練，1925 年 5 月 30 日隨軍返回廣州，繼返回校本部續學，1925 年 6 月隨部參加對滇桂軍閥楊希閔部、劉震寰部軍事行動，1925 年 9 月畢業。奉派返陝西，任楊虎城部三民軍官學校教官。1926 年春任國民聯軍第一旅獨立營營長，陸軍新編第一師步兵團團附，河南綏德新兵訓練處主任，西北綏署潼關行營參謀，第十七路軍新編第十旅營長，甘肅省政府參議。後入南京中央陸軍軍官學校高等教育班學習。抗日戰爭爆發後，任陝西省政府視察員，陝西省保安團團長，第一戰區暫編第三軍三十一師副師長，率部參加綏遠抗戰。

1945 年 4 月被國民政府軍事委員會銓敘廳頒令敘任陸軍步兵上校。抗日戰爭勝利後，任第一戰區陸軍暫編第三軍暫編第三十一師副師長。1945 年 10 月獲頒忠勤勳章。1946 年 5 月獲頒勝利勳章。1947 年任陸軍第一〇四軍副軍長，兼任宣化城防司令部司令官。1949 年 1 月隨傅作義部起義。中華人民共和國成立後，返回西安寓居，後為謀生開業行醫，任西安東羊聯合醫院、東關醫院中醫師。1977 年 10 月因病在西安逝世。

武威夏（1900 －？）別字止戈，陝西華縣人。廣州黃埔中國國民黨陸軍軍官學校第二期步兵科畢業。1924 年 8 月考入廣州黃埔中國國民黨陸軍軍官學校第二期步兵科學習，在校學習期間加入孫文主義學會，1925 年 2 月 1 日隨軍校教導團參加第一次東征作戰，進駐廣東潮州短期訓練，1925 年 5 月 30 日隨軍返回廣州，繼返回校本部續學，1925 年 6 月隨部參加對滇桂軍閥楊希閔部、劉震寰部軍事行動，1925 年 9 月畢業。1926 年 7 月隨部參加北伐戰爭，1927 年任國民革命軍第九軍第三師第九團第一營營長，1928 年 1 月隨部參加第二期北伐戰事。

范煜燧（1893 － 1983）又名煜璲，[235] 別字修五，後改名予遂，原載籍貫山東諸城，[236] 另載山東五蓮人。諸城縣牛官莊高等小學畢業，青州農業職業學校蠶桑班肄業，濟南第一中學、北京高等師範學校理化部、廣州黃埔中國國民黨陸軍軍官學校第二期炮兵科畢業，英國倫敦大學政治經濟學院肄業。1893 年 5 月 1 日生於山東諸城縣城一個鄉紳家庭。1900 年入本村私塾啟蒙，1909 年考入諸城縣牛官莊高等小學，1911 年畢業。1912 年赴濟南任塾館教師，繼入青州農業職業學校蠶桑班學習，1913 年畢業。考入留日預備學校乙班學習日語，其

范煜燧

[235] 據：①丁文方、趙呈元、楊希珍、張敬忠主編：山東人民出版社 1990 年 10 月《山東歷史人物辭典》第 728 頁記載；②劉國銘主編：團結出版社 2005 年 12 月《中國國民黨百年人物全書》第 1471 頁。

[236] 湖南省檔案館校編、湖南人民出版社《黃埔軍校同學錄》記載。

間參加「二次革命」活動，失敗後返回諸城。1914 年 5 月考入濟南第一中學就讀，1914 年 7 月加入同盟會。1916 年 5 月參加山東護國軍活動，任交涉員。1916 年 6 月返回濟南第一中學繼續學業，1917 年夏畢業，1917 年 10 月考入國立北京高等師範學堂（在學時改學校），1920 年 10 月在北京高等師範學校理化部就讀時，曾參加北京共產主義小學初期活動。1921 年 10 月畢業後返回濟南，任濟南山東省立第一中學教師、教務主任。1923 年 8 月任山東省教育廳指導員、省視學主任，兼任濟南第一師範學校教員。1924 年 1 月任中國國民黨山東省籌備黨部執行委員。1924 年夏響應國民革命運動召喚到廣東，1924 年 8 月考入廣州黃埔中國國民黨陸軍軍官學校第二期炮兵科學習，在學期間加入孫文主義學會，1925 年 2 月 1 日隨軍校教導團參加第一次東征作戰，進駐廣東潮州短期訓練，1925 年 5 月 30 日隨軍返回廣州，繼返回校本部續學，1925 年 9 月軍校畢業。奉派返回山東開闢中國國民黨黨務，任中國國民黨山東省籌備黨部常務委員。1926 年 1 月被推選為山東省出席中國國民黨第二次全國代表大會代表。1927 年 5 月任武漢中國國民黨中央宣傳部幹事，國民政府武漢政治分會首席秘書，中國國民黨中央第二屆第四次中央全體會議秘書，兼任中國國民黨漢口特別市黨部組織部部長、常務委員，漢口《民國日報》社總編輯。1928 年參加中國國民黨改組派活動，並被推選為同志會幹事，任中國國民黨中央民眾運動設計委員會委員，兼任改組派刊物《前進》編輯。1929 年 3 月赴日本留學，回國後參與汪精衛改組派活動，1930 年 8 月任中國國民黨改組派擴大會議設計委員會委員，改組派上海總部組織部幹事，在上海負責出版《民間》週刊。1931 年 5 月赴廣州參加中國國民黨中央委員會非常會議。1931 年 12 月 24 日被推選為中國國民黨第四屆中央執行委員會候補執行委員。1932 年任河南焦作道清鐵路局局長，1933 年 10 月任中國國民黨中央組織委員會委員，1936 年 1 月任中國國民黨中央黨部黨務委員會委員。1936 年 3 月赴英國倫敦大學政治經濟學院學習。抗日戰爭爆發後，1937 年 10 月回國，任南京中國國民黨中央黨部第六部秘書，被推選為中國國民黨山東省黨部常務委員，隨軍遷移武漢、重慶。1938 年 6 月任國民參政會第一屆參政員，為駐會委員。1940 年 12 月任國民參政會第二屆參政員，為駐會委員。1941 年 10 月派任三民主義青年團中央幹事會幹事、常務幹事。1942 年 5 月派任中國國民黨山東省黨部主任委員。1942 年 7 月任國民參政會第三屆參政員，1943 年 8 月辭職，於重慶家中寓居賦閒。1945 年 1 月被推選為山東省出席中國國民黨第六次全國代表大會代表。1945 年 4 月任國民參政會第四屆參政員，再聘任為駐會委員。1945 年 5 月 20 日當選為國民黨第六屆中央執行委員會執行委員。抗日戰爭勝利後，續任中國國民黨山東省黨部書記長。1946 年 11 月 15 日被中國國民黨直接遴選為（制憲）國民大會代表。1947 年 7 月被推選為黨團合併後的中國國民黨第六屆中央執行委員會執行委員。1947 年 9 月 13 日在中國國民黨第六屆第四次中央全會上被推選為中央執行委員會常務委員。1948 年 5 月 4 日被推選為行憲第一屆國民政府立法院立法委員。1949 年 10 月在香港登報宣佈脫離中國國民黨，加入中國國民黨革命委員會。中華人民共和國成立後，應邵力子、張治中邀請返回北京，任民革第二屆中央委員會委員，民革中央組織部副部長。1950 年 2 月任華東軍政委員會政治法律委員會委員，山東省各界代表會議代表。1952 年 3 月任華東行政委員會政治法律委員會（譚啟龍兼）委員，1954 年 5 月任山東省人民政府委員會委員。1954 年 12 月 21 日當選為第二屆全國政協委員，民革山東省第一屆委員會主任委員，1956 年 4 月山東省政協第一屆第二次會議上當選為政協副主席。1959 年 9 月當選為山東省第二屆政協常務委員，1956 年 2 月當選為民革第三屆中央委員會委員。民革山東省第四屆委員會主任委員。1979 年 12 月山東省政協第四屆第二次會議上當選為政協副主席。1979 年 10 月當選為民革第五屆中央委員會常務委員。1981 年 11 月 23 日增選為第五屆全國政協委員。1983 年 4 月當選為山東省第五屆政協副主席。1983 年 6 月 4 日當選為六屆全國政協委員。1983 年 10 月 13 日因病在濟南逝世。著有《國民參政會》、《中國憲法》〈我所知道的改組派〉（載於中國文史出版社《文史資料選輯》第四十五輯）、〈對《文史資料選輯》第十七輯、二十輯中三文的幾點補正〉（載於中國文史出版社《文史資料選輯》第三十一輯）、〈我所知道的顧孟餘〉（載於中國文史出版社《文史資料存稿選編－軍政人物》下冊）、〈蔣中正利用「訓政」拖延「憲政」〉（載於中國文史出版社《文史資料存稿選編－政府、政黨》）等。

惠子和（1899 － 1926）別字介如，陝西長安人。長安縣立初級中學、陝西西安師範學校、廣州黃埔中國國民黨陸軍軍官學校第二期工兵科畢業。1924 年春在北京加入中國國民黨，1924 年秋受中國國民黨北方區籌備黨部委派，南下廣東投考黃埔軍校。1924 年 8 月考入廣州黃埔中國國民黨陸軍軍官學校第二期工兵科學習，1925 年 3 月隨部參加第一次東征作戰，參加孫文主義學會活動，1925 年 6 月隨部對滇桂軍閥楊希閔部、劉震寰部軍事行動，1925 年 9 月畢業。奉派以中國國民黨黨務特派員身份返回陝西，任國民軍第二軍第二師（師長岳維峻）政治部主任。1926 年 10 月因嶽維峻部旅長徐全忠煽惑誣陷，其被捕後遭槍決。

根據上表情況所示，上述各省學員的後續情況都比較簡略，有些人的活動還有待於進一步的史料發掘與考證。現將已知的簡要情況介紹如下：李忠，於黃埔軍校畢業即返回陝西，與多位第一期生擔負國民軍三民軍官學校教官，後進入楊虎城的第十七路軍任職，此後基本上在西北軍沿革的老部隊歷任各級軍事主官，抗日戰爭勝利後，又轉到傅作義部第一〇四軍任職。李郁文，抗日戰爭勝利後曾任山東省第六區行政督察專員兼保安司令，退役後借助浙江籍第二期生舉薦，出任交通警察總局第一處處長、督察長等職。范煜燧，早年在北京高等師範學校學習期間，於 1920 年 10 月參加北京共產主義小組，後南下投考黃埔軍校。長期從事中國國民黨黨務工作，歷任數省黨部主要負責人，曾任中國國民黨中央執行委員、常務委員。1949 年 10 月留居大陸，曾任山東省政協副主席。

（十二）山西、河北、綏遠（內蒙古）、臺灣籍第二期生情況簡述

清末民初以來，晉、冀、綏遠（內蒙）曾是北洋軍事集團形成與活動的主要區域，與南方各省國民革命運動形成的政治局面截然不同。時隔兩至三月，仍有個別學員投考黃埔軍校第二期生，以當時北方政局而言也不容易。臺灣的情形更為嚴峻，處在日本佔領軍嚴密控制下，李友邦得以進入黃埔軍校學習，就當時而言確是了不起的事件。

附表 23　山西、河北（熱河）、綏遠（內蒙古）、臺灣籍第二期生歷任各級軍職數量比例一覽表

職級	中國國民黨				中國共產黨	人數	比例 %
	山西	河北（熱河）	綏遠（內蒙）	臺灣			
肄業或未從軍		張志超				1	16.7
排連營級	楊汝欽、申建業		王秉璋		王秉璋（內蒙）	3	50
團旅級		韓灼普				1	16.7
軍級以上				李友邦		1	16.6
合計	2	2	1	1	1	6	100

注：此外，第二期生原缺載籍貫學員：陳國平 1 人。
部分知名學員簡介：3 名

王秉璋（1902 －？）別字瑞符，原載籍貫熱河平泉，[237] 另載內蒙古人。蒙古族。廣州黃埔中國國民黨陸軍軍官學校第二期步兵科畢業。1924 年春由中共北方黨組織選派南下投考黃埔軍校。1924 年 8 月考入廣州黃埔中國國民黨陸軍軍官學校第二期步兵科學習，1925 年 9 月畢業。畢業後奉命返回北方，開展中共黨務工作。1926 年 8 月任內蒙古軍官學

[237] 湖南省檔案館校編，湖南人民出版社《黃埔軍校同學錄》記載：原籍內蒙古；登記通訊處：熱河平泉縣杜家窩鋪

校校長，後任中共包頭工作委員會軍事委員等職。

李友邦

李友邦（1906 － 1952）廣州黃埔中國國民黨陸軍軍官學校第二期肄業。[238] 祖籍系福建省同安縣集美鎮兌山村。1906 年 4 月 10 日生於臺灣省臺北縣蘆洲鄉一個農戶家庭。是較早接受孫中山三民主義思想的臺灣籍青年，他入學黃埔軍校第二期也得益於孫中山先生的接見、交談與信任，這在當時是鮮見，他是黃埔軍校迎來的第一位臺灣籍學員。從留存史料反映，其兩個弟弟先後因反帝抗日活動犧牲，他自幼就對日寇統治臺灣憤慨，在台求學期間秘密參加中華文化協會，策動學生運動等抗日活動。在黃埔軍校學習期間，在孫中山先生支持下，在廣州成立「臺灣獨立革命黨」，他對該黨《黨章》第一條明文規定：「本黨宗旨：團結臺灣各民族，驅除日帝在臺灣一切勢力，在國家關係上脫離其統治，而返歸祖國，共同建設三民主義的新中國」。他始終不渝的堅持抗日以及臺灣回歸祖國，因此具有強烈的中華民族主義意識。[239]1925 年 9 月 6 日奉派主持由中國國民黨兩廣省工作委員會領導的「臺灣地區工作委員會」，這是中國國民黨最早的對台工作機構。後奉派返回臺灣，開闢中國國民黨基層組織工作。1927 年返回上海，不久再赴廣州，曾參加中國社會主義青年團廣東區委宣傳部工作，發起組建廣東臺灣革命青年團。1929 年 10 月 10 日在上海被日本偵探逮捕，關押於日本駐上海領事館內，不久因「抗日活動證據不足」獲釋。後赴杭州任國立藝術專科學校日本語教師，1932 年春因參加進步文化活動被捕，關押於浙江杭州陸軍監獄，被判處有期徒刑五年。其在獄中受盡酷刑，左小腿骨折致殘，1937 年夏獲釋出獄。抗日戰爭爆發後，與陸軍監獄難友、中共黨員駱耕漠建立聯繫，並於 1938 年在浙江金華組建「臺灣抗日武裝義勇隊」，1939 年改編

[238] 湖南省檔案館校編，湖南人民出版社《黃埔軍校同學錄》無載。

[239] 陳正平著：臺北世界綜合出版社 2000 年 8 月印行，《李友邦與臺胞抗日》第 32 頁記載。

為「臺灣義勇總隊」，並任總隊長，隸屬於國民政府軍事委員會政治部。1941 年 5 月 10 日與嚴秀峰在浙江衢州結婚。後還將閩北地區臺灣籍少年組成「臺灣少年團」，從事抗日宣傳活動。1944 年在重慶組織「臺灣革命團體聯合會」，後改組為「臺灣革命同盟」並任主席。1945 年任三青團臺灣支團籌備處主任、書記長。抗日戰爭勝利後，率「臺灣義勇總隊」返回臺北，協助接收日據政權事宜。1946 年 9 月 12 日被推選為三青團第二屆中央幹事會幹事，其間兼任臺灣《新生報》社董事長，臺灣中國旅行社董事長，臺灣電影公司董事長。1947 年 3 月 10 日因涉嫌臺灣「二二八事變」被捕入獄，後由蔣經國出面保釋，於 1947 年 6 月上旬獲釋出獄。1947 年 7 月被推選為黨團合一的中國國民黨第六屆中央執行委員會執行委員，並被官方發表為中國國民黨臺灣省黨部主任委員。其間因「二二八事件」牽連受到迫害，已登報宣佈脫離政治活動。1948 年 12 月經陳誠一再舉薦，始願出任中國國民黨臺灣省黨部（主任委員陳誠）副主任委員，1949 年 12 月 15 日任「臺灣省政府」委員。1950 年 2 月 18 日其夫人嚴秀峰以「共案」罪名被捕入獄，被判處有期徒刑十五年。1951 年 11 月 18 日其以「叛亂案」被捕，入獄後因病重轉移三軍總醫院監護治療，1952 年 4 月 22 日淩晨在臺北被處決。

韓灼普（1898 －？）河北鹽山人。廣州黃埔中國國民黨陸軍軍官學校第二期步兵科畢業。1924 年 8 月考入廣州黃埔中國國民黨陸軍軍官學校第二期步兵科學習，在校學習期間加入孫文主義學會，1925 年 2 月 1 日隨軍校教導團參加第一次東征作戰，進駐廣東潮州短期訓練，1925 年 5 月 30 日隨軍返回廣州，繼返回校本部續學，1925 年 6 月隨部參加對滇桂軍閥楊希閔部、劉震寰部軍事行動，1925 年 9 月畢業。分發軍校教導第二團見習，1925 年 10 月隨部參加第二次東征作戰。1926 年 7 月隨部參加北伐戰爭，任國民革命軍第一軍第三師步兵團排長、連長。1930 年 10 月任陸軍第十四師步兵團營長、副團長。1935 年 7 月 8 日被國民政府軍事委員會銓敘廳頒令敘任陸軍步兵少校（據：臺北成文出版社有限公司印行：國民政府公報

1935年7月9日第1788號頒令）。抗日戰爭爆發後，任陸軍步兵旅團長、副旅長、代理旅長。1945年7月被國民政府軍事委員會銓敘廳敘任陸軍步兵上校。抗日戰爭勝利後，1945年10月獲頒忠勤勳章。1946年1月奉派入中央訓練團受訓。1946年5月獲頒勝利勳章。1946年7月辦理退役。

在本小節所列各省學員當中，最值得推介的是李友邦將軍，他是黃埔軍校史上第一位臺灣籍學員，又是最早提出抗日的黃埔生，是臺灣連接大陸抗日活動的代表人物。更重要的是：他還是堅持抗戰到底、弘揚民族團結的忠誠戰士。他的事蹟長期以來鮮為人知。

（十三）第二期生之越南學員情況簡述

黃埔軍校從第二期開始，有了外國學員的參與，這是一項革命與軍事的進步。三名越南學員學成歸國後，成為該國武裝鬥爭和軍事力量的高級指揮人員。輸出革命與培植軍事，是進行國際共產主義運動的一項重要內容，由此帶來的影響、作用以及效應，對於黃埔軍校成長為著名軍校，無疑是一項載入史冊的新紀錄。

武鴻英（1899 － 1947）別字鴻山，越南人，另載廣東欽縣人。[240] 廣州黃埔中國國民黨陸軍軍官學校第二期步兵科畢業。1924年8月考入廣州黃埔中國國民黨陸軍軍官學校第二期步兵科學習，在校學習期間加入孫文主義學會，1925年2月1日隨軍校教導團參加第一次東征作戰，進駐廣東潮州短期訓練，1925年5月30日隨軍返回廣州，繼返回校本部續學，1925年6月隨部參加對滇桂軍閥楊希閔部、劉震寰部軍事行動，1925年9月畢業。畢業後即返回越南，早年加入越南勞動黨，記載為前越南北方武裝鬥爭軍事領導人之一。抗日戰爭勝利後，在越南北方因病逝世。

[240] 湖南省檔案館校編湖南人民出版社《黃埔軍校同學錄》記載。

黎廣達（1904 －？）別字鴻鵬，越南人，另載廣東欽縣人。[241] 廣州黃埔中國國民黨陸軍軍官學校第二期步兵科畢業。1924 年 8 月考入廣州黃埔中國國民黨陸軍軍官學校第二期步兵科學習，在校學習期間加入孫文主義學會，1925 年 2 月 1 日隨軍校教導團參加第一次東征作戰，進駐廣東潮州短期訓練，1925 年 5 月 30 日隨軍返回廣州，繼返回校本部續學，1925 年 6 月隨部參加對滇桂軍閥楊希閔部、劉震寰部軍事行動，1925 年 9 月畢業。其間加入越南革命同志會（越南勞動黨前身）。畢業返回越南，後成為越南勞動黨領導的北方武裝鬥爭軍事領導人之一。

黎鴻峰（1901 －？）別字鼎新，越南人，另載為廣東欽縣人。[242] 廣州黃埔中國國民黨陸軍軍官學校第二期步兵科、廣東航空學校第二期飛行班、蘇聯波波夫飛行學校畢業。1924 年 8 月考入廣州黃埔中國國民黨陸軍軍官學校第二期步兵科學習，在校學習期間加入孫文主義學會，1925 年 2 月 1 日隨軍校教導團參加第一次東征作戰，進駐廣東潮州短期訓練，1925 年 5 月 30 日隨軍返回廣州，繼返回校本部續學，1925 年 6 月隨部參加對滇桂軍閥楊希閔部、劉震寰部軍事行動，1925 年 9 月畢業。1925 年 12 月在廣州與胡志明籌備與組建越南革命同志會，被認為是越南勞動黨創始人之一。1926 年 1 月考入廣東航空學校第二期飛行班學習，畢業後即被廣東革命政府選派蘇聯深造，入蘇聯紅軍波波夫省飛行學校學習。回國後，參加越南北方反對法國殖民統治和越南抗日戰爭，1940 年 10 月因病在越南獄中逝世。

---

[241] 湖南省檔案館校編湖南人民出版社《黃埔軍校同學錄》記載。

[242] 湖南省檔案館校編湖南人民出版社《黃埔軍校同學錄》記載。

第七章

第二期生各段歷史時期歸宿情況的分析與綜合

本章的記述，涉及到歸宿乃至結局問題，題目顯得較為沉重與惶惑。翻開近現代中國軍事歷史，無論是軍閥戰爭，還是派系爭鬥，抑或是政黨之間的「政爭」，戰爭的焦點終究是「政治」問題，這是一個「不以人們的主觀意志為轉移的客觀規律」。因此。所有軍事問題與其戰爭目的，無一不與「政治」關聯。第二期生的命運與歸宿，理所當然的變得概莫能外。

由於表格與內容的設置關係，以下表內有個別人重複。

第一節　北伐國民革命時期犧牲陣亡情況綜述

1934 年間，中國國民黨為了紀念黃埔軍校建校十周年，專門組織成立了中央陸軍軍官學校史編纂委員會，編纂並印行了《中央陸軍軍官學校史稿》（1 － 11 冊，臺灣龍文出版社圖書有限公司 1990 年 1 月），該書的第八篇刊載了「本校先烈第二期烈士芳名表」，現根據「本校畢業生調查科傷亡撫恤委員會所調查印製」資訊如實輯錄。該項資料具有中國國民黨「官方」認可印記。筆者依據現有資料和史實，對原表進行了核對和補充訂正，並按姓氏筆劃重新排序而形成現表。

附表 24 《中央陸軍軍官學校史稿》記載 1933 年前陣亡一覽表

序	姓名	年齡	籍貫	陣亡地點	陣亡年月	時任職務
1	符漢東	28 歲	廣東文昌	廣西容縣	1930.2.16	國民革命軍營長
2	劉　柄	30 歲	湖南衡陽	山東 新閘子	1930.2.16	第二十二師第四團第六營營長
3	鍾文璋	26 歲	湖南益陽	江蘇上海	1930.8.10	國民革命軍第四軍第十師步兵連連長
4	楊引之	24 歲	四川華陽	湖北武昌	1927.6.1	黃埔軍校同學會組織科科長
5	龔光宗	28 歲	湖南澧縣	福建建甌	1927.2.4	國民革命軍第一軍第三師第九團一連連長
6	張仁鎭	28 歲	湖南澧縣	安徽懷遠	1927.8	第四十四軍政治部黨務指導科科長
7	楊清波	25 歲	湖北應城	湖北應城	1928.3.24	國民革命軍獨立第十三師步兵團團長
8	傅思義	21 歲	山東郯城	江蘇徐州	1927.5.18	中國國民黨徐州黨務特派員
9	但　端	22 歲	四川新津	廣東惠陽	1925.10.13	又名德芳，曾任連黨代表
10	范　濤	24 歲	湖南新寧	廣東博羅	1925.10	第二次東征時任連黨代表
11	李治魁	25 歲	廣東瓊山	湖北武昌	1926.9	國民革命軍第一軍第二師炮兵連連長
12	謝雨時	28 歲	湖北應城	湖北應城	1928.3.2	獨立第十三師司令部參謀長
13	唐子卿	25 歲	廣東澄邁	廣東鬆口	1926.9.12	國民革命軍第三師第七團第三營連長
14	甘羨吾	28 歲	廣西容縣	廣東五華	1926.9.12	第二十六師第七十八團團附
15	曹潤群	22 歲	貴州平壩	江西銅鼓	1926.8	第一軍第一師第二團政治指導員
16	李公明	28 歲	廣東嘉應	河南白市	1928.1.10	國民革命軍第二十一師司令部炮兵指揮
17	賴益躬	23 歲	江西銅鼓	廣東雷州	1926.2.10	討伐南路軍閥鄧本殷作戰陣亡
18	鄭安侖	27 歲	湖南石門	山東泰安	1930.2.1	第一軍第三師第九團副營長
19	黃昌治	29 歲	湖南寶慶	浙江嘉興	1930.2.10	國民革命軍步兵團團附
20	陳　焰	28 歲	浙江青田	河南	1930.7.13	國民革命軍第一師第二旅第五團團長
21	劉　靖	32 歲	浙江松陽	湖北武昌	1926.9.5	第一軍第二師第五團連長，兼奮勇隊隊長
22	鄒　駿	28 歲	四川成都	廣東	1926.7.15	北伐作戰陣亡
23	唐　循	32 歲	湖南零陵	上海廟行	1932.2.22	第五軍第八十八師工兵營營長
24	李靖源	32 歲	湖南湘潭	江西樟樹	1931.10.7	軍事委員會南昌行營空軍指揮部參謀長
25	陳　銘	28 歲	江西贛縣	江西會昌	1927.8.30	第三師第五旅步兵團代理團長
26	黃文昭	25 歲	貴州朗岱	浙江嘉興	1927.3.18	國民革命軍步兵團連長
27	陳道榮	20 歲	湖南湘鄉	廣東五華	1925.3.18	排長，第一次東征作戰陣亡
28	吳盛清	24 歲	湖南郴州	江西	1926.11	國民革命軍總司令部補充第五團四連連長
29	華潤農	28 歲	安徽桐城	河南	1930.3.28	國民革命軍營長
30	許文騄	26 歲	安徽合肥	安徽蕪湖	1929.10.18	在安徽蕪湖圍剿陣亡
31	王禹初	24 歲	廣東瓊山	江蘇上海	1927.12.27	國民革命軍副營長
32	李煥芝	30 歲	湖南嘉禾	江蘇南京	1929.7	原名瑞蓀，國民革命軍營長
33	歐陽松	26 歲	湖南衡陽	廣州 黃埔平岡	1925.8	第二次東征作戰出發時陣亡

34	徐達祥	23 歲	浙江諸暨	浙江杭州	1925.9.21	記載為中國共產黨黨員
35	黃乃潛	20 歲	四川敘永	福建福州	1927.12.28	國民革命軍步兵團連長
36	覃　恩	23 歲	湖南辰溪	安徽懷遠	1928.8.10	黃埔軍校第四期軍械處官佐
37	王茂傑	27 歲	廣東東莞	廣東 惠陽東江	1925.10	國民革命軍連黨代表
38	張忠熙	21 歲	貴州貴陽	廣東惠陽	1925.10	國民革命軍副連長
39	吳　昭	29 歲	浙江青田	江西南昌	1933.7.26	國民革命軍營長

上表源自《黃埔軍校史稿》（8—248），上述人員排列保持原樣。僅對表內各項情況作補充及訂正。

根據《黃埔軍校史稿》第八冊記載，第二期生楊引之、甘羨吾、唐子卿、陳銘、唐循、曹潤群、吳道南（吳兆甡）、龔光宗等八人列有傳記。

第二節　1924年6月至1949年9月亡故情況綜述

本節記述的第二期生，主要是以國民革命軍中央序列部隊與各地方正規部隊的陣亡人員為主，由於有些情況和資料的遺缺，下表個別人員有些項目不全，緣於資料只能注明「原缺」，有待於新鮮資料的補充與訂正。

附表 25　1949 年 9 月前亡故名單（按姓氏筆劃排序）

序	姓名	年齡	籍貫	亡故地點	亡故年月	亡故前任職務
1	王　毅	44 歲	廣東澄邁	浙江舟山	1948.12.30	廣東第九區行政督察專員兼保安司令
2	王成桂	43 歲	四川成都	四川重慶	1944.2	重慶衛戍總司令部第三警備區副司令
3	王景星	47 歲	廣東澄邁	山東	1947.1.3	1946 年任整編四十四旅第一三二團團長
4	王德清	23 歲	四川巴縣	廣東惠陽	1925.2	黃埔軍校教導第一團排長
5	申建業	33 歲	山西長田		1935.4	1935 年任力行社山西分社書記，
6	劉鳳鳴	49 歲	湖北蒲圻	河南商丘	1948 年春	第五十七軍政治部主任
7	劉世焱	42 歲	廣東始興	湖南長沙	1941.9	暫編第八師第十五團團長
8	劉獻琨	28 歲	江蘇江寧	安徽	1932.8.15	第二師第九團團長
9	何兆昌	38 歲	浙江蕬州		1945.9	汪偽軍隊高級參謀
10	余灑度	28 歲	湖南平江	江西南昌	1934 年	軍事委員會政治訓練班訓育主任
11	吳　鉛	44 歲	廣東瓊山	四川	1946.1	第一五八師司令部參謀長

12	吳繼光	35 歲	安徽盱眙	江蘇青浦	1937.11.9	第五十八師第一七四旅旅長
13	吳造漢	29 歲	湖北沔陽	湖北隨縣	1926.9	鄂北警備旅教導大隊大隊長
14	吳道南	26 歲	湖北黃梅	湖北汾泗	1926.7.9	國民革命軍第四軍獨立團第二連連長
15	應　諧	25 歲	浙江縉雲	湖北	1927 夏	獨立師團長
16	張　瓊	37 歲	四川華陽		1943 年	第二軍副軍長
17	李節文	43 歲	廣東東莞	廣東廣州	1947.9.16	暫編第二軍暫編第七師副師長
18	李守維	40 歲	江蘇沭陽	江蘇 泰興黃橋	1940.10.5	第八十九軍軍長
19	沈國臣	50 歲	浙江東陽	原缺	1948 年	聯合後方勤務總司令部川陝區運輸司令
20	邱清泉	48 歲	浙江永嘉	河南永城	1949.1.10	第五軍軍長，第二兵團副司令官
21	鄒明光	40 歲	四川貢井	四川萬源	1941.2.6	第二十軍政訓處處長
22	陳軍鋒	28 歲	安徽英山	江西廣昌	1933.3.20	第五十九師第一七五旅步兵團團長
23	岳　麓	29 歲	湖南寶慶	河南	1930.3	第二十師第五十九團第一營連長、代營長
24	林樹人	29 歲	浙江黃岩	江西	1934 年	第一師補充旅第二團團長
25	鄭　武	31 歲	廣東廣州	西康	1936.2	第六十一師第三六六團團長
26	姚中英	36 歲	廣東平遠	江蘇南京	1937.12.12	第一五六師司令部參謀長
27	洪春榮	41 歲	廣東五華	廣東粵北	1941 年	暫編第二軍暫編第八師政治部主任
28	胡啓儒	39 歲	湖南常德		1942.6	中央陸軍軍官學校教導總隊第二旅旅長
29	趙強華	27 歲	廣東儋縣	河南	1930.6	國民革命軍第一師第一旅第八團團長
30	鍾光藩	42 歲	廣東文昌	廣西	1944 年	第三十五集團軍暫編第二軍八師副師長
31	莫與碩	45 歲	廣東陽江	廣東廣州	1947.9.18	第八十六軍軍長
32	袁執中	36 歲	江蘇海門	江蘇鹽東	1941.10	江蘇省鹽東行政公署主任
33	符漢民	45 歲	廣東文昌		1948.12	陝西省保安司令部副司令官
34	惠子和	25 歲	陝西長安	陝西	1926 年	國民軍第二軍第二師政治部主任
35	謝衛漢	27 歲	廣東化縣	湖北武漢	1927 年秋	武漢中央軍事政治學校校務整理委員
36	謝振邦	40 歲	江西南昌	原缺	1940 年	1940 年 8 月追贈陸軍少將
37	雷　震	34 歲	四川蒲江	江蘇南京	1937.12	中央陸軍軍官學校教導總隊第三旅旅長
38	蔡　劭	36 歲	湖北黃陂	湖北武漢	1938.10	預備第十師補充旅副旅長
39	黎鴻峰	37 歲	越南人	越南	1940 年	《黃埔軍校同學錄》記載為廣東欽縣人，未畢業奉派學飛行，1925 年與胡志明等籌組越南革命同志會，為越共創始人之一。

如上表所列，不少第二期生是戰場陣亡或因病逝世，由於掌握的史載資料與資訊有限，未能對其進行較為詳細的整體追述或個別記載。

第三節　在臺灣、港澳或海外人物情況綜述

下表所列的 65 名第二期生，主要是中華人民共和國成立前夕，或隨中國國民黨及其軍隊遷移臺灣、或移居港澳、或遠赴海外的那部分第二期生。緣於政治和歷史原因，任職情況以 1949 年 10 月以前為主，其他從略。

附表 26　在臺灣、港澳或海外逝世人物一覽表（按姓氏筆劃排序）

序	姓名	年齡	籍貫	逝世地點	逝世年月	1949 年 10 月前最高任職
1	萬用霖	60 歲	江西新建	臺灣臺北	1961.1.10	國民政府航空委員會特務旅旅長
2	方　天	88 歲	江西贛縣	臺灣臺北	1991.4.27	國防部代理參謀次長，江西省政府主席
3	王　岫	73 歲	浙江仙居	香港	1979.10	1949 年 7 月任浙江省政府委員、民政廳廳長
4	王作華	71 歲	廣東羅定	臺灣台中	1971 年	1950 年在海南島任重建的第四軍軍長
5	王尚武	1902 年生	廣東平遠	香港	20 世紀 60 年代	1947 年 9 月任中央警官學校中級警官第二期學員總隊副總隊長
6	王毓槐	71 歲	廣東澄邁	臺灣臺北	1973.3.25	衢州綏靖主任公署高級參謀
7	丘　敵	85 歲	廣東澄邁	臺灣臺北	1988.2.4	1948 年任海南第三區行政督察專員 / 保安司令
8	馮爾駿	83 歲	廣東瓊山	臺灣臺北	1989.5.14	海南防衛總司令部南部（八縣）清剿區司令官
9	田　齊	81 歲	湖北黃安	臺灣臺北	1982 年	新編第一軍新編第一師師長
10	龍　韜	76 歲	江西永新	臺灣臺北	1974.9.27	第一〇三軍副軍長
11	關　鞏	56 歲	廣東恩平	臺灣臺北	1960 年	廣州綏靖主任公署高級參謀，兼廣東陽江縣長
12	劉子清	98 歲	江西樂平	美國洛杉磯	2002.9.19	江西省政府委員兼民政廳廳長
13	吉章簡	92 歲	廣東崖縣	臺灣臺北	1992.4.28	1948 年任第二十一兵團副司令官
14	呂國銓	77 歲	廣西容縣	臺灣臺北	1983.8	陸軍第二十六軍軍長
15	成　剛	60 歲	湖南寧鄉	臺灣臺北	1964.2.29	1949 年任第十四軍軍長
16	朱吳城	95 歲	江蘇江寧	臺灣臺北	2003.10.3	抗日戰爭前任豫皖邊綏靖公署特務團團長
17	何其俊	73 歲	廣東澄邁	臺灣臺北	1973 年冬	第七十八師副師長
18	何凌霄	69 歲	浙江諸暨	臺灣臺北	1974.5	第五十八師、新編第八十師副師長

19	張弓正	63 歲	廣東瓊山	臺灣臺北	1968.12	1947 年任臺灣保安員警總隊副總隊長
20	張漢良	1904 年生	廣東紫金	臺灣臺北	20 世紀 70 年代	1949 年到臺灣，1953 年到香港
21	張炎元	102 歲	廣東梅縣	臺灣臺北	2005.8.13	國防部第二廳副廳長
22	李士珍	100 歲	浙江寧海	臺灣臺北	1995.4.14	南京中央警官學校教育長、校長
23	李友邦	47 歲	臺灣臺北	臺灣臺北	1952.4.22	中國國民黨臺灣省特別黨部副主任委員，臺灣省政府委員
24	李正先	69 歲	浙江東陽	臺灣臺北	1973 年	第三十七集團軍副總司令，第二十七軍軍長
25	李芳郴	89 歲	湖南永興	臺灣臺北	1991.9	第十八師師長
26	李精一	72 歲	湖南寶慶	臺灣臺北	1975.3	第四十九師師長
27	楊　彬	65 歲	浙江諸暨	臺灣臺北	1966 年	國防部第四廳副廳長
28	沈發藻	70 歲	江西大庾	臺灣臺北	1973.2.4	第十三兵團、第四兵團司令官
29	陳　衡	50 歲	廣東瓊山	臺灣臺北	1955.11.11	第七十一軍副軍長
30	陳玉輝	68 歲	浙江浦江	臺灣臺北	1970 年	1949 年任中央警官學校教育長、校長
31	陳孝強	50 歲	廣東蕉嶺	臺灣臺北	1955 年春	1949 年任第一九八師師長
32	陳紹平	89 歲	湖北黃陂	臺灣臺北	1991 年	交通警察總局副總局長
33	陳瑞河	60 歲	安徽合肥		1962.10.7	第七十一軍及第九軍軍長
34	周兆棠	74 歲	浙江諸暨	臺灣臺北	1973.6.9	陸軍總司令部新聞處處長
35	周成欽	65 歲	廣東瓊山	臺灣臺北	1969.10.16	第六十六師副師長
36	幸華鐵	77 歲	江西南康	臺灣臺北	1977.1.16	第九戰區政治部副主任
37	林中堅	90 歲	廣東文昌	臺灣臺北	1988.7.5	第二交通警察總隊副總隊長
38	林敘彝	75 歲	廣東開平	臺灣臺北	1982 年	江蘇省第五區行政督察專員兼保安司令
39	鄭　彬	73 歲	廣東瓊山	臺灣新竹	1976 年春	第六十八軍、第三十二軍副軍長
40	鄭介民	63 歲	廣東文昌	臺灣臺北	1959.12.11	國防部第二廳廳長
41	姚鐘鼎	69 歲	貴州榕江	臺灣臺北	1970.2.19	中央陸軍軍官學校第六分校辦公廳主任
42	施覺民	87 歲	浙江武義	臺灣臺北	1990.7.11	新編第二十師副師長
43	洪士奇	79 歲	湖南寧鄉	美國聖荷西	1982.10.19	中央炮兵學校教育長、校長
44	祝夏年	89 歲	廣東徐聞	臺灣臺北	1990.5.31	整編第十五師副師長
45	胡　霖	91 歲	江西興國	臺灣臺北	1990 年	第一〇三師副師長
46	鍾　松	95 歲	浙江松陽	美國	1995.3.7	第十二編練司令部司令官，浙江省政府代主席
47	容　幹	99 歲	廣東中山	臺灣臺北	2001.1.23	1949 年任陸軍總司令部副參謀長
48	袁正東	47 歲	湖南汝城	臺灣臺北	1952 年	中央警官學校教育長、東北警官分校主任
49	黃文超	63 歲	廣東中山	香港	1966 年	廣東省保安司令部政治部主任
50	黃煥榮	63 歲	湖南寶慶	臺灣臺北	1967 年	第二〇五師副師長
51	彭佐熙	87 歲	廣東羅定	臺灣臺北	1986.1.12	第二十六軍軍長、第八兵團副司令官
52	葛武棨	77 歲	浙江浦江	臺灣臺北	1981.9.16	寧夏及甘肅省政府委員兼任教育廳廳長

53	葛雨亭	62 歲	浙江東陽	臺灣臺北	1962 年	第三戰區司令長官部交通處處長
54	魯宗敬	80 歲	湖南瀏陽	臺灣臺北	1976.5.2	中央訓練團辦公廳副主任
55	詹行旭	79 歲	廣東文昌	臺灣臺北	1984.12.8	粵東師管區副司令
56	闞　淵	1903 年生	浙江杭縣	越南	20 世紀 50 年代	中央陸軍軍官學校第二學員總隊副總隊長
57	廖　昂	64 歲	四川資中	臺灣臺北	1964 年	陸軍第七十六軍軍長
58	翟榮基	70 歲	廣東東莞	臺灣臺北	1974 年	廣東省保安第三旅旅長
59	蔡勁軍	89 歲	廣東萬寧	臺灣臺北	1988.11.10	廣東省政府委員、廣東第九區行政督察專員兼保安司令
60	戴頌儀	77 歲	四川仁壽	香港	1979 年秋	成都市警察局局長
61	魏大傑	61 歲	廣東五華	臺灣臺北	1967.12.17	廣東省保安司令部參謀長
62	魏漢華	53 歲	廣東五華	美國	1955 年	廣東普豐師管區司令部副司令官
63	魏國謨	79 歲	廣東五華	臺灣臺北	1983.10.2	徐州鐵路警備司令部副司令
64	魏濟中	75 歲	廣東五華	臺灣苗栗	1974.10.15	廣東省第五區保安司令部副司令官

如上表情況所示，第二期生有 65 名在臺灣、香港或海外其他國家過世。以 1949 年的最後戰局為界，國共兩黨分治於海峽兩岸，形成較長時期軍事對峙。基於政治方面原因分析，為數不少的第二期生遷移臺灣等地，顯示出部分第二期生的政治取向和個人意願，從此踏上背井離鄉緬懷故土漫長歲月，未免為歷史悲劇與遺憾。

第四節　中共黨員1949年10月以前犧牲情況綜述

本節記述的是中共工農武裝和根據地建設時期犧牲的第二期生烈士，31 名第二期生記錄了在革命戰爭年代犧牲與奉獻，事蹟已載入中共黨史與烈士史冊。

附表 27　中共黨員第二期生犧牲名單（按姓氏筆劃排序）

序	姓名	年齡	籍貫	犧牲地點	犧牲年月	最高任職
1	王伯蒼	33 歲	湖北羅田	武昌	1927.8	黃埔軍校校政治部科員，中國國民黨黃埔軍校第二屆特別區黨部候補執行委員

2	王茂傑	27 歲	廣東東莞	廣東	1925.10	連黨代表，第二次東征作戰犧牲
3	王禹初	24 歲	廣東瓊山	上海	1927.12.27	參加兩次東征作戰與北伐戰爭
4	盧德銘	24 歲	四川宜賓	江西萍鄉	1927.9.23	工農革命軍第一師總指揮、師長
5	鄺　鄘	32 歲	湖南耒陽	湖南耒陽	1928.6.5	工農革命軍第四師師長
6	劉光烈	28 歲	湖北黃陂	湖北黃安	1927.12.5	葉挺獨立團第二營第五連連長
7	吳振民	30 歲	浙江嵊縣	湖南汝城	1927.8.22	工農革命軍第二師副師長
8	張　崴	29 歲	湖北黃安	井岡山	1929.3.14	1929 年 1 月任紅軍第四軍營長
9	張堂坤	23 歲	浙江平湖	江西南昌	1927.9.1	第二十四師第七十三團團附、代理團長
10	張源健	25 歲	江西萍鄉	江西彭山	1928.6	贛北工農紅軍游擊隊大隊長
11	李勞工	26 歲	廣東海豐	廣東海豐	1925.9.24	廣東省農民協會執行委員，東征軍海陸豐後方辦事處主任
12	李道國	24 歲	湖南長沙	江西會昌	1927.8	中央軍校武漢分校政治部組織科科長
13	陳　恭	24 歲	湖南醴陵	湖南醴陵	1928.3.13	中共湖南省委軍事部代理部長
14	陳作為	28 歲	湖南瀏陽	廣東北江	1926.1.1	國民革命軍第二軍第五師第六團黨代表
15	陳紹秋	24 歲	浙江永康	廣東廣州	1927.12	軍校第五期入伍生總隊第二大隊大隊長
16	周逸群	34 歲	貴州銅仁	湖南岳陽	1931.5	紅六軍政委及湘鄂西邊區蘇維埃主席
17	宛旦平	31 歲	湖南新寧	廣西龍州	1930.3.20	紅八軍司令部參謀長、第二縱隊司令
18	練國樑	27 歲	貴州榕江	湖北武漢	1927.4.12	第十一軍二十五師第七十五團第三營營長
19	羅　英	34 歲	江西餘幹	江西	1934.4	贛東北紅軍幹部學校副校長
20	羅振聲	30 歲	四川綦江	原缺	1929 年	軍校特別區黨部第二屆執委 1927.8 脫黨
21	胡秉鐸	24 歲	貴州榕江	江蘇南京	1927.4	北伐東路軍第一軍第一師政治部主任
22	徐遠揚	30 歲	江西興國		1927.4.12	記載為中國共產黨黨員
23	符明昌	26 歲	廣東加積	廣東海口	1926 年夏	國民革命軍第四軍政治部宣傳科科長
24	符南強	28 歲	廣東定安	廣西百色	1929.12	紅軍第七軍代理團長
25	蕭人鵠	35 歲	湖北黃岡	河南開封	1932.2.10	工農革命軍第五軍軍長，中共河南省委軍委書記
26	蕭素民	27 歲	江西萬安	江西萬安	1927.11	記載為中國共產黨黨員
27	麻　植	24 歲	浙江青田	廣東廣州	1927.4.29	東征軍總政治部宣傳科科長
28	程俊魁	27 歲	湖北黃梅	江西贛州	1928.4	中共贛南特委軍事委員
29	蔣友諒	24 歲	浙江諸暨	湖北武漢	1928 年春	中央陸軍軍官學校武漢分校教官
30	蔡鴻猷	31 歲	浙江蘭溪	湖北武漢	1927.10.7	廣州國民政府財政部稅警團黨代表
31	譚　侃	24 歲	湖南長沙	湖南華容	1931.2.23	紅二軍團第六軍第十六師第四十八團政委

如上表所載，相當數量的第二期生，參加了中共領導的工農武裝鬥爭、紅軍與根據地的創建活動，反映了革命軍人在二十世紀三十年代前後的一種時代潮流與政治選擇。

第五節　中華人民共和國成立後人物情況綜述

本節記述的是中華人民共和國成立後的 17 名第二期生，他們曾任中央和各級人民政府、人大常委會、政治協商會議委員會等機構和軍隊職務，是第二期生當中重要組成部分和國家或地方知著名人物，也是現存傳記資料較完整的一部分第二期生。

附表 28　中華人民共和國成立後人物一覽表（按姓氏筆劃排序）

序	姓名	年齡	籍貫	逝世地點	逝世年月	中華人民共和國成立後主要任職
1	王一飛	64 歲	湖北黃梅	北京	1968 年春	中共中央編譯局副局長，北京（國家）圖書館副館長
2	王大文	82 歲	廣東文昌	廣東文昌	1982 年	廣東省人民政府參事室參事，文昌縣政協委員
3	司徒洛	72 歲	廣東恩平	廣東廣州	1966.5.4	民革廣州地方組織成員
4	劉采廷	69 歲	江西銅鼓	江西南昌	1968 年	江西省人民政府參事室參事
5	呂　傑	83 歲	浙江縉雲	貴州貴陽	1987 年	貴州省人民政府參事室參事
6	嚴　正	79 歲	湖北麻陽	湖北沙市	1983 年	湖北省沙市政協副主席
7	吳　明	67 歲	湖南長沙	北京	1968.3.7	國務院參事，全國政協委員
8	陳金城	82 歲	安徽全椒	江蘇南京	1983.1.6	江蘇省文史研究館館員
9	羅歷戎	90 歲	四川渠縣	北京	1991.7.6	全國政協委員、文史資料委員會委員
10	胡靖安	74 歲	江西靖安	上海	1978.3.2	列席全國政協五屆一次會議
11	范煜燧〔予遂〕	90 歲	山東諸城	濟南	1983.10.13	山東省第二、四、五屆政協副主席，第二、五、六屆全國政協委員。
12	趙　援	66 歲	四川重慶	四川重慶	1972.4	重慶市人民政府參事室參事
13	聶紺弩	83 歲	湖北京山	北京	1986.3.26	中國作協理事，第五、六屆全國政協委員
14	彭禮崇	86 歲	湖南湘鄉	雲南昆明	1990.11.5	雲南省人民政府參事室參事
15	彭善後	87 歲	湖南永順	江西九江	1988.2.27	江西省人民政府參事室參事
16	覃異之	88 歲	廣西安定	北京	1995.9.17	全國政協常委，北京市人大常委會副主任，北京市黃埔軍校同學會會長
17	謝宣渠	72 歲	湖南衡陽	北京	1976 年	國務院參事室參事

從上表可以看到，中華人民共和國成立後，出任上述職務這部分第二期生，一部分是起義投誠將領，其餘絕大多數是在 1946 年至 1950 年間脫離舊營壘，於中華人民共和國成立後擔任公職並為各級政權建設服務。

第六節　1949年10月以後在大陸亡故情況綜述

本節記載的 20 名第二期生，主要是中華人民共和國成立後留居大陸，後以各種緣由和形式被鎮壓、處決或非正常死亡的那部分第二期生。由於政治和歷史原因，這部分第二期生當中的不少人，亡故地點和時間等情況都是不確切或存有疑問的。為了記載人物和留存史料，未詳之處存疑待考。

附表 29　1949 年 10 月後在大陸亡故名單（按姓氏筆劃排序）

序	姓名	年齡	籍貫	亡故地點	亡故年月	生前最高任職
1	王公遐	67 歲	浙江黃岩		1969 年	聯合後方勤務總司令部第二補給區副司令
2	王仲仁	1905 年生	湖南衡陽		20 世紀 50 年代	抗戰前任第一九〇師第一一一〇團團長
3	鄧仕富	52 歲	廣東梅縣	廣東梅縣	1952 年	1948 年任東北「剿總」新編第一軍第一七三師師長
4	史克斯	52 歲	廣東瓊山	廣東廣州	1951 年	第四交通警察總隊總隊長
5	葉　棖	60 歲	浙江寧海	上海	1961 年	交通輜重兵旅副旅長，1946 年退役經商
6	劉　夷	49 歲	江西吉安	江西	1950 年	獨立第十四旅、獨立第三十二旅旅長
7	阮　齊	47 歲	湖北黃陂	湖北武漢	1951 年	湖北省政府委員，湖北省軍管區副司令官
8	余錦源	50 歲	四川金堂		1955 年	陸軍第七十二軍軍長
9	吳　玠	49 歲	浙江松陽	陝西西安	1953.7.26	第七分校辦公廳第一科科長、副總隊長
10	李　忠	76 歲	陝西高陵	陝西西安	1977.12	陸軍第一〇四軍副軍長兼宣化城防司令部司令官
11	楊文琭	70 歲	四川江安	遼寧撫順	1973.10	陸軍整編第七十五師師長
12	楊含富	46 歲	江西永新	江西	1951 年	第七戰區第七補給區司令部兵站分監

13	陸廷選	47 歲	廣西永淳		1950 年	中央陸軍軍官學校第六分校教育處處長
14	陳寄雲	47 歲	廣東興寧	廣東興寧	1950 年	陸軍第七十一軍炮兵指揮部指揮官
15	曹　勛	51 歲	湖北孝感	湖北京山	1951.7.7	湖北省第三區行政督察專員兼保安司令
16	黃天玄	55 歲	湖北蘄春	原缺	1951 年	陸軍第七十五軍政治部主任
17	黃祖壎	58 歲	浙江浦江	原缺	1958 年	陸軍第二十七軍、第九十一軍軍長
18	謝振華	45 歲	江西南昌	江西南昌	1952 年	江西省保安司令部政治部主任
19	彭　熙	63 歲	湖南平江	湖南長沙	1960.2	湖南省政府少將參議。
20	彭肇英	48 歲	湖南湘鄉	湖南長沙	1952 年	陸軍第四十九軍副軍長兼代理軍長

上表所列名單，有半數以上是在二十世紀五十年代初期，國內戰爭後餘波衝擊所致。

第七節　卒年歸宿未詳人物情況綜述

本節的輯錄的是第二期生，基本情況不清晰，生平簡介零碎或斷續，歸宿與結局模糊不清。這部分第二期生，若以存史的記述與思考，屬於「輪廓模糊」的一部分人。有鑒於此，目前只能依據現存資料，記述或輯錄他們或曾歷任職務這個唯一印記和史載痕跡。

附表 30　卒年歸宿未詳名單（按姓氏筆劃排序）

序	姓名	別號	籍貫	逝世地點	逝世年月	前任最高職務
1	萬少成	紹誠	江西南昌	原缺	原缺	軍政部第二軍官總隊副總隊長
2	萬國藩	建屏	江西南昌	原缺	原缺	1946 年任整編第二十九軍政工處處長
3	幹　卓	冠洲	浙江青田	原缺	原缺	黃埔軍校校長辦公廳官佐
4	馬　驥	西良	四川新都	臺灣臺北	原缺	新編第二十九師師長
5	馬西藩	友光	雲南騰沖	原缺	原缺	畢業後無從軍任官記載
6	方　升	鋤暴	浙江遂安	原缺	原缺	畢業後無從軍任官記載
7	方　鎮	亞藩	湖南沅江	原缺	原缺	抗日戰爭時期任步兵旅副旅長、代理旅長
8	方士雄	獨俊	浙江浦口	原缺	原缺	畢業後無從軍任官記載
9	方汝舟	濟川	浙江浦江	原缺	原缺	抗日戰爭爆發後任江蘇省保安第八團團長
10	毛　豐	翔雲	江西波陽	原缺	原缺	1933 年任獨立第三十二旅第六九五團團長
11	王　冠	本第	湖南新化	原缺	原缺	畢業後無從軍任官記載

12	王天與		雲南大姚	原缺	原缺	畢業後無從軍任官記載
13	王孝同		湖北羅田	原缺	原缺	畢業後無從軍任官記載
14	王建煌		江西興國	臺灣臺北	原缺	第五師第十五旅副旅長，第十三旅旅長
15	王忠輔	相宜	山東諸城	原缺	原缺	黃埔軍校第三期第二軍械庫庫長
16	王武華	文斌	廣東澄邁	原缺	原缺	畢業後無從軍任官記載
17	王秉璋	瑞符	熱河平泉	原缺	原缺	畢業後被中共黨組織派返北方工作
18	王積恂	實之	安徽壽縣	原缺	原缺	畢業後無從軍任官記載
19	王耿光	昌景	廣東文昌	原缺	原缺	曾任上校軍官
20	王景明	德軒	陝西周至	原缺	原缺	畢業後無從軍任官記載
21	王景奎		湖南衡陽	原缺	原缺	中央炮兵學校政治部主任、處長
22	王德蘭		廣東瓊山	原缺	原缺	省港大罷工委員會糾察隊第十七支隊支隊長
23	鄧良銘	醒鍾	湖南永州	原缺	原缺	第九十五軍政治部主任
24	鄧宗堯	化民	廣西陽翔	原缺	原缺	畢業後無從軍任官記載
25	鄧明道	澤民	湖北黃陂	原缺	原缺	第二十四集團軍總司令部炮兵主任
26	樂蘊精		四川雙流	原缺	原缺	畢業後無從軍任官記載
27	馮正誼	殷銘	廣西桂平	原缺	原缺	畢業後無從軍任官記載
28	馮振漢	子威	廣東瓊山	新加坡	原缺	畢業後無從軍任官記載
29	馮譽鏞		廣東恩平	臺灣	原缺	畢業後無從軍任官記載
30	盧　權	君平	江西南康	原缺	原缺	1946 年入中央訓練團將官班學習
31	盧明忠	孝彰	四川華陽	原缺	原缺	南京中央陸軍軍官學校第六期步兵第六隊隊附
32	盧望璵	自東	湖南永明	香港	原缺	旅長、師司令部參謀長
33	盧錦清		廣西容縣	原缺	原缺	1937 年任軍政部直屬炮兵第四十一團團附
34	古　懷	立天	廣東五華	原缺	原缺	畢業後無從軍任官記載
35	史宏熹		江西南昌	香港	原缺	暫編第五十一師師長
36	葉永吉	裕均	廣東中山	原缺	原缺	畢業後無從軍任官記載
37	葉廷元		浙江東陽	原缺	原缺	畢業後無從軍任官記載
38	葉斐漢	季彬	廣東梅縣	原缺	原缺	畢業後無從軍任官記載
39	帥　正	貞民	江西新淦	原缺	原缺	黃埔軍校第三期入伍生隊區隊長
40	甘　霸		廣西平南	原缺	原缺	1946 年 6 月任中央警官學校甲級警官第一期學員總隊總隊長
41	石子雅		四川巴縣	原缺	原缺	畢業後無從軍任官記載
42	石國基	金卿	湖南沅江	原缺	原缺	畢業後無從軍任官記載
43	石重陽		四川巴縣	原缺	原缺	畢業後無從軍任官記載
44	龍　驤	雨施	廣東萬寧	臺灣臺北	原缺	第九十七師副師長
45	龍其光	壽藏	江西萍鄉	原缺	原缺	第二十七軍政治部主任
46	伍萬春	去非	湖南耒陽	原缺	原缺	畢業後無從軍任官記載
47	伍堅生	存傑	廣東恩平	原缺	原缺	抗日戰爭勝利後任暫編第二軍司令部代參謀長

48	伍德鑾		四川邛崍	原缺	原缺	1947 年入中央訓練團將官班受訓結業後退役
49	關耀宗		廣東開平	原缺	原缺	省港大罷工委員會工人糾察隊訓育指導員
50	劉　宇	邦棟	四川隆昌	原缺	原缺	畢業後無從軍任官記載
51	劉　焜	嘯帆	湖南衡陽	臺灣臺北	原缺	1949 年任中央陸軍軍官學校總務處處長
52	劉觀龍	峰	廣西貴縣	原缺	原缺	第六軍第四十九師師長
53	劉希文	輝	安徽懷寧	原缺	原缺	國民政府軍令部副司長、部附
54	劉宗漢		四川資中	原缺	原缺	暫編第三十三師第六團團長
55	劉冠坤	秉乾	廣西柳州	原缺	原缺	畢業後無從軍任官記載
56	劉巽軒	子廷	江西萍鄉	原缺	原缺	畢業後無從軍任官記載
57	劉道琳		江西九江	原缺	原缺	抗日戰爭勝利後任第六十四軍政治部主任
58	劉福康	君遠	湖南安康	原缺	原缺	畢業後無從軍任官記載
59	劉德華	澤光	廣西興業	原缺	原缺	畢業後無從軍任官記載
60	向傳柄		四川仁壽	原缺	原缺	川軍輜重兵營營長、參謀
61	向鑾榮		四川巴縣	原缺	原缺	畢業後無從軍任官記載
62	呂德璋	叔勳	四川資中	原缺	原缺	四川省保安司令部副司令官
63	孫生之	生芝	山東高塘	原缺	原缺	炮兵指揮所副指揮官
64	孫鼎元	劍青	湖南寶慶	臺灣台中	原缺	1949 年任國防部附員
65	孫毓英	佑民	湖南寶慶	原缺	原缺	畢業後無從軍任官記載
66	朱　深	政文	安徽合肥	原缺	原缺	軍校第六期訓練部官佐，1948 年 2 月任上校
67	朱思鳴		四川廣安	原缺	原缺	畢業後無從軍任官記載
68	朱毓南		湖南汝城	原缺	原缺	畢業後無從軍任官記載
69	湯敏中	沸泉	浙江平陽	臺灣臺北	原缺	第十四編練司令部快速縱隊司令官
70	許　鵠	淩雲	江西樂平	原缺	原缺	1949 年 5 月任江西某區行政督察專員兼保安司令
71	許式楨	沅浦	浙江蘭溪	原缺	原缺	畢業後無從軍任官記載
72	許伯洲	百洲	四川成都	原缺	原缺	1948 年 5 月任中央警官學校重慶分校主任
73	邢角志	竟成	廣東文昌	原缺	原缺	畢業後無從軍任官記載
74	邢詒棟	松雲	廣東文昌	原缺	原缺	畢業後無從軍任官記載
75	邢詒瀛	海洲	廣東文昌	原缺	原缺	曾任中校軍官
76	邢定漢	卓群	廣東文昌	原缺	原缺	1935 年任中央陸軍軍官學校洛陽分校教官
77	余雲漢	卓廷	浙江天臺	原缺	原缺	畢業後無從軍任官記載
78	余石民	子丘	福建南安	臺灣臺北	原缺	福建省保安第一師副師長
79	吳仁涵		浙江寧海	原缺	原缺	畢業後無從軍任官記載
80	吳傳一	少瀚	廣東海康	原缺	原缺	畢業後無從軍任官記載
81	吳呂熙		浙江浦江	原缺	原缺	1947 年 6 月任中央警官學校甲級警官第二期學員總隊總隊長
82	吳慶軒	柏舟	湖南臨澧	原缺	原缺	畢業後無從軍任官記載
83	吳克定		四川華陽	臺灣臺北	原缺	1949 年任第二三一師師長

84	吳祖坻		浙江嘉興	原缺	原缺	畢業後無從軍任官記載
85	吳夑亞	震東	浙江浦江	原缺	原缺	畢業後無從軍任官記載
86	張　寧	扶華	廣東文昌	原缺	原缺	畢業後無從軍任官記載
87	張　權	蕩埃	湖南平江	原缺	原缺	畢業後無從軍任官記載
88	張　楝	子煥	湖南瀏陽	原缺	原缺	畢業後無從軍任官記載
89	張文毅	訥夫	江蘇南通	原缺	原缺	畢業後無從軍任官記載
90	張漢初	斌	四川巴縣	陝西西安	原缺	陝西省政協委員，西安市黃埔軍校同學會理事
91	張任權	漢平	貴州平壩	原缺	原缺	畢業後考取赴莫斯科中山大學第一期學員
92	張志超	震夷	河北吳橋	原缺	原缺	畢業後無從軍任官記載
92	張松翹	抱真	江西大庾	臺灣臺北	原缺	國防部附員
93	張思廉		廣東五華	原缺	原缺	省港大罷工工人糾察隊第十支隊支隊長
94	張海帆	一渠	湖南臨澧	原缺	原缺	汪偽國民政府陸軍部督訓處處長、中將參贊武官
95	張致遠	寧靜	浙江樂清	原缺	原缺	畢業後無從軍任官記載
96	張鐵英		四川華陽	原缺	原缺	陝西三民主義軍官學校政治部副主任
97	張寅臣	芸人	安徽銅陵	原缺	原缺	畢業後無從軍任官記載
98	張理猷		江西萍鄉	原缺	原缺	畢業後無從軍任官記載
99	張維藩	價人	湖北沔陽人	原缺	原缺	畢業後無從軍任官記載
100	張道宗	紹堯	貴州盤縣	原缺	原缺	1946 春至 1947.4 入陸軍大學將官班乙級第二期
101	張錦堂	子愉	湖北廣濟	原缺	原缺	中央訓練團將官班學員
102	張麟舒		湖北羅田	臺灣臺北	原缺	東南軍政長官公署幹部訓練團教育長
103	李　秀	俊甫	浙江松陽	原缺	原缺	1947 年任整編第三十六師司令部高級參謀
104	李　龐		湖南零陵	原缺	原缺	抗日戰爭時期作戰殉國
105	李　琨	錫鴻	江西興國	原缺	原缺	抗日戰爭時期作戰殉國
106	李　超	明政	湖南長沙	原缺	原缺	畢業後無從軍任官記載
107	李人欽	人欽	江蘇南京	原缺	原缺	1948 年任徐州「剿總」第八綏靖區政訓處處長
108	李文開	文凱	浙江東陽	原缺	原缺	1949 年 4 月任第二十八軍第八十師政訓處處長
109	李華植		湖南安化	原缺	原缺	抗戰前時期任第三師第十五團團長、副旅長
110	李時敏		安徽合肥	原缺	原缺	畢業後無從軍任官記載
111	李郁文	蘭汀	山東高密	臺灣臺北	原缺	1947.8 任山東第六區行政督察專員兼保安司令
112	李篤初		廣東番禺	原缺	原缺	畢業後無從軍任官記載
113	李家忠	家樅	湖南寶慶	原缺	原缺	廣州黃埔軍校第四期炮科大隊區隊長
114	楊文煥	端甫	四川合川	原缺	原缺	畢業後無從軍任官記載

115	楊華倉		雲南順寧	原缺	原缺	畢業後無從軍任官記載
116	楊汝欽	醉雲	山西太谷	原缺	原缺	1928 年任黃埔軍校同學會幹事、委員
117	楊育廷	中丘	福建廈門	原缺	原缺	中央陸軍軍官學校潮州分校學員大隊區隊長
118	楊英昆	應昆	四川榮昌	原缺	原缺	畢業後無從軍任官記載
119	楊峻峰		江蘇海門	原缺	原缺	畢業後無從軍任官記載
120	楊耀唐		江西南昌	原缺	原缺	在校曾參加孫文主義學會，後無從軍任官記載
121	沈玉麟	志仁	江西九江	原缺	原缺	畢業後無從軍任官記載
222	沈振華	程釗	浙江余姚	原缺	原缺	1949 年任臺灣省政府警備處專員
123	邵　楨		浙江寧海	原缺	原缺	畢業後無從軍任官記載
124	陸士賢	那傑	廣東廉江	原缺	原缺	畢業後考取莫斯科中山大學第一期學員
125	陳光祥	植民	江西九江	原缺	原缺	畢業後無從軍任官記載
126	陳壯飛	勇達	廣東文昌	原缺	原缺	畢業後無從軍任官記載
127	陳達衢	超	江蘇江寧	原缺	原缺	1944 年任第六十九軍第一四四師師長
128	陳國平		原缺	原缺	原缺	第二期炮兵科畢業後無從軍任官記載
129	陳濟光		安徽英山	原缺	原缺	洛陽分校軍士教導總隊練習大隊中校大隊長
130	陳家駒	子銘	江西南昌	原缺	原缺	南京軍校第六期步兵第一大隊一中隊區隊長
131	陳潤廷	澤群	浙江青田	原缺	原缺	畢業後無從軍任官記載
132	陳煥新		浙江紹興	原缺	原缺	第八十八師第二六四旅第五二七團第三營營長
133	陳雄飛	子雅	廣東文昌	原缺	原缺	畢業後無從軍任官記載
134	陳錫鑣		廣東廣州	原缺	原缺	1933 年入中央軍校高等教育班第二期學習
135	陳耀寰	耀環	廣東豐順	香港	原缺	曾任廣東豐順縣縣長
136	麥　匡	寰宇	廣東崖縣	原缺	原缺	畢業後無從軍任官記載
137	周平遠	五峰	浙江諸暨	原缺	原缺	東北交通警察總局政治部主任
138	周家駒		廣西藤縣	原缺	原缺	畢業後無從軍任官記載
139	幸中幸	聘商	廣東興寧	原缺	原缺	第四戰區司令長官部參議
140	幸良模	我	江西南康	臺灣臺北	原缺	鄂西師管區司令部司令官
141	易　毅	劍鑫	江西吉安	臺灣臺北	原缺	歷任副軍長，1946 年入中央訓練團將官班學員
142	林　華	有皖	浙江平陽	原缺	原缺	黃埔軍校第六期學員中隊中隊附
143	林　俠	赤衛	廣東文昌	原缺	原缺	1925 年考取赴莫斯科中山大學第一期學員
144	林　桓		廣東新會	原缺	原缺	1949 年任廣東省國民軍事訓練處處長
145	林守仁	樂山	廣東中山	原缺	原缺	1946 年為中央訓練團將官班學員
146	林鼎銘	登瀛	福建閩侯	原缺	原缺	曾任少校軍官
147	林澄輝		廣東防城	原缺	原缺	畢業後無從軍任官記載
148	歐陽桓	甲生	江西宜黃	原缺	原缺	畢業後無從軍任官記載
149	武止戈	威夏	陝西華縣	原缺	原缺	1927 年任第九軍第三師第九團一營營長
150	武鴻英	鴻山	越南人	原缺	原缺	越南北方武裝力量領導人之一

151	羅丕振	承烈	廣西桂平	臺灣臺北	原缺	第九軍官總隊副總隊長
152	羅克傳	鵬飛	廣西容縣	原缺	原缺	補充旅旅長
153	羅拔倫	維楨	湖南湘鄉	原缺	原缺	畢業後無從軍任官記載
154	羅英才	能卿	廣東澄邁	河南洛陽	原缺	抗戰勝利後任廣東潮梅警備司令部團長，副師長
155	羅冠倫	韻修	湖南湘鄉	原缺	原缺	畢業後無從軍任官記載
156	羅盛元	濟民	廣東瓊山	原缺	原缺	第五軍第八十七師軍械處處長
157	羅楚材	作桓	四川瀘縣	原缺	原缺	畢業後無從軍任官記載
158	范朝梁	覺吾	四川羅江	原缺	原缺	畢業後無從軍任官記載
159	鄭會煊	孝時	湖南寧遠	原缺	原缺	軍政部重炮兵第三團團長
160	鄭瑞芳	佩芝	廣東恩平	原缺	原缺	1940 年 2 月陸軍大學將官班乙級第一期畢業
161	鄭漱宇	載龍	湖南石門	原缺	原缺	畢業後無從軍任官記載
162	鄭震初		安徽合肥	原缺	原缺	畢業後無從軍任官記載
163	金濟安	大同	浙江紹縣	原缺	原缺	畢業後無從軍任官記載
164	姜筱丹	曉嵐	安徽英山	原缺	原缺	軍政治部主任，1946 年入中央訓練團將官班受訓
165	胡松林	松林	廣西桂林	臺灣臺北	原缺	第一〇九師師長
166	胡履端	宗銓	浙江蕭山	原缺	原缺	中央各軍事學校畢業生調查處浙江分處副主任
167	胡燮榮	亦仁	浙江東陽	原缺	原缺	畢業後無從軍任官記載
168	費　煉	允中	江蘇漣水	原缺	原缺	畢業後無從軍任官記載
169	賀崇悌	友于	江蘇南康	原缺	原缺	畢業後無從軍任官記載
170	趙植勳		四川合江	原缺	原缺	畢業後無從軍任官記載
171	鍾　鳴		四川	原缺	原缺	畢業後無從軍任官記載
172	鍾沛燊	炎興	廣西岑陵	原缺	原缺	第四十八軍副旅長、副師長
173	駱祖賓		浙江永康	原缺	原缺	聯合後方勤務總司令部供應局副局長
174	唐明智	民量	湖南長沙	原缺	原缺	畢業後無從軍任官記載
175	唐獨衡	玉麟	湖南新寧	原缺	原缺	中央陸軍軍官學校第七分校學員總隊總隊附
176	夏　方	元介	浙江青田	原缺	原缺	黃埔軍校第四期入伍生團排長
177	徐　讓		廣東瓊山	原缺	原缺	省港大罷工委員會工人糾察隊指揮處指揮員
178	徐樹南	耕陽	江西九江	原缺	原缺	第二十軍副軍長兼政治部主任
179	秦湘溥		四川華陽	原缺	原缺	畢業後無從軍任官記載
180	袁樹棠	甘廷	浙江寧波	臺灣臺北	原缺	畢業後無從軍任官記載
181	郭　毅	秉剛	江西贛縣	原缺	原缺	畢業後無從軍任官記載
182	郭玉嗚	佩璜	浙江蘭溪	原缺	原缺	畢業後無從軍任官記載
183	郭昌發	均蒸	湖南長沙	原缺	原缺	畢業後無從軍任官記載
184	郭繼儀	志慷	浙江諸暨	原缺	原缺	畢業後無從軍任官記載
185	郭煥孝	儒笙	湖南漢壽	原缺	原缺	畢業後無從軍任官記載
186	曹廷珍		江蘇南通	原缺	原缺	第三戰區游擊總指揮部第二挺進縱隊副司令

187	梁安素	智濃	廣東文昌	原缺	原缺	黃埔軍校第四期炮科大隊區隊長
188	梁汝梁	少洲	福建長汀	原缺	原缺	黃埔軍校教導第一團監視隊隊長
189	梁源隆		四川巴縣	原缺	原缺	1929 年任中國國民黨第八師特別黨部籌備委員
190	梅　萼	季芳	江西九江	原缺	原缺	畢業後無從軍任官記載
191	符大莊	質生	廣東文昌	原缺	原缺	畢業後無從軍任官記載
192	符煥龍	瑞祺	廣東文昌	原缺	原缺	畢業後無從軍任官記載
193	蕭武郎		四川仁壽	原缺	原缺	陸軍步兵師師長
194	蕭振漢	策興	江西遂川	原缺	原缺	畢業後無從軍任官記載
195	蕭猷然	攸焉	江西大庾	臺灣臺北	原缺	1947 年為中央訓練團將官班學員
196	黃人俊	逸塵	江西貴溪	原缺	原缺	畢業後無從軍任官記載
197	黃日新	日新	江西九江	原缺	原缺	南京軍校第六期炮兵大隊第一隊少校中隊附
198	黃仲馨	紹香	湖北應城	原缺	原缺	黃埔軍校第四期工兵科普通工兵隊區隊長
199	黃辰陽	溆浦	湖南溆浦	原缺	原缺	畢業後無從軍任官記載
200	黃徵泮		江西萍鄉	臺灣臺北	原缺	徐州「剿匪」總司令部第九綏靖區政訓處處長
201	黃翰雄	少溪	廣東文昌	原缺	原缺	畢業後無從軍任官記載
202	龔建勳	志成	江西南昌	原缺	原缺	江西省政府警保處處長
203	富恩佐	仁丘	福建泉州	原缺	原缺	省港大罷工委員會工人糾察隊第四大隊教練
204	彭克定	靜安	湖北雲夢	臺灣臺北	原缺	第九十八軍副軍長
205	彭善後	複生	湖南永順	臺灣臺北	原缺	第三十四集團軍總司令部特別黨部書記長
206	曾　魯		四川自流井	原缺	原缺	第五補充訓練處處長
207	曾育才	樂三	湖北沔陽	原缺	原缺	中央陸軍軍官學校駐贛暑期特別研究班大隊長
208	程克平	則一	四川黔江	原缺	原缺	步兵補充旅副旅長、代理旅長
209	童善宇	仲芳	安徽合肥	原缺	原缺	畢業後無從軍任官記載
210	董葆暉	步青	浙江寧波	原缺	原缺	1927 年任國民革命軍總司令部衛士大隊大隊長
211	蔣　棟	爻吉	浙江諸暨	原缺	原缺	畢業後無從軍任官記載
212	蔣壽銘		浙江諸暨	原缺	原缺	1946 年任聯合後方勤務總司令部高級參謀
213	蔣志高	光國	四川安嶽	原缺	原缺	中央軍校第七分校第六總隊第一大隊大隊長
214	蔣其遠	其炎	貴州黔西	原缺	原缺	第一〇六師第三一八旅旅長
215	謝廷獻		四川巴縣	臺灣臺北	原缺	中央陸軍軍官學校政治部第二科科長
216	謝純庵	澄瑤	四川巴縣	原缺	原缺	畢業後無從軍任官記載
217	韓　鏗	盾兼	廣東文昌	原缺	原缺	省港大罷工委員會工人糾察隊第五支隊支隊長
218	韓壽榮		浙江蕭山	原缺	原缺	畢業後無從軍任官記載
219	韓灼普		河北鹽山	原缺	原缺	抗日戰爭勝利後任步兵旅代理旅長
220	韓金諾		山東廣饒	原缺	原缺	畢業後無從軍任官記載
221	藍豈凡	特夫	湖南資興	原缺	原缺	畢業後無從軍任官記載

222	解　謨	紹周	浙江黃岩	原缺	原缺	畢業後無從軍任官記載
223	賴　剛		廣東河源	原缺	原缺	1939 年 8 月任安徽省政府保安處處長
224	賴汝雄	壯威	江西贛縣	臺灣臺北	原缺	第七十八軍軍長
225	雷　飛		廣西南寧	原缺	原缺	1947 年任炮兵指揮部副指揮官
226	雷醒獅	孔雄	湖南祁陽	原缺	原缺	畢業後無從軍任官記載
227	廖　開	闓	湖南長沙	原缺	原缺	1946 年入中央訓練團將官班學習
228	廖維民	霽初	四川內江	原缺	原缺	軍政部直屬重迫擊炮兵團團長
229	熊仁彥	國英	四川巴縣	原缺	原缺	軍事委員會復員委員會處長
230	熊仁榮	桂軒	江西武寧	原缺	原缺	第十二軍副軍長
231	翟　雄	定安	湖南新寧	原缺	原缺	徐州綏靖主任公署秘書長
232	譚南傑		貴州平壩	原缺	原缺	1929 年中國國民黨第二師特別黨部執行委員
233	譚煜麒		福建龍溪	原缺	原缺	畢業後無從軍任官記載
234	滕　雲	雲翔	廣西南寧	臺灣臺北	原缺	聯合後方勤務總司令部廈門港口司令部司令官
235	潘中天		浙江余姚	原缺	原缺	畢業後無從軍任官記載
236	潘超世		貴州鎮遠	臺灣臺北	原缺	1949 年任重建後的第三〇二師師長
237	顏國璠		廣東陸豐	原缺	原缺	廣東省陸豐縣縣長
238	顏實堂		浙江東陽	原缺	原缺	畢業後無從軍任官記載
239	黎廣達	鴻鵬	越南人	越南	原缺	《黃埔軍校同學錄》記載為廣東欽縣人，越南勞動黨領導的北方武裝鬥爭軍事領導人
240	黎鐵漢		廣東定安	臺灣臺北	原缺	1949 年 4 月任國民政府總統府參軍

據有關資料顯示，第一期生最後一名學員孫元良，於 2007 年 5 月 25 日在臺灣臺北逝世，享年 104 歲。有史料記載第二期生王夢堯亦於 2005 年 2 月逝世，是最長壽的黃埔二期生。

第八章

第二期生軍事將領與各界名人述略

接著《軍中驕子：黃埔一期縱橫論》，進行了第二期生研究。無論其效果如何，對於第二期生的過去，對於今人與後人來說，限於篇幅一些史料暫付闕如，未能全面反映整體情況，但總算是有了歷史性答卷或小結。儘管是「遲來」的報告，畢竟有人做了，僅此感覺如釋重負。在史料運用方面，筆者在對前人整理研究成果吸收彙集基礎上，力求撰寫的每個人物傳記情況，都較「前人所作」更為完整全面準確。

從理論上講，第二期生原本就是步第一期生後塵而入學的，第一期生以「老大哥」自居，佔據了「先天」優勢，自然要比第二期生「發育」和「成長」更為迅速便捷。在事實上論，第二期生僅比第一期生遲入學兩個月，況且許多人是錯過了第一期考試時間，暫時為廣東警衛軍講武堂接收就學。第二期生還有相當一部分學員，學前經歷或學歷與第一期生比較，有過之而無不及。更有甚者，第二期生原本應是第一期的第五隊，其實有著第一期生具備的同等資格與經歷。緣何陰差陽錯成了第二期？這只能是當時軍校高層的刻意安排。

但是毫無疑問，第二期生從畢業投效軍旅第一天起，整體要比第一期生「慢半拍」甚至「落後」一些，沒有第一期生在民國軍事歷史或是國民革命軍史上創造的一個個「神話般」的恢宏業績與轟動效應。從總體上考量，確實略微遜色。由是觀之，這是唯物辯證法中所說的「不以人們的主觀意志為轉移的客觀規律」。從實際情形看，以第二期生為主體的軍事將領群體，沒能形成第一期生具有「軍事領導集團」的作用與影響，軍事、政治與歷史的原因是顯而易見的。

從前身溯源，曾被列為「第一期第五隊」，後來因為某些歷史緣由，該隊被劃定為黃埔二期生，反而「第六隊」併入黃埔成為第一期生。綜觀第二期生這一軍事群體，比較著名的將領，在中國國民黨方面：有邱清泉、方天、鄭介民、成剛、彭佐熙、吉章簡、李士珍、蔡勁軍、陳金城、鍾松、葛武棨、羅歷戎、陳瑞河、賴汝雄、李正先、張炎元、呂國銓、莫與碩、李友邦、阮齊、李守維、余錦源、李精一、楊彬、楊文瑔、沈發藻、彭克定、洪士奇、曹勖、容幹、陳衡、周兆棠、黎鐵漢、鄭彬、黃祖塤、彭鞏英、鄧仕富、劉采廷、史宏熹、伍堅生、劉嘯凡、馮爾駿等人，在中共方面有：周逸群、蕭人鵠等。此外還有 1949 年留居大陸的范煜燧，之前長期從事中國國民黨黨務，歷任數省黨部魁首，曾任中國國民黨中央執行委員、常務委員等要職。儘管第二期生沒有第一期生那麼多「將星閃耀」，但是第二期生仍舊具有自身特點。其中一個顯著特點是：有著「黃埔」印記的「警務界」魁首與主幹人員均出自第二期。

從歷史源頭上追溯，黃埔軍校的創建，是孫總理為「建立革命黨自己軍隊」理論的具體反映，是中山先生軍事與建軍思想的「真諦」所在。終其目標，就是要使武裝力量由過去從屬某個帝王君主或軍閥集團向「先進政黨」的歷史性轉變，體現了那個時代軍事與軍隊「政黨化」的歷史性邁進，是二十世紀二十年代中山先生有中國特色軍事理論與實踐的開端，自然有其歷史適時進步意義。蔣中正接任中國國民黨繼往開來之軍政重責後，在國民革命與北伐戰爭，在推進軍隊及其軍事教育現代化、規範化，在中華民族生死攸關的十四年抗日戰爭中，無懼艱難險阻堅持抗戰到底的堅強信念，無愧於那個時代最為偉大、貢獻突出的軍事家與政治家，中華民族與中華民國國民政府最終贏得了戰勝國的尊嚴威望，贏得了戰後國際公認的大國地位以及聯合國安理會五大常任理事國之一席位，1945 年抗戰勝利時的中國，獲得了近百年來前所未有的崇高國際聲譽，這已成為不爭事實永久載入人類進步史冊，所有這些與蔣中正作為這段時期國家領袖之艱苦卓越努力分不開。中華民族抗日戰爭勝利成果來之不易。

如今我們研究黃埔軍校，更應看到「黃埔軍校學」植根於中華民族現代軍事史發展過程之中，立足於現代中國傳統軍事學術理論，是蘊涵厚重的中華民族軍事文化遺產。「黃埔軍校」隨著歲月的流逝，在海峽兩岸現時三十、四十歲年齡段以上人群當中，仍擁有認知程度深淺不一的知情群與話語權，史載與民間記憶著許許多多關於「黃埔軍校歷史與人物」傳說與故事，可見「黃埔軍校」有其獨特魅力和源遠流長，自然有其深遠厚重之軍事學術與文化底蘊。因此說，具有「黃埔軍校學」文化話語氛圍的人群形成了經久不衰的「黃埔軍校熱」是毫不誇張的。此外，「黃埔軍校學」，還是現代中國軍事學術史及軍事教育史的一門「顯學」，在現代軍事學術研究方面，隨著時光的推移受到越來越多的關注與重視，也是顯而易見的。

綜上所述，鑒於「黃埔軍校學」是中華民族與文明在軍事方面的科學結晶，研究「黃埔軍校」應當從大中華歷史觀的學術高度進行審視和梳理。以筆者淺見，研究「黃埔軍校」，還應當站在中華民族軍事歷史的高度進行宏觀拓展與深入研究。進一步拓寬「黃埔軍校」研究的學術路子，還應從「政黨史觀」的狹隘圈子解脫出來，因為「黃埔軍校」早期史跡就不為某個「政黨」或「政治勢力」所壟斷專行，它是中華民族、國家與政黨早期建軍理論與實踐的精髓所在。只有當「黃埔軍校研究」煥發出中華民族軍事文明風采之時，漸行漸遠的「黃埔軍校學」才更具有歷史與現實之深遠意義。

後 記

多年來，筆者一直刻意追求每書所寫人物史跡資料之完整、準確、規範與可讀性，堅持做到在書中所撰每一人物傳記，盡可能是讀者看到的最為完整的傳記資料，做到這些並不容易。因為筆者所進行與撰寫相關之所有事務，都是一己力量獨立完成的，包括事無巨細繁簡長短乃至基礎資訊資料收集錄入等等。回想起來近二十多年，業餘時間從沒敢空閒放鬆過，總以「不要浪費史料與時間」鞭策每日進度。但是如前出版圖書後記所示，在撰寫、閱讀、收集、整理和出版的漫長過程中，總會有「你」或「我」未曾看到過的史料資訊冒出來，每及於此倍感遺憾！可見任何事務都有個相對性、時段性、客觀性。總之，無論在筆者心目中，或在實際撰寫過程中，總想將「最好的」或是「比較完整」的人物傳記資料呈現於學界和讀者。

綜觀國民革命北伐戰爭以來，無數中華軍事先烈以及先驅者，他們為了民族與國家生存與軍事現代化進步，犧牲生命壯烈殉國在所不惜。我們作為後來既往者或史事記載人，如今能為過去那個偉大時代－偉大的國民革命北伐戰爭、偉大的十四年中華民族抗日戰爭作些軍事人物記述工作，能夠作為這段史實的記述者是十分榮幸事，因此筆者認為這是一項神聖使命，「神聖」一旦化作精神力量和持久耐力，它的持續能量可想而知！

從聞名中外的黃埔軍校，聯繫到二十世紀初之中國最為著名的幾所軍事學校，較大型與長久辦學的例如：保定軍校、陸軍大學、雲南講武堂、東北講武堂等等，曾經為中華民族與國家軍事現代化培養了兩至三萬名軍事統帥人才和高級指揮參謀人員，他們在那個時代不愧為「中華民族軍事棟樑」與「國家軍事武力脊樑」。筆者的作品書系，涉及到現代中國軍事將領亦在兩至三萬人之譜，他們過去年代的軍事經歷與民族國家生存發展一脈相承息息相關。他們漸行漸遠完全成為歷史人物或失憶資訊，如果我等此輩不抓緊時間盡史料所能記述留存，屬於過去的抗日戰爭輝煌事蹟勢將伴隨時光流逝而永遠泯滅，這就是賦於當代史家的責任與義務。隨著真實史料事蹟的不斷解密與披露，隨著歲月時光遷移，歷史複歸的路子近乎開明坦蕩，「黨爭」與「意識形態」蒙蔽硝煙漸行漸遠，如今海峽兩岸學術交流日益頻繁，海外與海峽兩岸學者對於過去歷史之認同將會逐步趨近真實，賦於我們歷史學者的使命可謂任重道遠！

本書得以首次出版，是臺灣史學與出版界有識之士的熱情奉獻！在此致以崇高敬意與謝忱！

陳予歡

2012年6月6日

讀歷史20　史地傳記類　PC0297

吒吒風雲：黃埔二期馳騁記

作　　者 / 陳予歡
主　　編 / 蔡登山
責任編輯 / 蔡曉雯
圖文排版 / 彭君如
封面設計 / 王嵩賀

發 行 人 / 宋政坤
法律顧問 / 毛國樑　律師
出版發行 / 秀威資訊科技股份有限公司
114台北市內湖區瑞光路76巷65號1樓
電話：+886-2-2796-3638　傳真：+886-2-2796-1377
http://www.showwe.com.tw
劃撥帳號 / 19563868　戶名：秀威資訊科技股份有限公司
讀者服務信箱：service@showwe.com.tw
展售門市 / 國家書店（松江門市）
104台北市中山區松江路209號1樓
電話：+886-2-2518-0207　傳真：+886-2-2518-0778
網路訂購 / 秀威網路書店：http://www.bodbooks.com.tw
國家網路書店：http://www.govbooks.com.tw

2013年4月　BOD一版
2021年12月　BOD二版
定價：500元

國家圖書館出版品預行編目

叱吒風雲 : 黃埔二期馳騁記 / 陳予歡著.-- 一版. -- 臺北
市 : 秀威資訊科技, 2013. 04
面； 公分. -- (讀歷史 ; PC0297)
BOD版
ISBN 978-986-326-075-2(平裝)

1. 黃埔軍校 2. 歷史

596.71 102002252

讀者回函卡

感謝您購買本書，為提升服務品質，請填妥以下資料，將讀者回函卡直接寄回或傳真本公司，收到您的寶貴意見後，我們會收藏記錄及檢討，謝謝！

如您需要了解本公司最新出版書目、購書優惠或企劃活動，歡迎您上網查詢或下載相關資料：http:// www.showwe.com.tw

您購買的書名：____________________________________

出生日期：________年________月________日

學歷：□高中（含）以下　□大專　□研究所（含）以上

職業：□製造業　□金融業　□資訊業　□軍警　□傳播業　□自由業

□服務業　□公務員　□教職　□學生　□家管　□其它_____

購書地點：□網路書店　□實體書店　□書展　□郵購　□贈閱　□其他

您從何得知本書的消息？

□網路書店　□實體書店　□網路搜尋　□電子報　□書訊　□雜誌

□傳播媒體　□親友推薦　□網站推薦　□部落格　□其他__________

您對本書的評價：（請填代號　1.非常滿意　2.滿意　3.尚可　4.再改進）

封面設計____　版面編排____　內容____　文／譯筆____　價格____

讀完書後您覺得：

□很有收穫　□有收穫　□收穫不多　□沒收穫

對我們的建議：____________________________________

____

____

____

請貼
郵票

11466
台北市內湖區瑞光路 76 巷 65 號 1 樓
秀威資訊科技股份有限公司 收
BOD 數位出版事業部

....

（請沿線對折寄回，謝謝！）

姓　　名：____________ 年齡：________ 性別：□女　□男

郵遞區號：□□□□□

地　　址：________________________________

聯絡電話：(日) ____________ (夜) ____________

E-mail：________________________________